实例024	移动商品图像
技术掌握	掌握移动工具的应用

实例027	通过旋转命令调整商品角度
技术掌握	掌握旋转命令的应用

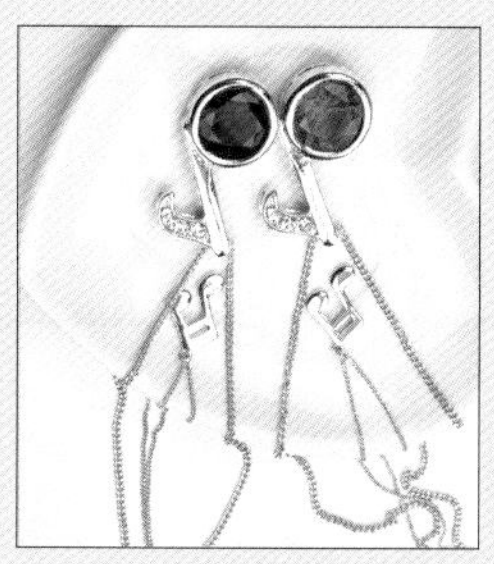

实例028	翻转商品图像
技术掌握	掌握翻转命令的应用

实例029	通过斜切命令制作商品投影效果
技术掌握	掌握斜切命令的应用

实例030	通过扭曲命令还原商品图像
技术掌握	掌握扭曲命令的应用

实例031	透视商品图像
技术掌握	掌握透视命令的应用

实例032	通过仿制图章工具去除商品背景杂物
技术掌握	掌握仿制图章工具的应用

实例033	通过图案图章工具复制商品图像
技术掌握	掌握图案图章工具的应用

精彩 案例赏析

实例035　通过修补工具修补商品图像
技术掌握　掌握修补工具的应用

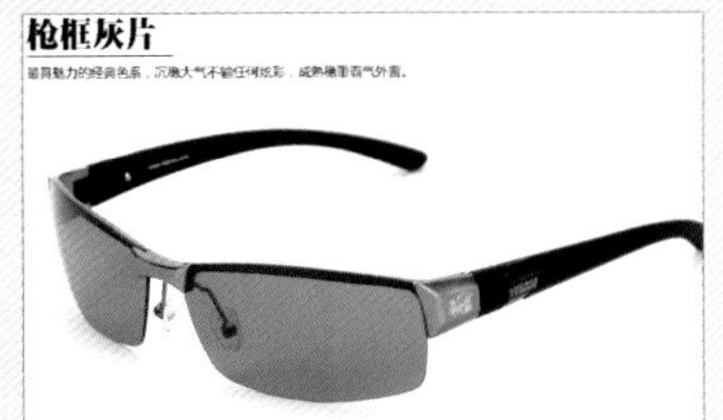

实例036　通过橡皮擦工具清除商品信息
技术掌握　掌握橡皮擦工具的应用

实例037　通过填充工具更改商品背景颜色
技术掌握　掌握填充工具的应用

实例038　通过油漆桶工具改变商品颜色
技术掌握　掌握油漆桶工具的应用

实例039　通过吸管工具吸取并改变商品颜色
技术掌握　掌握吸管工具的应用

实例040　通过减淡工具加亮商品图像
技术掌握　掌握减淡工具的应用

实例041　通过加深工具调暗商品图像
技术掌握　掌握加深工具的应用

实例042　通过模糊工具虚化商品背景
技术掌握　掌握模糊工具的应用

实例045　通过快速选择工具抠取商品
技术掌握　掌握快速选择工具的应用

实例046　通过“反向”命令抠取商品
技术掌握　掌握“反向”命令的应用

实例047　通过“色彩范围”命令抠取商品
技术掌握　掌握“色彩范围”命令的应用

实例048　通过“扩大选取”命令抠取商品
技术掌握　掌握“扩大选取”命令的应用

实例049　通过“选取相似”命令抠取商品
技术掌握　掌握“选取相似”命令的应用

实例050　通过“全部”命令抠取商品
技术掌握　掌握“全部”命令的应用

实例051　通过透明图层图像抠取商品
技术掌握　掌握透明图层的应用

实例052　通过矩形选框抠取商品
技术掌握　掌握矩形选框的应用

实例053 通过椭圆选框抠取商品

技术掌握 掌握椭圆选框的应用

实例054 通过套索工具抠取商品

技术掌握 掌握套索工具的应用

实例055 通过磁性套索工具抠取商品

技术掌握 掌握磁性套索工具的应用

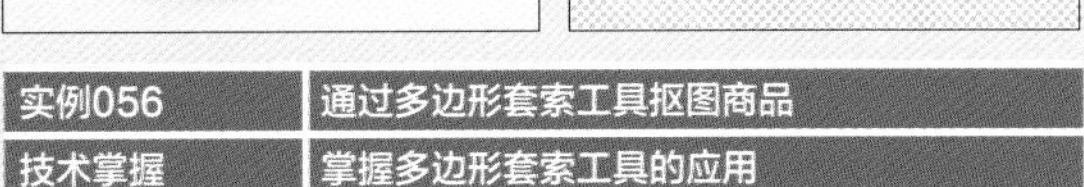
实例056 通过多边形套索工具抠图商品

技术掌握 掌握多边形套索工具的应用

实例057 通过橡皮擦工具抠取商品

技术掌握 掌握橡皮擦工具的应用

实例058 通过背景橡皮擦工具抠取商品

技术掌握 掌握背景橡皮擦工具的应用

实例059 通过魔术棒橡皮擦抠取商品

技术掌握 掌握魔术棒橡皮擦工具的应用

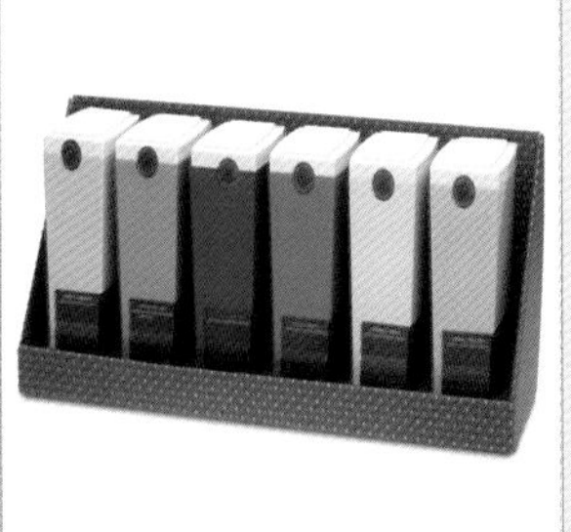
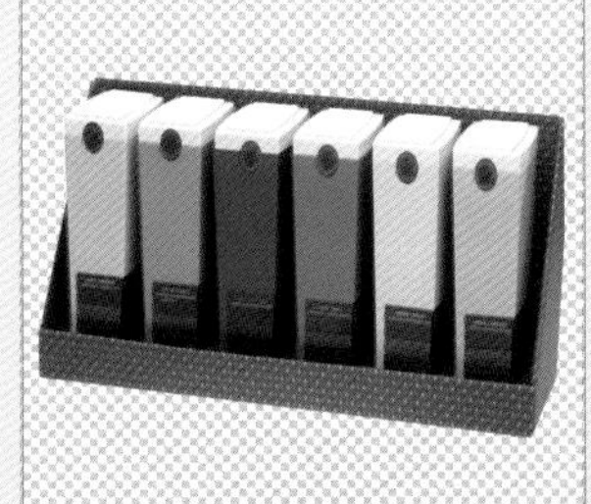

实例060 通过钢笔绘制直线路径抠取商品

技术掌握 掌握钢笔绘制直线路径的应用

实例061	通过钢笔绘制曲线路径抠取商品
技术掌握	掌握钢笔绘制曲线路径的应用

实例062	通过自由钢笔绘制路径抠取商品
技术掌握	掌握自由钢笔工具的应用

实例063	通过绘制矩形路径抠取商品
技术掌握	掌握矩形路径的应用

实例064	通过绘制圆角矩形路径抠取商品
技术掌握	掌握圆角矩形路径的应用

实例065	通过绘制椭圆路径抠取商品
技术掌握	掌握椭圆路径的应用

实例066	通过调整通道对比抠取商品
技术掌握	掌握调整通道对比的应用

实例154	女装类导航设计
技术掌握	掌握女装类导航的制作方法

精彩 案例赏析

实例067 通过利用通道差异性抠取商品

技术掌握 掌握通道差异性的应用

实例068 通过"正片叠底"模式抠取商品

技术掌握 掌握"正片叠底"模式的应用

实例069 通过"颜色加深"模式抠取商品素材

技术掌握 掌握"颜色加深"模式的应用

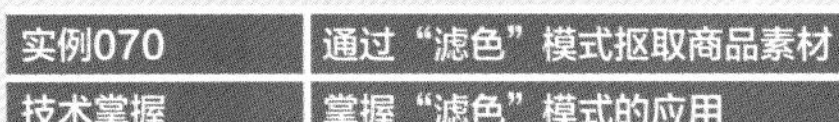

实例070 通过"滤色"模式抠取商品素材

技术掌握 掌握"滤色"模式的应用

实例071 通过快速蒙版抠取商品

技术掌握 掌握快速蒙版的应用

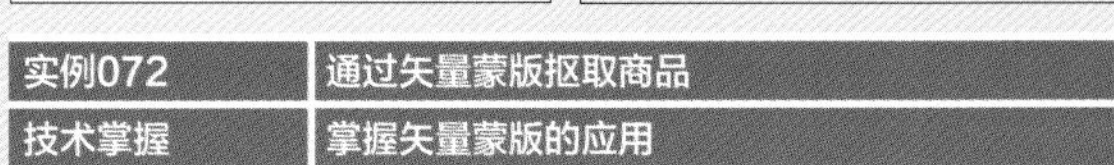

实例072 通过矢量蒙版抠取商品

技术掌握 掌握矢量蒙版的应用

实例073 通过"调整边缘"命令抠取商品

技术掌握 掌握"调整边缘"命令的应用

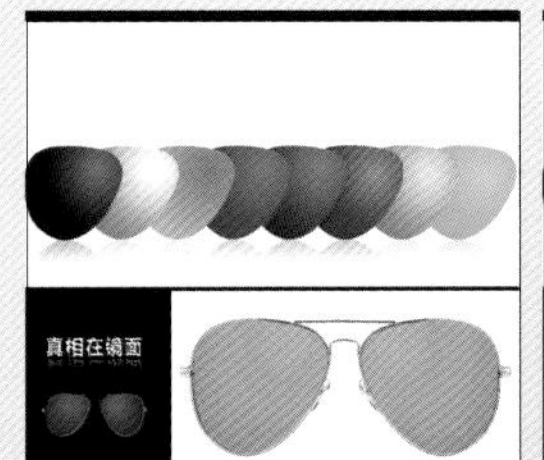

实例074 制作横排商品文字效果

技术掌握 掌握横排文字工具的应用

实例075	制作直排商品文字效果
技术掌握	掌握直排文字工具的应用

实例076	制作商品文字描述段落输入
技术掌握	掌握文字段落输入的应用

实例077	设置商品文字属性
技术掌握	掌握文字属性的应用

实例078	设置商品描述段落属性
技术掌握	掌握文字段落属性的应用

实例079	制作商品文字横排文字蒙版效果
技术掌握	掌握横排文字蒙版工具的应用

实例080	制作商品文字直排文字蒙版效果
技术掌握	掌握文字直排文字蒙工具的应用

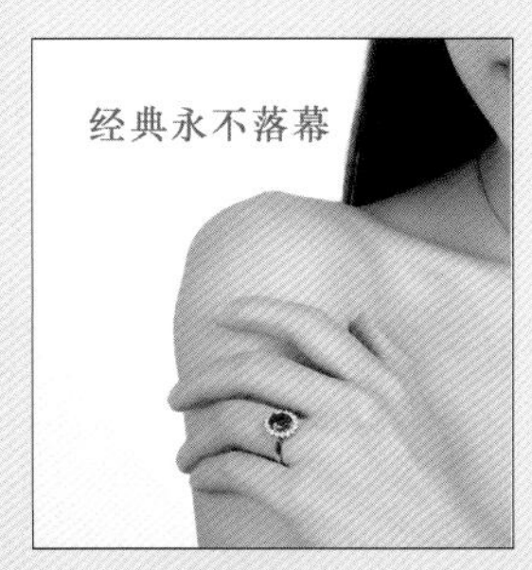

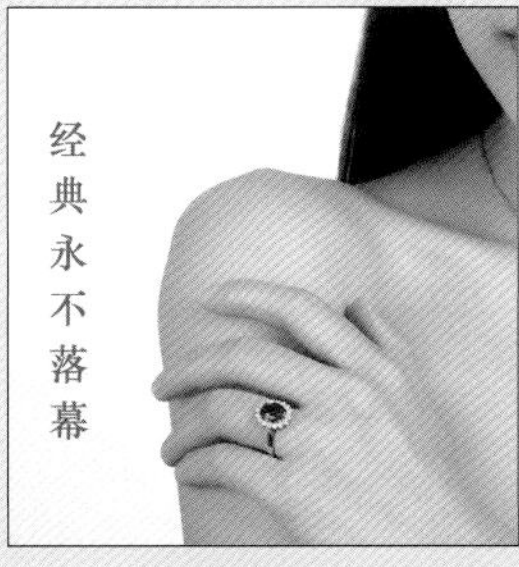

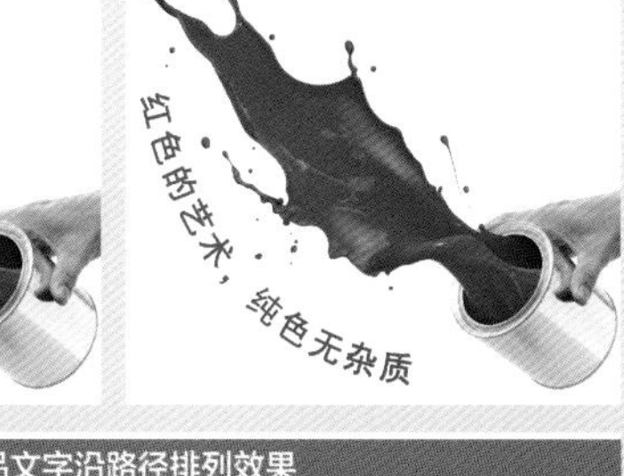

实例081	商品文字水平垂直互换
技术掌握	掌握横排文字蒙版工具的应用

实例082	制作商品文字沿路径排列效果
技术掌握	掌握文字直排文字蒙工具的应用

实例083	商品文字路径形状调整
技术掌握	掌握直接选择工具的应用

实例084	商品文字位置排列调整
技术掌握	掌握路径选择工具的应用

实例085	制作商品文字变形式样
技术掌握	掌握文字变形的应用

实例088	制作商品文字图像效果
技术掌握	掌握文字转换图像的应用

实例099	通过色阶调整商品图像亮度范围
技术掌握	掌握色阶命令的应用

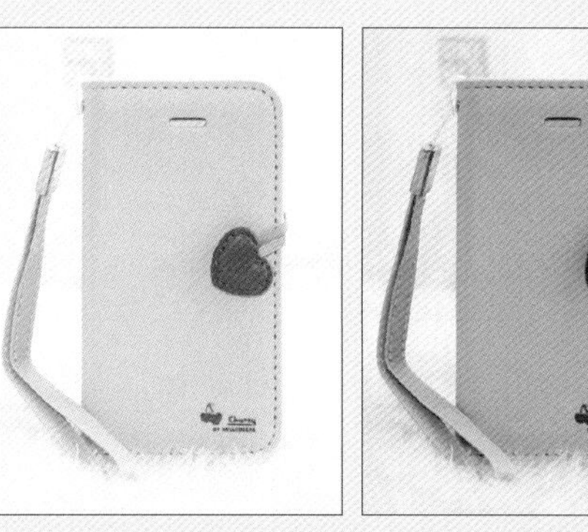

实例100	通过曲线调整商品图像色调
技术掌握	掌握曲线命令的应用

实例101	通过曝光度调整商品图像曝光度
技术掌握	掌握文字变形的应用

实例106	通过替换颜色命令替换商品图像颜色
技术掌握	掌握文字转换图像的应用

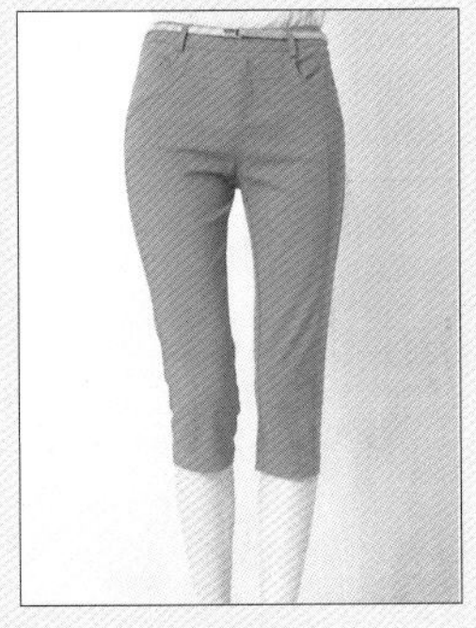
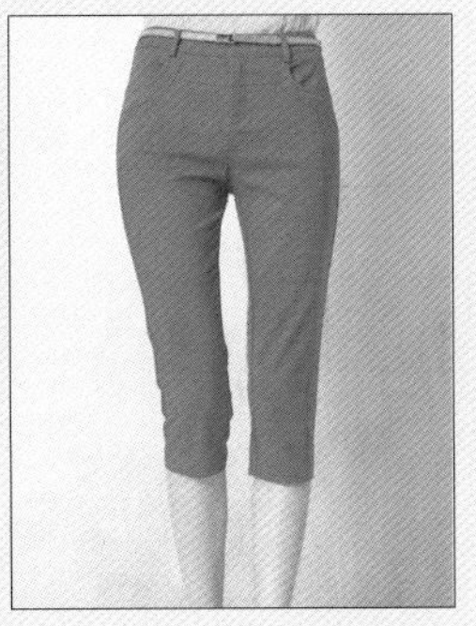

实例107	通过阴影/高光调整商品图像明暗
技术掌握	掌握阴影/高光命令的应用

实例108	通过照片滤镜过滤商品图像色调
技术掌握	掌握照片滤镜命令的应用

实例110	通过可选颜色改变商品图像颜
技术掌握	掌握可选颜色命令的应用

实例111	通过黑白命令去除商品图像颜色
技术掌握	掌握黑白命令的应用

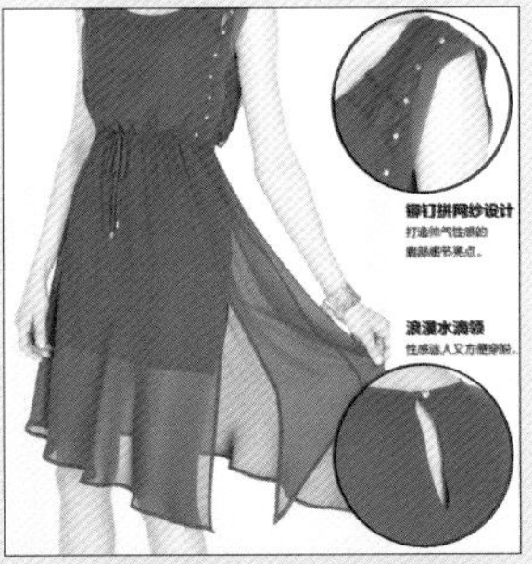

实例115	合成服饰特效
技术掌握	掌握服饰特效的制作方法

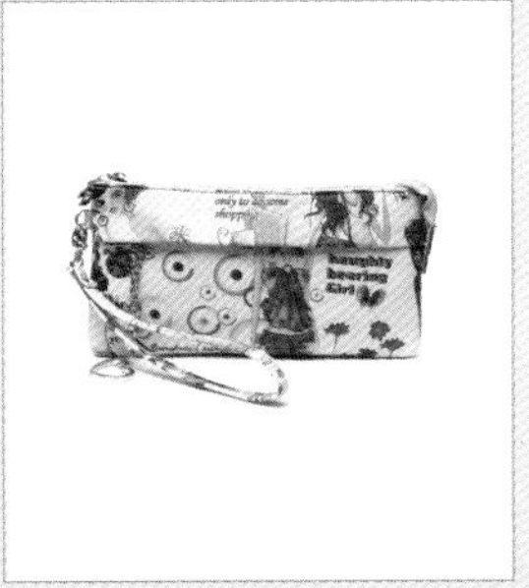

实例116	合成个性手包
技术掌握	掌握个性手包的制作方法

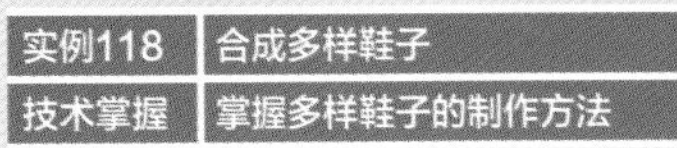

实例118	合成多样鞋子
技术掌握	掌握多样鞋子的制作方法

实例119	合成手机商品
技术掌握	掌握手机商品的制作方法

实例120	合成儿童玩具
技术掌握	掌握儿童玩具的制作方法

实例123	合成手表商品
技术掌握	掌握手表商品的制作方法

细品花语

品字如花 花如品字 相得益彰

实例128	设计花店类店标
技术掌握	掌握花店类店标的制作方法

钻石恒久 恒钻珠宝

实例129	设计珠宝类店标
技术掌握	掌握珠宝类店标的制作方法

蓝羽羽绒服专卖店

实例130	设计服装类店标
技术掌握	掌握服装类店标的制作方法

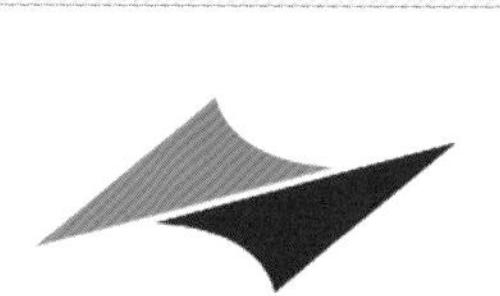

新升运动

实例131	设计运动类店标
技术掌握	掌握运动类店标的制作方法

卓越通讯

实例132	设计通讯类店标
技术掌握	掌握通讯类店标的制作方法

玉蝶彩·家纺

实例133	设计家纺类店
技术掌握	掌握家纺类店标的制作方法

满地红百货

实例134	设计百货类店标
技术掌握	掌握百货类店标的制作方法

舞动高跟鞋

实例135	设计鞋子类店标
技术掌握	掌握鞋子类店标的制作方法

万格斯箱包

实例136	设计箱包类店标
技术掌握	掌握箱包类店标的制作方法

好色彩专业美甲

实例137	设计彩妆类店标
技术掌握	掌握彩妆类店标的制作方法

喜爱家居

实例138	设计家居类店标
技术掌握	掌握家居类店标的制作方法

争分夺秒

实例139	设计手表类店标
技术掌握	掌握手表类店标的制作方法

悠品咖啡

实例140	设计食品类店标
技术掌握	掌握箱包类店标的制作方法

千里之行 聚惠车品

实例141	设计汽车类店标
技术掌握	掌握彩妆类店标的制作方法

DESIGN

紫叶茗墨

实例169	设计饰品类商品描述
技术掌握	掌握饰品类商品描述的制作方法

洋西男装

100%高端丝光棉品牌特卖

先领券，再购物

¥20元 ¥50元

首页HOME 所有宝贝 T恤 衬衫 热销专区 下装裤类 断码清仓 品牌文化 收藏本店

实例155	男装类导航设计
技术掌握	掌握男装类导航的制作方法

新光鞋品

关注新光

52169人

精选夏季新品

享限时3－5折优惠

领取时间6.20-6月25日

10元优惠券 满100使用

20元优惠券 满180使用

50元优惠券 满280使用

天猫 年中大促

满150减50!

点击有惊喜

本店所有商品 首页有惊喜 新品上市 精品单鞋 爆款凉鞋 高跟鞋 帆布鞋 时尚靴子

实例156	女鞋类导航设计
技术掌握	掌握女鞋类导航的制作方法

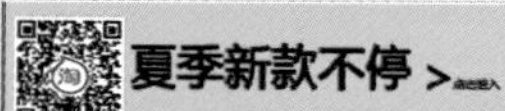

实例157	男鞋类导航设计
技术掌握	掌握男鞋类导航的制作方法

实例158	眼镜类导航设计
技术掌握	掌握眼镜类导航的制作方法

实例159	饰品类导航设计
技术掌握	掌握饰品类导航的制作方法

实例160	母婴类导航设计
技术掌握	掌握母婴类导航的制作方法

实例161	箱包类导航设计
技术掌握	掌握箱包类导航的制作方法

实例165	护肤类导航设计
技术掌握	掌握护肤类导航的制作方法

实例174	设计多方位展示型商品描述
技术掌握	掌握多方位展示型商品描述的制作方法

实例177	设计多色展示型商品描述
技术掌握	掌握多色展示型商品描述的制作方法

实例162	家纺类导航设计
技术掌握	掌握家纺类导航的制作方法

实例163	家电类导航设计
技术掌握	掌握家电类导航的制作方法

实例164	手机类导航设计
技术掌握	掌握手机类导航的制作方法

实例178	设计珠宝旺铺店招
技术掌握	掌握珠宝旺铺店招的制作方法

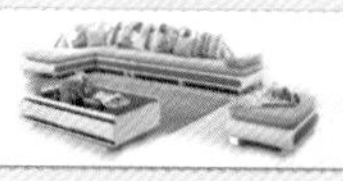

实例179	设计家具旺铺店招
技术掌握	掌握家具旺铺店招的制作方法

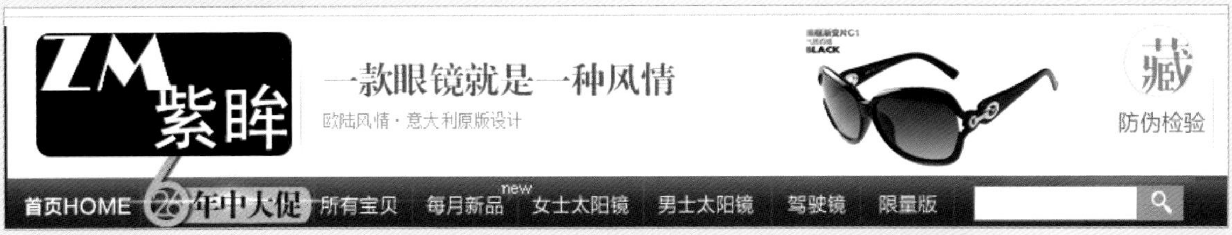

一款眼镜就是一种风情

欧陆风情・意大利原版设计

藏

防伪检验

首页HOME 年中大促 所有宝贝 每月新品 女士太阳镜 男士太阳镜 驾驶镜 限量版

实例180	设计眼镜旺铺店招
技术掌握	掌握眼镜旺铺店招的制作方法

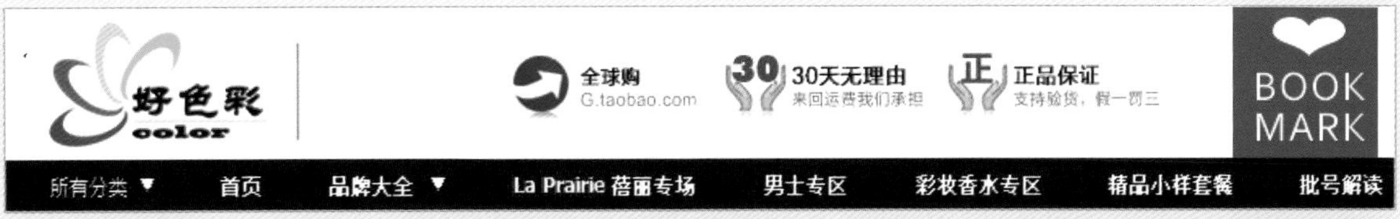

30天无理由

来回运费我们承担

正品保证

支持验货，假一罚三

所有分类 首页 品牌大全 La Prairie 蓓丽专场 男士专区 彩妆香水专区 精品小样套餐 批号解读

实例181	设计彩妆旺铺店招
技术掌握	掌握彩妆旺铺店招的制作方法

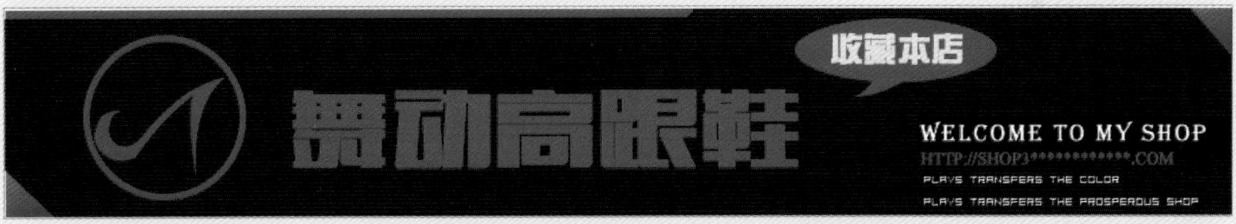

实例182	设计女鞋旺铺店招
技术掌握	掌握女鞋旺铺店招的制作方法

WELCOME TO MY SHOP

AIKU 爱酷男鞋专营店

收藏我们

BOOKMARK

HTTP://***************.COM

实例183	设计男鞋旺铺店招
技术掌握	掌握男鞋旺铺店招的制作方法

新升运动旗舰店

HOME首页 所有宝贝 2013春夏新品 特大码系列 慢跑鞋系列 户外跑鞋 品牌故事

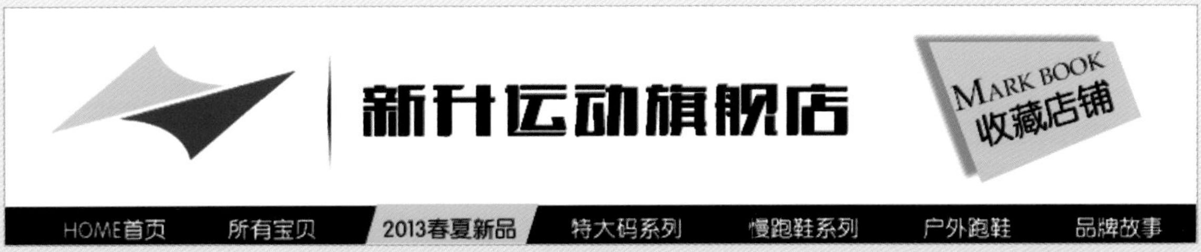

实例184	设计运动品牌旺铺店招
技术掌握	掌握运动品牌旺铺店招的制作方法

实例185	设计数码产品旺铺店招
技术掌握	掌握数码产品旺铺店招的制作方法

实例186	设计箱包旺铺店招
技术掌握	掌握箱包旺铺店招的制作方法

实例187	设计女装旺铺店招
技术掌握	掌握女装旺铺店招的制作方法

实例188	设计男装旺铺店招
技术掌握	掌握男装旺铺店招的制作方法

唯爱美饰品 WEIAIMEI —— 精美饰品，唯爱美 ——
★ 专注饰品销售10年
★ 互联网饰品优质第一品牌
★ 全场4折起，买的多优惠更多
首页 所有宝贝 时尚发饰 简约挂饰 精彩买家秀 新品上市 爆款推荐

实例189	设计饰品旺铺店招
技术掌握	掌握饰品旺铺店招的制作方法

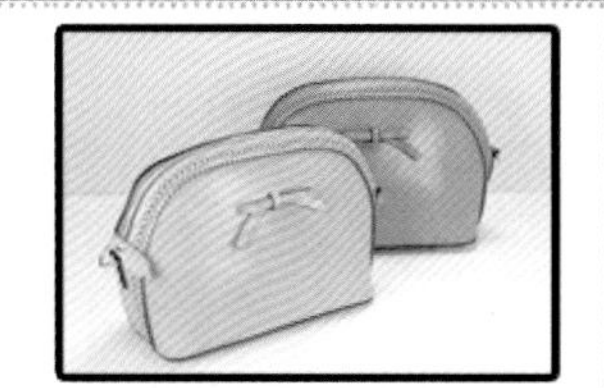

实例190	设计手包旺铺店招
技术掌握	掌握手包旺铺店招的制作方法

实例191	设计食品旺铺店招
技术掌握	掌握食品旺铺店招的制作方法

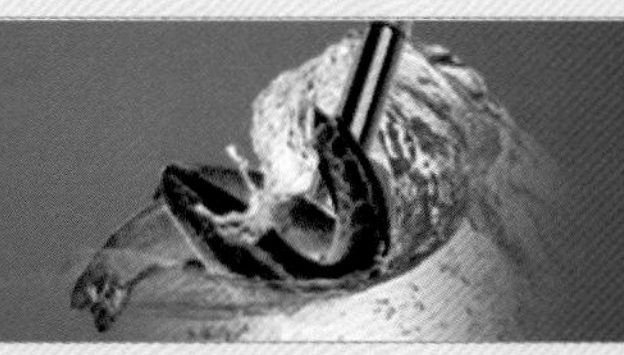

实例192	设计户外用品旺铺店招
技术掌握	掌握户外用品旺铺店招的制作方法

实例194	双十二促销活动设计
技术掌握	掌握双十二促销活动的制作方法

实例195	新店开业促销活动设计
技术掌握	掌握新店开业促销活动的制作方法

实例197	年中促销活动设计
技术掌握	掌握年中促销活动的制作方法

实例198	秒杀促销活动设计
技术掌握	掌握秒杀促销活动的制作方法

实例200	店庆促销活动设计
技术掌握	掌握店庆促销活动的制作方法

实例201	三八节促销活动设计
技术掌握	掌握三八节促销活动的制作方法

实例202	五一节促销活动设计
技术掌握	掌握五一节促销活动的制作方法

实例203	儿童节促销活动设计
技术掌握	掌握儿童节促销活动的制作方法

实例204	情人节促销活动设计
技术掌握	掌握店庆促销活动的制作方法

实例205	庆中秋迎国庆促销活动设计
技术掌握	掌握庆中秋迎国庆促销活动的制作方法

实例206	感恩节促销活动设计
技术掌握	掌握感恩节促销活动的制作方法

实例207	元旦节促销活动设计
技术掌握	掌握庆中秋迎国庆促销活动的制作方法

实例208	春节促销活动设计
技术掌握	掌握春节促销活动的制作方法

Adobe

Photoshop

淘宝网店设计与装修实战从入门到精通

华天印象 编著

人民邮电出版社
北京

图书在版编目（CIP）数据

Photoshop淘宝网店设计与装修实战从入门到精通 / 华天印象编著. -- 北京 : 人民邮电出版社, 2015.2（2016.3重印）
ISBN 978-7-115-37736-4

Ⅰ. ①P… Ⅱ. ①华… Ⅲ. ①图象处理软件 Ⅳ. ①TP391.41

中国版本图书馆CIP数据核字(2014)第282237号

内容提要

本书是一本讲解如何使用Photoshop软件进行网店装修设计的实例操作型自学教程，可以帮助成千上万的网店卖家，特别是中小卖家，更好地管理、经营自己的淘宝店铺，让更多的网店卖家掌握设计与装修的方法，实现商品销售利益的最大化。

本书共12章，内容全面，包含50个选项的介绍讲解、92个专家提醒、208个技能实例、460多分钟视频演示、680多个素材和效果文件，以及1460张图片全程图解。具体内容包括Photoshop新手入门、商品的简单处理、商品的抠图技巧、商品的文字制作、商品的调色处理、商品的合成、设计网店店标、设计公告模板、设计店铺导航、设计商品描述、设计旺铺店招及设计促销活动，读者学习后可以融会贯通、举一反三，制作出更多精彩的效果。

本书附带教学资源，包括全书所有实例的素材文件和效果文件，以及高清语音教学视频，帮助读者提高学习效率。

本书结构清晰、语言简洁，适合网店美工、图像处理人员、平面广告设计人员、网络广告设计人员等学习使用，同时也可作为各类计算机培训中心、大中专院校等相关专业的辅导教材。

◆ 编　　著　华天印象
　责任编辑　张丹阳
　责任印制　程彦红

◆ 人民邮电出版社出版发行　　北京市丰台区成寿寺路11号
　邮编　100164　　电子邮件　315@ptpress.com.cn
　网址　http://www.ptpress.com.cn
　北京捷迅佳彩印刷有限公司印刷

◆ 开本：787×1092　1/16
　印张：16.75　　　彩插：8
　字数：429千字　　2015年2月第1版
　印数：8 501 – 10 000册　　2016年3月北京第5次印刷

定价：59.00元

读者服务热线：(010)81055410　印装质量热线：(010)81055316
反盗版热线：(010)81055315
广告经营许可证：京东工商广字第8052号

前言

■本书简介

本书是一本集软件教程与网店装修设计于一体的书籍，既可用于软件自学，也是网店装修设计的实用宝典。本书结合笔者多年的装修设计和实战经验，从实用的角度出发，通过Photoshop软件与网店装修设计相结合的实例操作演示，可以帮助读者学会设计与制作一个属于自己独特风格的网店。

■ 本书主要特色

最完备的功能查询：菜单、命令、选项面板、理论、范例等应有尽有，非常详细、具体，不仅是一本速查手册，更是一本自学、即用手册。

最全面的内容介绍：Photoshop软件功能结合网店装修实例，介绍全面、详细，让读者快速上手软件使用技巧及店铺装修设计技能。

最丰富的案例说明：12大章节内容全面讲解，208个技能实例奉献，以实例讲理论的方式，进行了实战的演绎，让读者可以边学边用。

最细致的选项讲解：50个选项参数详解，92个专家提示，1460多张图片全程图解，让网店装修变得庖丁解牛，通俗易懂，快速领会。

最超值的赠送资源：460多分钟书中所有实例操作重现的演示视频，680多款与书中同步的素材与效果源文件，可以随调随用。

■ 本书细节特色

❖ 12章软件技术精解：本书由浅入深地对Photoshop网店设计与装修进行了12章软件专题技术讲解，内容包括：PS新手入门、商品简单处理、商品抠图技巧、商品文字的制作、商品调色处理、商品合成创意、设计网店店标、设计公告模板、店铺导航设计、设计商品描述、设计旺铺店招以及设计促销活动等。

❖ 50个选项介绍讲解：全书将软件中的所有对话框、菜单、命令、选项面板中的各个选项进行了详细讲解。通过这些介绍，可以帮助读者逐步掌握Photoshop软件的核心技能以及各个选项的精髓内容，使读者在做网店装修设计时更加得心应手。

❖ 92个专家提示详解：作者在编写时，将Photoshop软件中92个各方面的实战技巧、设计经验，毫无保留地奉献给读者，方便读者提升实战技巧与经验，从而提高学习与工作效率，学有所成。

❖ 208个技能实例演练：全书将软件各项内容细分，通过208个精辟范例，并结合相应的理论知识，帮助读者逐步掌握使用软件装修网店的核心技能与操作技巧，通过大量的范例实战演练，让新手快速进入高手行列。

❖ 460多分钟视频播放：书中的所有技能实例的操作，全部录制了带语音讲解的演示视频，重现书中所有技能实例的操作，读者可以结合书本，也可以独立观看视频演示，既轻松方便，又高效学习。

❖ 680个素材效果奉献：全书使用的素材与制作的效果，共达680多个文件，其中包含354个素材文件，330多个效果文件，涉及所有网店商品类型素材，物超所值。

❖ 1460多张图片全程图解：本书采用了1460多张图片，对Photoshop 网店设计与装修进行了全程式的图解，通过这些大量辅助的图片，让实例的内容变得更通俗易懂，读者可以一目了然，快速领会，大大提高学习的效率。

■ 本书主要内容

❖ 第1～第5章：介绍了Photoshop软件新手入门、如何使用Photoshop 软件处理商品图片、如何使用Photoshop软件快速抠取商品图片、制作特殊文字效果以及商品图片调色处理等方法与技巧。

❖ 第6～第12章：从不同类型网店入手，全面介绍网店装修中不同模块和区域的设计与制作，包括商品合成创意、设计网店店标、设计公告模板、店铺导航设计、设计商品描述、设计旺铺店招以及设计促销活动等。

■ 资源下载

本书附带下载资源，可扫描封底“资源下载”二维码获得下载方法，如需资源下载技术支持，请致函szys@ptpress.com.cn。

■ 作者售后

本书由华天印象编著，同时参加编写的人员还有黄淋等人。由于时间仓促，书中难免存在疏漏与不妥之处，欢迎广大读者来信咨询和指正，联系邮箱：itsir@qq.com。

编者

目录 CONTENTS

第1章 Photoshop新手入门 9

第2章 商品的简单处理 37

第3章 商品的抠图技巧……59

第4章 商品文字的制作……97

第5章 商品的调色处理 123

第6章 商品的合成 145

第7章 设计网店店标 165

第8章 设计公告模板 185

第9章 设计店铺导航 197

第10章 设计商品描述 215

第11章 设计旺铺店招 229

第12章 设计促销活动 251

第 1 章

Photoshop新手入门

学习提示

在网店装修过程中，最常用的商品图像处理软件是Photoshop软件，这款软件具有非常强大的商品图像修饰功能。本章内容从入门起步开始，新手可以在没有任何基础情况下初步了解Photoshop软件，使网店卖家做好商品图片美化的准备工作。

本章关键案例导航

- 打开置入拍摄的商品图像
- 保存修改好的商品图像
- 撤销错误还原操作
- 商品图像的恢复和清理
- 优化系统运行设置
- 调整商品图像窗口排列
- 切换商品图像编辑窗口
- 商品图像的放大和缩小
- 通过抓手工具移动商品图像
- 调整商品图像分辨率

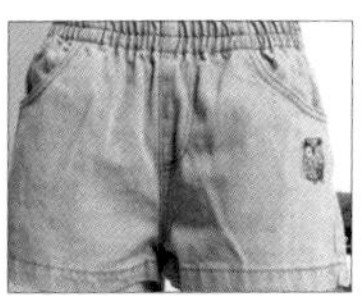

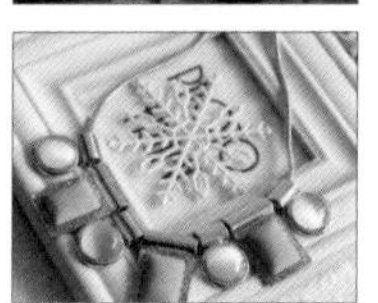

实例001 新建商品图像文件

在Photoshop软件中，用户若想要绘制或编辑商品图片，首先需要新建一个空白文件，然后才可以继续进行商品的美化工作。

素材文件	无
效果文件	效果\第1章\新商品图像文件.psd
视频文件	视频\第1章\实例001 新建商品图像文件.mp4

步骤 01 在菜单栏中单击“文件”→“新建”命令，在弹出的“新建”对话框中，设置“名称”为“新商品图像文件”、“预设”为“默认Photoshop大小”，如图1-1所示（表1-1为图中标号说明）。

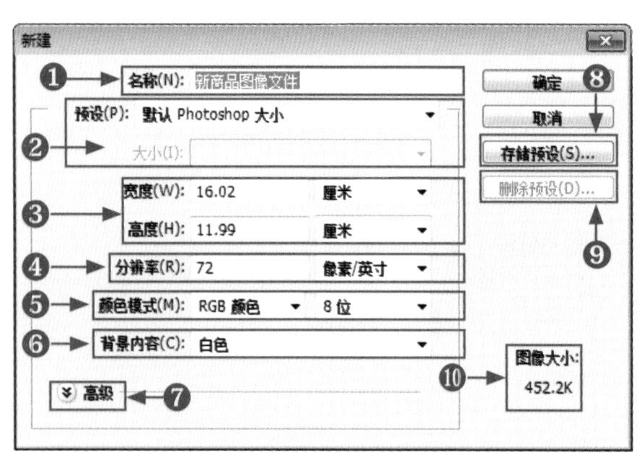

图1-1 弹出“新建”对话框

步骤 02 执行上述操作后，单击“确定”按钮，即可新建一幅空白的商品图像文件，如图1-2所示。

图1-2 新建商品图像文件

表1-1 标号说明

标号	名称	选项说明
1	名称	设置文件的名称，也可以使用默认的文件名。创建文件后，文件名会自动显示在文档窗口的标题栏中
2	预设	可以选择不同的文档类别，如Web、A3和A4打印纸、胶片和视频常用的尺寸预设
3	宽度/高度	用来设置文档的宽度和高度，在各自的右侧下拉列表框中选择单位，如像素、英寸、毫米、厘米等
4	分辨率	设置文件的分辨率。在右侧的下拉列表框中可以选择分辨率的单位，如“像素/英寸”、“像素/厘米”
5	颜色模式	用来设置文件的颜色模式，如“位图”、“灰度”、“RGB颜色”、“CMYK颜色”等
6	背景内容	设置文件背景内容，如“白色”、“背景色”、“透明”
7	高级	单击“高级”按钮，可以显示出对话框中隐藏的内容，如“颜色配置文件”和“像素长宽比”等
8	存储预设	单击此按钮，打开“新建文档预设”对话框，可以输入预设名称并选择相应的选项
9	删除预设	当选择自定义的预设文件以后，单击此按钮，可以将其删除
10	图像大小	读取使用当前设置的文件大小

技巧点拨

除了运用命令创建图像以外，也可以按【Ctrl+N】组合键创建图像文件。

在Photoshop中分辨率一般默认设置为72像素/英寸；若将图像用于印刷，则分辨率值不能低于300像素/英寸。

实例002 打开与置入拍摄好的商品图像

在Photoshop软件中经常需要打开一个或多个商品文件进行编辑和修改，它可以打开多种文件格式，也可以同时打开多个商品文件。正在编辑商品文件时，可通过“置入”命令将指定的商品图像文件置于当前正在编辑的商品文件中。

素材文件	素材\第1章\三脚架.jpg、三脚架1.jpg
效果文件	效果\第1章\三脚架.psd、三脚架.jpg
视频文件	视频\第1章\实例002 打开与置入拍摄好的商品图像.mp4

步骤 01 在菜单栏中单击“文件”→“打开”命令，如图1-3所示。

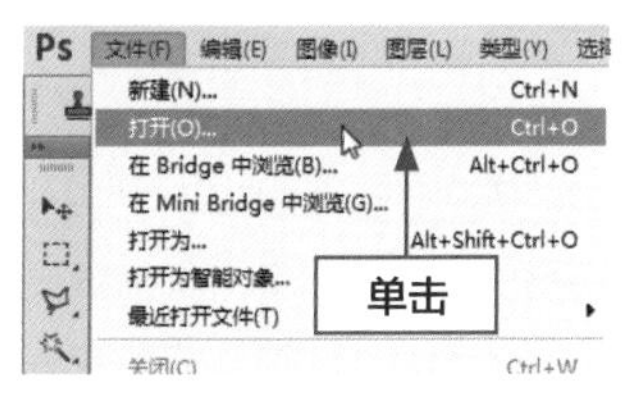

图1-3 单击“打开”命令

步骤 02 在弹出的“打开”对话框中，选择需要打开的图像文件，如图1-4所示。

图1-4 选择要打开的文件

技巧点拨

打开与置入的区别：当打开多个商品图像时，是以多个商品编辑窗口显示，而置入则是以一个编辑窗口，分不同的图层显示。

步骤 03 单击“打开”按钮，即可打开选择的图像文件，如图1-5所示。

图1-5 打开的图像文件

步骤 04 在菜单栏中单击“文件”→“置入”命令，如图1-6所示。

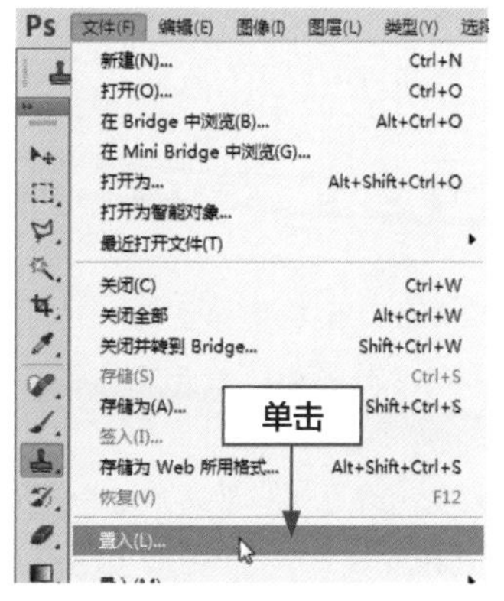

图1-6 单击“置入”命令

步骤 05 在弹出的“置入”对话框中，选择需要置入的图像文件，如图1-7所示。

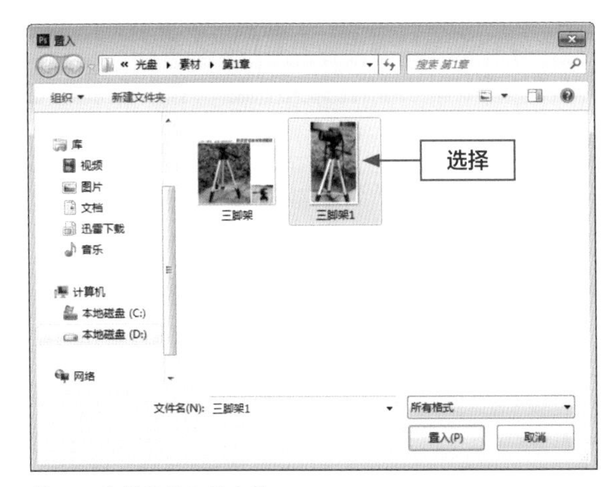

图1-7 选择要置入的文件

步骤 06 单击“置入”按钮，即可置入选择的图像文件，如图1-8所示。

图1-8 置入图像文件

技巧点拨

除了运用上述方法可以打开商品图像以外，还有以下两种方法。

- 快捷键：按【Ctrl+O】组合键，也可以弹出“打开”对话框。
- 选择需要打开的商品文件，按住鼠标左键不放拖曳商品文件至Photoshop工作界面，放开鼠标即可打开该商品文件。

如果要打开一组连续的文件，可以在选择第一个文件后，按住【Shift】键的同时再选择最后一个要打开的文件。

如果要打开一组不连续的文件，可以在选择第一个图像文件后，按住【Ctrl】键的同时，选择其他的图像文件，然后再单击“打开”按钮。

步骤 07 将鼠标移动到置入图像上，单击鼠标左键拖动到合适位置，如图1-9所示。

图1-9 等比缩放图像

步骤 08 将鼠标指针移动至置入文件控制点上，按住【Shift】键的同时单击鼠标左键拖动，等比例缩放图片至合适大小，按【Enter】键确认，得到最终效果如图1-10所示。

图1-10 最终效果

技巧点拨

缩放图像时，按【Shift+Alt】组合键可沿图像中心等比缩放图像。运用“置入”命令，可以在图像中放置EPS、AI、PDP和PDF格式的图像文件，该命令主要用于将一个矢量图像文件转换为位图图像文件。放置一个图像文件后，系统将创建一个新的图层。

需要注意的是，CMYK模式的图片文件只能置入与其模式相同的图片。

实例 003 保存商品图像文件

在Photoshop软件中，用户经常需要保存商品文件，Photoshop可保存多种文件格式。下面详细介绍如何保存商品图像文件。

素材文件	素材\第1章\衬衣.jpg
效果文件	效果\第1章\衬衣.jpg
视频文件	视频\第1章\实例003 保存修改好的商品图像.mp4

步骤 01 在菜单栏中单击“文件”→“打开”命令，打开一幅素材图像，如图1-11所示。

图1-11 打开素材图像

步骤 02 在菜单栏中单击“文件”→“另存为”命令，如图1-12所示。

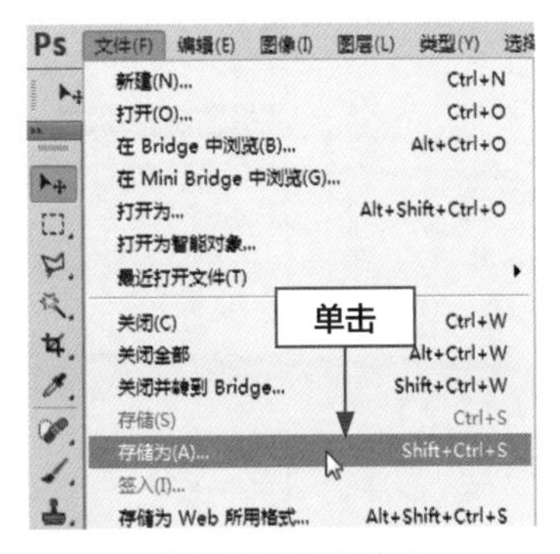

图1-12 单击“储存为”命令

步骤 03 执行上述操作后，弹出“另存为”对话框，设置保存路径、文件名称和保存格式，如图1-13所示（表1-2为图中标号说明）。

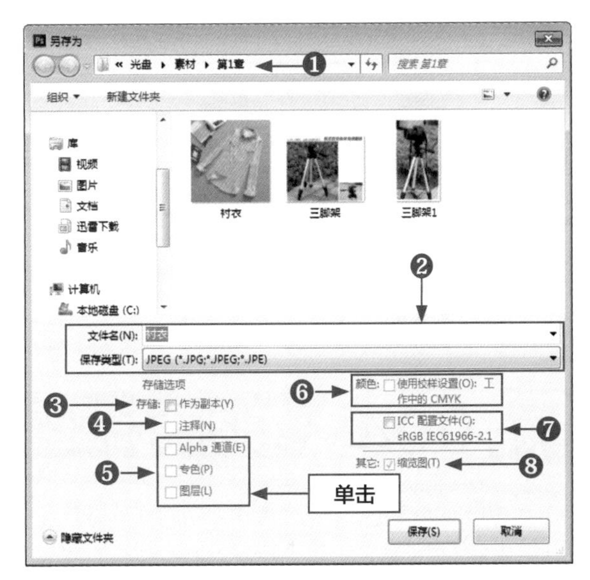

图1-13 弹出“另存为”对话框

步骤 04 单击“保存”按钮后会弹出信息提示框，如图1-14所示，单击“确定”按钮即可保存商品文件。

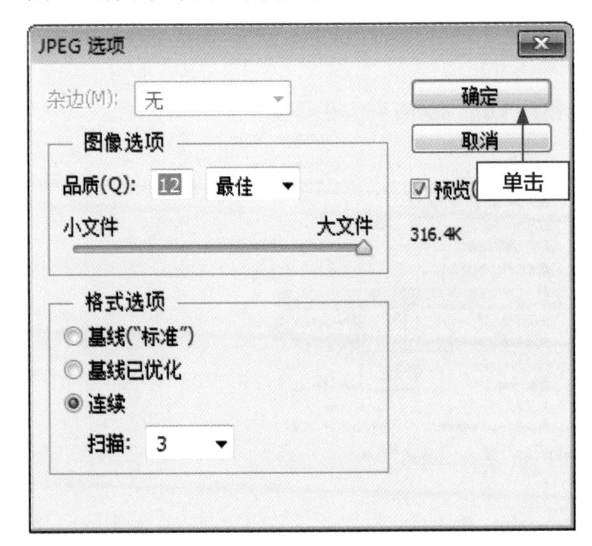

图1-14 信息提示框

表1-2 标号说明

标号	名称	选项说明
1	保存在	用户保存图层文件的位置
2	文件名/格式	用户可以输入文件名，并根据不同的需要选择文件的保存格式
3	作为副本	选中该复选框，可以另存一个副本，并且与源文件保存的位置一致
4	注释	用户自由选择是否存储注释
5	Alpha通道/图层/专色	用来选择是否存储Alpha通道、图层和专色
6	使用校样设置	当文件的保存格式为EPS或PDF时，才可选中该复选框。用于保存打印用的校样设置
7	ICC配置文件	用于保存嵌入文档中的ICC配置文件
8	缩览图	创建图像缩览图。方便以后在“打开”对话框中的底部显示预览图

技巧点拨

除了运用上述方法可以弹出“另存为”对话框外，还有以下两种方法。

- 快捷键1：按【Ctrl+S】组合键。
- 快捷键2：按【Ctrl+Shift+S】组合键。

当前编辑的商品文件只有在没有保存过的情况下，才会弹出信息提示框。若文件保存过则不会弹出信息提示框，而是直接保存。

实例004 关闭商品图像文件

运用Photoshop软件的过程中，当新建或打开许多商品文件时，就需要选择需要关闭的商品图像文件，然后再进行下一步的工作。

素材文件	素材\第1章\衬衣.jpg
效果文件	无
视频文件	视频\第1章\实例004 关闭商品图像文件.mp4

步骤 01 在菜单栏中单击“文件”→“关闭”命令，如图1-15所示。

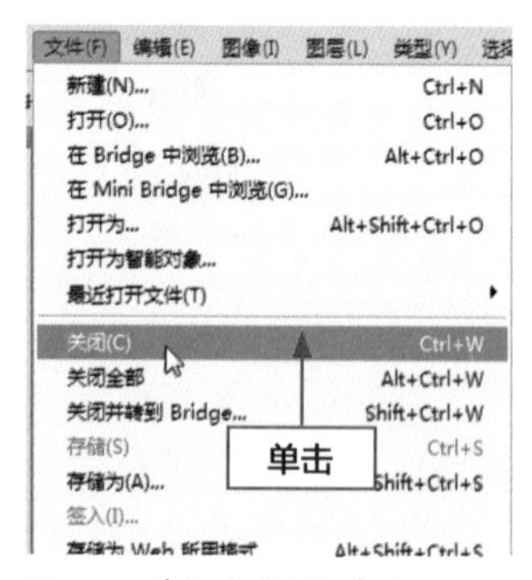

图1-15 单击“关闭”命令

步骤 02 执行操作后，即可关闭当前正在编辑的商品图像文件，如图1-16所示。

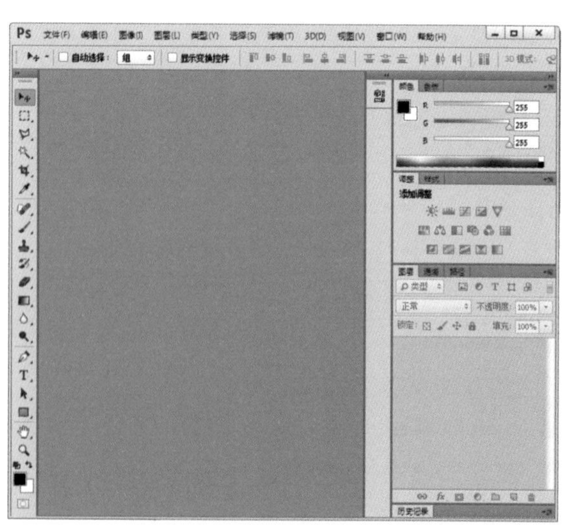

图1-16 关闭图像文件

技巧点拨

除了运用上述方法关闭图像文件外，还有以下4种常用的方法。

- 快捷键1：按【Ctrl+W】组合键，关闭当前文件。
- 快捷键2：按【Alt+Ctrl+W】组合键，关闭打开的所有文件。
- 快捷键3：按【Ctrl+Q】组合键，关闭当前文件并退出Photoshop。
- 按钮：单击图像文件标题栏上的“关闭”按钮×。

实例 005 编辑商品图像时面板的显示与隐藏

在对商品进行编辑时，我们通常都会用到浮动控制面板，控制面板主要用于对当前图像的颜色、图层、通道和撤销及相关的操作进行设置。面板位于工作界面的右侧，用户可以进行分离、移动和组合等操作。

素材文件	素材\第1章\无
效果文件	效果\第1章\无
视频文件	视频\第1章\实例005　编辑商品图像时面板的显示与隐藏.mp4

步骤 01 在菜单栏单击“窗口”命令，在下拉菜单中选择需要使用的面板，如图1-17所示。

步骤 02 执行上述操作后，面板前会出现勾选记号，面板就会显示在Photoshop工作界面右侧，如图1-18所示。隐藏面板只需再次单击“窗口”菜单中带标记的命令，即可隐藏面板。

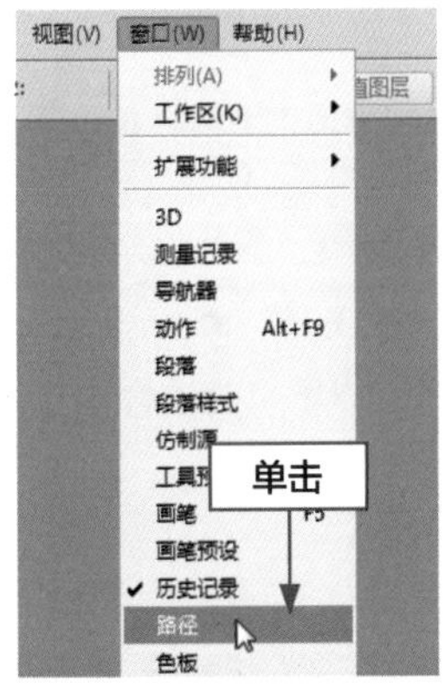

图1-17 单击“路径”命令

图1-18 显示浮动面板

技巧点拨

默认情况下，浮动面板分为6种：“图层”、“通道”、“路径”、“创建”、“颜色”和“属性”。用户可根据需要将它们进行任意分离、移动和组合。例如，将“颜色”浮动面板脱离原来的组合面板窗口，使其成为独立的面板，只要在“颜色”标签上单击鼠标左键并将其拖曳至其他位置即可；若要使面板复位，只需要将其拖回原来的面板控制窗口内即可。

按【Tab】键可以隐藏工具箱和所有的浮动面板；按【Shift+Tab】组合键可以隐藏所有浮动面板，并保留工具箱的显示。

实例 006 通过图层复制删除商品图像

复制图层可以将当前图层的商品图像完全复制于其他图层上，在美化商品过程中可以节省大量的操作时间。

素材文件	素材\第1章\包.jpg
效果文件	效果\第1章\包.jpg
视频文件	视频\第1章\实例006　通过图层复制删除商品图像.mp4

步骤 01 在菜单栏中单击"文件"→"打开"命令，打开一幅素材图像，如图1-19所示。

步骤 02 展开"图层"面板，选择"背景"图层，如图1-20所示。

图1-19 打开素材图像

图1-20 选择"背景"图层

步骤 03 单击鼠标右键，在弹出的快捷菜单中，选择"复制图层"选项，如图1-21所示。

步骤 04 执行上述操作后，弹出"复制图层"对话框，单击"确定"按钮即可复制商品图像，如图1-22所示。

图1-21 选择"复制图层"选项

图1-22 复制商品图像

步骤 05 选择"背景拷贝"图层，单击鼠标右键，在弹出的快捷菜单中选择"删除图层"选项，如图1-23所示。

步骤 06 执行上述操作后，弹出"删除图层"对话框，单击"是"按钮即可删除商品图像，如图1-24所示。

图1-23 选择"删除图层"选项

图1-24 删除商品图像

技巧点拨

复制图层的方法还有3种。

- 方法1：选择需要复制的图层后，单击"图层"→"复制图层"，弹出"复制图层"对话框，单击"确定"即可复制该图层商品图像。
- 方法2：选择需要复制的图层，按【Ctrl+J】组合键，即可复制商品图像。
- 方法3：选择需要复制的图层，按住鼠标左键不放并拖动到图层面板右下角的"创建新图层"图标上，然后放开鼠标左键即可复制产品图像。

删除图层的方法还有两种。

- 方法1：在选取移动工具并且当前图像中不存在选区的情况下，按【Delete】键，删除图层。
- 方法2：选择需要复制的图层，按住鼠标左键不放并拖动到图层面板右下角的"删除图层"图标上，然后放开鼠标左键即可删除商品图像。

实例 007 显示商品图像标尺

在Photoshop软件中，标尺显示了当前鼠标指针所在位置的坐标，应用标尺可以精确选取商品图像的范围和更准确地对齐商品图像。

下面详细介绍显示与隐藏标尺工具的操作方法。

素材文件	素材\第1章\粉色鞋子.jpg
效果文件	效果\第1章\粉色鞋子.jpg
视频文件	视频\第1章\实例007 显示商品图像标尺.mp4

步骤 01 在菜单栏中单击"文件"→"打开"命令，打开一幅素材图像，如图1-25所示。

步骤 02 在菜单栏中单击"视图"→"标尺"命令，如图1-26所示。

图1-25 打开素材图像

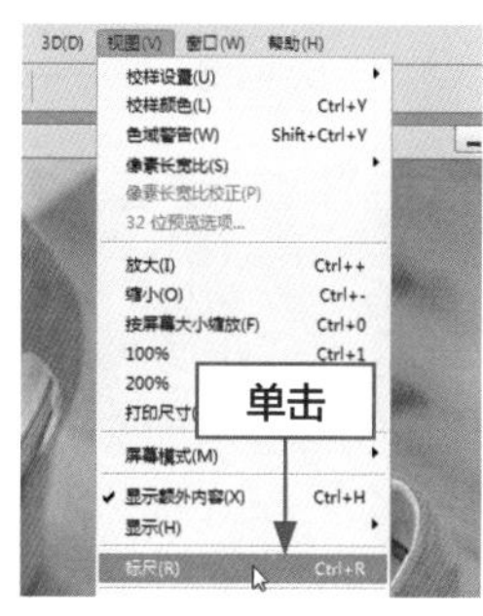

图1-26 单击“标尺”命令

步骤 03 执行上述操作后，即可显示标尺，如图1-27所示。

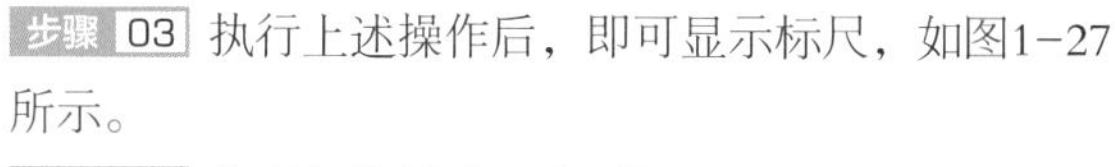

步骤 04 将鼠标指针移至水平标尺与垂直标尺的相交处，单击鼠标左键的同时拖曳指针至商品图像编辑窗口中的合适位置，如图1-28所示。

图1-27 显示标尺

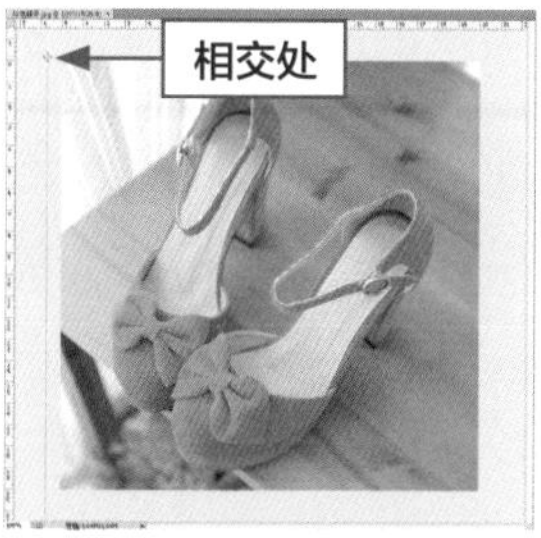

相交处

图1-28 拖曳鼠标指针至合适的位置

步骤 05 释放鼠标左键，即可更改标尺原点，如图1-29所示。

步骤 06 在菜单栏中单击“视图”→“标尺”命令，即可取消标尺，如图1-30所示。

技巧点拨

除了运用上述方法可以隐藏标尺外，用户可以按【Ctrl+R】组合键，在图像编辑窗口中隐藏或显示标尺。

图1-29 更改标尺原点

图1-30 取消标尺

实例 008 测量商品图像尺寸

Photoshop中的标尺工具是用来测量商品图像任意两点之间的距离与角度，应用标尺可以确定商品图像窗口中图像的大小和位置，还可以用来校正倾斜的商品图像，显示标尺后不论放大或缩小，标尺的测量数据始终以商品图像尺寸为准。

如果显示标尺，则标尺会显示出现在当前商品文件窗口的顶部和左侧，标尺内的标记可显示出指针移动时的位置。

素材文件	素材\第1章\藤制沙发.jpg
效果文件	效果\第1章\藤制沙发.jpg
视频文件	视频\第1章\实例008 测量商品图像.mp4

步骤 01 在菜单栏中单击“文件”→“打开”命令，打开一幅素材图像，如图1-31所示。

步骤 02 选取工具箱中的标尺工具，将鼠标移动至图像编辑窗口中，此时鼠标指针呈形状，如图1-32所示。

图1-31 打开素材图像

图1-32 选取标尺

步骤 03 在图像编辑窗口中确认测量的起始位置，单击鼠标左键并拖曳，确认测试长度，如图1-33所示。

步骤 04 在菜单栏中单击“窗口”→“信息”命令，即可打开“信息”面板，查看测量的信息，如图1-34所示。

技巧点拨

在Photoshop中，按住【Shift】键的同时，单击鼠标左键并拖动，可以沿水平、垂直或45°角的方向进行测量。将鼠标指针移至测量的支点上，单击鼠标左键并拖动，即可改变测量的长度和方向。

图1-33 确定测试长度

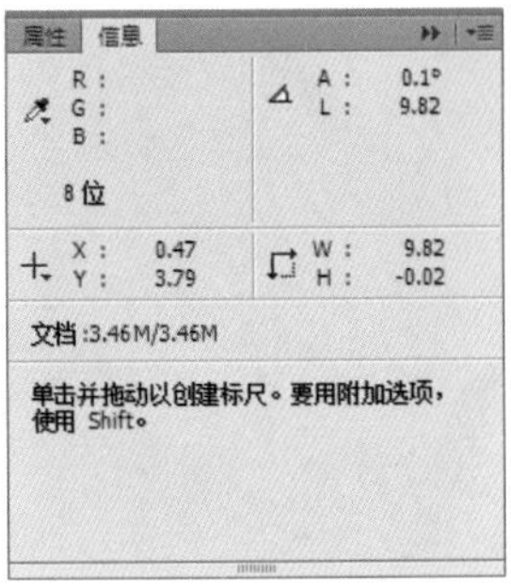

图1-34 查看测量信息

实例 009 编辑商品图像参考线

在Photoshop软件中，参考线主要用于协助商品图像的对齐和定位操作，它是浮动在整个商品图像上却不被打印的直线，用户可以随意移动、删除或锁定参考线。

为了精确知道某一位置后进行对齐操作，可绘制出一些参考线。下面详细介绍创建参考线、显示与隐藏参考线、移动和删除参考线的操作方法。

素材文件	素材\第1章\沙发.jpg
效果文件	效果\第1章\沙发.psd、沙发.jpg
视频文件	视频\第1章\实例009 编辑商品图像参考线.mp4

步骤 01 在菜单栏中单击“文件”→“打开”命令，打开一幅素材图像，如图1-35所示。

图1-35 打开素材图像

步骤 02 在菜单栏中单击“视图”→“新建参考线”命令，如图1-36所示。

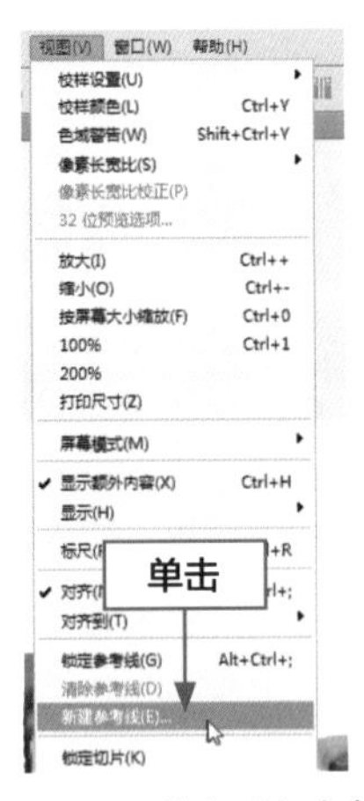

图1-36 单击“新建参考线”命令

步骤 03 执行上述操作后，弹出“新建参考线”对话框，选中“垂直”单选按钮，在“位置”右侧的文本框中设置数值为10厘米，如图1-37所示。

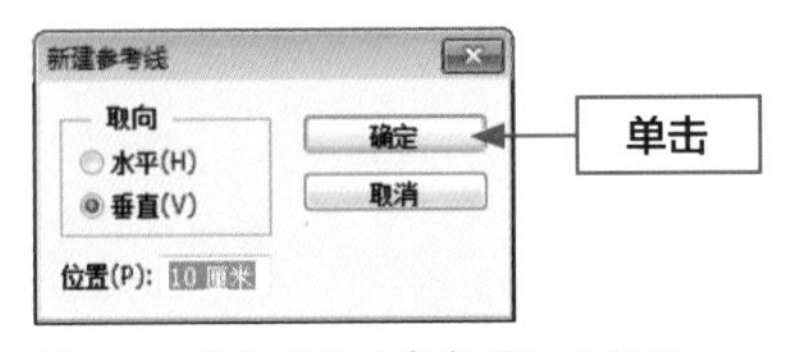

图1-37 弹出“新建参考线”对话框

步骤 04 单击“确定”按钮即可新建垂直参考线，如图1-38所示。

图1-38 创建垂直参考线

技巧点拨

通过“新建参考线”对话框，可以精确地建立参考线。在此之前，用户应了解商品图像的尺寸，这样才能通过输入精确数值来设置参考线。若用户不清楚商品图像的尺寸，则可以先新建参考线，不输入数值，然后使用移动工具选择参考线，按住鼠标左键来拖动参考线至相应位置即可。

在Photoshop软件中，单击“视图”→“清除参考线”命令，可以删除所有的参考线。若用户只需删除某一条参考线，可选择移动工具，然后将参考线拖曳至编辑窗口以外即可。

步骤 05 在菜单栏中单击“视图”→“新建参考线”命令，弹出“新建参考线”对话框，选中“水平”单选按钮，在“位置”右侧的文本框中设置数值为10厘米，如图1-39所示。

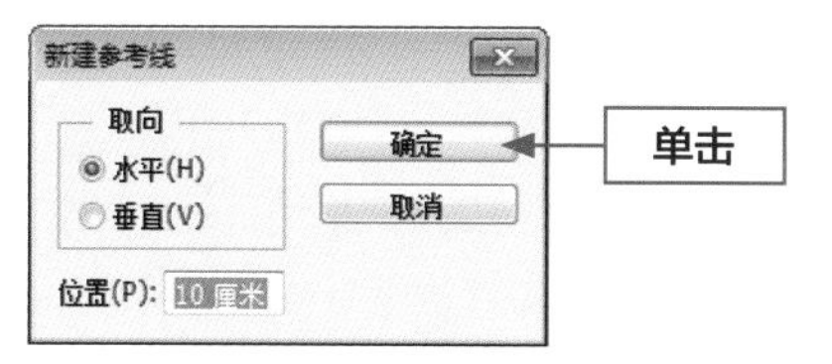

图1-39 弹出“新建参考线”对话框

步骤 06 单击“确定”按钮，即可新建水平参考线，如图1-40所示。

图1-40 创建水平参考线

技巧点拨

- 显示标尺后，使用移动工具在标尺上单击鼠标左键，再向窗口中拖曳鼠标即可新建自定义参考线。
- 按住【Ctrl】键的同时拖曳鼠标，即可移动参考线。
- 按住【Shift】键的同时拖曳鼠标，可使参考线与标尺上的刻度对齐。
- 按住【Alt】键的同时拖曳参考线，可切换参考线水平和垂直的方向。

实例 010 给商品添加注释

在Photoshop软件中，使用注释工具可以在商品图像的任何区域添加文字注释，标记制作说明或其他有用信息。

当用户做好一部分的商品图像处理后，需要接着处理另一部分时，就需要在商品图像上添加部分注释，内容即是用户所需要的处理效果，当处理图像的人打开商品图像时即可看到添加的注释，知道应该如何处理商品图像。

素材文件	素材\第1章\躺椅沙发.jpg
效果文件	效果\第1章\躺椅沙发.psd、躺椅沙发.jpg
视频文件	视频\第1章\实例010 给商品添加注释.mp4

步骤 01 在菜单栏中单击“文件”→“打开”命令，打开一幅素材图像，如图1-41所示。

步骤 02 选取工具箱中的注释工具，移动鼠标至图像编辑窗口中，单击鼠标左键，弹出“注释”面板，在“注释”面板文本框中输入说明文字“躺椅”，如图1-42所示。

图1-41 打开素材图像

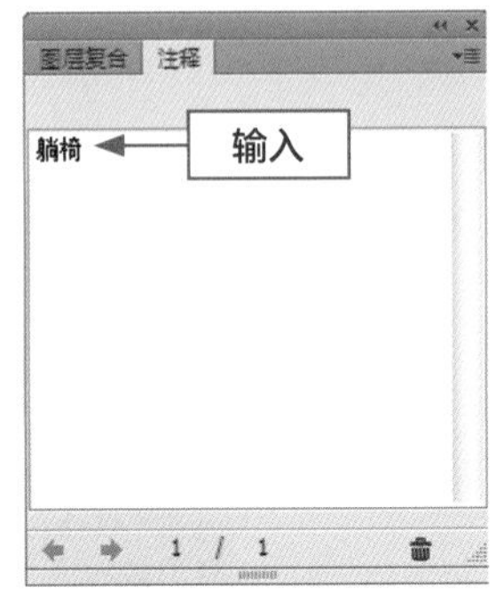

图1-42 输入说明文字

步骤 03 执行上述操作后，即可创建注释，如图1-43所示。

步骤 04 将鼠标移动至图像编辑窗口中合适位置，单击鼠标左键，弹出“注释”面板，在“注释”面板文本框中输入说明文字“茶几”，如图1-44所示。

图1-43 创建注释

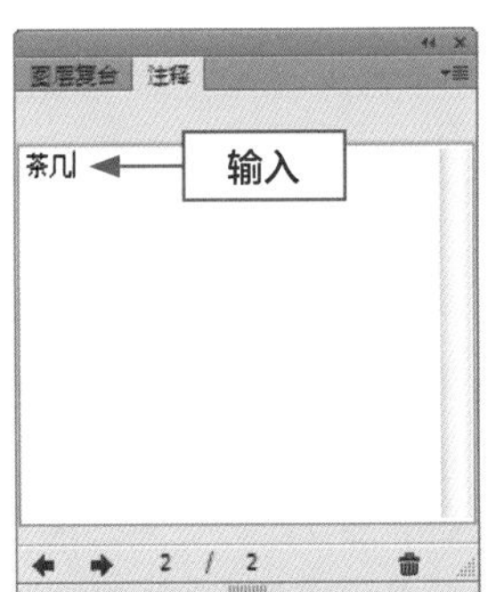

图1-44 输入说明文字

技巧点拨

注释工具是用来协同制作图像的，是为了更好地记录详细的商品图片信息。

步骤 05 将鼠标移动至“注释”面板左下方的“选择上一注释”按钮上，单击鼠标左键，即可切换注释，如图1-45所示。

步骤 06 在工具属性栏中，单击“注释颜色”色块，在弹出的“拾色器（注释颜色）”对话框中，设置RGB参数值分别为59、161、86，如图1-46所示。

图1-45 切换注释

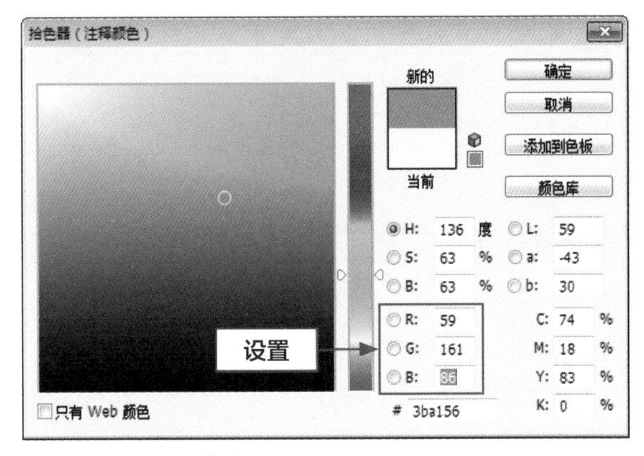

图1-46 设置RGB颜色

步骤 07 执行上述操作后，单击“确定”按钮，即可更改注释颜色，如图1-47所示。

步骤 08 单击工具属性栏上的“清除全部”按钮，弹出信息提示框，单击“确定”按钮，即可清除注释，如图1-48所示。

图1-47 更改注释颜色

图1-48 清除注释

实例 011 撤销错误还原操作

在处理商品图像时，Photoshop会自动将已执行的操作记录在“历史记录”面板中。在处理商品图片出错的时候，在没有关闭商品文件的前提下，用户可以使用该面板撤销前面所进行的任何操作。

素材文件	素材\第1章\牛仔短裤.jpg
效果文件	效果\第1章\牛仔短裤.psd、牛仔短裤.jpg
视频文件	视频\第1章\实例011 撤销错误还原操作.mp4

步骤 01 在菜单栏中单击“文件”→“打开”命令，打开一幅素材图像，如图1-49所示。

步骤 02 选取工具箱中的矩形选框工具，移动鼠标至图像编辑窗口合适位置，按住鼠标左键不放并拖动鼠标创建矩形选框，如图1-50所示。

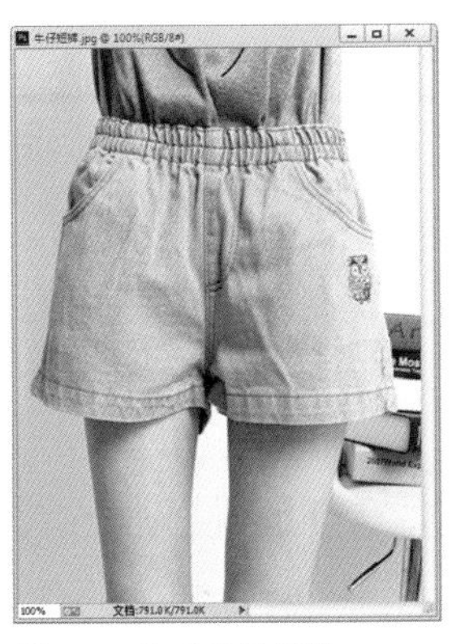

图1-49 打开素材图像

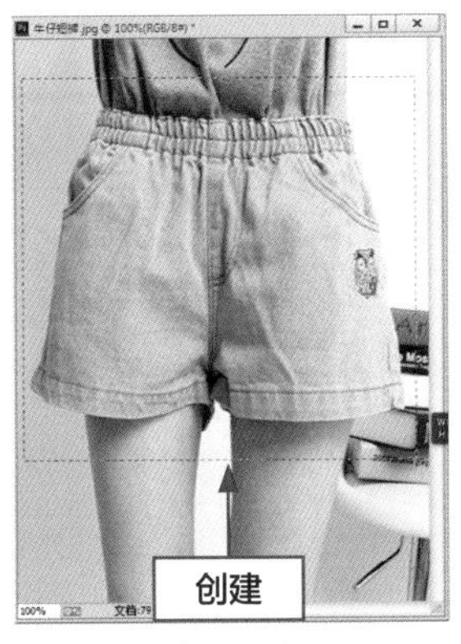

图1-50 创建矩形选框

步骤 03 按【Ctrl+J】组合键复制图层，选择“图层”面板中的“背景”图层，单击鼠标右键，在弹出的快捷菜单中选择“删除图层”选项，如图1-51所示。

步骤 04 执行上述操作后，弹出“删除图层”对话框，如图1-52所示。

图1-51 选择“删除图层”选项

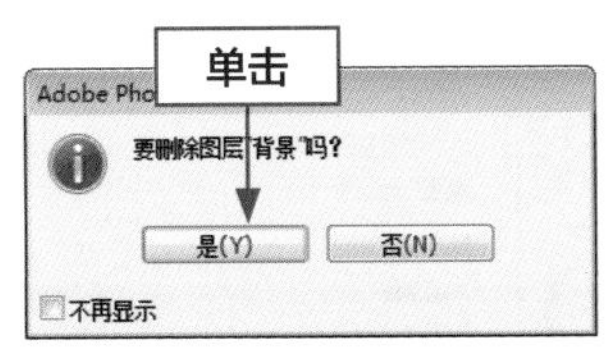

图1-52 弹出“删除图层”对话框

步骤 05 单击“是”按钮，即可删除背景图层，效果如图1-53所示。

步骤 06 展开“历史记录”面板，选择“打开”选项，如图1-54所示。

技巧点拨

在Photoshop的“历史记录”面板中，如果单击前一个步骤给商品图像还原时，那么该步骤以下的操作就会全部变暗；如果此时继续进行其他操作，则该步骤后面的记录将会被新的操作所代替。

图1-53 删除背景图层

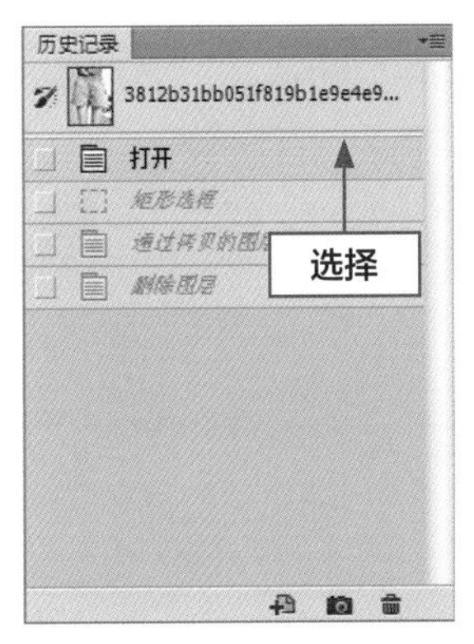

图1-54 选择“打开”选项

步骤 07 执行上述操作后，即可恢复图像至打开时的状态，效果如图1-55所示。

步骤 08 选择“矩形选框”选项，即可还原到操作步骤时的效果，如图1-56所示。

图1-55 恢复图像

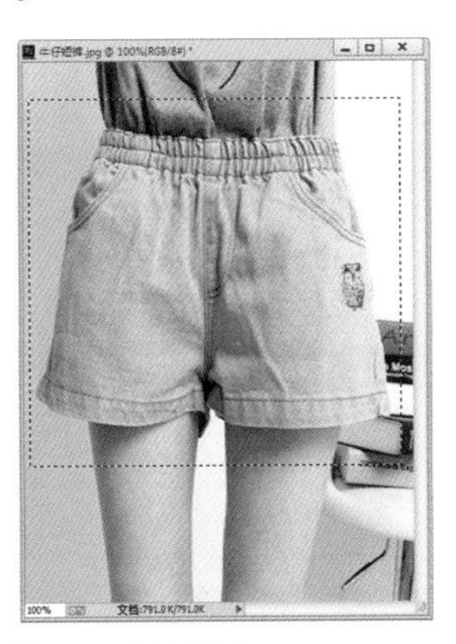

图1-56 还原操作

实例012 商品图像的恢复和清理

在Photoshop软件中处理商品图像时，软件会自动保存大量的中间数据，在这期间如果不定期处理，就会影响计算机的速度，使之变慢。用户定期对磁盘的清理，能加快系统的处理速度，同时也有助于在处理商品图像时速度的提升。

素材文件	素材\第1章\布艺太阳帽.jpg
效果文件	效果\第1章\布艺太阳帽.jpg
视频文件	视频\第1章\实例012　商品图像的恢复和清理.mp4

步骤 01 在菜单栏单击“文件”→“打开”命令，打开一幅素材图像，如图1-57所示。

图1-57 打开素材图像

步骤 02 在菜单栏单击“图像”→“图像旋转”→“水平翻转画布”命令，如图1-58所示。

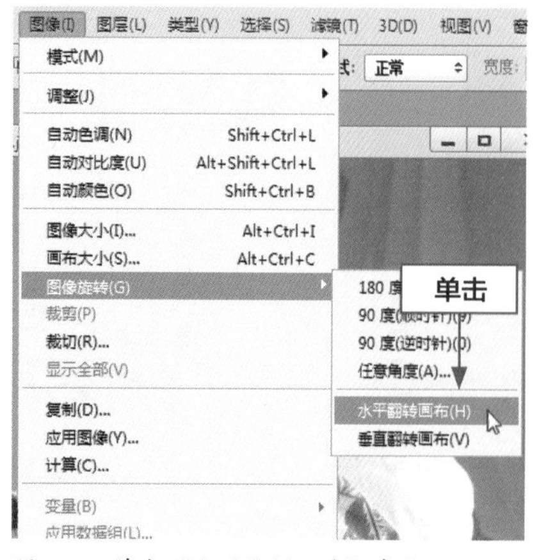

图1-58 单击“水平翻转画布”命令

步骤 03 执行上述操作后，即可翻转图像，效果如图1-59所示。

图1-59 翻转图像

步骤 04 在菜单栏中单击“文件”→“恢复”命令，如图1-60所示。

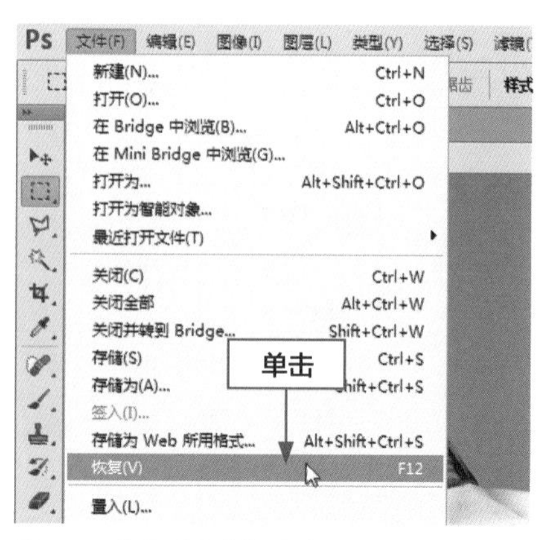

图1-60 单击“恢复”命令

步骤 05 执行上述操作后，即可恢复图像，如图1-61所示。

图1-61 恢复图像

步骤 06 在菜单栏中单击“编辑”→“清理”→“剪贴板”命令，即可清除剪贴板的内容，如图1-62所示。

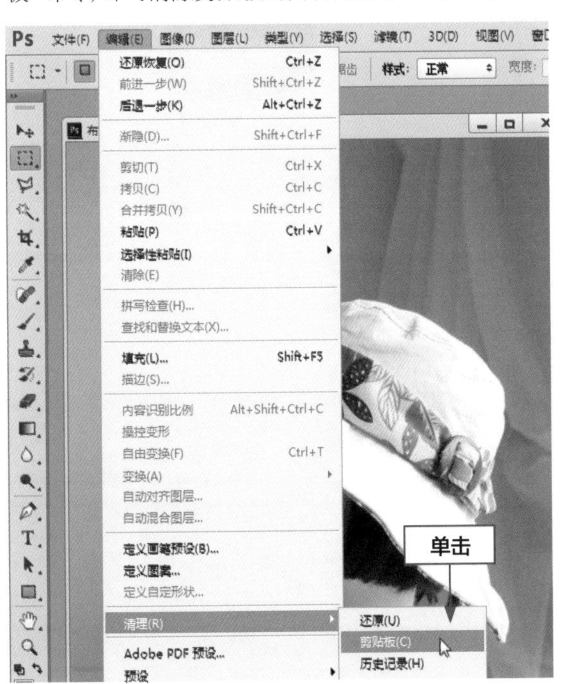

图1-62 单击“剪贴板”命令

步骤 07 在菜单栏中单击“编辑”→“清理”→“历史记录”命令，即可清除历史记录的内容，如图1-63所示。

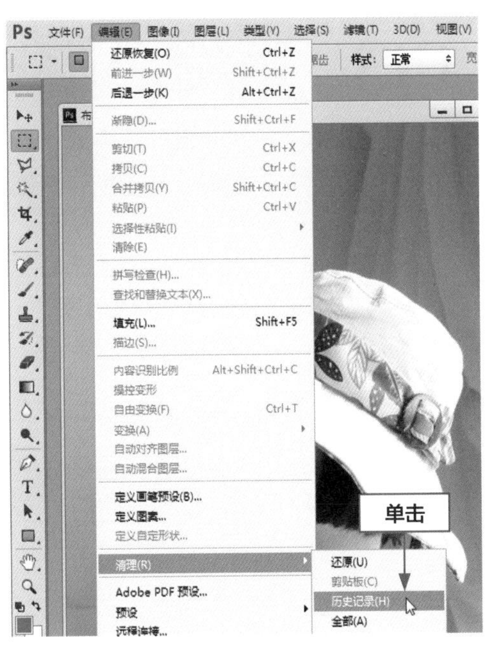

图1-63 单击“历史记录”命令

步骤 08 在菜单栏中单击“编辑”→“清理”→“全部”命令，即可清除全部的内容，如图1-64所示。

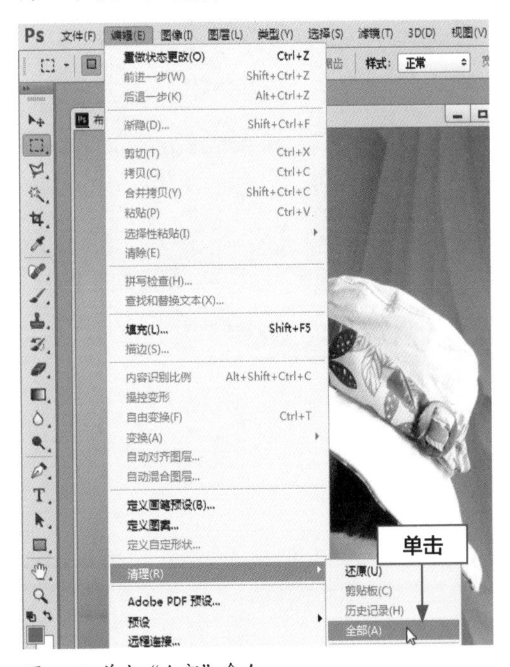

图1-64 单击“全部”命令

技巧点拨

“清理”下拉菜单中的“历史记录”和“全部”命令不仅会清理当前文档的历史记录，它还会作用于其他在Photoshop中打开的文件。

实例 013 优化系统运行设置

在Photoshop中，用户可以根据需要优化操作界面，这样不仅可以美化图像编辑窗口，还可以在执行设计操作时更加得心应手。

- 在使用Photoshop软件处理商品文件的过程中，用户可以根据需要对Photoshop的操作环境进行相应的优化设置，这样有助于提高工作效率。
- 用户经常对文件处理选项进行相应优化设置，不仅不会占用计算机内存，而且还能加快浏览商品图像的速度，更加方便操作。
- 在使用Photoshop软件处理商品文件时，设置优化暂存盘可以让系统有足够的空间存放数据，防止空间不足，丢失商品文件数据。

素材文件	素材\第1章\创意沙发.jpg
效果文件	无
视频文件	视频\第1章\实例013 优化系统运行设置.mp4

步骤 01 在菜单栏中单击“文件”→“打开”命令，打开一幅素材图像，如图1-65所示。

图1-65 打开素材文件

步骤 02 在菜单栏中单击“编辑”→“首选项”→“界面”命令，如图1-66所示。

图1-66 单击“界面”命令

步骤 03 执行上述操作后，弹出“首选项”对话框，如图1-67所示。

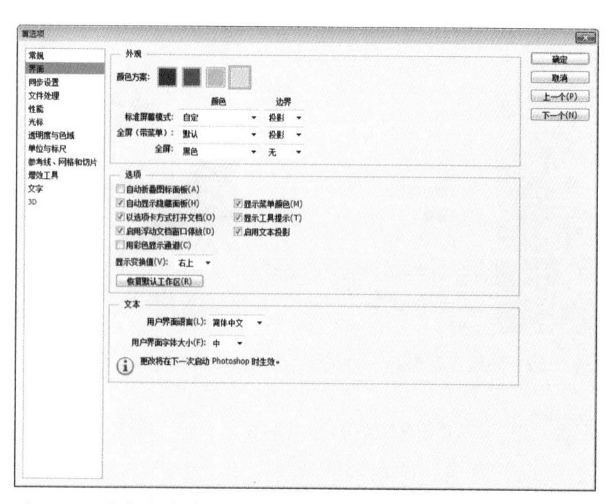

图1-67 弹出“首选项”对话框

步骤 04 单击"标准屏幕模式"右侧的下拉按钮，在弹出的列表框中选择"选择自定义颜色"选项，如图1-68所示。

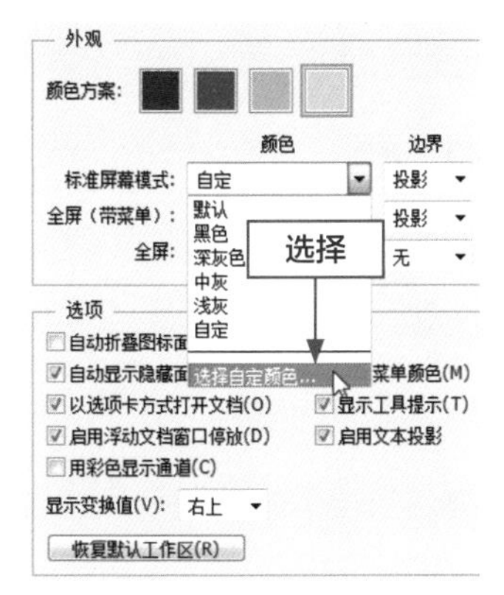

图1-68 选择"自定义颜色"选项

步骤 05 弹出"拾色器（自定画布颜色）"对话框，设置RGB参数值为210、250、255，如图1-69所示。

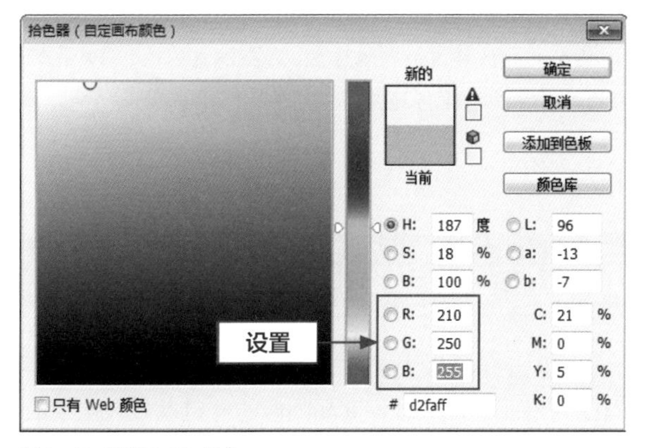

图1-69 设置RGB颜色

步骤 06 单击"确定"按钮，返回"首选项"对话框，然后单击"确定"按钮，标准屏幕模式即可呈自定颜色显示，如图1-70所示。

图1-70 自定义标准屏幕模式

技巧点拨

除了运用上述方法可以转换标准屏幕模式颜色外，还可以在编辑窗口的灰色区域内单击鼠标右键，在弹出的快捷菜单中用户可以根据需要选择"灰色"、"黑色"、"自定"以及"自定颜色"选项。

步骤 07 在菜单栏中单击"编辑"→"首选项"→"文件处理"命令，弹出"首选项"对话框，如图1-71所示。

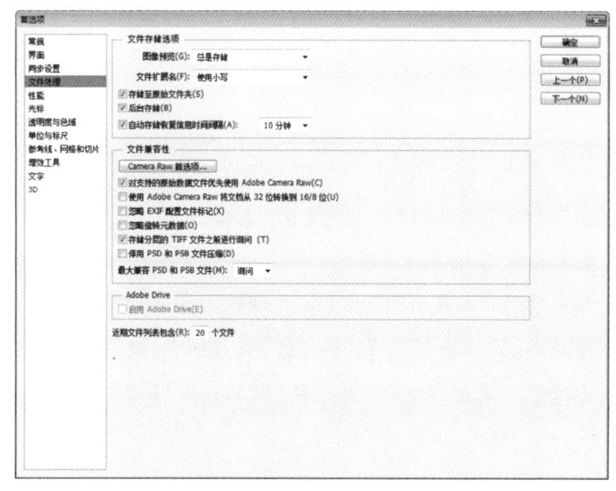

图1-71 弹出"首选项"对话框

步骤 08 单击"图像预览"右侧的下拉按钮，在弹出的列表框中选择"存储时询问"选项，单击"确定"按钮，即可优化文件处理，如图1-72所示。

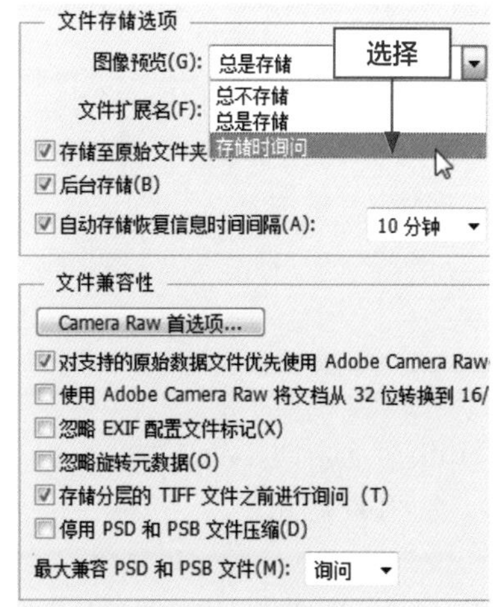

图1-72 单击"确定"按钮

步骤 09 在菜单栏中单击"编辑"→"首选项"→"性能"命令，弹出"首选项"对话框，如图1-73所示。

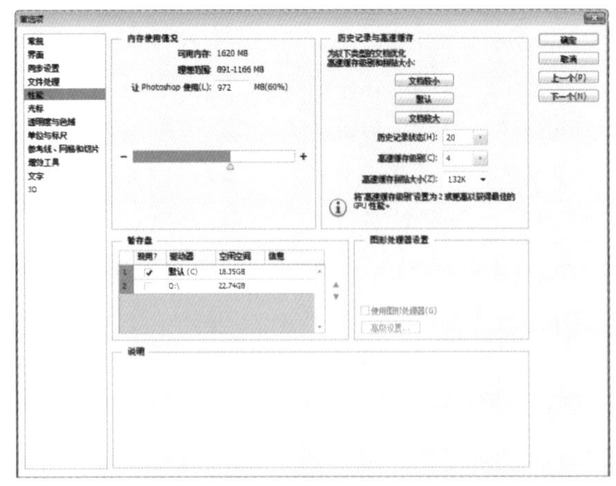
图1-73 弹出“首选项”对话框

步骤 10 在“暂存盘”选项区中，选择“D：\”复选框，如图1-74所示，然后单击“确定”按钮，即可优化暂存盘。

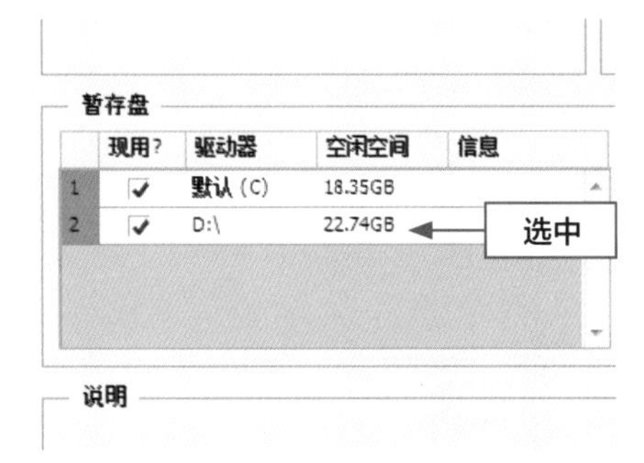

图1-74 选中“D：\”复选框

技巧点拨

在“文件存储选项”选项区中的“图像预览”列表框中，还有“总不询问”和“总是询问”两个选项，用户可以根据自身的需要进行相关的设置。

暂存盘的作用是当Photoshop处理较大的图像文件，并且在内存存储已满的情况下，将暂存盘的磁盘空间作为缓存来存放数据。用户可以在“暂存盘”选项区中，设置系统磁盘空闲最大的分区作为第一暂存盘。需要注意的是，用户最好不要把系统盘作为第一暂存盘，防止频繁地读写硬盘数据，影响操作系统的运行速度。

实例 014 最大化最小化显示产品图像

在Photoshop中，用户可以同时打开多个商品图像文件，其中当前图像编辑窗口将会显示在最前面。

用户可以根据工作需要移动窗口位置、调整窗口大小、改变窗口排列方式或在各窗口之间切换，让工作环境变得更加简洁。

单击标题栏上的“最大化”按钮和“最小化”按钮，即可将商品图像的窗口以最大化或最小化显示。

素材文件	素材\第1章\蓝色裙子.jpg
效果文件	无
视频文件	视频\第1章\实例014　最大化最小化显示产品图像.mp4

步骤 01 在菜单栏中单击“文件”→“打开”命令，打开一幅素材图像，如图1-75所示。

步骤 02 将鼠标指针移动至图像窗口的标题栏上，单击鼠标左键的同时并向下拖曳指针，如图1-76所示。

图1-75 打开素材图像

图1-76 拖曳图像窗口

步骤 03 将鼠标指针移动至图像编辑窗口标题栏上的“最大化”按钮上，单击鼠标左键，即可最大化窗口，如图1-77所示。

图1-77 最大化窗口

步骤 04 将鼠标指针移动至图像编辑窗口标题栏上的“最小化”按钮上，单击鼠标左键，即可最小化窗口，如图1-78所示。

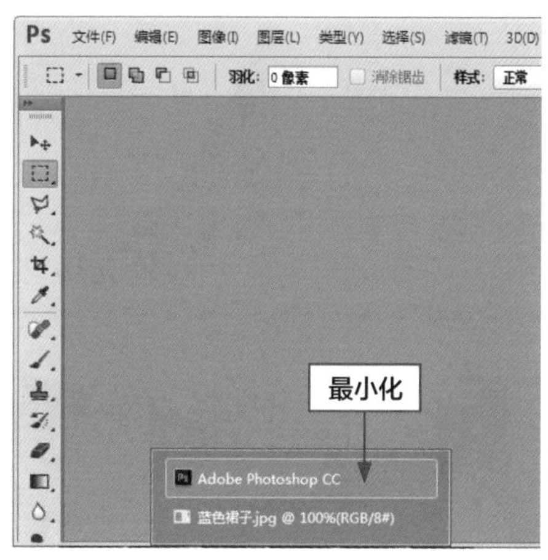

图1-78 最小化窗口

实例 015 调整商品图像窗口排列

在Photoshop软件中，当打开多个商品图像文件时，每次只能显示一个商品图像编辑窗口内的图像。若用户需要对多个窗口中的内容进行比较，则可将各窗口以水平平铺、浮动、层叠和选项卡等方式进行排列。

素材文件	素材\第1章\鞋子1.jpg、鞋子2.jpg、鞋子3.jpg、鞋子4.jpg、
效果文件	效果\第1章\无
视频文件	视频\第1章\实例015 调整产品图像窗口排列.mp4

步骤 01 在菜单栏中单击“文件”→“打开”命令，打开4幅素材图像，如图1-79所示。

图1-79 打开素材图像

步骤 02 在菜单栏中单击“窗口”→“排列”→“平铺”命令，如图1-80所示。

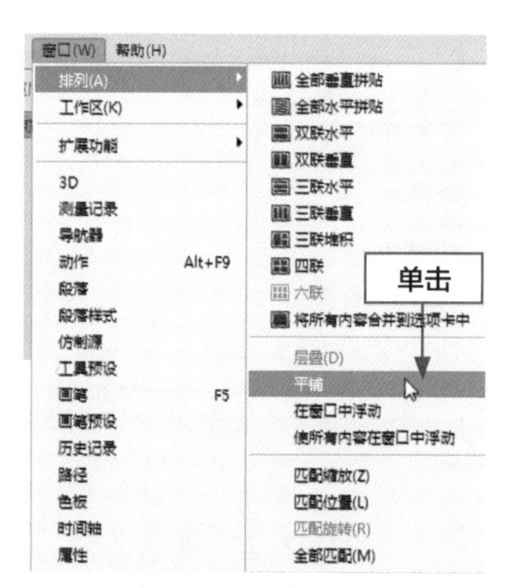

图1-80 单击“平铺”命令

技巧点拨

当用户需要对窗口进行适当的布置时，可以将鼠标指针移至图像窗口的标题栏上，单击鼠标左键的同时拖动，即可将图像窗口拖曳到屏幕任意位置。

步骤 03 执行上述操作后，即可平铺窗口中的图像，如图1-81所示。

图1-81 平铺窗口中的图像

步骤 04 在菜单栏中单击“窗口”→“排列”→“在窗口中浮动”命令，如图1-82所示。

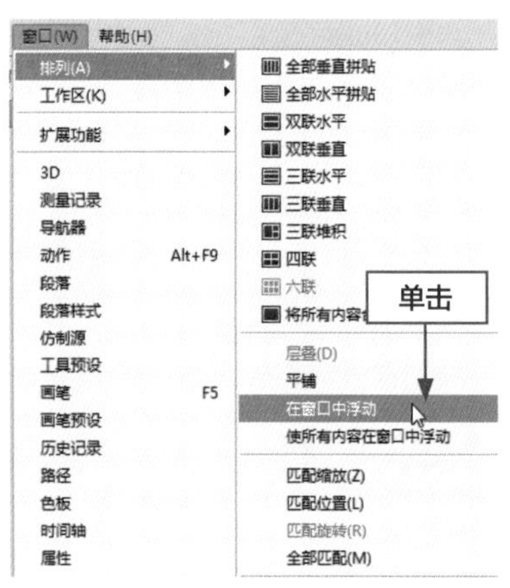

图1-82 单击“在窗口中浮动”命令

步骤 05 执行上述操作后，即可使当前编辑窗口浮动排列，如图1-83所示。

步骤 06 在菜单栏中单击“窗口”→“排列”→“使所有内容在窗口中浮动”命令，即可使所有内容在窗口中浮动，效果如图1-84所示。

步骤 07 在菜单栏中单击“窗口”→“排列”→“将所有内容合并到选项卡中”命令，如图1-85所示。

图1-83 浮动排列窗口

图1-84 使所有内容在窗口中浮动

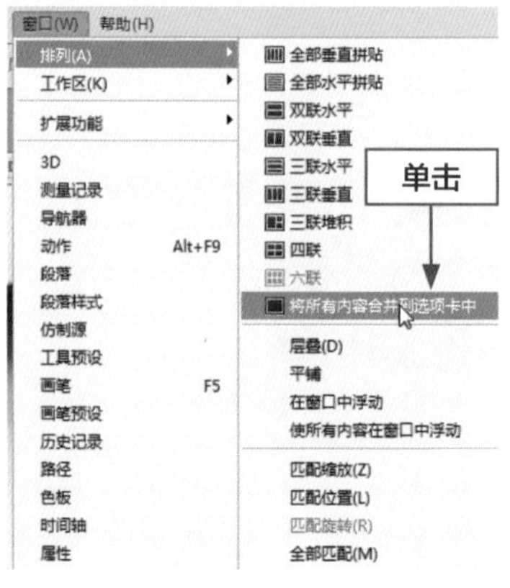

图1-85 单击相应命令

步骤 08 执行上述操作后，即可以选项卡的方式排列图像窗口，如图1-86所示。

图1-86 以选项卡方式排列图像窗口

步骤 09 在菜单栏中单击“窗口”→“排列”→“平铺”命令，调整“鞋子1”素材图像的缩放比例为100%，如图1-87所示。

步骤 10 在菜单栏中单击“窗口”→“排列”→“匹配位置”命令，即可以“匹配位置”方式排列图片，如图1-88所示。

图1-87 调整素材图像缩放比例

图1-88 以“匹配位置”方式排列

实例 016 切换商品图像编辑窗口

在Photoshop软件中，用户在处理商品图像过程中，如果界面的图像编辑窗口中同时打开多幅商品图像，则可以根据需要在各窗口之间进行切换，让工作界面变得更加方便、快捷，从而提高工作效率。

素材文件	素材\第1章\帽子1.jpg、帽子2.jpg
效果文件	效果\第1章\无
视频文件	视频\第1章\实例016　切换商品图像编辑窗口.mp4

技巧点拨

除了运用本实例的方法可以切换图像编辑窗口外，还有以下3种方法。

- 快捷键1：按【Ctrl+Tab】组合键。
- 快捷键2：按【Ctrl+F6】组合键。
- 快捷菜单：单击“窗口”菜单，在弹出的菜单列表中的最下方，Photoshop会列出当前打开的所有素材图像的名称，单击任意一个图像名称，即可将其切换为当前图像窗口。

步骤 01 在菜单栏中单击“文件”→“打开”命令，打开两幅素材图像，将所有图像设置在窗口中浮动，如图1-89所示。

步骤 02 将鼠标指针移动至“帽子2”素材图像的编辑窗口上，单击鼠标左键，即可将素材图像置为当前编辑窗口，如图1-90所示。

图1-89 将所有图像在窗口中浮动

图1-90 将图像置为当前窗口

实例017 商品图像的放大和缩小

用户在编辑商品图像过程中有时需要查看图像精细部分，此时可以灵活运用缩放工具，随时对商品图像进行放大或缩小。当选择工具箱中的放大工具时，其工具属性栏的变化如图1-91所示（表1-3为图中标号说明）。

素材文件	素材\第1章\项链.jpg
效果文件	效果\第1章\无
视频文件	视频\第1章\实例017 商品图像的放大和缩小.mp4

❶ ❷ ❸ ❹ ❺ ❻ ❼

调整窗口大小以满屏显示 缩放所有窗口 细微缩放 100% 适合屏幕 填充屏幕

图1-91 放大工具选项栏

表1-3 标号说明

标号	名称	选项说明
1	放大/缩小	单击放大按钮，即可放大图片，单击缩小按钮，即可缩小图片
2	调整窗口大小以满屏显示	自动调整窗口的大小
3	缩放所有窗口	同时缩放所有打开的文档窗口
4	细微缩放	用户选中该复选框，在画面中单击并向左或向右拖动鼠标，能够快速放大或缩小窗口；取消该复选框时，在画面中单击并拖动鼠标，会出现一个矩形框，放开鼠标后，矩形框中的图像会放大至整个窗口
5	100%	图像以实际的像素显示
6	适合屏幕	在窗口中最大化显示完整的图像
7	填充屏幕	在整个屏幕内最大化显示完整的图像

步骤 01 在菜单栏中单击“文件”→“打开”命令，打开一幅素材图像，如图1-92所示，选取工具箱中的缩放工具，在工具属性栏中单击“放大”按钮。

步骤 02 将鼠标指针移至图像编辑窗口中，此时鼠标指针呈带加号的放大镜形状，在图像编辑窗口中单击鼠标左键，即可将图像放大，如图1-93所示。

图1-92 打开素材图像

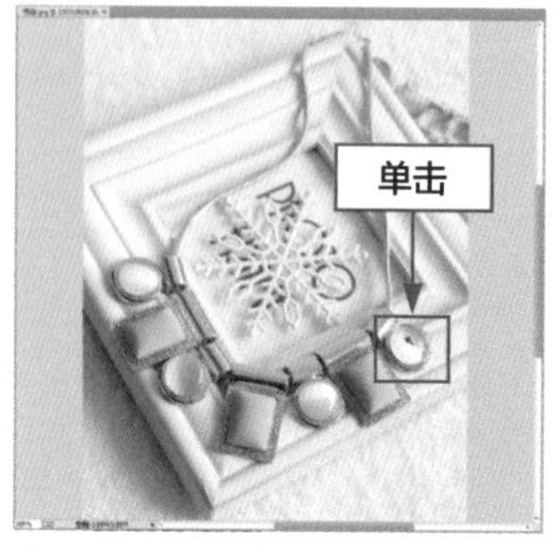

图1-93 放大图像

步骤 03 在工具属性栏中单击“缩小”按钮，将鼠标指针移至图像编辑窗口中，效果如图1-94所示。

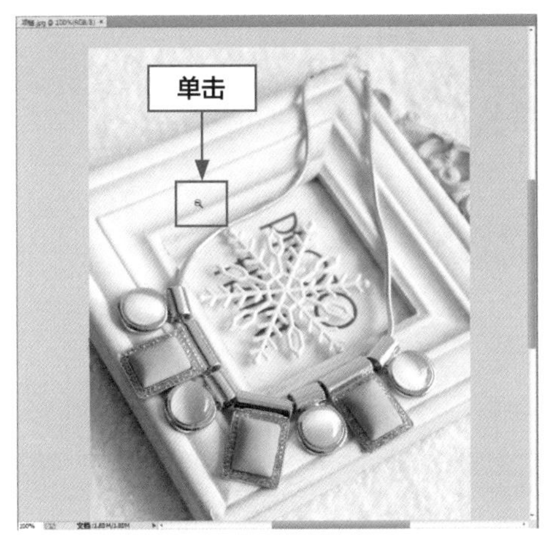

图1-94 将鼠标指针移至图像编辑窗口中

步骤 04 单击鼠标左键，即可缩小图像，如图1-95所示。

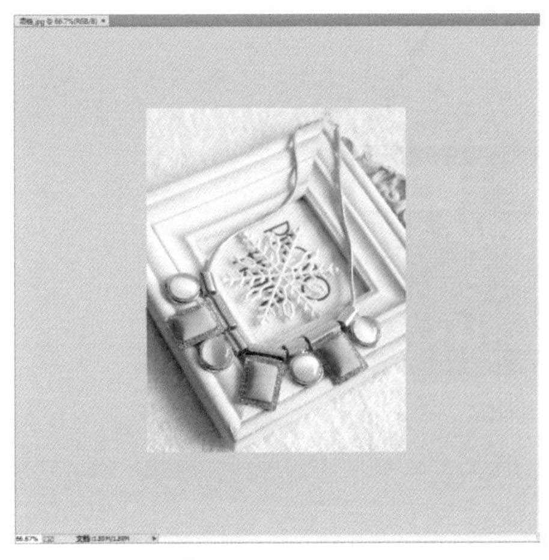

图1-95 缩小图像

技巧点拨

除了运用上述方法可以放大显示图像外，还有以下3种方法。

- 命令：单击“视图”→“放大”命令。
- 快捷键1：按【Ctrl++】组合键，可以逐级放大图像。
- 快捷键2：按【Ctrl+空格】组合键，当鼠标指针呈带加号的放大镜形状时，单击鼠标左键，即可放大图像。每单击一次鼠标左键，图像就会缩小一倍。例如，图像以200%的比例显示在屏幕上，选取缩放工具后，在图像中单击鼠标左键，则图像将缩小至原图像的100%。

实例 018 通过抓手工具移动商品图像

用户在编辑商品图像时，当商品图像尺寸较大，或者由于放大窗口显示比例而不能显示全部商品图像时，可以使用抓手工具移动画面，查看和编辑商品图像的不同区域。

素材文件	素材\第1章\紫色包包.jpg
效果文件	无
视频文件	视频\第1章\实例018 通过抓手工具移动商品图像.mp4

步骤 01 在菜单栏中单击“文件”→“打开”命令，打开一幅素材图像，如图1-96所示。

步骤 02 选取工具箱中的缩放工具，在工具属性栏中单击“放大”按钮，将鼠标指针移动至图像编辑窗口中，此时鼠标指针呈带加号的放大镜形状，在图像编辑窗口中单击鼠标左键，即可将图像放大，效果如图1-97所示。

图1-96 打开素材图像

图1-97 放大素材图像

步骤 03 选取工具栏中的抓手工具，将鼠标指针移动至图像编辑窗口，如图1-98所示。

图1-98 将鼠标移至图像编辑窗口

步骤 04 按住鼠标左键不放并拖动鼠标即可移动图像，效果如图1-99所示。

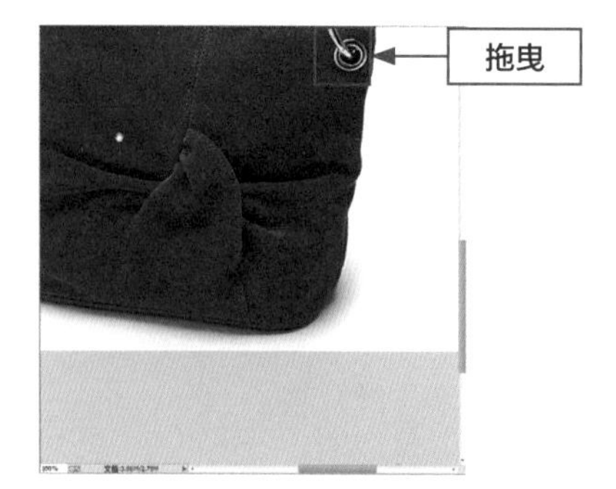

图1-99 移动图像

技巧点拨

除了使用命令选取抓手工具以外，还可使用快捷键【H】。

使用绝大多数工具时，按住空格键不放都可切换为抓手工具，放开空格键后还原为之前正在使用的工具。

实例 019 按适合屏幕显示商品图像

当商品图像被放大到一定程度，需要恢复全图时，用户可在工具属性栏中单击“适合屏幕”按钮，即可按适合屏幕大小显示商品图像。

素材文件	素材\第1章\裙子.jpg
效果文件	无
视频文件	视频\第1章\实例019　按适合屏幕显示商品图像.mp4

技巧点拨

除了运用本实例中的方法可以将商品图像以最合适的比例完全显示外，在Photoshop中还有以下两种方法也可实现。

- 工具：双击工具箱中的抓手工具。
- 快捷菜单：当鼠标呈放大镜形状时，单击鼠标右键，在弹出的快捷菜单中，选择“按屏幕大小缩放”选项。

步骤 01 在菜单栏中单击“文件”→“打开”命令，打开一幅素材图像，选取工具箱中的缩放工具，将素材图像放大，如图1-100所示。

图1-100 将素材图像放大

步骤 02 在工具属性栏中，单击“适合屏幕”按钮，执行上述操作后，即可以适合屏幕的大小显示图像，如图1-101所示。

图1-101 “适合屏幕”的显示效果

实例020 按区域显示商品图像

在Photoshop软件中，如果用户只需要查看商品图像的某个区域时，就可以运用缩放工具，进行局部放大区域图像，或者运用导航器面板进行查看。

素材文件	素材\第1章\三人沙发.jpg
效果文件	无
视频文件	视频\第1章\实例020 按区域显示商品图像.mp4

步骤 01 在菜单栏中单击“文件”→“打开”命令，打开一幅素材图像，如图1-102所示。

图1-102 打开素材图像

步骤 02 在工具箱中选取缩放工具，将鼠标指针移动到需要放大的图像区域，单击鼠标左键的同时拖曳图像区域，如图1-103所示。

图1-103 拖曳要放大的图像区域

步骤 03 释放鼠标，即可放大显示框选的区域，如图1-104所示。

图1-104 按区域放大显示图像

步骤 04 在菜单栏中单击“窗口”→“导航器”命令，如图1-105所示。

步骤 05 执行上述操作后，弹出“导航器”面板，如图1-106所示（表1-4为图中标号说明）。

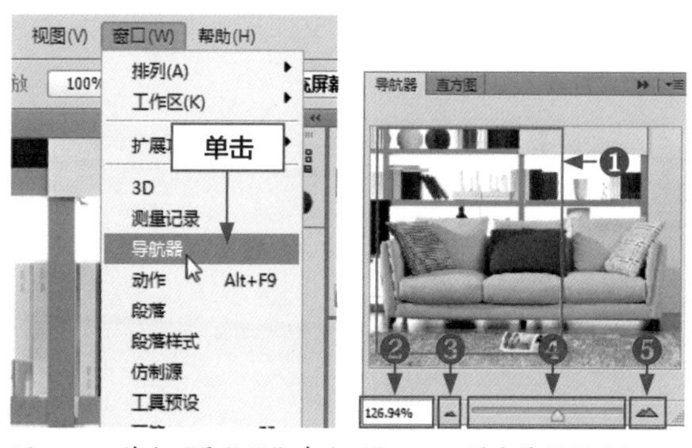

图1-105 单击“导航器”命令 图1-106 弹出导航器面板

步骤 06 将鼠标指针移至红色方框内，单击鼠标并拖动，如图1-107所示，即可按区域查看局部放大图片。

表1-4 标号说明

标号	名称	选项说明
1	代理预览区域	将光标移到此处，单击鼠标左键可以移动画面
2	缩放文本框	用于显示窗口的显示比例，用户可以根据需要设置缩放比例
3	“缩小”按钮	单击“缩小”按钮，可以缩小窗口的显示比例
4	缩放滑块	拖动该滑块可以放大和缩小窗口
5	“放大”按钮	单击“放大”按钮，可以放大窗口的显示比例

图1-107 单击鼠标并拖动

技巧点拨

除了上述方法可以移动“导航器”中图像显示区域，还有以下5种方法。

- 方法1：按键盘中的【Home】键可将“导航器”面板中的显示框移动到左上角。
- 方法2：按【End】键可将显示框移动到右下角。
- 方法3：按【Page up】或【Page down】键可将显示向上或向下滚动。
- 方法4：按【Ctrl+Page up】或【Ctrl+Page down】组合键可将显示框向左或向右滚动。
- 方法5：按【Page up】键、【Page down】键、【Ctrl+Page up】组合键或【Ctrl+Page down】组合键的同时按【Shift】键可将显示框分别向上、向下、向左或向右滚动10像素。

实例 021 调整商品图像尺寸

在Photoshop软件中，商品图像尺寸越大，所占的空间也越大。更改商品图像的尺寸，会直接影响商品图像的显示效果。

素材文件	素材\第1章\绿色裙子.jpg
效果文件	效果\第1章\绿色裙子.psd、绿色裙子.jpg
视频文件	视频\第1章\实例021 调整商品图像尺寸.mp4

步骤 01 在菜单栏中单击“文件”→“打开”命令，打开一幅素材图像，如图1-108所示。

图1-108 打开素材图像

步骤 02 在菜单栏中单击“图像”→“图像大小”命令，如图1-109所示。

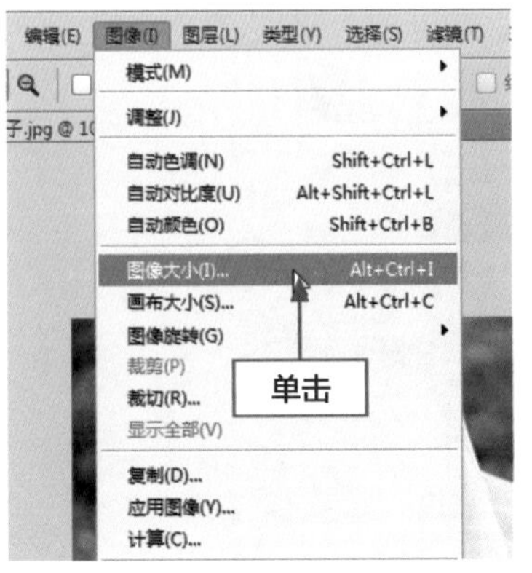

图1-109 单击“图像大小”命令

步骤 03 在弹出的“图像大小”对话框中，设置“宽度”为15厘米，如图1-110所示。

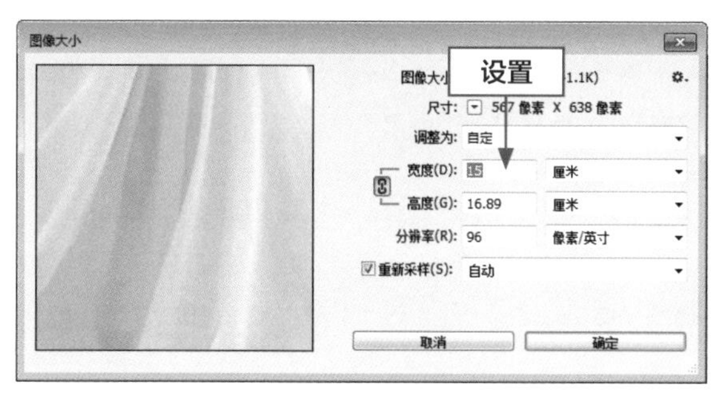

图1-110 设置文档大小

步骤 04 单击“确定”按钮，即可完成调整图像尺寸的操作，如图1-111所示。

图1-111 调整图像尺寸

实例 022 调整商品画布尺寸

在Photoshop软件中，画布指的是实际打印的工作区域，图像画面尺寸的大小是指当前商品图像周围工作空间的大小，改变画布大小会直接影响商品图像最终的输出效果。

素材文件	素材\第1章\半袖单衣.jpg
效果文件	效果\第1章\半袖单衣.psd、半袖单衣.jpg
视频文件	视频\第1章\实例022 调整商品画布尺寸.mp4

步骤 01 在菜单栏中单击“文件”→“打开”命令，打开一幅素材图像，如图1-112所示。

步骤 02 在菜单栏中单击“图像”→“画布大小”命令，如图1-113所示。

图1-112 打开素材图像

图1-113 单击“画布大小”命令

步骤 03 弹出“画布大小”对话框，在“新建大小”选项区设置“宽度”为1.5厘米、“画布扩展颜色”为“前景”，如图1-114所示（表1-5为图中标号说明）。

步骤 04 执行上述操作后，单击“确定”按钮，即可完成“画布大小”的调整，如图1-115所示。

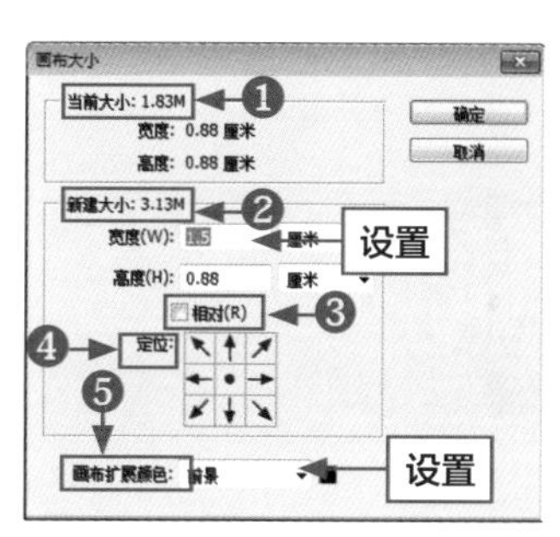

图1-114 设置宽度

图1-115 调整画布大小

表1-5 标号说明

标号	名称	选项说明
1	当前大小	显示的是当前画布的大小
2	新建大小	用于设置画布的大小
3	相对	选中该复选框后，在“宽度”和“高度”选项后面将出现“锁链”图标，表示改变其中某一选项设置时，另一选项会按比例同时发生变化
4	定位	用来修改图像像素的大小。在Photoshop中是“重新取样”。当减少像素数量时就会从图像中删除一些信息；当增加像素的数量或增加像素取样时，则会添加新的像素。在“图像大小”对话框最下面的下拉列表中可以选择一种插值方法来确定添加或删除像素的方式，如“两次立方”、“邻近”、“两次线性”等
5	画布扩展颜色	在“画布扩展颜色”下拉列表中可以选择填充新画布的颜色

实例 023 调整商品图像分辨率

在Photoshop中，商品图像的品质取决于分辨率的大小，分辨率指的是单位长度上像素的数目，通常用“像素/英寸”或“像素/厘米”表示。图像的分辨率是指位图图像在每英寸上所包含的像素数量，单位是dpi（dots per inch）。分辨率越高，商品文件就越大，商品图像也就越清晰，处理速度就会相应变慢；反之，分辨率越低，商品文件就越小，商品图像就越模糊，处理速度就会相应变快。

素材文件	素材\第1章\糖果色项链.jpg
效果文件	效果\第1章\糖果色项链.psd、糖果色项链.jpg
视频文件	视频\第1章\实例023 调整商品图像分辨率.mp4

步骤 01 在菜单栏中单击“文件”→“打开”命令，打开一幅素材图像，如图1-116所示。

图1-116 打开素材图像

步骤 02 在菜单栏中单击“图像”→“图像大小”命令，如图1-117所示。

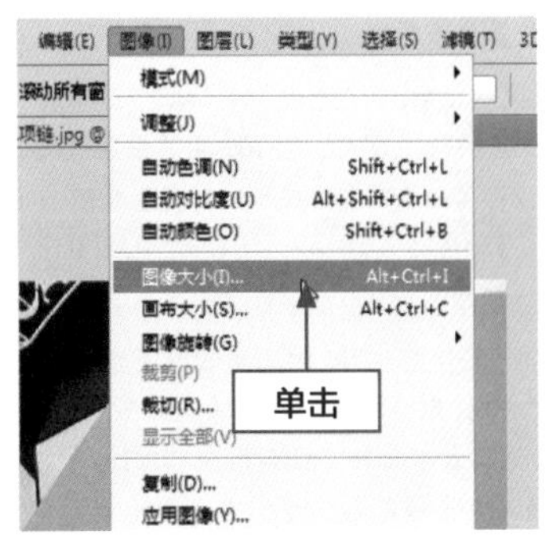

图1-117 单击“图像大小”命令

步骤 03 弹出“图像大小”对话框，设置“分辨率”为350像素/英寸，如图1-118所示。

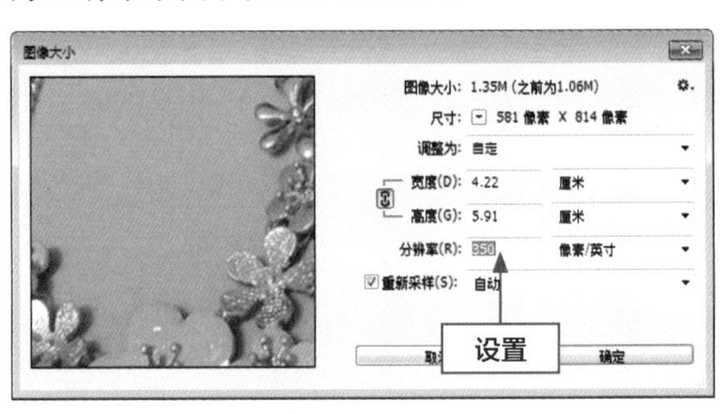

图1-118 设置图像分辨率

步骤 04 单击“确定”按钮，即可调整图像分辨率，如图1-119所示。

图1-119 调整图像分辨率效果

第 2 章

商品的简单处理

学习提示

Photoshop软件拥有强大的图片处理功能，使用工具箱中的工具可以简单快速地处理及修补各类商品图像文件。本章主要向读者介绍网店中各类商品的简单处理技巧，希望读者熟练掌握本章讲解的内容，处理商品图像更加得心应手。

本章关键案例导航

- 移动商品图像
- 手动裁剪商品图像
- 通过旋转命令调整商品角度
- 通过斜切命令制作商品投影效果
- 通过仿制图章工具去除商品背景杂物
- 通过修补工具修补商品图像
- 通过橡皮擦工具清除商品信息
- 通过吸管工具吸取并改变商品颜色
- 通过模糊工具虚化商品背景
- 通过锐化工具清晰显示商品

实例024 移动商品图像

在网店装修中，处理商品图片时经常需要将一个图片素材移动到另一个商品图像中，这就需要用到移动工具。在Photoshop软件中，移动工具是最常用的工具之一，不管是移动图层、选区内的商品图像以及整个图像编辑窗口中的商品图像，还是将其他图像编辑窗口中的商品图像拖入当前商品图像编辑窗口，都要用到移动工具。本实例最终效果如图2-1所示。

素材文件	素材\第2章\手提包.jpg、特价包邮.jpg
效果文件	效果\第2章\手提包.psd、手提包.jpg
视频文件	视频\第2章\实例024 移动商品图像.mp4

图2-1 图像效果

步骤 01 按【Ctrl+O】组合键，打开两幅素材图像，如图2-2所示。

步骤 02 在菜单栏中单击"窗口"→"排列"→"平铺"命令，如图2-3所示。

图2-2 打开两幅素材图片

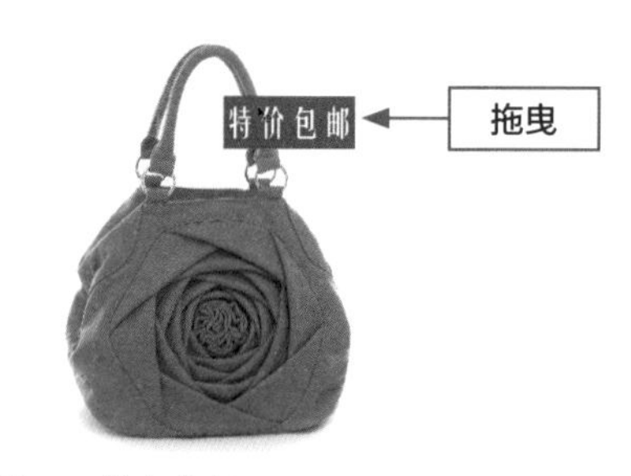

图2-3 单击"平铺"命令

步骤 03 执行上述操作后，即可平铺显示素材图像，效果如图2-4所示。

步骤 04 在工具箱中选取移动工具，将鼠标指针移至"特价包邮"图像上，如图2-5所示。

图2-4 平铺素材

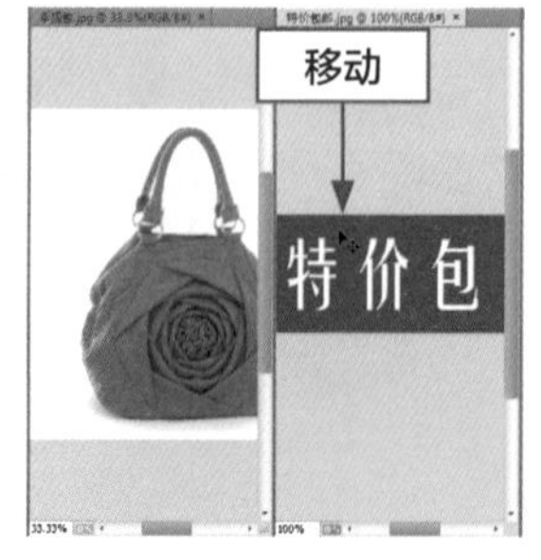

图2-5 移动鼠标指针

步骤 05 单击鼠标左键，并拖动鼠标指针至"手提包"图像编辑窗口中，效果如图2-6所示。

图2-6 拖曳鼠标

步骤 06 执行上述操作后，将素材图像移动到合适位置，如图2-7所示。

特价包邮 拖曳

图2-7 移动至合适位置

技巧点拨

将某个商品图像拖入另一个文档时，按住【Shift】键，可以使拖入的图像位于当前文档的中心。如果这两个文档的大小相同，则拖入的图像就会与当前文档的边界对齐。

实例025 手动裁剪商品图像

在网店卖家处理商品图片时，由于拍摄布局不合理，经常需要调整商品在画面中的布局，使商品主体更加突出，这可以通过裁剪工具来实现。在Photoshop软件中，裁剪工具可以对商品图像进行裁剪，重新定义画布的大小。本实例最终效果如图2-8所示。

素材文件	素材\第2章\红唇.jpg
效果文件	效果\第2章\红唇.jpg
视频文件	视频\第2章\实例025 手动裁剪商品图像.mp4

图2-8 图像效果

步骤 01 按【Ctrl+O】组合键，打开一幅素材图像，如图2-9所示。

步骤 02 选取工具箱中的裁剪工具，如图2-10所示。

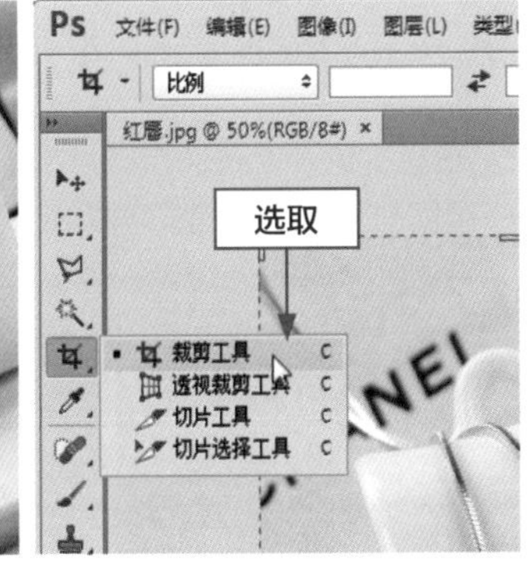

图2-9 打开素材图像　　图2-10 选取裁剪工具

步骤 03 执行上述操作后，在图像边缘会显示一个裁剪控制框，如图2-11所示。

步骤 04 移动鼠标指针至图像边缘，当鼠标呈时拖动鼠标，即可调整裁剪区域大小，如图2-12所示。

步骤 05 将鼠标指针移动至裁剪控制框内，单击鼠标左键的同时拖动鼠标，确认剪裁区域，如图2-13所示。

步骤 06 按【Enter】键确认，即可完成图像的裁剪，如图2-14所示。

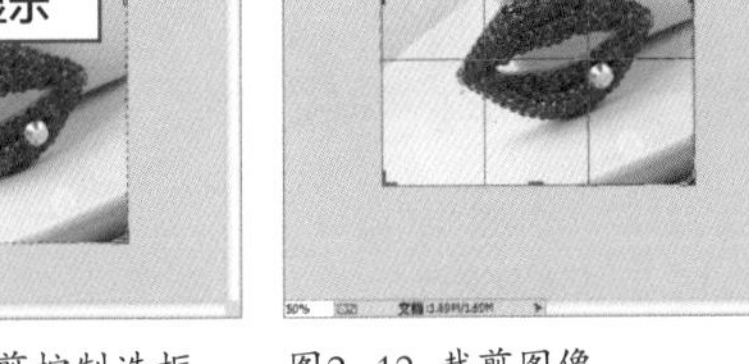

图2-11 显示裁剪控制选框　　图2-12 裁剪图像

图2-13 开始裁剪区域图像　　图2-14 完成裁剪图像

技巧点拨

除了上述方法以外，还可以利用菜单栏的“裁剪”命令来实现商品图像的裁剪。在变换控制框中，可以对裁剪区域进行适当调整，将鼠标指针移动至控制框四周的8个控制点上，当指针呈双向箭头形状时，单击鼠标左键的同时拖曳，即可放大或缩小裁剪区域；将鼠标指针移动至控制框外，当指针呈形状时，可对其裁剪区域进行旋转。

实例026 精确裁剪商品图像

网店卖家在上传商品图片时，必须要规范商品图片尺寸，这就需要经过精确裁剪来实现。在Photoshop软件中，精确裁剪图像可用于制作等分拼图，在裁剪工具属性栏上设置固定的“宽度”、“高度”、“分辨率”的参数，即可裁剪同样大小的商品图像。本实例最终效果如图2-15所示。

素材文件	素材\第2章\手机.jpg
效果文件	效果\第2章\手机.jpg
视频文件	视频\第2章\实例026 精确裁剪商品图像.mp4

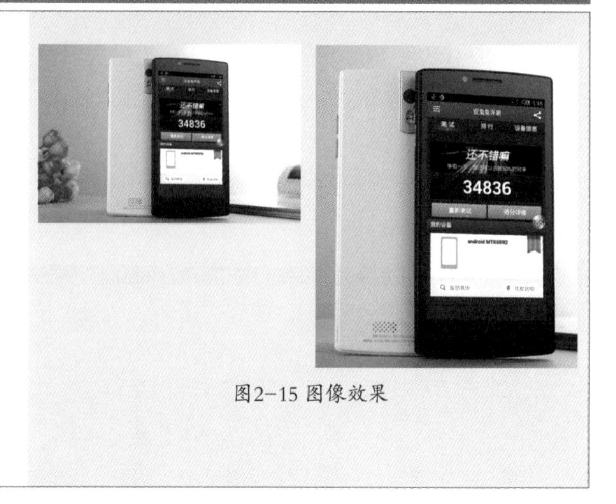

图2-15 图像效果

步骤 01 按【Ctrl+O】组合键，打开一幅素材图像，如图2-16所示。

图2-16 打开素材图像

步骤 02 选取工具箱中的裁剪工具，即可调出裁剪控制框，如图2-17所示。

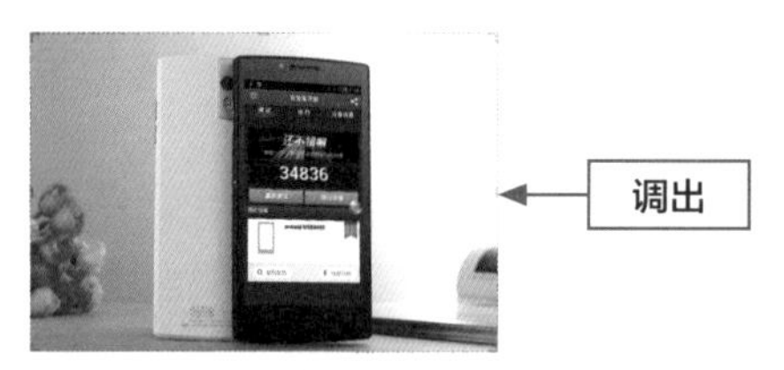

图2-17 显示裁剪控制框

步骤 03 当用户选取工具箱中的裁剪工具时，工具属性栏中的变化如图2-18所示（表2-1为图中标号说明）。

图2-18 裁剪工具属性栏

步骤 04 在工具属性栏中设置剪裁比例为10:12，如图2-19所示。

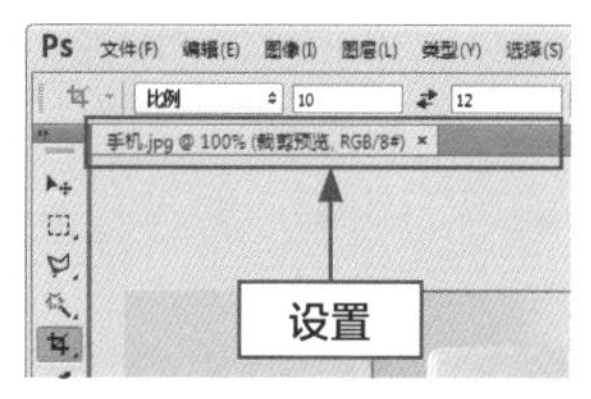

图2-19 设置剪裁比例

步骤 05 执行上述操作后，按【Enter】键确认，即可精确裁剪图像，如图2-20所示。

图2-20 裁剪图像

表2-1 标号说明

标号	名称	选项说明
1	比例	用来输入图像裁剪比例，裁剪后图像的尺寸由输入的数值决定，与裁剪区域的大小没有关系
2	视图	设置裁剪工具视图选项
3	删除裁切像素	确定裁剪框以外透明度像素数据是保留还是删除

实例 027 通过旋转命令调整商品角度

在商品拍摄时，经常会因为拍摄角度问题导致商品产生倾斜，网店卖家可以通过旋转图像来调整商品角度，将倾斜的商品图像纠正。本实例最终效果如图2-21所示。

图2-21 图像效果

素材文件	素材\第2章\高跟鞋.jpg
效果文件	效果\第2章\高跟鞋.psd、高跟鞋.jpg
视频文件	视频\第2章\实例027 通过旋转命令调整商品角度.mp4

步骤 01 按【Ctrl+O】组合键，打开一幅素材图像，如图2-22所示。

步骤 02 按【Ctrl+J】组合键复制“背景”图层，即可得到“图层1”图层，展开“图层”面板，单击“背景”图层的“指示图层可见性”图标，即可隐藏“背景”图层。如图2-23所示。

图2-22 打开素材图像

图2-23 隐藏“背景”图层

步骤 03 在“图层”面板中选择“图层1”图层，在菜单栏中单击“编辑”→“变换”→“旋转”命令，如图2-24所示。

步骤 04 执行上述操作后，即可调出变换控制框，如图2-25所示。

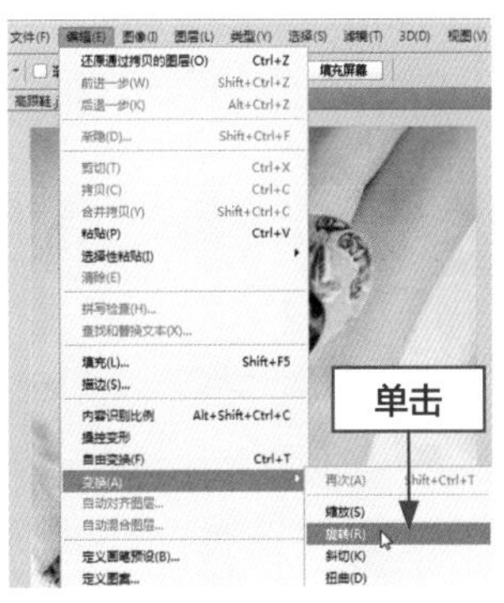

图2-24 单击“旋转”命令

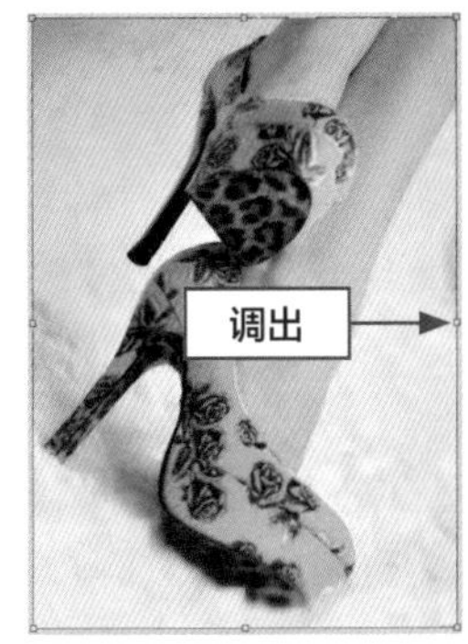

图2-25 变换控制框

步骤 05 将鼠标指针移动至变换控制框外侧，鼠标指针呈↷状时，单击鼠标左键并拖动鼠标，效果如图2-26所示。

步骤 06 将图像旋转至合适角度时释放鼠标，并按【Enter】键确认，即可旋转图像，效果如图2-27所示。

图2-26 拖动鼠标指针

图2-27 旋转图像

实例028 翻转商品图像

在Photoshop软件中，当用户打开的商品图像出现了颠倒、倾斜时，就可以对商品图像进行翻转操作。本实例最终效果如图2-28所示。

素材文件	素材\第2章\音符项链.jpg
效果文件	效果\第2章\音符项链.psd、音符项链.jpg
视频文件	视频\第2章\实例028 翻转商品图像.mp4

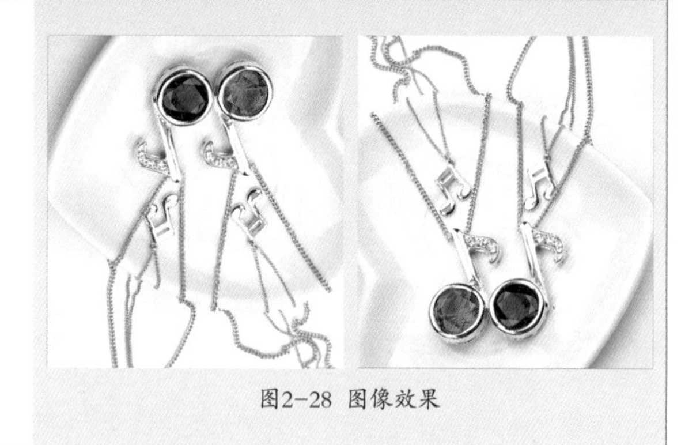
图2-28 图像效果

步骤 01 按【Ctrl+O】组合键，打开一幅素材图像，如图2-29所示。

图2-29 打开素材图像

步骤 02 按【Ctrl+J】组合键复制图层，在菜单栏中单击“编辑”→“变换”→“水平翻转”命令，如图2-30所示。

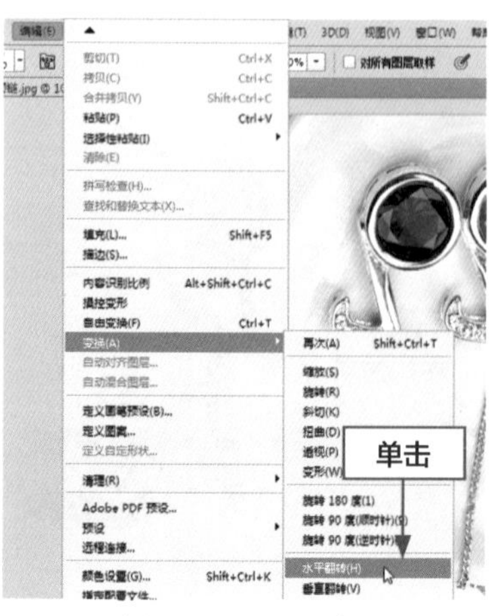

图2-30 单击“水平翻转”命令

步骤 03 执行上述操作后，即可水平翻转图像，如图2-31所示。

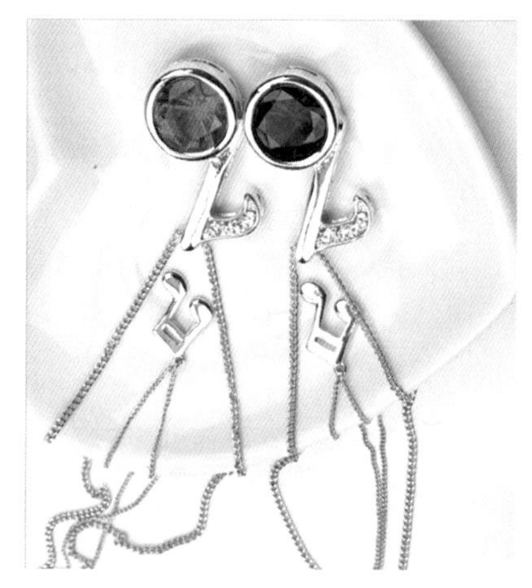
图2-31 水平翻转图像

步骤 04 在菜单栏中单击“编辑”→“变换”→“垂直翻转”命令，即可垂直翻转图像，如图2-32所示。

图2-32 垂直翻转图像

实例 029 通过斜切命令制作商品投影效果

在处理商品图像时，有时商品画面过于单调，显得商品效果不真实，用户可以通过Photoshop软件中的“斜切”命令斜切图像，制作出逼真的倒影效果。本实例最终效果如图2–33所示。

图2–33 图像效果

素材文件	素材\第2章\拼色高跟鞋.jpg、倒影.psd
效果文件	效果\第2章\拼色高跟鞋.psd、拼色高跟鞋.jpg
视频文件	视频\第2章\实例029 通过斜切命令制作商品投影效果.mp4

步骤 01 按【Ctrl+O】组合键，打开两幅素材图像，如图2–34所示。

步骤 02 切换至“倒影”图像编辑窗口，在工具箱中选取移动工具，将“倒影”素材图像移动至“拼色高跟鞋”图像编辑窗口中，如图2–35所示。

图2–34 打开素材图像

图2–35 移动素材图像

步骤 03 展开“图层”面板，选择“图层1”图层，如图2–36所示。

步骤 04 选取工具箱中的移动工具，移动图像至合适位置，如图2–37所示。

图2–36 选择“图层1”图层

图2–37 移动图像至合适位置

步骤 05 在菜单栏中单击“编辑”→“变换”→“斜切”命令，如图2–38所示，即可调出变换控制框。

步骤 06 将鼠标指针移动至变换控制框的控制柄上，指针呈白色三角形状时，单击鼠标左键并向上拖动至合适位置，如图2–39所示。

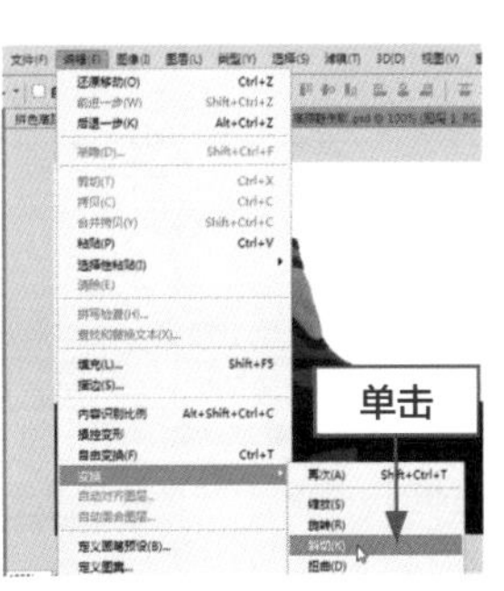

图2–38 单击“斜切”命令

图2–39 拖曳鼠标指针

步骤 07 按【Enter】键确认，完成斜切命令操作，效果如图2–40所示。

步骤 08 执行上述操作后，将图像移动至合适位置，效果如图2–41所示。

图2–40 确认操作

图2–41 移动到合适位置

实例030 通过扭曲命令还原商品图像

有时由于商品拍摄角度问题，图片商品显示存在变形的问题，在Photoshop软件中，用户可以根据需要对某一些商品图像进行扭曲操作，以达到所需要的效果，还原商品图像。本实例最终效果如图2-42所示。

图2-42 图像效果

素材文件	素材\第2章\坐墩.psd
效果文件	效果\第2章\坐墩.psd、坐墩.jpg
视频文件	视频\第2章\实例030 通过扭曲命令还原商品图像.mp4

步骤 01 按【Ctrl+O】组合键，打开一幅素材图像，如图2-43所示。

步骤 02 在菜单栏中单击“编辑”→“变换”→“扭曲”命令，如图2-44所示。

图2-43 打开素材图像

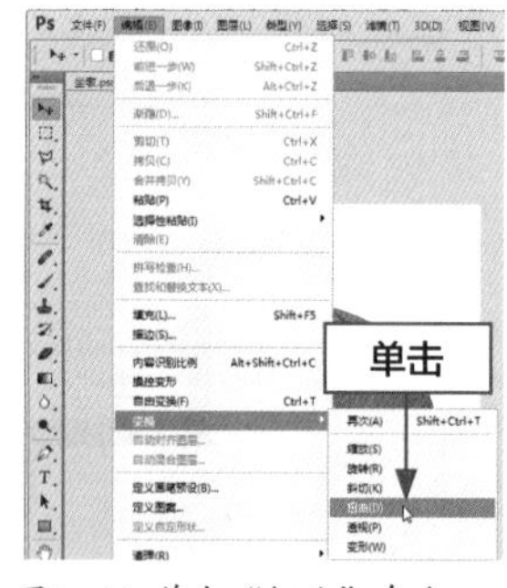

图2-44 单击“扭曲”命令

步骤 03 执行上述操作后，即可调出变换控制框，如图2-45所示。

步骤 04 将鼠标指针移动至变换控制框的控制柄上，鼠标指针呈白色三角形状时，单击鼠标左键的同时，拖动鼠标至合适位置后释放鼠标左键，如图2-46所示。

调出

图2-45 调出变换控制框

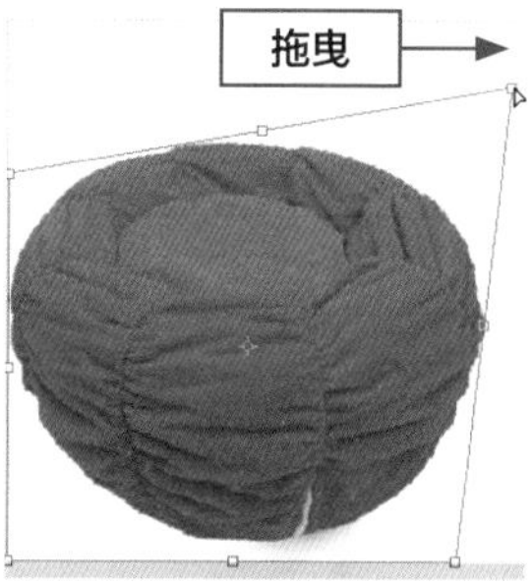

拖曳

图2-46 拖曳鼠标

步骤 05 执行上述操作后，按【Enter】键确认操作，即可扭曲图像，如图2-47所示。

步骤 06 在图层面板选择“图层1”图层，将素材图像移动至合适位置，得到最终效果，如图2-48所示。

图2-47 扭曲图像

图2-48 最终效果

技巧点拨

与斜切不同的是，执行扭曲操作时，控制点可以随意拖动，不受调整边框方向的限制，若在拖曳鼠标的同时按住【Alt】键，则可以制作出对称扭曲效果，而斜切则会受到调整边框的限制。

实例031 透视商品图像

网店卖家在处理商品图片时，如果需要将平面图变换为透视效果，就可以运用透视功能进行调节。本实例最终效果如图2-49所示。

素材文件	素材\第2章\彩铅笔.psd
效果文件	效果\第2章\彩铅笔.psd、彩铅笔.jpg
视频文件	视频\第2章\实例031 透视商品图像.mp4

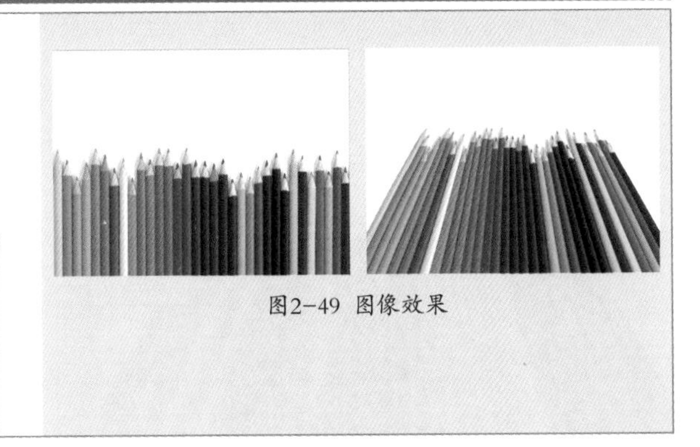

图2-49 图像效果

步骤 01 按【Ctrl+O】组合键，打开一幅素材图像，如图2-50所示。

图2-50 打开素材图像

步骤 02 在菜单栏中单击“编辑”→“变换”→“透视”命令，如图2-51所示。

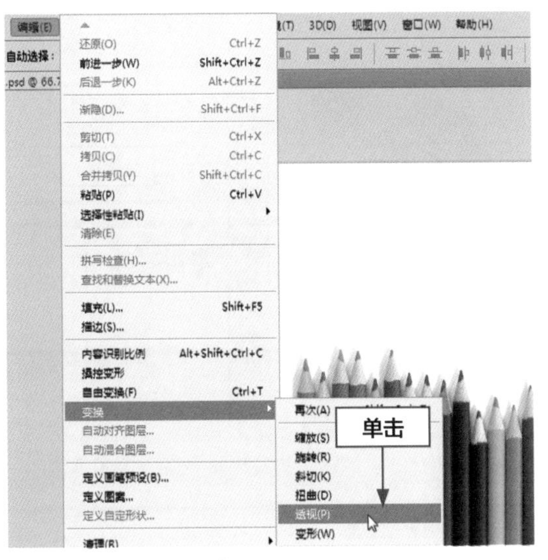

图2-51 单击“透视”命令

步骤 03 执行上述操作后，即可调出变换控制框，如图2-52所示。

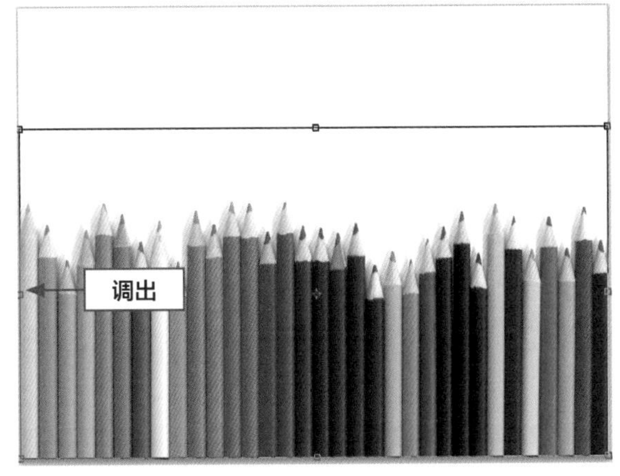

图2-52 调出变换控制框

步骤 04 将鼠标指针移动至变换控制框右上方的控制柄上，鼠标指针呈白色三角▷形状时，单击鼠标左键并拖动，如图2-53所示。

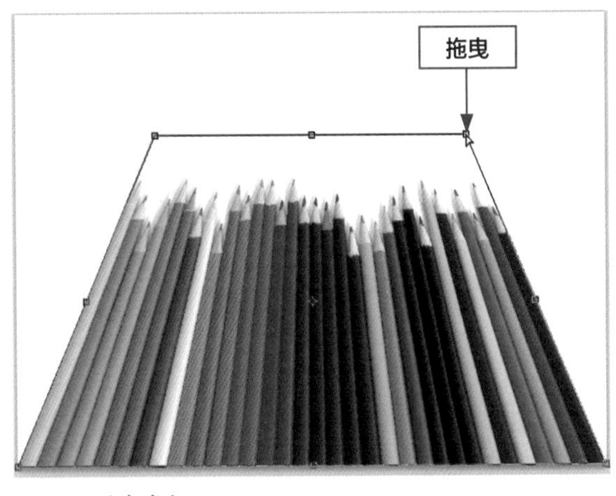

图2-53 拖曳鼠标

步骤 05 执行上述操作后，再一次对图像进行微调，如图2-54所示。

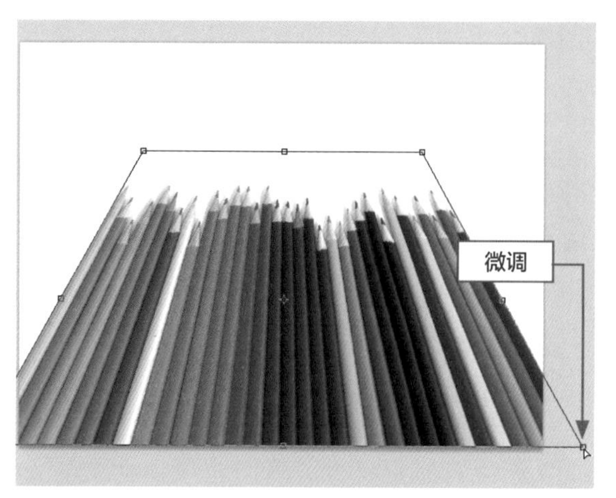

图2-54 微调图像

步骤 06 按【Enter】键确认操作，即可透视图像，效果如图2-55所示。

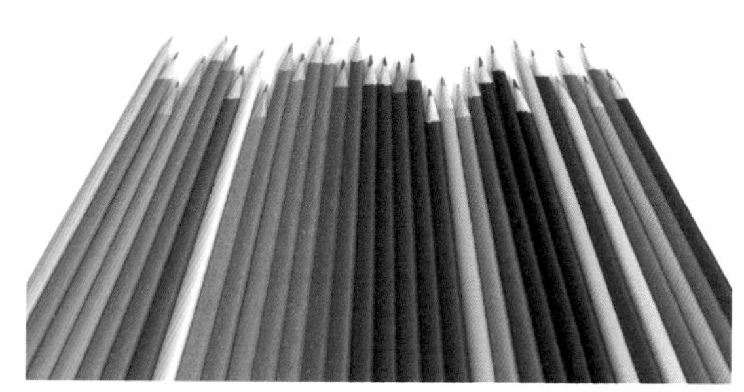

图2-55 最终效果

实例032 通过仿制图章工具去除商品背景杂物

在网店卖家进行商品图片后期处理时，经常发现背景图像太过复杂，无法突出商品主体，这时可以使用仿制图章工具去除背景杂物。在Photoshop软件中使用仿制图章工具，可以将商品图像中的指定区域按原样复制到同一幅商品图像或其他商品图像中。本实例最终效果如图2-56所示。

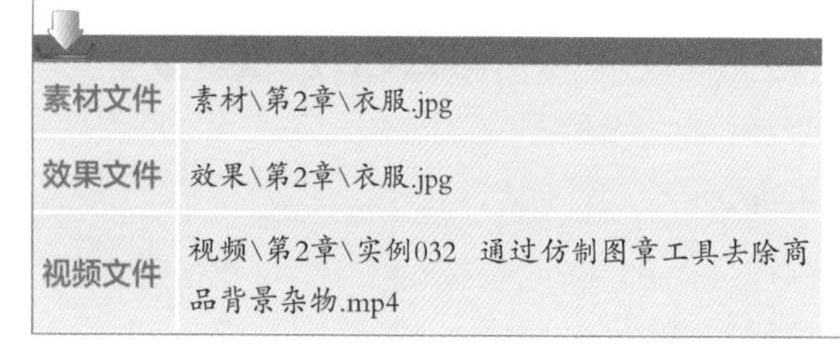

素材文件	素材\第2章\衣服.jpg
效果文件	效果\第2章\衣服.jpg
视频文件	视频\第2章\实例032 通过仿制图章工具去除商品背景杂物.mp4

图2-56 图像效果

步骤 01 按【Ctrl+O】组合键，打开一幅素材图像，如图2-57所示。

步骤 02 选取工具箱中的仿制图章工具，如图2-58所示。

步骤 03 选取仿制图章工具后，其工具属性栏如图2-59所示（表2-2为图中标号说明）。

图2-57 打开素材图像

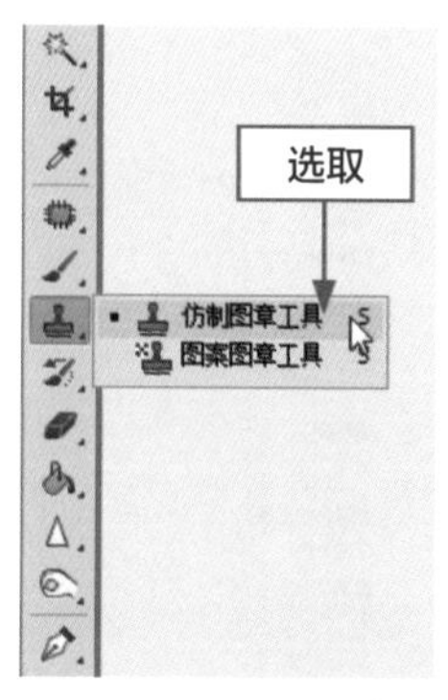

图2-58 选取仿制图章工具

图2-59 仿制图章工具属性栏

表2-2 标号说明

标号	名称	选项说明
1	不透明度	用于设置应用仿制图章工具时的不透明度
2	流量	用于设置扩散速度
3	对齐	选中该复选框后，可以在使用仿制图章工具时应用对齐功能，对图像进行规则复制
4	样本	在此下拉列表中，可以选择定义源图像时所取的图层范围，其中包括“当前图层”、“当前和下方图层”及“所有图层”三个选项

步骤 04 将鼠标指针移动至图像窗口中的适当位置，按住【Alt】键的同时单击鼠标左键，进行取样，如图2-60所示。

步骤 05 释放【Alt】键，将鼠标指针移动至图像编辑窗口中合适位置，单击鼠标左键并拖动，即可对样本对象进行复制，覆盖杂物，效果如图2-61所示。

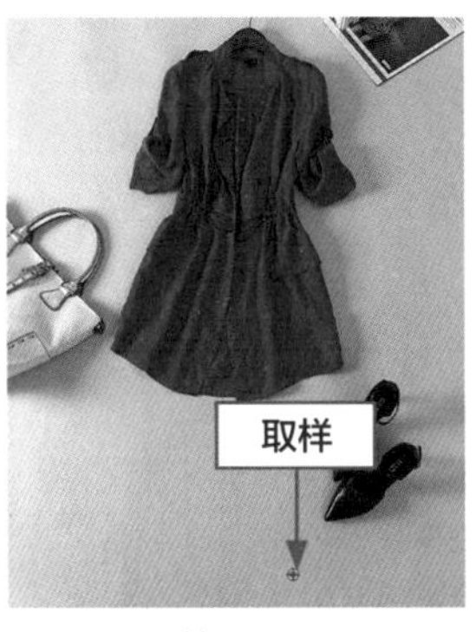

图2-60 取样图形

图2-61 覆盖杂物

例033 通过图案图章工具复制商品图像

网店卖家经常会需要批量给商品图片添加网店标识或添加店铺标识以及水印等，这时可以使用图案图章工具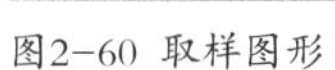将需要添加的图案内容定义好来复制到商品图像中，它能在目标商品图像上连续绘制出选定区域的图像，批量处理可以更快速地提高工作效率。本实例最终效果如图2-62所示。

图2-62 图像效果

素材文件	素材\第2章\沙发.jpg、别致体验.psd
效果文件	效果\第2章\沙发.jpg
视频文件	视频\第2章\实例033 通过图案图章工具复制商品图像.mp4

步骤 01 按【Ctrl+O】组合键，打开两幅素材图像，如图2-63所示。

图2-63 打开素材图像

步骤 02 切换至“别致体验”为当前图像编辑窗口，在菜单栏中单击“编辑”→“定义图案”命令，弹出“图案名称”对话框，如图2-64所示。

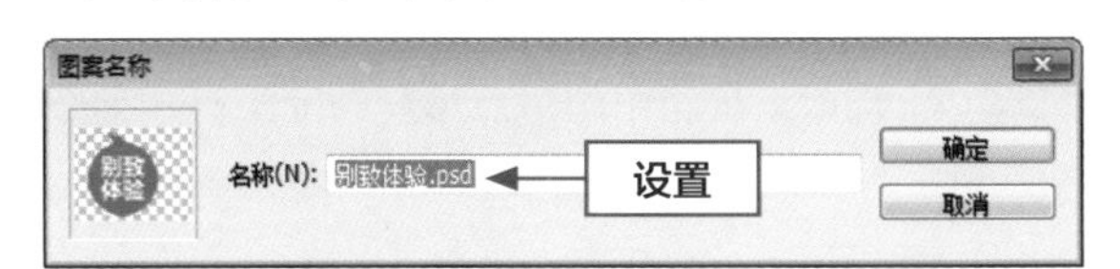

图2-64 “图案名称”对话框

步骤 03 选取图案图章工具后，其工具属性栏如图2-65所示（表2-3为图中标号说明）。

图2-65 图案图章属性栏

表2-3 标号说明

标号	名称	选项说明
1	不透明度	用于设置应用仿制图章工具时的不透明度
2	流量	用于设置扩散速度
3	对齐	选中该复选框后，可以保持图案与原始起点的连续性，即使多次单击鼠标也不例外；取消选中该复选框后，则每次单击鼠标都重新应用图案
4	印象派效果	选中该复选框，则对绘画选取的图像产生模糊、朦胧化的印象派效果

步骤 04 单击“确定”按钮，切换至“沙发”图像编辑窗口，选取工具箱中的图案图章工具，在工具属性栏中，设置“图案”为“别致体验”，如图2-66所示。

步骤 05 执行上述操作后，在图像编辑窗口合适位置单击鼠标左键并拖动，即可复制图像，效果如图2-67所示。

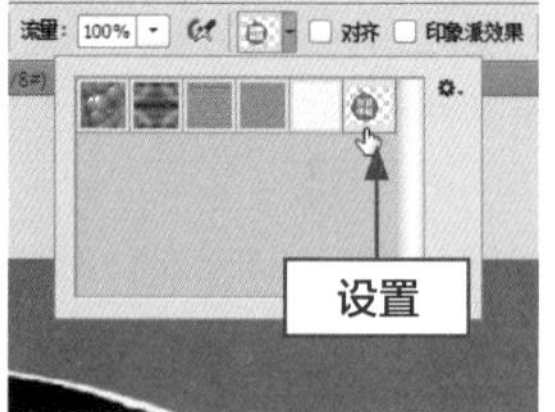

图2-66 设置“图案”

图2-67 复制图像效果

技巧点拨

使用仿制图案图章工具时，先自定义一个图案，用矩形选框工具选定图案中的一个范围之后，点击“编辑”→“定义图案”命令，这时该命令呈灰色，即处于隐藏状态，这种情况下定义图案实现不了。这可能是在操作时设置了“羽化”值，这时选取矩形选框工具后，在工具属性栏中不要设置“羽化”即可。

实例034 通过污点修复画笔工具修复商品

网店卖家在处理商品图片时，经常会发现拍摄的商品图片上有污点或瑕疵，这时可使用污点修复画笔工具修复商品图片。本实例最终效果如图2-68所示。

素材文件	素材\第2章\短袖.jpg
效果文件	效果\第2章\短袖.jpg
视频文件	视频\第2章\实例034 通过污点修复画笔工具修复商品.mp4

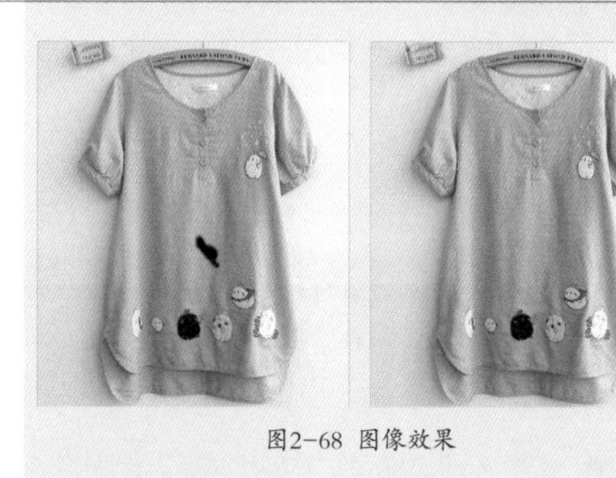

图2-68 图像效果

步骤 01 在菜单栏中单击“文件”→“打开”命令，打开一幅素材图像，如图2-69所示。

步骤 02 选取工具箱中的污点修复画笔工具，如图2-70所示。

步骤 03 选取污点修复画笔工具，其工具属性栏如图2-71所示（表2-4为图中标号说明）。

图2-69 打开素材图像

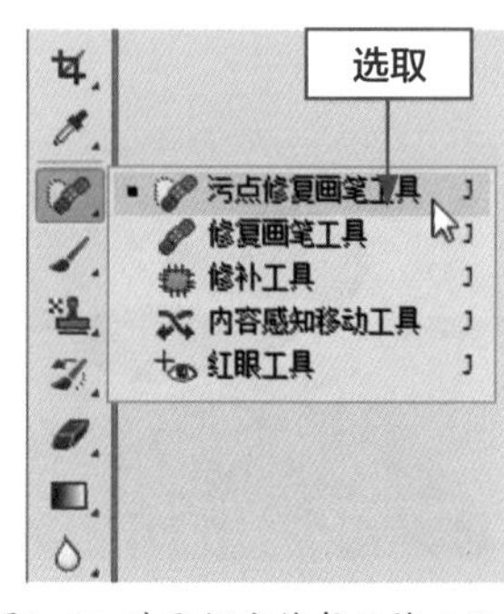

图2-70 选取污点修复画笔工具

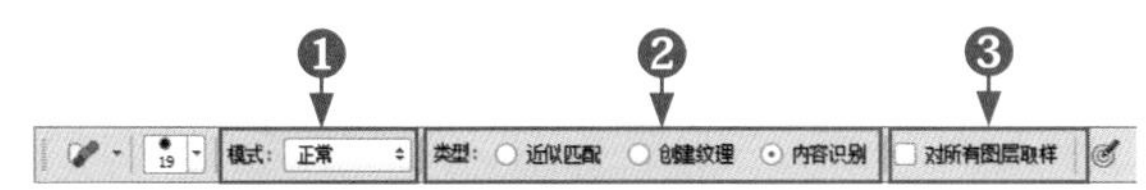

图2-71 污点修复画笔工具属性栏

表2-4 标号说明

标号	名称	选项说明
1	模式	用来设置修复图像时使用的混合模式
2	类型	用来设置修复方法。"近似匹配"的作用为将所涂抹的区域以周围的像素进行覆盖；"创建纹理"的作用为以其他的纹理进行覆盖；"内容识别"是由软件自动分析周围图像的特点，将图像进行拼接组合后填充在该区域并进行融合，从而达到快速无缝的拼接效果
3	对所有图层取样	选中该复选框，可以从所有的可见图层中提取数据

步骤 04 移动鼠标指针至图像编辑窗口中合适位置，单击鼠标左键并拖动，进行涂抹，鼠标指针涂抹过的区域呈黑色显示，如图2-72所示。

步骤 05 释放鼠标左键，即可使用污点修复画笔工具修复图像，其图像效果如图2-73所示。

图2-72 涂抹图像　　图2-73 修复图像

技巧点拨

在Photoshop软件中，污点修复画笔工具不需要指定采样点，只需要在商品图像中有杂色或污渍的地方单击鼠标左键，即可修复商品图像。Photoshop能够自动分析鼠标单击处及其周围商品图像的不透明度、颜色与质感，进行采样与修复操作。

实例 035 通过修补工具修补商品图像

用户在做商品图片编辑时，经常遇到商品图片上被添加文字或水印，这时可通过修补工具进行修补，修补工具可以用其他区域或图案中的像素来修复选区内的商品图像。本实例最终效果如图2-74所示。

素材文件	素材\第2章\蓝色衣服.jpg
效果文件	效果\第2章\蓝色衣服.jpg
视频文件	视频\第2章\实例035　使用修补工具修补商品图像.mp4

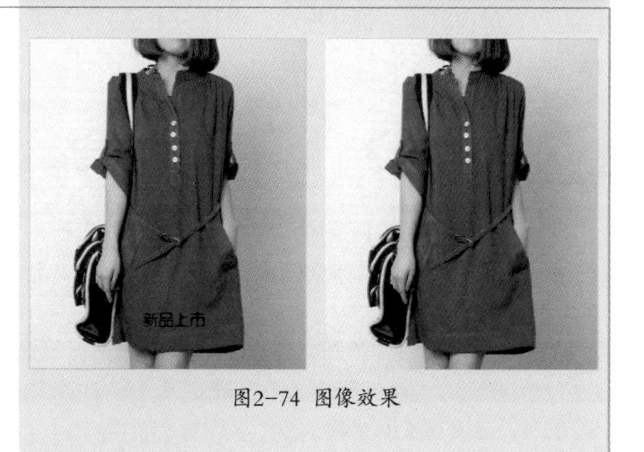

图2-74 图像效果

步骤 01 在菜单栏中单击"文件"→"打开"命令，打开一幅素材图像，如图2-75所示。

步骤 02 选取工具箱中的修补工具，如图2-76所示。

图2-75 打开素材图像

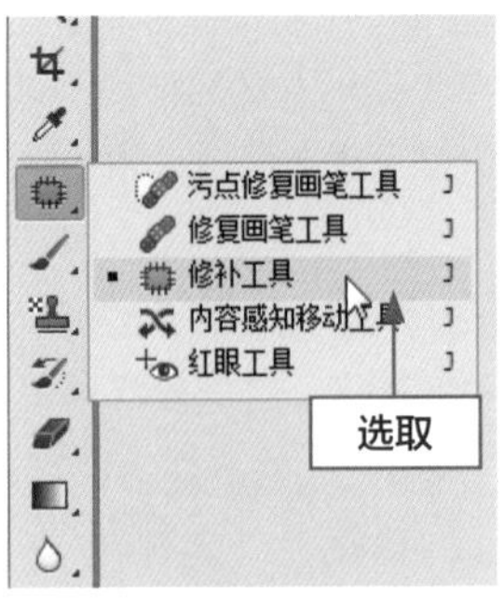

图2-76 选取修补工具

步骤 03 选取修补工具，其工具属性栏如图2-77所示（表2-5为图中标号说明）。

图2-77 修补工具属性栏

表2-5 标号说明

标号	名称	选项说明
1	运算按钮	是针对应用创建选区的工具进行的操作，可以对选区进行添加等操作
2	修补	用来设置修补方式。选中"源"单选按钮，当将选区拖曳至要修补的区域以后，释放鼠标左键就会用当前选区中的图像修补原来选中的内容；选中"目标"单选按钮，则会将选中的图像复制到目标区域
3	透明	该复选框用于设置所修复图像的透明度
4	使用图案	选中该复选框后，可以应用图案对所选区域进行修复

步骤 04 移动鼠标指针至图像编辑窗口中，在需要修补的位置单击鼠标左键并拖动，创建一个选区，如图2-78所示。

步骤 05 移动鼠标指针至选区内，单击鼠标左键并拖动选区至图像颜色相近的位置，如图2-79所示。

图2-78 创建选区

图2-79 单击鼠标左键并拖曳

步骤 06 释放鼠标左键，即可完成修补操作，如图2-80所示。

步骤 07 执行上述操作后，按【Ctrl+D】组合键取消选区，最终效果如图2-81所示。

图2-80 完成修补操作

图2-81 最终效果

技巧点拨

与修复画笔工具一样，修补工具会将样本像素的纹理、光照和阴影与原像素进行匹配。

实例 036 通过橡皮擦工具清除商品信息

网店卖家发布的商品图片经常会根据活动更换，而变更商品信息，这时使用橡皮擦工具可以擦除商品图片上的商品信息。

素材文件	素材\第2章\眼镜.jpg
效果文件	效果\第2章\眼镜.jpg
视频文件	视频\第2章\实例036 通过橡皮擦工具清除商品信息.mp4

本实例最终效果如图2-82所示。

图2-82 图像效果

步骤 01 在菜单栏中单击“文件”→“打开”命令，打开一幅素材图像，如图2-83所示。

步骤 02 选取工具箱中的橡皮擦工具，如图2-84所示。

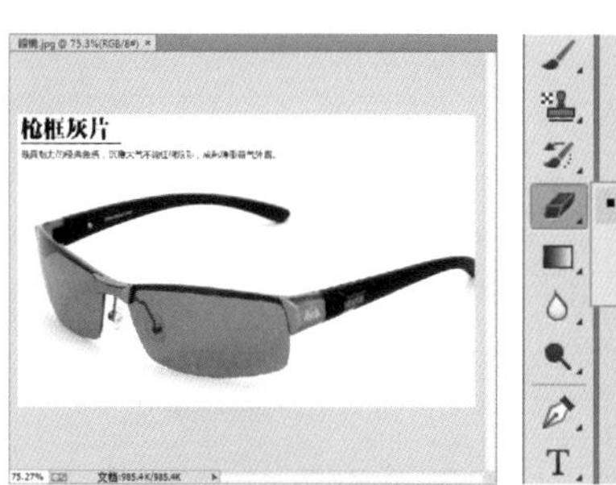

图2-83 打开素材图像

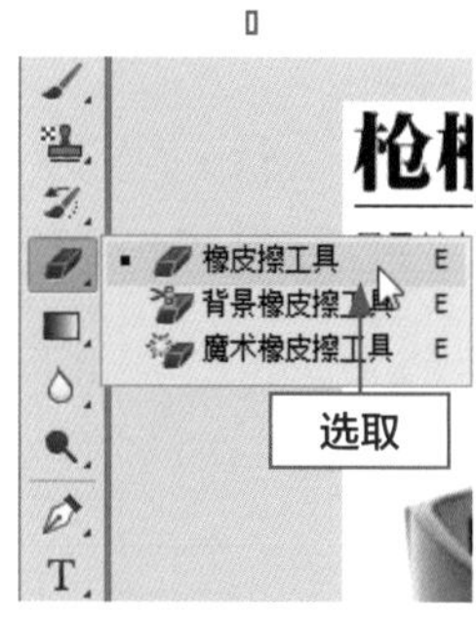

图2-84 选取橡皮擦工具

步骤 03 选取橡皮擦工具后，其工具属性栏如图2-85所示（表2-6为图中标号说明）。

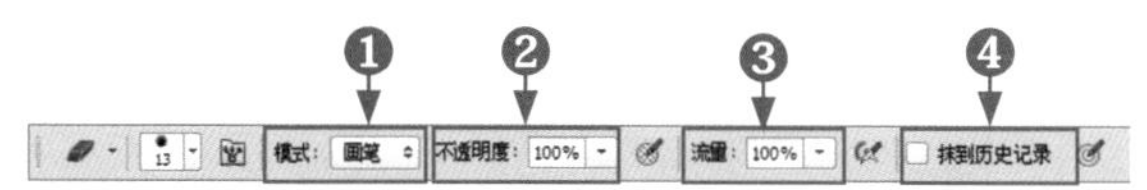

图2-85 橡皮擦工具属性栏

表2-6 标号说明

标号	名称	选项说明
1	模式	可以选择橡皮擦的种类。选择“画笔”选项，可以创建柔边擦除效果；选择“铅笔”选项，可以创建硬边擦除效果；选择“块”选项，擦除的效果为块状
2	不透明度	设置工具的擦除强度，100%的不透明度可以完全擦除像素，较低的不透明度将部分擦除像素
3	流量	用来控制工具的涂抹速度
4	抹到历史记录	选中该复选框后，橡皮擦工具就具有了历史记录画笔的功能

步骤 04 单击背景色色块，弹出“拾色器（背景色）”对话框，设置RGB参数值均为255，如图2-86所示。

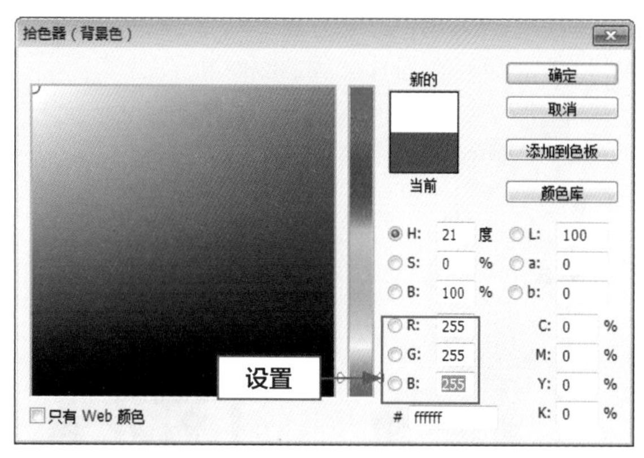

图2-86 设置背景色

步骤 05 单击“确定”按钮，移动鼠标指针至图像编辑窗口中，单击鼠标左键，将需要擦除的区域擦除，被擦除的区域以背景色填充，效果如图2-87所示。

图2-87 擦除图像效果

技巧点拨

如果处理的是“背景”图层或锁定了透明区域的图层，涂抹区域会显示为背景色；处理其他图层时，可以擦除涂抹区域的像素。

实例 037 通过填充工具更改商品背景颜色

在处理商品图片时，若需更换商品图片背景颜色，可使用填充工具来快速实现，填充对商品图像整体或局部使用单色、多色或复杂的图案进行覆盖。本实例最终效果如图2-88所示。

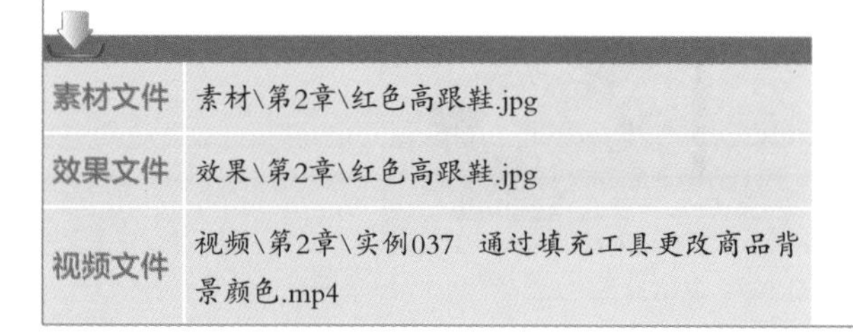

素材文件	素材\第2章\红色高跟鞋.jpg
效果文件	效果\第2章\红色高跟鞋.jpg
视频文件	视频\第2章\实例037 通过填充工具更改商品背景颜色.mp4

图2-88 图像效果

步骤 01 在菜单栏中单击“文件”→“打开”命令，打开一幅素材图像，如图2-89所示。

步骤 02 在工具箱中选取魔棒工具，在商品图像编辑窗口中单击鼠标创建选区，如图2-90所示。

图2-89 打开素材图像

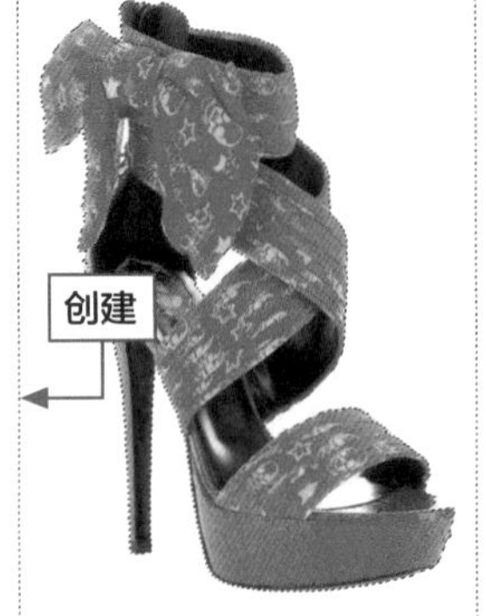

图2-90 创建一个选区

步骤 03 单击背景色色块，弹出“拾色器（背景色）”对话框，设置RGB参数值均为201，如图2-91所示。

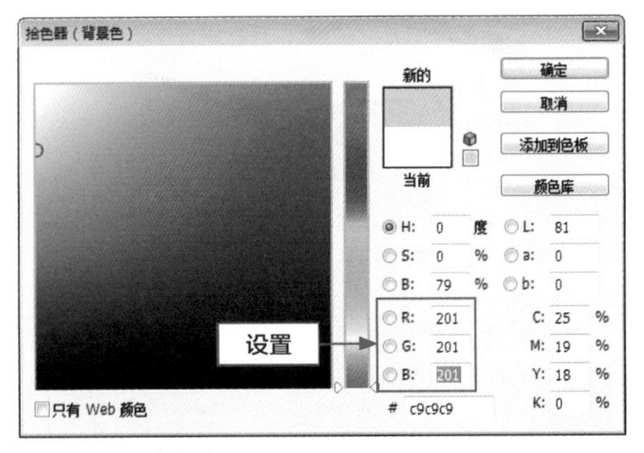

图2-91 设置参数值

步骤 04 单击“确定”按钮，在菜单栏中单击“编辑”→“填充”命令，弹出“填充”对话框，设置“使用”为“背景色”，如图2-92所示（表2-7为图中标号说明）。

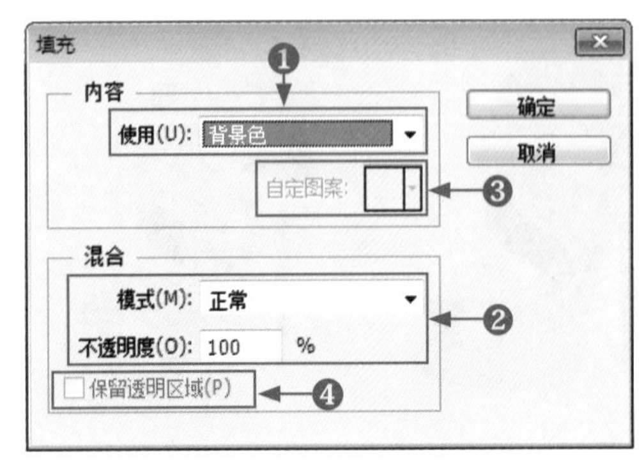

图2-92 设置参数值

表2-7 标号说明

标号	名称	选项说明
1	使用	在该列表框中可以选择9种不同的填充类型，其中包括前景色、背景色、自定义颜色、黑色、白色、灰色、图案、内容识别和历史记录
2	模式/不透明度	该选项的参数与画笔工具属性栏中的参数意义相同
3	自定图案	在“使用”列表框中选择“图案”选项后，该下拉列表将被激活，单击其图案缩览图，在弹出的“自定图案”面板中可以选择一个用于填充的图案
4	保留透明区域	如果当前填充的图层中含有透明区域，选择该选项后，则只填充含有像素的区域

步骤 05 单击“确定”按钮，即可运用“填充”命令填充颜色，如图2-93所示。

图2-93 填充颜色后的效果

步骤 06 按【Ctrl+D】组合键取消选区，效果如图2-94所示。

图2-94 取消选区

实例038 通过油漆桶工具改变商品颜色

在处理商品图片时，若需改变某些区域的颜色，可使用油漆桶工具。油漆桶工具可以快速、便捷地为图像填充颜色，填充的颜色以前景色为准。本实例最终效果如图2-95所示。

素材文件	素材\第2章\温馨沙发.jpg
效果文件	效果\第2章\温馨沙发.jpg
视频文件	视频\第2章\实例038 通过油漆桶工具改变商品颜色.mp4

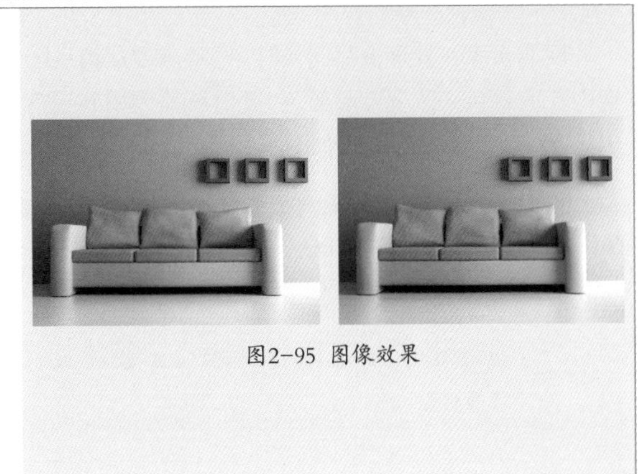

图2-95 图像效果

技巧点拨

油漆桶工具与“填充”命令非常相似，主要用于在图像或选区中填充颜色或图案，但油漆桶工具在填充前会对鼠标单击位置的颜色进行取样，从而常用于填充颜色相同或相似的图像区域。

步骤 01 在菜单栏中单击“文件”→“打开”命令，打开一幅素材图像，如图2-96所示。

步骤 02 在工具箱中选取魔棒工具，在工具属性栏中单击“添加到选区”按钮，在图像编辑窗口中需要改变颜色的区域单击鼠标左键创建选区，如图2-97所示。

图2-96 打开素材图像

图2-97 创建选区

步骤 03 单击工具箱下方的“设置前景色”色块，如图2-98所示。

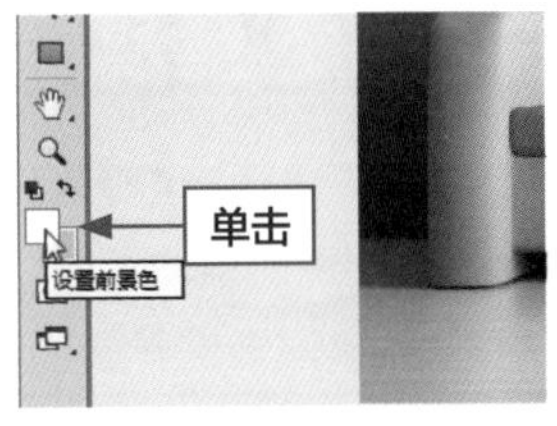

图2-98 单击“设置前景色”色块

步骤 04 弹出“拾色器（前景色）”对话框，设置RGB参数值分别为9、111、219，如图2-99所示。

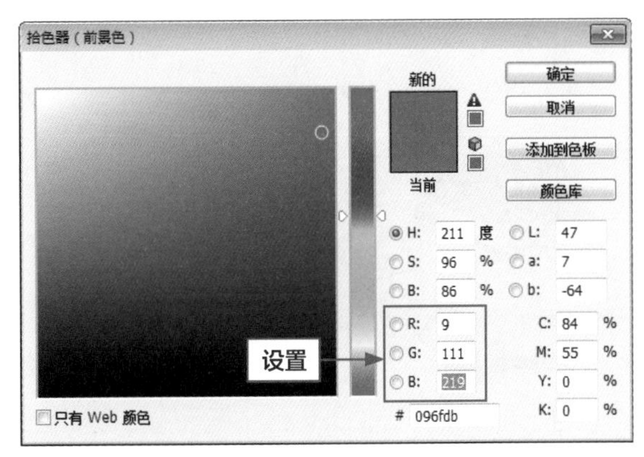

图2-99 设置参数值

步骤 05 单击“确定”按钮，即可更改前景色，选取工具箱中的油漆桶工具，在选区中单击鼠标左键，即可填充颜色，如图2-100所示。

步骤 06 按【Ctrl+D】组合键取消选区，效果如图2-101所示。

图2-100 填充颜色

图2-101 取消选择

实例039 通过吸管工具吸取并改变商品颜色

网店卖家在处理商品图像时，经常需要从商品图像中获取颜色来改变商品颜色，此时就需要用到吸管工具。本实例最终效果如图2-102所示。

素材文件	素材\第2章\项链.jpg
效果文件	效果\第2章\项链.jpg
视频文件	视频\第2章\实例039 通过吸管工具吸取并改变商品颜色.mp4

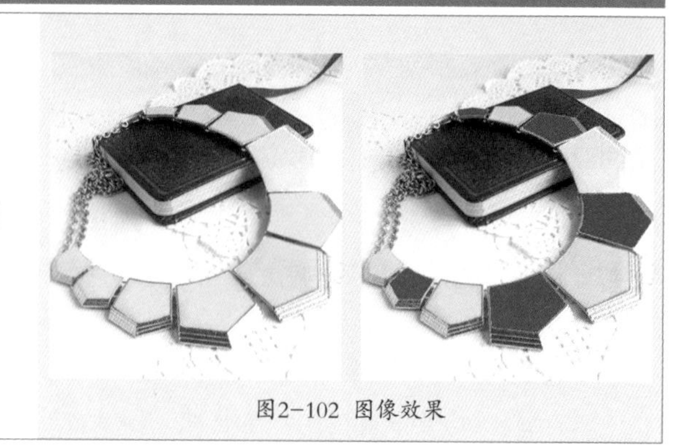

图2-102 图像效果

步骤01 在菜单栏中单击“文件”→“打开”命令，打开一幅素材图像，如图2-103所示。

步骤02 在工具箱中选取吸管工具，将鼠标指针移动至红色丝带上，单击鼠标左键，即可吸取颜色，如图2-104所示。

步骤03 在工具箱中选取魔棒工具，在工具属性栏中单击“添加到选区”按钮，在图像编辑窗口中需要改变颜色的区域单击鼠标左键创建选区，如图2-105所示。

步骤04 按【Ctrl+Delete】组合键，填充背景色，按【Ctrl+D】组合键，取消选区，如图2-106所示。

图2-103 打开素材图像

图2-104 选取颜色

图2-105 创建选区

图2-106 最终效果

技巧点拨

除了运用上述方法可以选取吸管工具外，按【I】键也可以选取吸管工具。

实例040 通过减淡工具加亮商品图像

在拍摄商品时，经常由于光线原因导致商品图片太暗，商品质感无法达到最佳，这时可使用减淡工具加亮商品图像，通过提高商品图像的亮度来校正曝光。本实例最终效果如图2-107所示。

素材文件	素材\第2章\系带高跟鞋.jpg
效果文件	效果\第2章\系带高跟鞋.jpg
视频文件	视频\第2章\实例040 通过减淡工具加亮商品图像.mp4

图2-107 图像效果

步骤 01 在菜单栏中单击“文件”→“打开”命令，打开一幅素材图像，如图2-108所示。

步骤 02 在工具箱中选取减淡工具，如图2-109所示。

图2-108 打开素材图像

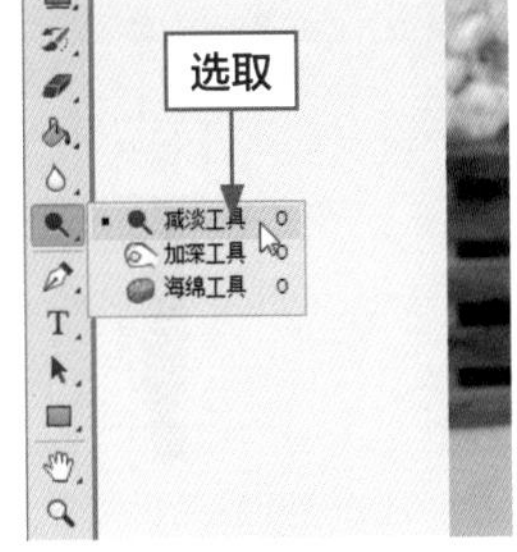

图2-109 选取减淡工具

步骤 03 选取减淡工具后，其工具属性栏如图2-110所示（表2-8为图中标号说明）。

图2-110 减淡工具属性栏

表2-8 标号说明

标号	名称	选项说明
1	范围	可以选择要修改的色调。选择“阴影”选项，可以处理图像的暗色调；选择“中间调”选项，可以处理图像的中间调；选择“高光”选项，则处理图像的亮部色调
2	曝光度	可以为减淡工具或加深工具指定曝光。该值越高，效果越明显
3	保护色调	如果希望操作后图像的色调不发生变化，选中该复选框即可

步骤 04 在工具属性栏中，设置“曝光度”为80%，如图2-111所示。

图2-111 设置参数

步骤 05 按住鼠标左键不放的同时在图像编辑窗口中涂抹，即可加亮商品图像，效果如图2-112所示。

图2-112 加亮图像效果

实例 041 通过加深工具调暗商品图像

在商品拍摄时，经常由于光线太强的原因导致商品图片太亮，商品的质感和效果无法达到最佳，这时使用加深工具可以将图像中被操作的区域变暗，使商品立体感更强。

本实例最终效果如图2-113所示。

素材文件	素材\第2章\简约沙发.jpg
效果文件	效果\第2章\简约沙发.jpg
视频文件	视频\第2章\实例041 通过加深工具调暗商品图像.mp4

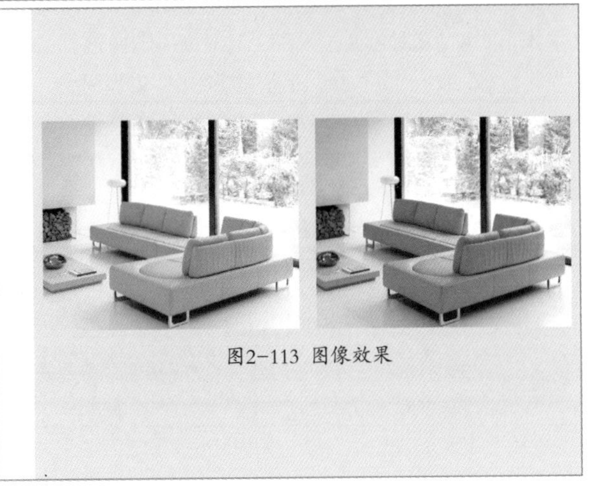
图2-113 图像效果

步骤 01 在菜单栏中单击"文件"→"打开"命令，打开一幅素材图像，如图2-114所示。

图2-114 打开素材图像

步骤 02 在工具箱中选取加深工具，如图2-115所示。

图2-115 选取加深工具

步骤 03 在工具属性栏中，设置"曝光度"为100%，如图2-116所示。

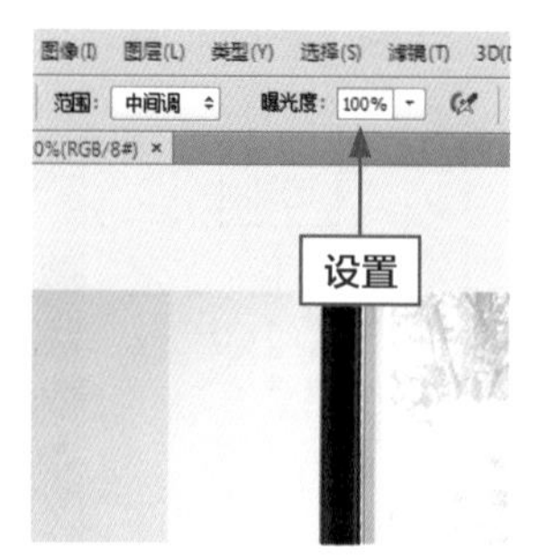

图2-116 设置曝光度

步骤 04 按住鼠标左键不放的同时，在图像编辑窗口中涂抹，即可调暗商品图像，效果如图2-117所示。

图2-117 调暗商品图像

实例042 通过模糊工具虚化商品背景

在处理商品图片时，经常发现商品图片整体画面主体不明确，这时可通过模糊工具对商品图像进行适当的修饰，虚化商品背景，使商品图像主体更加突出、清晰，从而使画面富有层次感。本实例最终效果如图2-118所示。

素材文件	素材\第2章\鞋子.jpg
效果文件	效果\第2章\鞋子.jpg
视频文件	视频\第2章\实例042 通过模糊工具虚化商品背景.mp4

图2-118 图像效果

步骤 01 在菜单栏中单击“文件”→“打开”命令，打开一幅素材图像，如图2-119所示。

步骤 02 在工具箱中选取模糊工具，如图2-120所示。

图2-119 打开素材图像

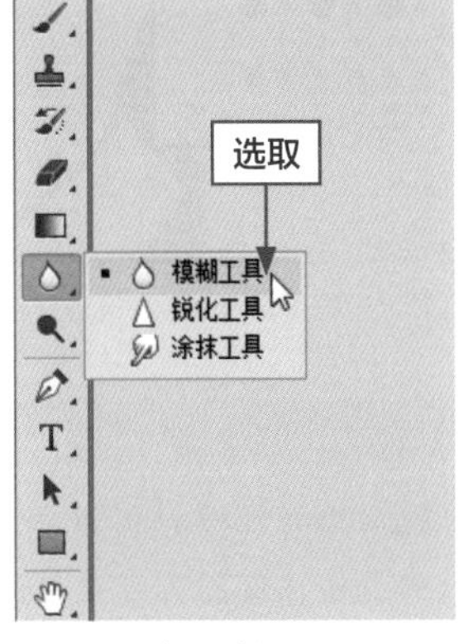

图2-120 选取模糊工具

步骤 03 选取模糊工具后，其选项栏如图2-121所示（表2-9为图中标号说明）。

图2-121 模糊工具属性栏

表2-9 标号说明

标号	名称	选项说明
1	强度	用来设置工具的强度
2	对所有图层取样	如果文档中包含多个图层，可以选中该复选框，表示 使用所有可见图层中的数据进行处理；取消选中该复选框，则只处理当前图层中的数据

步骤 04 在工具属性栏中，设置“强度”为100%，设置“大小”为70像素，如图2-122所示。

步骤 05 将鼠标指针移动至素材图像上，单击鼠标左键不放的同时，在图像背景上进行涂抹，即可模糊图像背景，效果如图2-123所示。

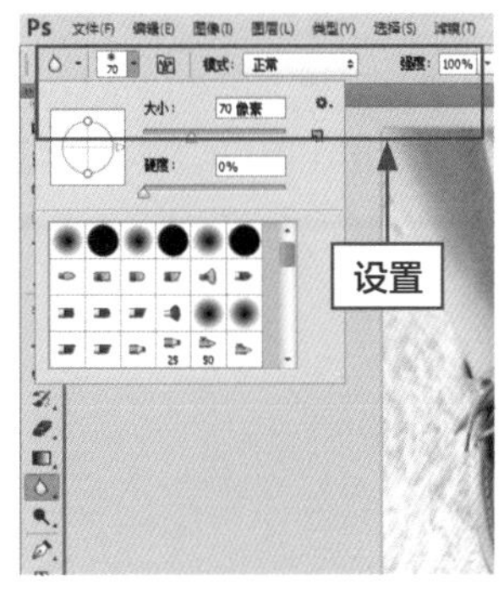

图2-122 设置参数值

图2-123 最终效果

实例 043 通过锐化工具清晰显示商品

在处理商品图片时，经常发现由于拍摄效果不佳而导致商品图片模糊不清，这时可使用锐化工具清晰显示商品。锐化工具与模糊工具的作用刚好相反，它用于锐化图像的部分像素，使得被编辑的图像更加清晰。本实例最终效果如图2-124所示。

素材文件	素材\第2章\花朵项链.jpg
效果文件	效果\第2章\花朵项链.jpg
视频文件	视频\第2章\实例043 通过锐化工具清晰显示商品.mp4

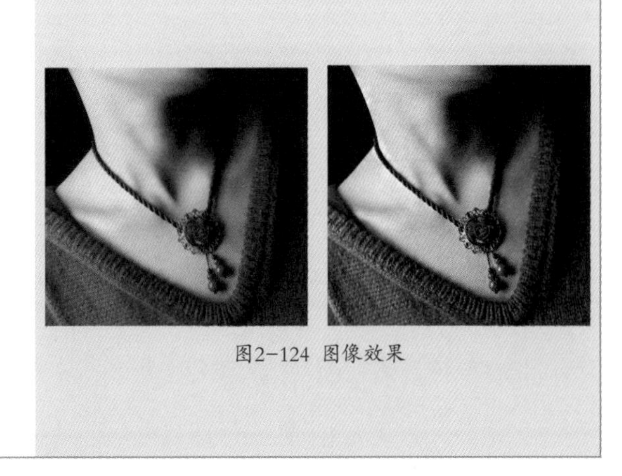

图2-124 图像效果

步骤 01 在菜单栏中单击“文件”→“打开”命令，打开一幅素材图像，如图2-125所示。

步骤 02 在工具箱中选取锐化工具，如图2-126所示。

图2-125 打开素材图像

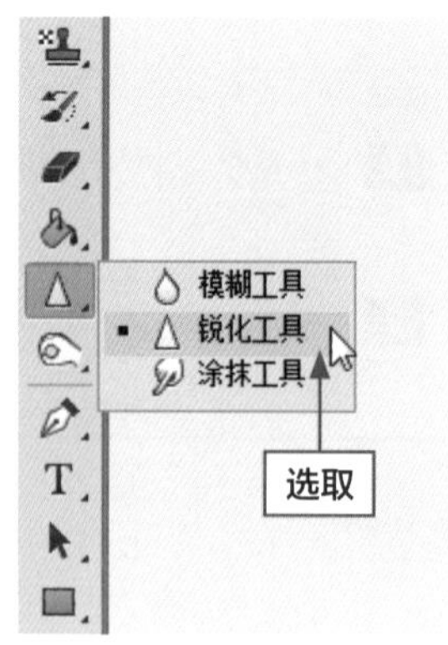

图2-126 选取锐化工具

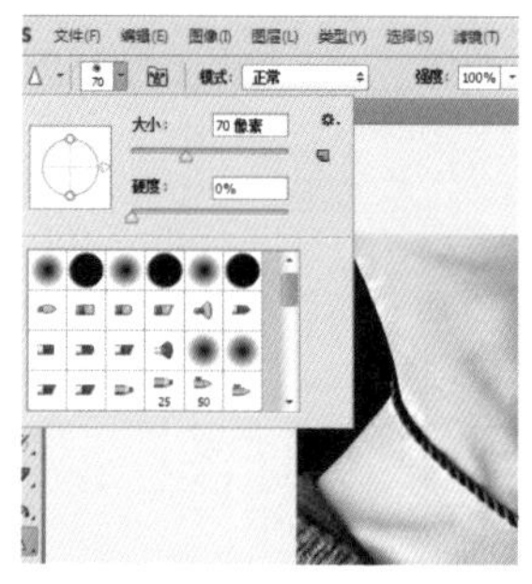

图2-127 设置相应参数

图2-128 锐化图像效果

步骤 03 在工具属性栏中，设置“强度”为100%，设置“大小”为70像素，如图2-127所示。

步骤 04 将鼠标指针移动至素材图像上，单击鼠标左键不放的同时，在图像上进行涂抹，即可清晰显示图像，如图2-128所示。

技巧点拨

锐化工具可增加相邻像素的对比度，将较软的边缘明显化，使图像聚焦。此工具不适合过度使用，因为将会导致图像严重失真。

第 3 章

商品的抠图技巧

学习提示

作为一个网店卖家，除了需要自己耐心学习摄影，不断地尝试拍照之外，还必须学会抠图。有时候由于拍摄的商品背景处理得不是很好，或者希望将商品应用于更多的场合，通常可以通过Photoshop进行抠图处理。本章主要向读者讲解Photoshop抠图技巧，教大家怎样巧去背景。

本章关键案例导航

- 通过魔棒工具抠取商品
- 通过快速选择工具抠取商品
- 通过“全部”命令抠取商品
- 通过磁性套索工具抠取商品
- 通过钢笔绘制直线路径抠取商品
- 通过调整通道对比抠取商品
- 通过利用通道差异性抠取商品
- 通过“滤色”模式抠取商品
- 通过快速蒙版抠取商品
- 通过“调整边缘”命令抠取商品

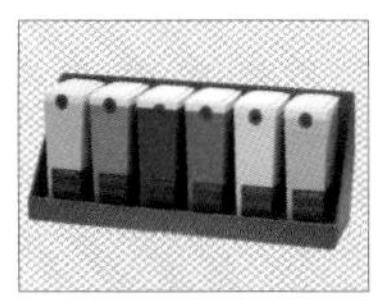

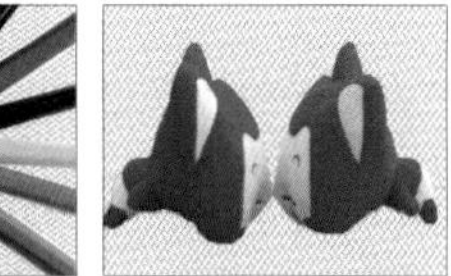

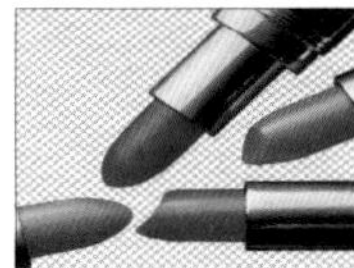

实例044 通过魔棒工具抠取商品

网店卖家在处理商品素材图像时，若商品图像颜色和背景颜色区分明确，则可以使用魔棒工具快速从素材图像中抠取想要的商品进行后期处理。本实例最终效果如图3-1所示。

素材文件	素材\第3章\毛衣.jpg
效果文件	效果\第3章\毛衣.psd
视频文件	视频\第3章\实例044　通过魔棒工具抠取商品.mp4

图3-1 图像效果

步骤 01 在菜单栏中单击“文件”→“打开”命令，打开一幅素材图像，如图3-2所示。

步骤 02 在工具箱中选取魔棒工具，如图3-3所示。

图3-2 打开素材图像

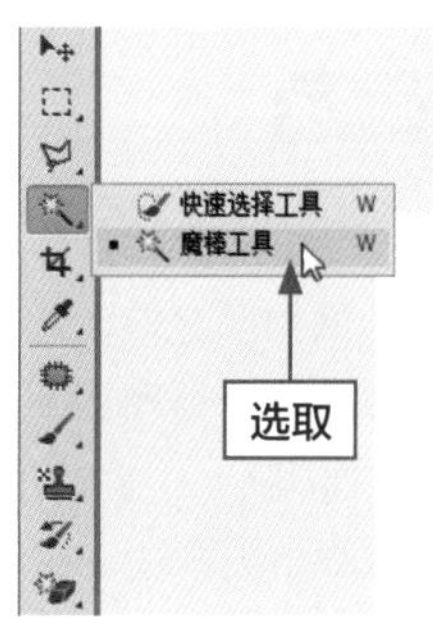

图3-3 选取“魔棒”工具

步骤 03 选取魔棒工具后，其工具属性栏如图3-4所示（表3-1为图中标号说明）。

❶ ❷ ❸ ❹

图3-4 魔棒工具属性栏

表3-1 标号说明

标号	名称	选项说明
1	容差	用来控制创建选区范围的大小，数值越小，所要求的颜色越相近，数值越大，则颜色相差越大
2	消除锯齿	用来模糊羽化边缘的像素，使其与背景像素产生颜色的过渡，从而消除边缘明显的锯齿
3	连续	选中该复选框后，只选取与鼠标单击处相连接中的相近颜色
4	对所有图层取样	用于有多个图层的文件，选中该复选框后，能选区文件中所有图层中相近颜色的区域，不选中时，只选取当前图层中相近颜色的区域

技巧点拨

魔棒工具是建立选区的工具之一，其作用是在一定的容差值范围内（默认值为32），将颜色相同的区域同时选中，建立选区以达到抠取商品图像的目的。

步骤 04 在工具属性栏中，单击“添加到选区”按钮，设置“容差”为100，如图3-5所示。

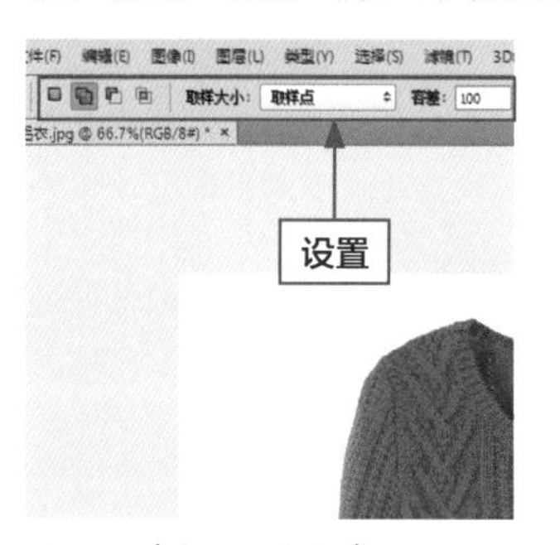

图3-5 单击“反向”命令

步骤 05 执行上述操作后，将鼠标指针移至图像编辑窗口中，在图像上多次单击，即可创建连续选区，直到选择整个图像为止，效果如图3-6所示。

图3-6 创建选区

步骤 06 按【Ctrl+J】组合键，得到“图层1”图层，单击“背景”图层的“指示图层可见性”图标，如图3-7所示。

图3-7 单击“指示图层可见性”图标

步骤 07 执行上述操作后，即可隐藏“背景”图层，效果如图3-8所示。

图3-8 最终效果

实例 045 通过快速选择工具抠取商品

网店卖家在进行商品美化时，若背景复杂，商品图像颜色简单，这时可以使用快速选择工具将商品图像快速抠取出来，以便进行后期的商品美化处理。

本实例最终效果如图3-9所示。

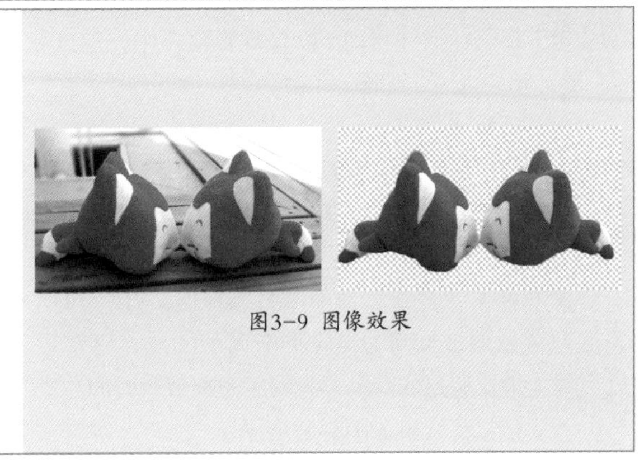

图3-9 图像效果

素材文件	素材\第3章\小玩偶.jpg
效果文件	效果\第3章\小玩偶.psd
视频文件	视频\第3章\实例045 通过快速选择工具抠取商品.mp4

技巧点拨

在连续选择过程，如果有多选或少选的现象，可以单击工具属性栏中的“添加到选区”或“从选区减去”按钮，在相应区域适当拖动，以进行适当调整。

步骤 01 在菜单栏中单击“文件”→“打开”命令，打开一幅素材图像，如图3-10所示。

图3-10 打开素材图像

步骤 02 选取工具箱中的快速选择工具，如图3-11所示。

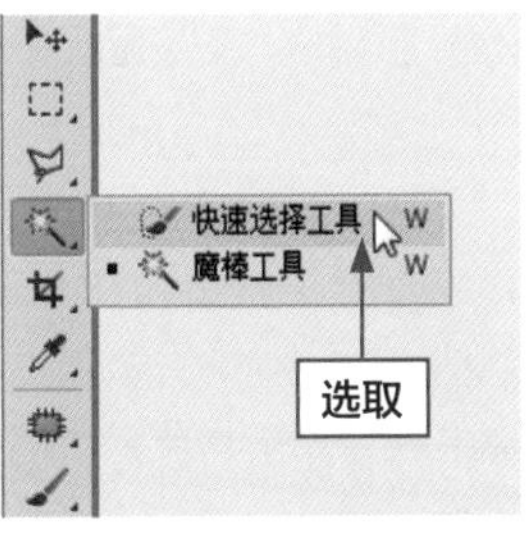

图3-11 选取“快速选择”工具

步骤 03 选取快速选择工具后，其工具属性栏如图3-12所示（表3-2为图中标号说明）。

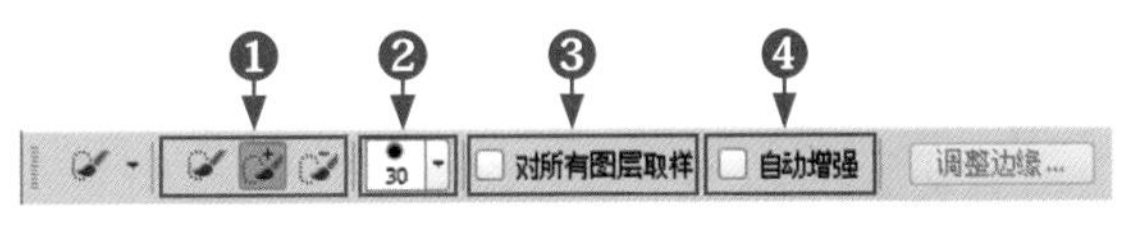

图3-12 快速选择工具属性栏

表3-2 标号说明

标号	名称	选项说明
1	选区运算按钮	"新选曲"，可以创建一个新的选区；"添加到选区"，可在原选区的基础上添加新的选区；"从选区减去"，可在原选区的基础上减去当前绘制的选区
2	"画笔拾取器"	单击按钮，可以设置画笔笔尖的大小、硬度、间距
3	对所有图层取样	可基于所有图层创建选区
4	自动增强	可以减少选区边界的粗糙度和块效应

步骤 04 在工具属性栏中,设置画笔"大小"为20像素，如图3-13所示。

步骤 05 将鼠标指针移动至图像编辑窗口中，单击鼠标左键，创建选区，如图3-14所示。

图3-13 设置画笔大小

图3-14 创建选区

步骤 06 连续在图像上单击鼠标左键，直至选择整个图像，如图3-15所示。

步骤 07 按【Ctrl+J】组合键，得到"图层1"图层，单击"背景"图层的"指示图层可见性"图标，即可隐藏背景图层，效果如图3-16所示。

图3-15 选择全部玩偶

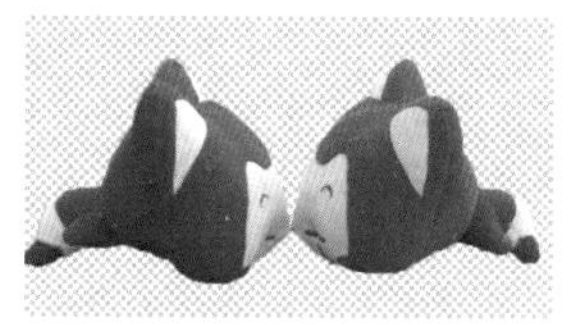
图3-16 最终效果

实例046 通过"反向"命令抠取商品

在处理单一背景的商品素材图像时，用户可以先选取背景通过反向命令来抠取商品图片，这样可以更便捷地快速抠取商品，为网店卖家节省时间。

本实例最终效果如图3-17所示。

素材文件	素材\第3章\棉衣.jpg
效果文件	效果\第3章\棉衣.psd
视频文件	视频\第3章\实例046 通过"反向"命令抠取商品.mp4

图3-17 图像效果

步骤 01 在菜单栏中，单击"文件"→"打开"命令，打开一幅素材图像，如图3-18所示。

步骤 02 选取工具箱中的魔棒工具，在工具属性栏中设置"容差"为10，如图3-19所示。

图3-18 打开素材图像

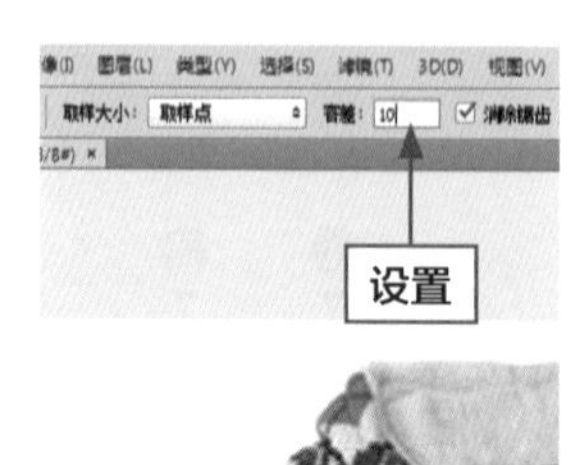

图3-19 设置容差

步骤 03 在白色背景位置单击鼠标左键，创建选区，如图3-20所示。

步骤 04 在菜单栏中单击"选择"→"反向"命令，如图3-21所示。

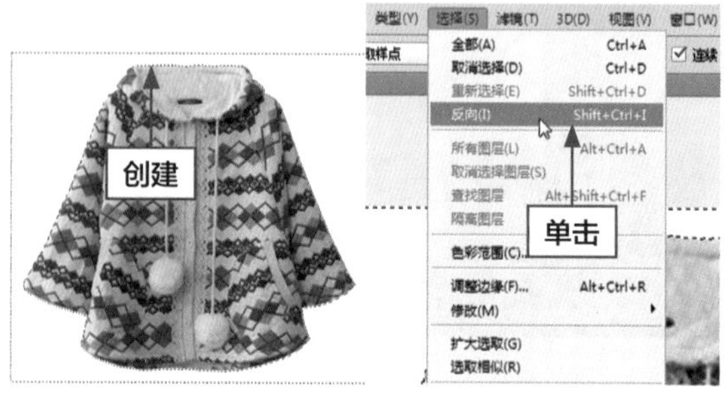

图3-20 创建选区　图3-21 单击"反向"命令

步骤 05 执行上述操作后即可反选选区，如图3-22所示。

步骤 06 按【Ctrl+J】组合键，得到“图层1”图层，单击“背景”图层的“指示图层可见性”图标，即可隐藏“背景”图层，效果如图3-23所示。

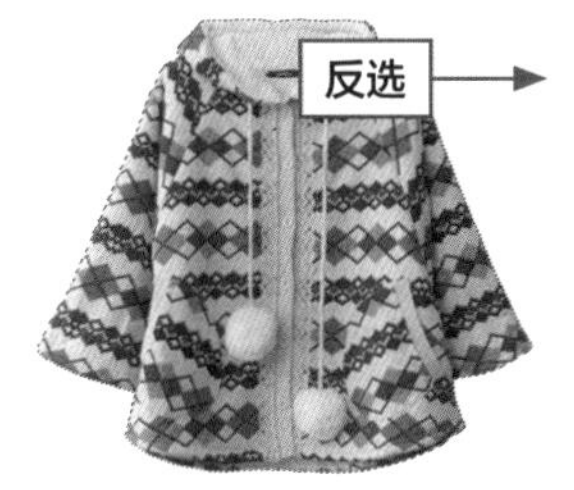

图3-22 反选选区　　图3-23 最终效果

实例047 通过“色彩范围”命令抠取商品

网店卖家在处理商品图片时，若商品复杂不好抠取，则可通过“色彩范围”命令利用图像中的颜色变化关系来抠取商品图像。本实例最终效果如图3-24所示。

素材文件	素材\第3章\包.jpg
效果文件	效果\第3章\包.psd
视频文件	视频\第3章\实例047 通过“色彩范围”命令抠取商品.mp4

图3-24 图像效果

步骤 01 在菜单栏中单击“文件”→“打开”命令，打开一幅素材图像，如图3-25所示。

步骤 02 在菜单栏中单击“选择”→“色彩范围”命令，如图3-26所示。

图3-25 打开素材图像

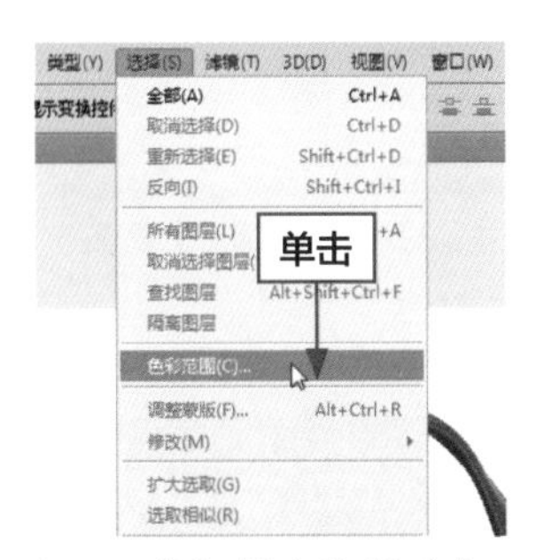

图3-26 单击“色彩范围”命令

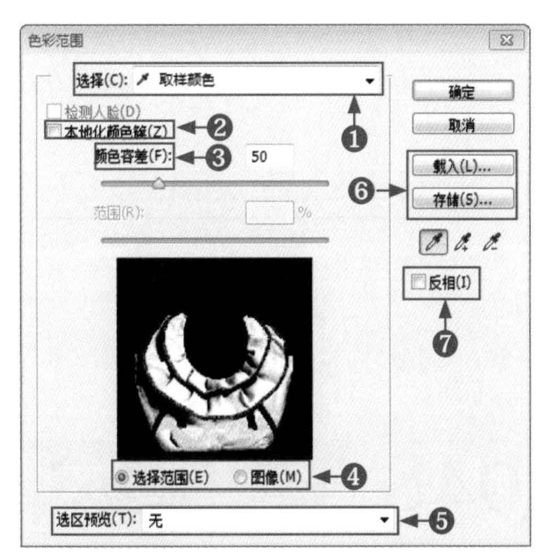

图3-27 设置参数

步骤 03 执行上述操作后，即可弹出“色彩范围”对话框，设置“颜色容差”为50，选中“选择范围”单选按钮，如图3-27所示（表3-3为图中标号说明）。

步骤 04 将鼠标指针移至商品图像空白处并单击鼠标左键，单击“确定”按钮，即可选中空白区域，效果如图3-28所示。

图3-28 选中空白区域

表3-3 标号说明

标号	名称	选项说明
1	选择	用来设置选区的创建方式。选择“取样颜色”选项时，可将光标放在文档窗口中的图像上，或在“色彩范围”对话中预览图像上单击，对颜色进行取样。为添加颜色取样，为减去颜色取样
2	本地化颜色簇	当选中该复选框后，拖动“范围”滑块可以控制要包含在蒙版中的颜色与取样的最大和最小距离
3	颜色容差	是用来控制颜色的选择范围，该值越高，包含的颜色就越广
4	选区预览图	选区预览图包含了两个选项，选中“选择范围”单选按钮时，预览区的图像中，呈白色的代表被选择的区域；选中“图像”单选按钮时，预览区会出现彩色的图像
5	选区预览	设置文档的选区的预览方式。用户选择“无”选项，表示不在窗口中显示选区；用户选择“灰度”选项，可以按照选区在灰度通道中的外观来显示选区；选择“灰色杂边”选项，可在未选择的区域上覆盖一层黑色；选择“白色杂边”选项，可在未选择的区域上覆盖一层白色；选择“快速蒙版”选项，可以显示选区在快速蒙版状态下的效果，此时，未选择的区域会覆盖一层红色
6	载入/存储	用户单击“存储”按钮，可将当前的设置保存为选区预设；单击“载入”按钮，可以载入存储的选区预设文件
7	反相	选中该复选框，可以反转选区

步骤 05 在菜单栏中单击“选择”→“反向”命令，如图3-29所示。

步骤 06 执行上述操作后，即可反向选择商品图像，效果如图3-30所示。

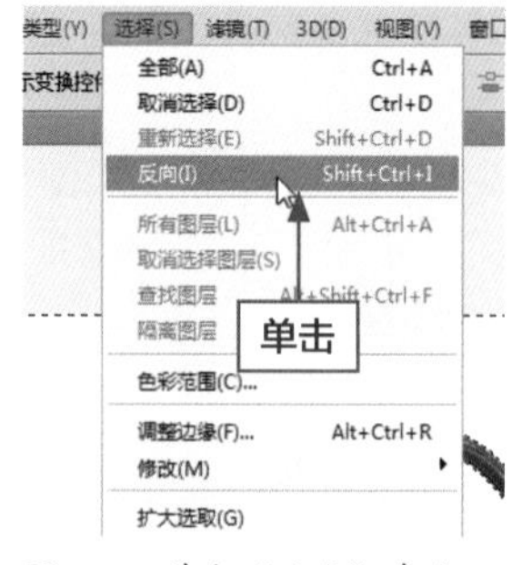

图3-29 单击“反向”命令

图3-30 反选商品图像

步骤 07 按【Ctrl+J】组合键，得到“图层1”图层，单击“背景”图层的“指示图层可见性”图标，如图3-31所示。

步骤 08 执行上述操作后，即可隐藏“背景”图层，效果如图3-32所示。

图3-31 单击“指示图层可见性”图标

图3-32 最终效果

技巧点拨

应用“色彩范围”命令指定颜色范围时，可以选择按区域的预览方式。通过“选区预览”选项可以设置预览方式，包括“灰色”、“黑色杂边”、“白色杂边”和“快速蒙版”4种。

实例048 通过“扩大选取”命令抠取商品

网店卖家在处理商品素材图像时，可以先选取部分区域通过扩大选取命令来抠取商品图片，这样可以快速地抠取商品，为淘宝卖家节省时间。本实例最终效果如图3-33所示。

素材文件	素材\第3章\小人饼.jpg
效果文件	效果\第3章\小人饼.psd
视频文件	视频\第3章\实例048 通过“扩大选取”命令抠取商品.mp4

图3-33 图像效果

步骤 01 按【Ctrl+O】组合键，打开一幅素材图像，如图3-34所示。

步骤 02 选取工具箱中的魔棒工具，在饼干图像上单击鼠标左键，如图3-35所示。

图3-34 打开素材图像

图3-35 单击鼠标

步骤 03 在菜单栏连续单击3次“选择”→“扩大选取”命令，如图3-36所示。

步骤 04 执行上述操作后，即可扩大选区，效果如图3-37所示。

步骤 05 按【Ctrl+J】组合键，得到“图层1”图层，单击“背景”图层的“指示图层可见性”图标，如图3-38所示。

步骤 06 执行上述操作后即可隐藏“背景”图层，效果如图3-39所示。

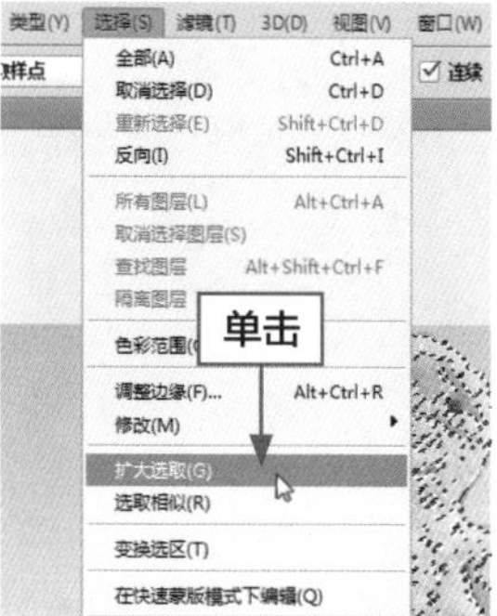

图3-36 单击“扩大选取”命令

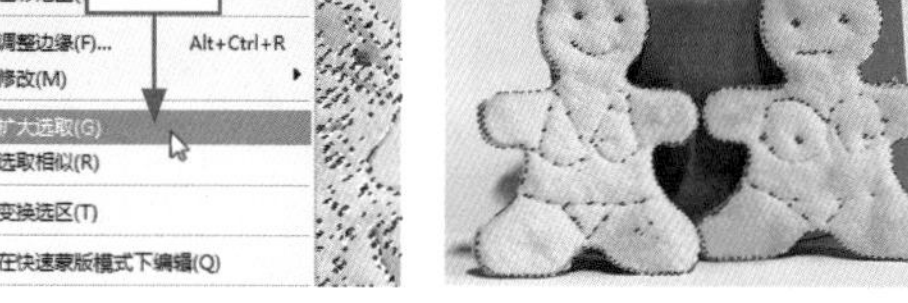

图3-37 扩大选取选区

图3-38 单击“指示图层可见性”图标

图3-39 最终效果

技巧点拨

使用“扩大选取”命令可以将原选区扩大，所扩大的范围是与原选区相邻近且颜色相近的区域，扩大的范围由魔棒工具属性栏中的容差值决定。

实例049 通过“选取相似”命令抠取商品

在处理背景复杂、商品颜色相似的商品素材图像时，用户可以先选取部分区域，通过“选取相似”命令来抠取商品图片。本实例最终效果如图3-40所示。

素材文件	素材\第3章\花抱枕.jpg
效果文件	效果\第3章\花抱枕.psd
视频文件	视频\第3章\实例049 通过“选取相似”命令抠取商品.mp4

图3-40 图像效果

步骤 01 按【Ctrl+O】组合键，打开一幅素材图像，如图3-41所示。

步骤 02 选取工具箱中的魔棒工具，在工具属性栏中设置“容差”为80，在抱枕图像上单击鼠标左键，如图3-42所示。

图3-41 打开素材图像

图3-42 单击鼠标

步骤 03 在菜单栏中连续单击3次“选择”→“选取相似”命令，如图3-43所示。

步骤 04 执行上述操作后，即可选取相似颜色区域，如图3-44所示。

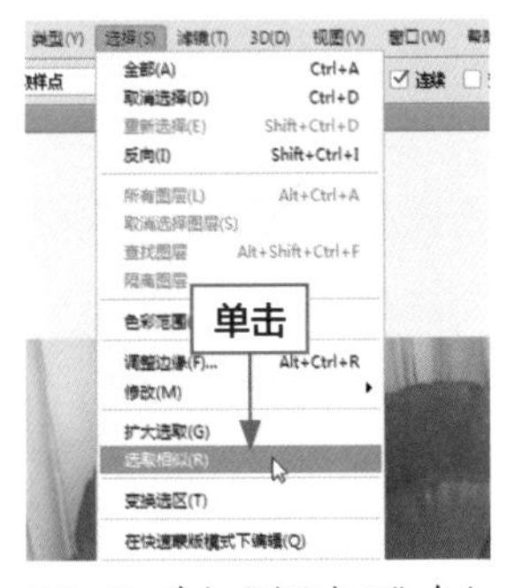

图3-43 单击“选取相似”命令

图3-44 选取颜色相似区域

步骤 05 按【Ctrl+J】组合键，得到“图层1”图层，单击“背景”图层的“指示图层可见性”图标，如图3-45所示。

步骤 06 执行上述操作后即可隐藏“背景”图层，效果如图3-46所示。

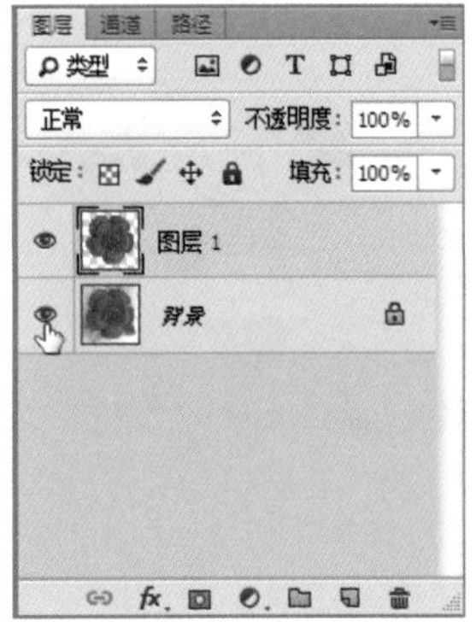

图3-45 单击“指示图层可见性”图标 图3-46 最终效果

技巧点拨

按【Alt+S+R】组合键，也可以创建相似选区。“选取相似”命令是将图像中所有的与选区内像素颜色相近的像素都扩充到选区中，不适合用于复杂像素图像。

实例050 通过“全部”命令抠取商品

网店卖家在编辑图像时，若商品图像比较复杂，需要对整幅图像或指定图层中的图像进行调整，则可以通过“全部”命令对图像进行调整。这样可以更便捷地快速抠取商品，为网店卖家节省时间。本实例最终效果如图3-47所示。

素材文件	素材\第3章\新品.jpg、新品1.jpg
效果文件	效果\第3章\新品.psd、新品.jpg
视频文件	视频\第3章\实例050 通过“全部”命令抠取商品.mp4

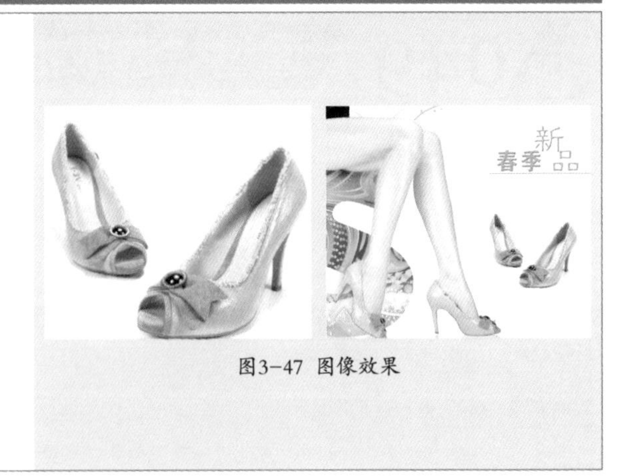

图3-47 图像效果

步骤 01 按【Ctrl+O】组合键，打开两幅素材图像，如图3-48所示。

步骤 02 切换至“新品1”图像编辑窗口，在菜单栏中单击“选择”→“全部”命令，如图3-49所示。

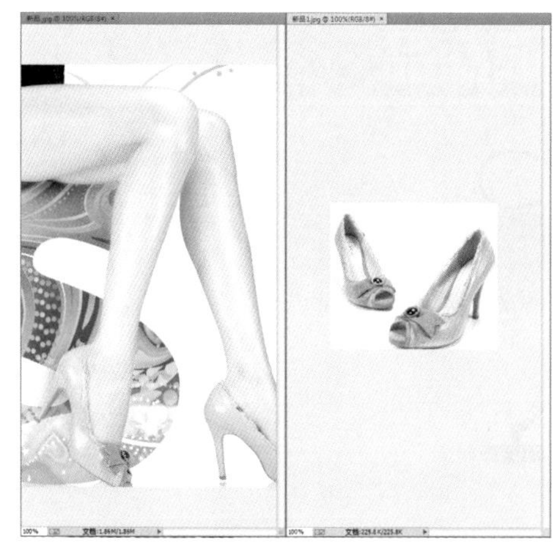

图3-48　打开素材图像

图层(L)　类型(Y)　选择(S)　滤镜(T)　3D(D)　视图(V)　窗口

显示变换控件

全部(A)	Ctrl+A
取消选择(D)	Ctrl+D
重新选择(E)	Shift+Ctrl+D
反向(I)	Shift+Ctrl+I
所有图层(L)	Alt+Ctrl+A
取消选择图层(S)	
查找图层	Alt+Shift+Ctrl+F
隔离图层	
色彩范围(C)...	
调整蒙版(F)...	Alt+Ctrl+R
修改(M)	
扩大选取(G)	
选取相似(R)	
变换选区(T)	
在快速蒙版模式下编辑(Q)	

单击

图3-49　单击“全部”命令

步骤 03 执行上述操作后，即可全选图像，效果如图3-50所示。

步骤 04 按【Ctrl+J】组合键，得到“图层1”图层，如图3-51所示。

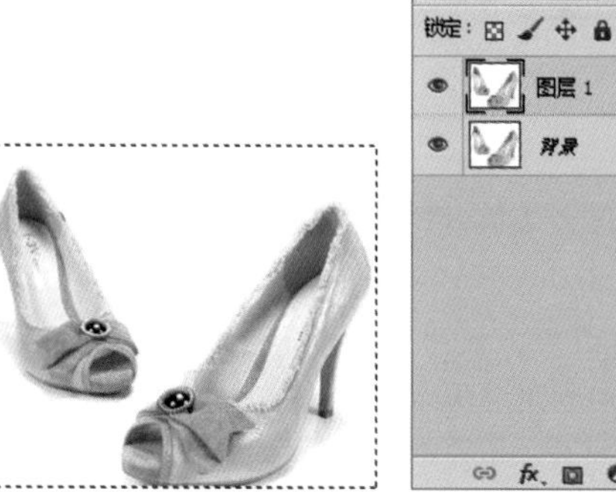

图3-50　打开素材图像

图3-51　拷贝“图层1”

步骤 05 选取工具箱中的移动工具，在图像上按住鼠标左键并拖曳至“新品”图像编辑窗口中，如图3-52所示。

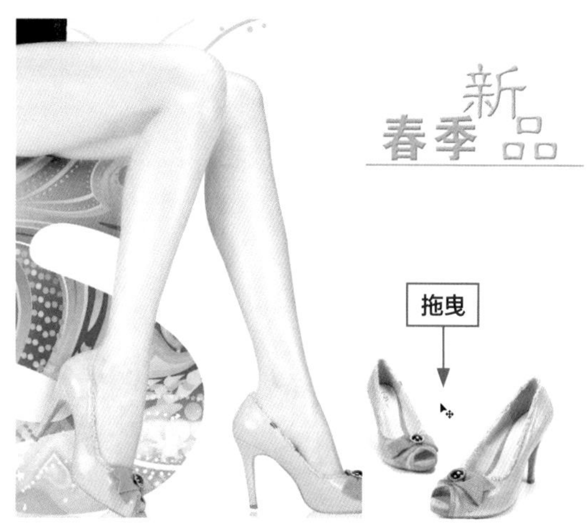

图3-52　打开素材图像

步骤 06 执行上述操作后，移动图像至合适位置，效果如图3-53所示。

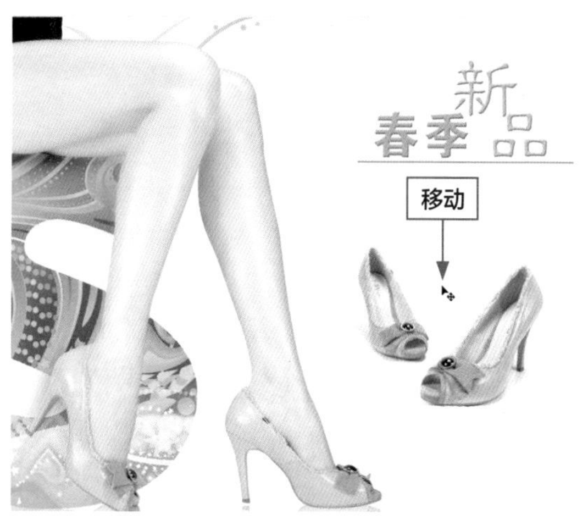

图3-53　移动图像

技巧点拨

“全部”命令相对应的快捷键为【Ctrl+A】组合键，使用该命令后，在图像周边会产生一圈闪烁的边界线，即称为“选区”。由于这种闪动的边界看上去就像是一排排移动的蚂蚁，因此选区又被人们形象地称为“蚂蚁线选区”。此时，选区边界内部的图像被选择，选区外部的图像受到保护。在Photoshop中，即便没有创建选区也代表着一种选择，那就是选择了整个图像，用户在进行编辑操作时也将应用于整个图像。

实例051 通过透明图层图像抠取商品

网店卖家在编辑图像时，若商品图像存在透明图层上时，就可通过透明图层图像的方法抠取商品图像。本实例最终效果如图3-54所示。

素材文件	素材\第3章\台灯.psd
效果文件	效果\第3章\台灯.psd
视频文件	视频\第3章\实例051　通过透明图层图像抠取商品.mp4

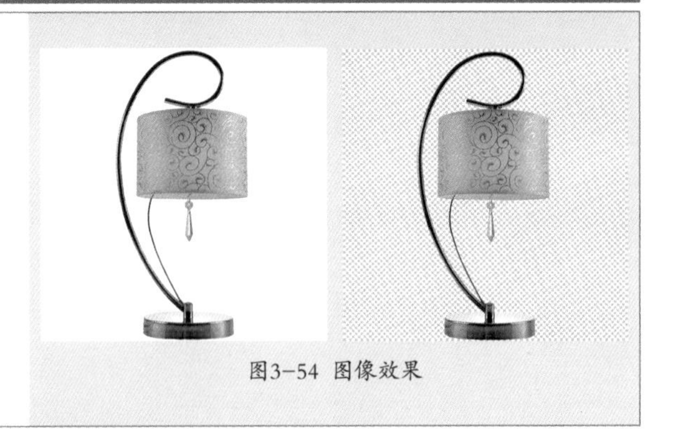

图3-54 图像效果

步骤 01 按【Ctrl+O】组合键，打开一幅素材图像，如图3-55所示。

图3-55 打开素材图像

步骤 02 选择“图层1”图层，单击“选择”→“载入选区”命令，如图3-56所示。

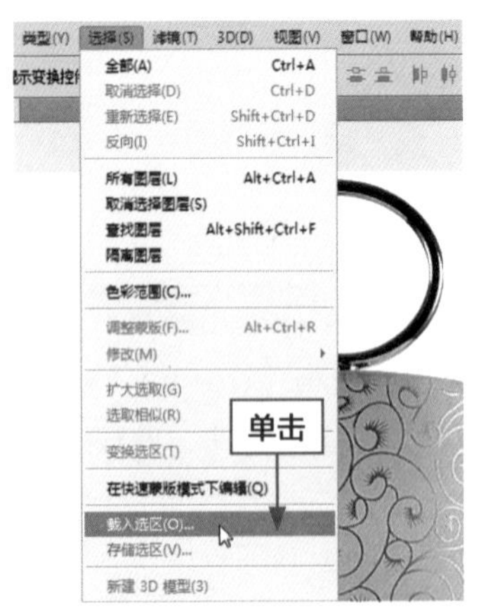

图3-56 单击“载入选区”命令

步骤 03 执行上述操作即可弹出“载入选区”对话框，保持默认设置即可，单击“确定”按钮，如图3-57所示。

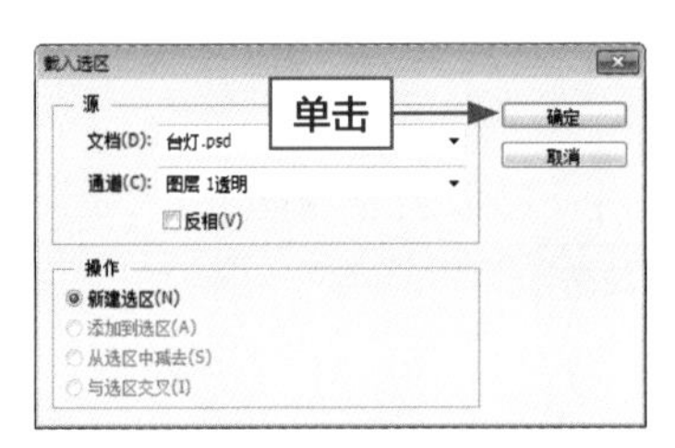

图3-57 弹出“载入选区”对话框

步骤 04 执行上述操作后，即可将透明图层包含的图像内容进行选取，在“图层”面板单击“背景”图层前的“指示图层可见性”图标，即可隐藏“背景”图层得到抠选的图像，按【Ctrl+D】组合键取消选区，效果如图3-58所示。

图3-58 最终效果

技巧点拨

除了运用上述方法选取透明图层的图像外，还有以下两种方法。

- 选择透明图层，使用魔棒工具快速选择透明图层，然后再利用“反向”命令，进行反选选区。
- 选择透明图层，按住【Ctrl】键的同时，单击“图层1”缩览图，即可快速选取透明图层上的图像。

实例052 通过矩形选框抠取商品

网店卖家在编辑图像时，若商品图像是矩形形状，就可通过矩形选框工具快速抠取商品图像。本实例最终效果如图3-59所示。

素材文件	素材\第3章\手机.jpg
效果文件	效果\第3章\手机.psd
视频文件	视频\第3章\实例052 通过矩形选框抠取商品.mp4

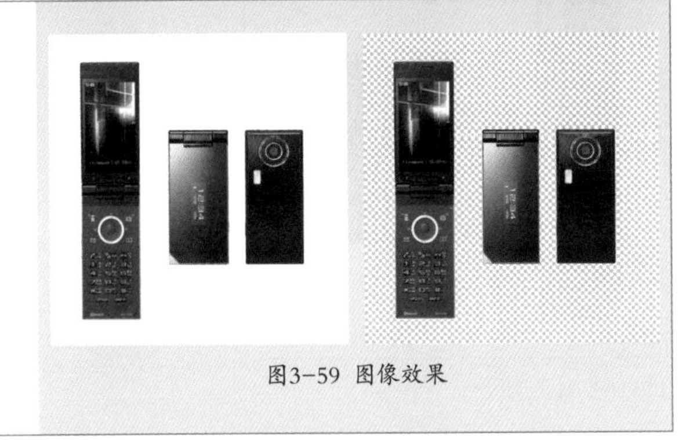

图3-59 图像效果

步骤 01 按【Ctrl+O】组合键，打开一幅素材图像，如图3-60所示。

图3-60 打开素材图像

步骤 02 在工具箱中选取矩形选框工具，如图3-61所示。

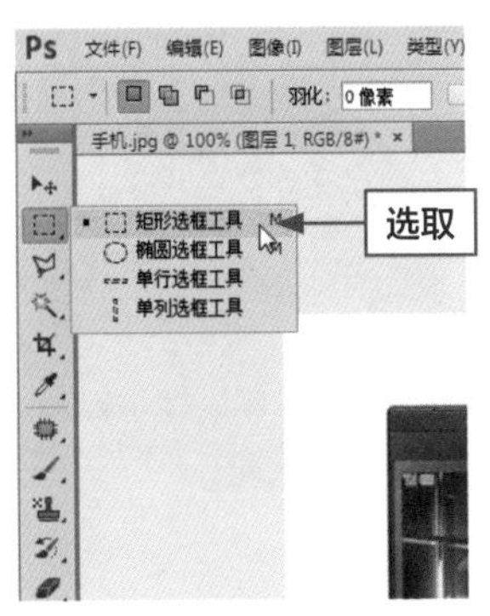

图3-61 选取矩形选框工具

步骤 03 选择矩形选框工具后，其工具属性栏如图3-62所示（表3-4为图中标号说明）。

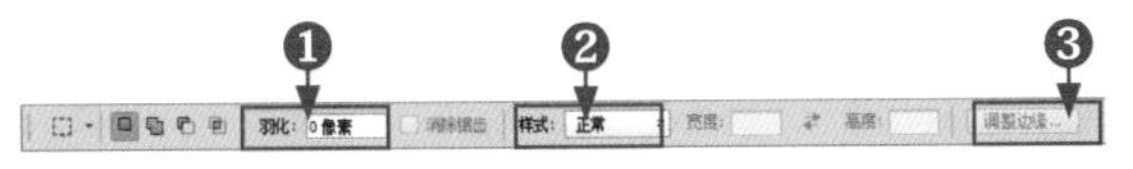

图3-62 矩形选框工具属性栏

表3-4 标号说明

标号	名称	选项说明
1	羽化	用户用来设置选区的羽化范围
2	样式	用户用来设置创建选区的方法。选择“正常”选项，可以通过拖动鼠标创建任意大小的选区；选择“固定比例”选项，可在右侧设置“宽度”和“高度”；选择“固定比例”选项，可在右侧设置“宽度”和“高度”的数值。单击⇄按钮，可以切换“宽度”和“高度”值
3	调整边缘	用来对选区进行平滑、羽化等处理

技巧点拨

在Photoshop中，选区是用来定义操作范围的。有了选区的限定，用户可以对局部图像进行处理，如果没有选区，则编辑操作将对整个图像产生影响。

步骤 04 执行上述操作后，在工具属性栏中单击“添加到选区”按钮，如图3-63所示。

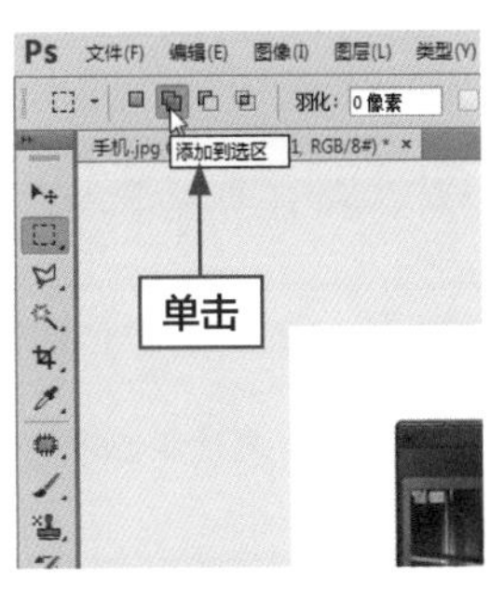

图3-63 单击“添加到选区”按钮

步骤 05 将鼠标指针移动到图像编辑窗口，在合适位置单击鼠标左键并拖动鼠标至合适位置后释放鼠标，即可创建选区，重复操作直到选中全部商品图像，效果如图3-64所示。

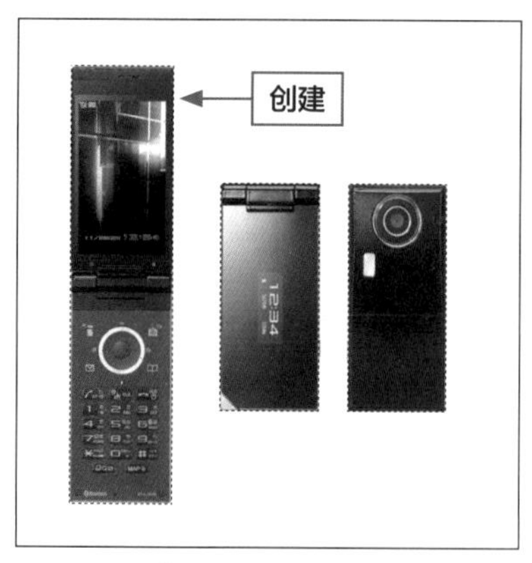

图3-64 创建选区

步骤 06 按【Ctrl+J】组合键，得到“图层1”图层，单击“背景”图层的“指示图层可见性”图标，如图3-65所示。

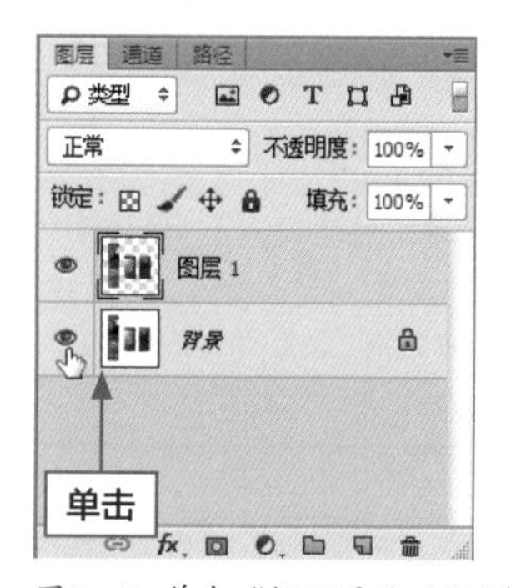

图3-65 单击“指示图层可见性”图标

步骤 07 执行上述操作后即可隐藏“背景”图层，效果如图3-66所示。

图3-66 创建选区

技巧点拨

与创建矩形选框有关的技巧如下：

- 按【M】键，可快速选取矩形选框工具。
- 按【Shift】键，可创建正方形选区。
- 按【Alt】键，可创建以起点为中心的矩形选区。
- 按【Alt+Shift】组合键，可创建以起点为中心的正方形。

实例053 通过椭圆选框抠取商品

网店卖家在编辑图像时，若商品图像是椭圆或圆形形状，就可通过椭圆选框工具快速抠取商品图像。本实例最终效果如图3-67所示。

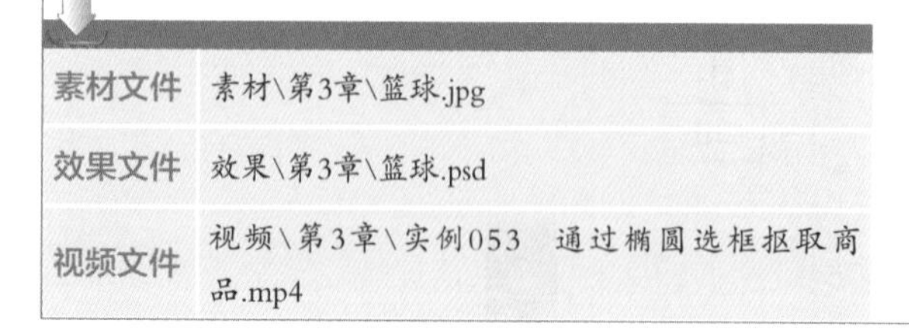

素材文件	素材\第3章\篮球.jpg
效果文件	效果\第3章\篮球.psd
视频文件	视频\第3章\实例053 通过椭圆选框抠取商品.mp4

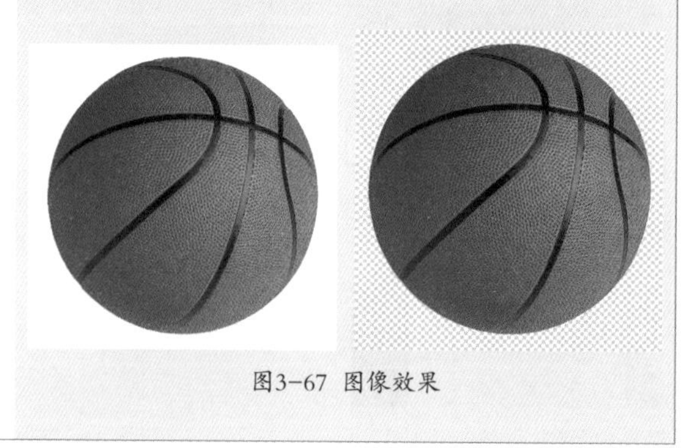

图3-67 图像效果

步骤 01 按【Ctrl+O】组合键，打开一幅素材图像，如图3-68所示。

步骤 02 在工具箱中选取椭圆选框工具，在图像适当位置单击鼠标左键并拖动鼠标创建一个椭圆选区，如图3-69所示。

图3-68 打开素材图像

图3-69 选取矩形选框工具

步骤 03 移动鼠标至椭圆选区内，当鼠标呈▷时拖曳鼠标，如图3-70所示。

步骤 04 执行上述操作后，即可移动选区至合适位置，如图3-71所示。

图3-70 拖曳鼠标

图3-71 移至合适位置

步骤 05 按【Ctrl+J】组合键，得到“图层1”图层，单击“背景”图层的“指示图层可见性”图标，如图3-72所示。

步骤 06 执行上述操作后即可隐藏“背景”图层，效果如图3-73所示。

图3-72 单击“指示图层可见性”图标

图3-73 最终效果

技巧点拨

与创建矩形选框有关的技巧如下：

- 按【Shift+M】组合键，可快速选择椭圆选框工具。
- 按【Shift】键，可创建正圆选区。
- 按【Alt】键，可创建以起点为中心的椭圆选区。
- 按【Alt+Shift】组合键，可创建以起点为中心的正圆选区。

实例054 通过套索工具抠取商品

在网店卖家美化商品图像时，若商品图像呈不规则形状，就可通过套索工具抠取商品图片，这样可以更便捷地快速抠取商品，为网店卖家节省时间。本实例最终效果如图3-74所示。

素材文件	素材\第3章\杯子.jpg、花.jpg
效果文件	效果\第3章\杯子.psd、杯子.jpg
视频文件	视频\第3章\实例054 通过套索工具抠取商品.mp4

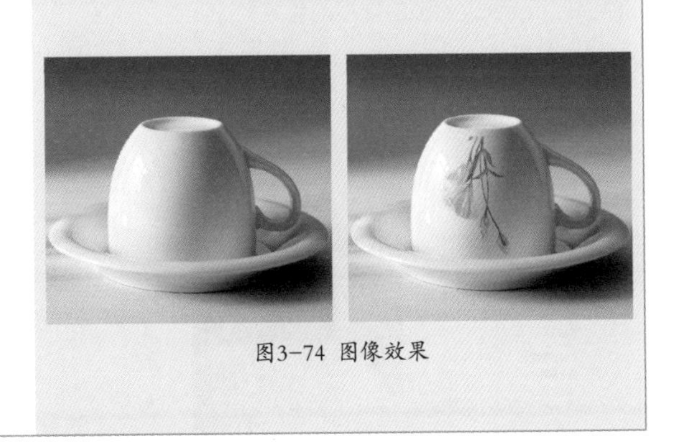

图3-74 图像效果

步骤 01 按【Ctrl+O】组合键，打开两幅素材图像，如图3-75所示。

步骤 02 切换至“花”素材图像编辑窗口，选取工具箱中的套索工具，如图3-76所示。

图3-75 打开素材图像

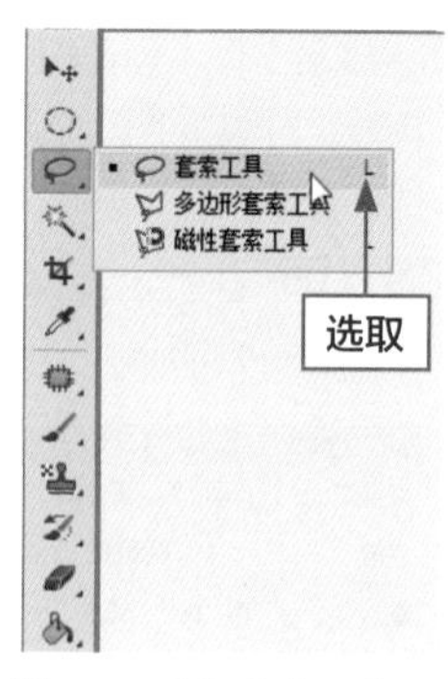

图3-76 选取套索工具

步骤 03 移动鼠标指针至图像窗口，单击鼠标左键并拖动鼠标创建一个不规则选区，如图3-77所示。

步骤 04 按【Ctrl+J】组合键拷贝一个新图层，选取工具箱中的移动工具，在图像上按住鼠标左键并拖曳至“杯子”图像，如图3-78所示。

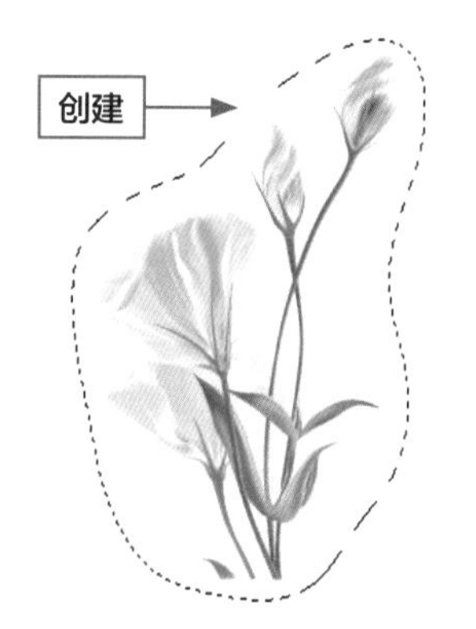

图3-77 创建不规则选区

图3-78 拖曳图像

步骤 05 在菜单栏中单击“编辑”→“变换”→“垂直翻转”命令，如图3-79所示。

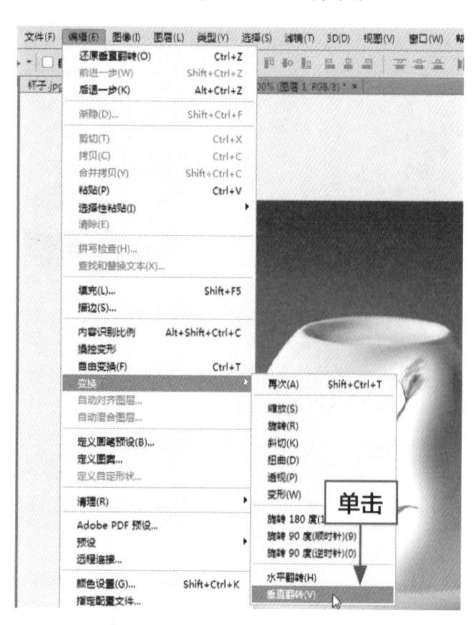

图3-79 单击“垂直翻转”命令

步骤 06 执行上述操作后，即可垂直翻转图像，效果如图3-80所示。

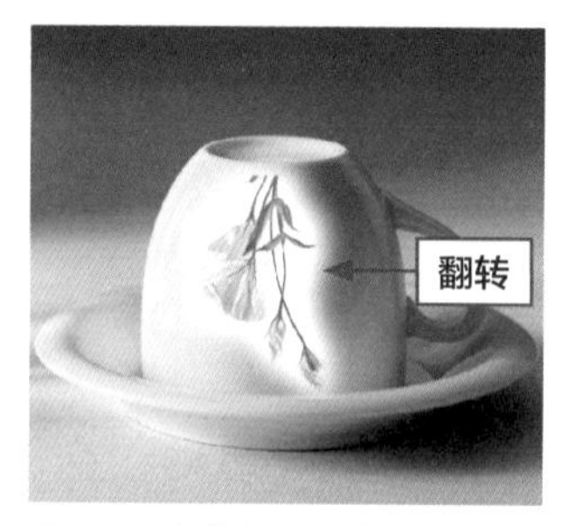

图3-80 垂直翻转图像

步骤 07 在“图层”面板中，设置“图层1”图层的“混合模式”为“正片叠底”模式，如图3-81所示。

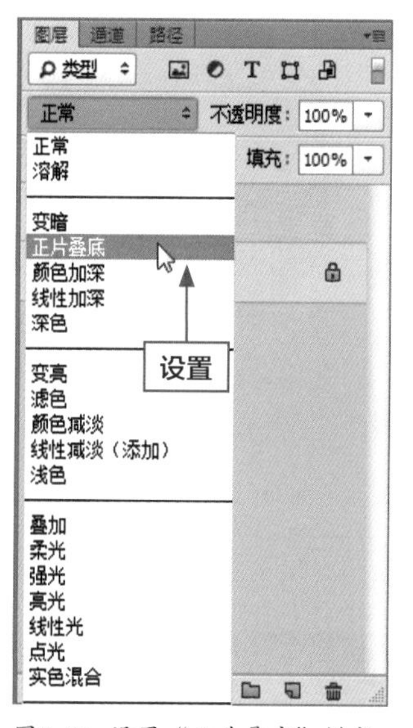

图3-81 设置“正片叠底”模式

步骤 08 执行上述操作后，即可更改“图层1”图层的“混合模式”，效果如图3-82所示。

图3-82 最终效果

技巧点拨

套索工具主要用来选取对选择区精度要求不高的区域，该工具的最大优势是选取选择区的效率很高。

实例055 通过磁性套索工具抠取商品

在网店卖家美化商品图像时，若商品图像背景较复杂、选择区域与背景有较高对比度，就可通过磁性套索工具抠取商品图片，磁性套索工具可以根据商品图像的对比度自动跟踪商品图像的边缘，这样可以快速地抠取商品，提高工作效率。本实例最终效果如图3-83所示。

素材文件	素材\第3章\心形抱枕.jpg
效果文件	效果\第3章\心形抱枕.psd
视频文件	视频\第3章\实例055 通过磁性套索工具抠取商品.mp4

图3-83 图像效果

步骤 01 按【Ctrl+O】组合键，打开一幅素材图像，如图3-84所示。

步骤 02 选取工具箱中的磁性套索工具，在工具属性栏中设置“羽化”为0像素，如图3-85所示。

图3-84 打开素材图像

图3-85 选取套索工具

技巧点拨

在Photoshop CC中，用户对图像进行抠图时，经常需要借助选区来确定操作对象或区域，选区的功能在于准确地限制抠图图像的范围，从而得到精确的效果，因此选区功能尤为重要，灵活巧妙地运用选区，能够制作出许多特殊的效果。

步骤 03 选择磁性套索工具后，其工具属性栏变化如图3-86所示（表3-5为图中标号说明）。

图3-86 磁性套索工具属性栏

表3-5 标号说明

标号	名称	选项说明
1	宽度	以光标中心为准，其周围有多少个像素能够被工具检测到，如果对象的边界不是特别清晰，需要使用较小的宽度值
2	对比度	用来设置工作感应图像边缘的灵敏度。如果图像的边缘清晰，可将该数值设置得高一些；反之，则设置得低一些
3	频率	用来设置创建选区时生成锚点的数量
4	使用绘图板压力以更改钢笔压力	在计算机配置有数位板和压感笔时，单击此按钮，Photoshop会根据压感笔的压力自动调整工具的检测范围

技巧点拨

运用磁性套索工具自动创建边界选区时，按【Delete】键可以删除上一个节点和线段。若选择的边框没有贴近被选图像的边缘，可以在选区上单击鼠标左键，手动添加一个节点，然后将其调整至合适位置。

步骤 04 将鼠标指针移至图像编辑窗口中，沿着抱枕的边缘移动鼠标，如图3-87所示。

步骤 05 至起始点处，单击鼠标左键，即可建立选区，如图3-88所示。

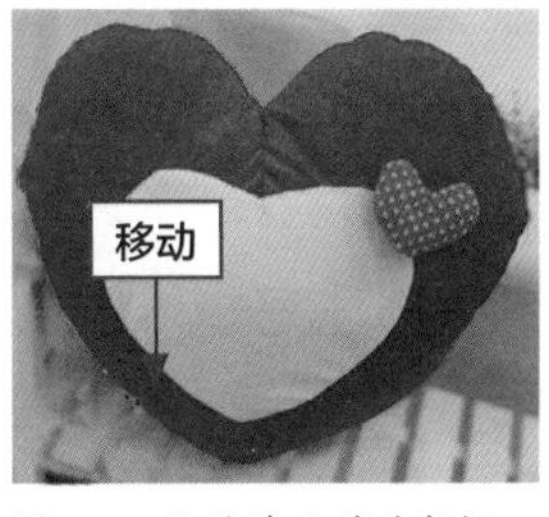

图3-87 沿边缘处移动鼠标

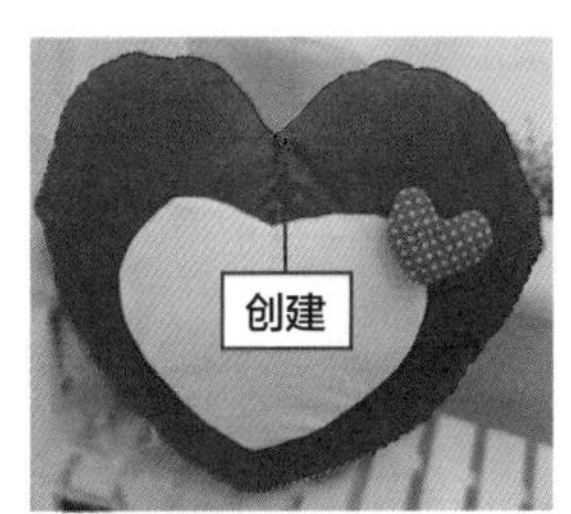

图3-88 创建选区

步骤 06 按【Ctrl+J】组合键，得到“图层1”图层，单击“背景”图层的“指示图层可见性”图标，如图3-89所示。

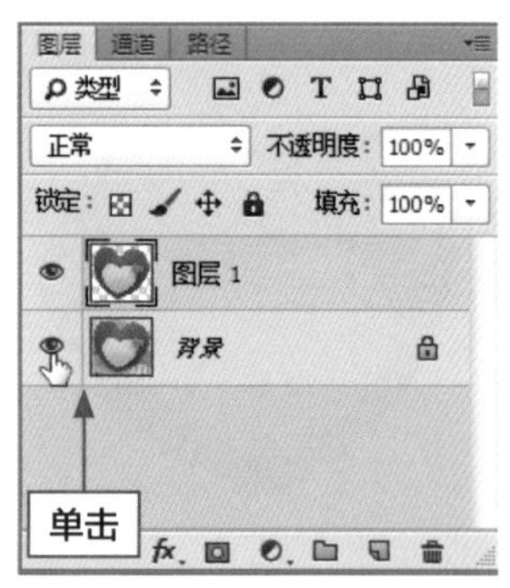

图3-89 单击“指示图层可见性”图标

步骤 07 执行上述操作后，即可隐藏“背景”图层，效果如图3-90所示。

图3-90 最终效果

实例056 通过多边形套索工具抠取商品

在网店卖家美化商品图像时，若商品图像边缘轮廓呈直线，则可使用多边形套索工具。多边形套索可以创建直边的选区，多边形套索工具的优点是只需要单击就可以选取边界规则的图像，并在两点之间以直线连接。本实例最终效果如图3-91所示。

素材文件	素材\第3章\盒子.jpg
效果文件	效果\第3章\盒子.psd
视频文件	视频\第3章\实例056 通过多边形套索工具抠图商品.mp4

图3-91 图像效果

步骤 01 按【Ctrl+O】组合键，打开一幅素材图像，如图3-92所示。

步骤 02 选取工具箱中的多边形套索工具，在工具属性栏中设置“羽化”为0像素，如图3-93所示。

图3-92 打开素材图像

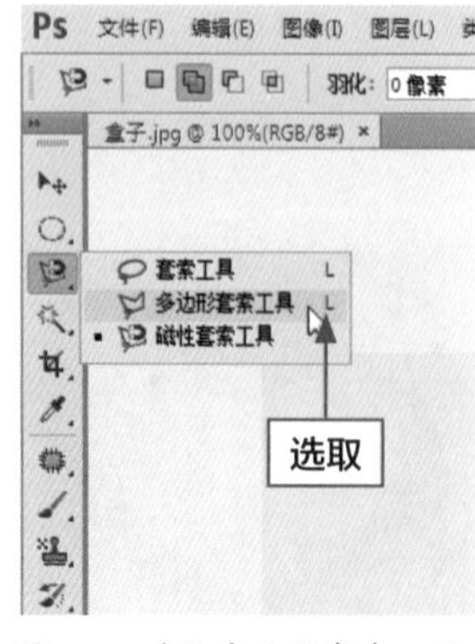

图3-93 选取多边形套索工具

步骤 03 将鼠标指针移至图像编辑窗口合适位置单击鼠标左键指定起点，并在转角处单击鼠标，指定第二点，如图3-94所示。

步骤 04 用同样的方法，沿商品图像边缘依次单击其他点，在起始点处单击鼠标左键即可创建选区，如图3-95所示。

图3-94 指定点

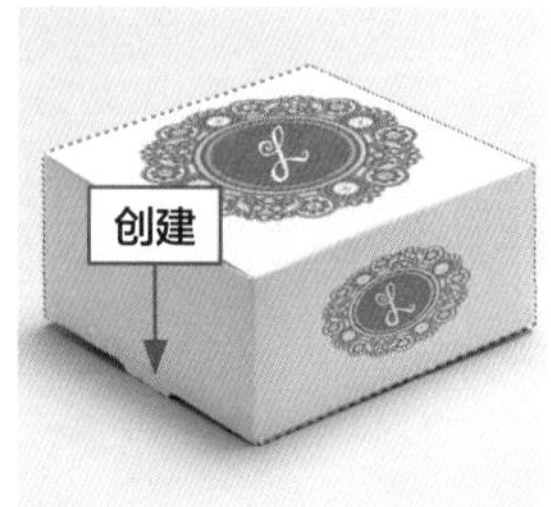

图3-95 创建选区

步骤 05 按【Ctrl+J】组合键，得到“图层1”图层，单击“背景”图层的“指示图层可见性”图标，如图3-96所示。

图3-96 单击“指示图层可见性”图标

步骤 06 执行上述操作后，即可隐藏“背景”图层，效果如图3-97所示。

图3-97 最终效果

技巧点拨

运用多边形套索工具创建选区时，按住【Shift】键的同时单击鼠标左键，可以沿水平、垂直或45度角方向创建选区。在运用套索工具或多边形套索工具时，按【Alt】键可以在两个工具之间进行切换。

实例057 通过橡皮擦工具抠取商品

当用户拍摄的商品图像比较杂乱时，可使用橡皮擦工具擦去多余图像，抠取商品。

本实例最终效果如图3-98所示。

素材文件	素材\第3章\蓝色抱枕.jpg
效果文件	效果\第3章\蓝色抱枕.jpg
视频文件	视频\第3章\实例057　通过橡皮擦工具抠取商品.mp4

图3-98 图像效果

步骤 01 按【Ctrl+O】组合键，打开一幅素材图像，如图3-99所示。

步骤 02 选取工具箱中的橡皮擦工具，如图3-100所示。

图3-99 打开素材图像

图3-100 选取橡皮擦工具

步骤 03 选取橡皮擦工具后，其工具属性栏如图3-101所示（表3-6为图中标号说明）。

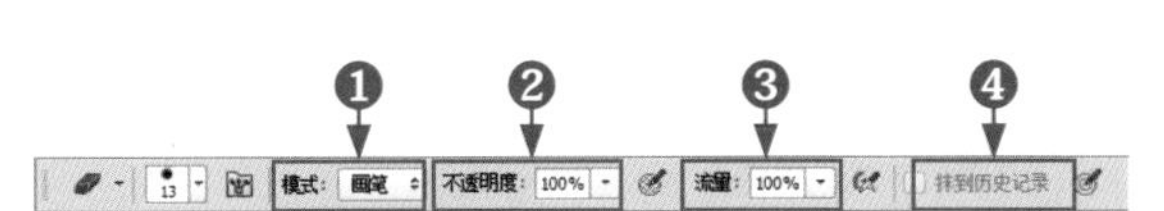

图3-101 橡皮擦工具属性栏

表3-6 标号说明

标号	名称	选项说明
1	模式	可以选择橡皮擦的种类。选择“画笔”选项，可以创建柔边擦除效果；选择“铅笔”选项，可以创建硬边擦除效果；选择“块”选项，擦除的效果为块状
2	不透明度	设置工具的擦除强度，100%的不透明度可以完全擦除像素，较低的不透明度将部分擦除像素
3	流量	用来控制工具的涂抹速度
4	抹到历史记录	选中该复选框后，橡皮擦工具就具有了历史记录画笔的功能

步骤 04 在工具属性栏中，设置画笔为“硬边圆”、“大小”为60像素，如图3-102所示。

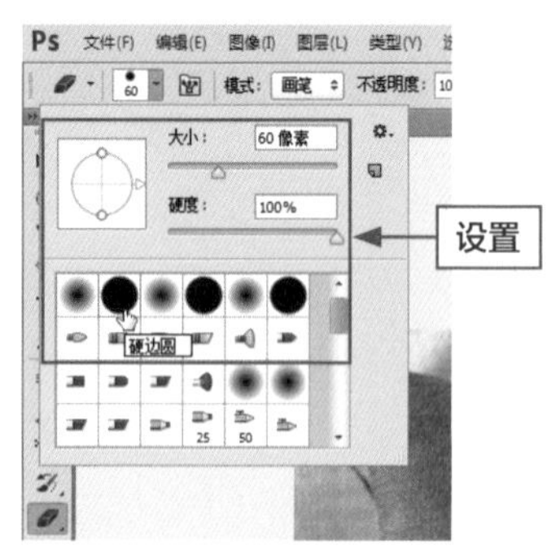

图3-102 设置参数

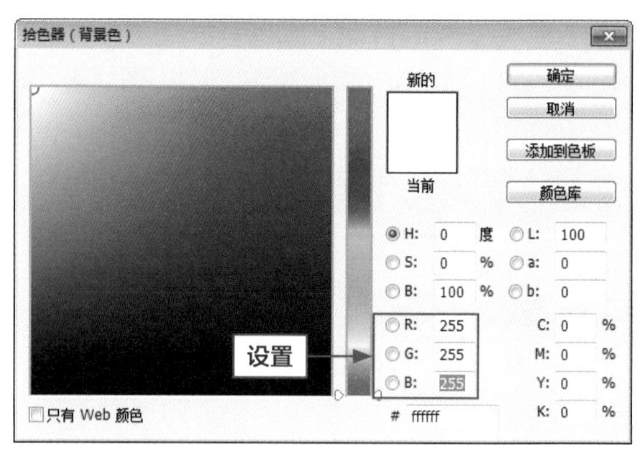

图3-103 设置背景色

步骤 05 设置背景色为白色（RGB参数值均为255），如图3-103所示。

步骤 06 移动鼠标指针至图像编辑窗口中，单击鼠标左键，擦除背景区域，如图3-104所示。

步骤 07 继续在其他背景区域拖动鼠标，擦除背景，效果如图3-105所示。

图3-104 擦除背景

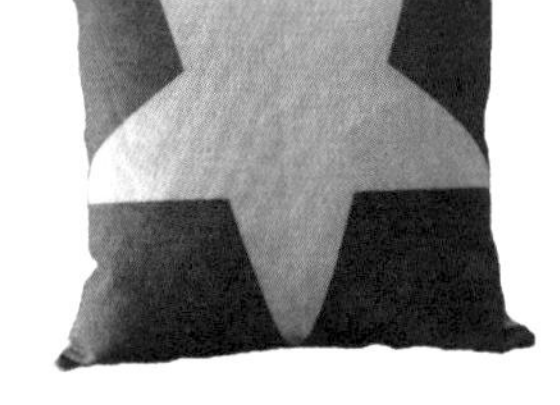
图3-105 最终效果

实例058 通过背景橡皮擦工具抠取商品

如果网店卖家拍摄的商品图像背景颜色是单一的，即可使用背景橡皮擦工具快速擦去背景抠取商品。本实例最终效果如图3-106所示。

素材文件	素材\第3章\黄色包包.jpg
效果文件	效果\第3章\黄色包包.psd、黄色包包.jpg
视频文件	视频\第3章\实例058 通过背景橡皮擦工具抠取商品.mp4

图3-106 图像效果

步骤 01 按【Ctrl+O】组合键，打开一幅素材图像，如图3-107所示。

步骤 02 选择工具箱中的吸管工具，在图像灰色背景上单击鼠标左键，即可吸取背景色，如图3-108所示；单击“切换前景色和背景色”按钮，选取工具箱中的背景橡皮擦工具。

步骤 03 选取工具箱中的背景橡皮擦工具后，其工具属性栏如图3-109所示（表3-7为图中标号说明）。

图3-107 打开素材图像

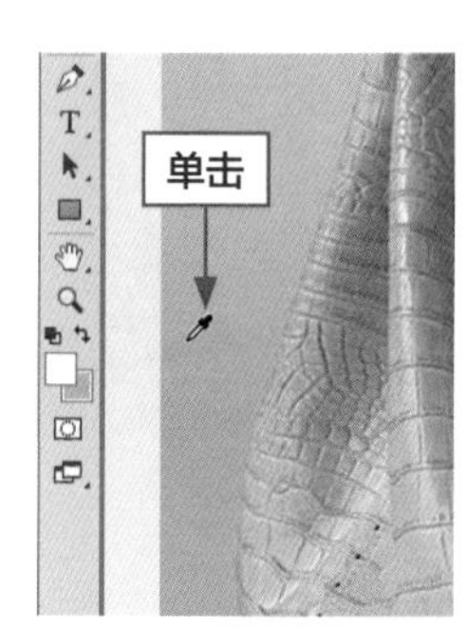

图3-108 吸取背景色

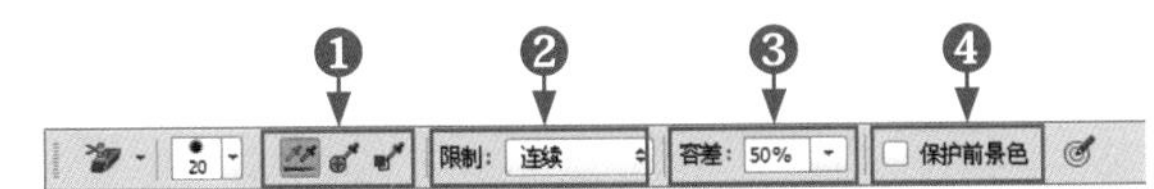

图3-109 背景橡皮擦工具属性栏

表3-7 标号说明

标号	名称	选项说明
1	取样	用来设置取样方式
2	限制	定义擦除时的限制模式。选择“不连续”选项，可以擦除出现在光标下任何位置的样本颜色；选择“连续”选项，只擦除包含样本颜色并且互相连接的区域；选择“查找边缘”选项，可擦除包含样板颜色的连续区域，同时更好地保留性状边缘的锐化程度
3	容差	用来设置颜色的容差范围。低容差仅限于擦除与样本颜色非常相似的区域，高容差可擦除范围更广的颜色
4	保护前景色	选中该复选框后，可以防止擦除与前景色匹配的区域

步骤 04 在工具属性栏中，设置“大小”为100像素，并单击“取样：背景色板”按钮，如图3-110所示。

步骤 05 在图像编辑窗口中单击鼠标左键并拖动鼠标，即可擦除图像背景，效果如图3-111所示。

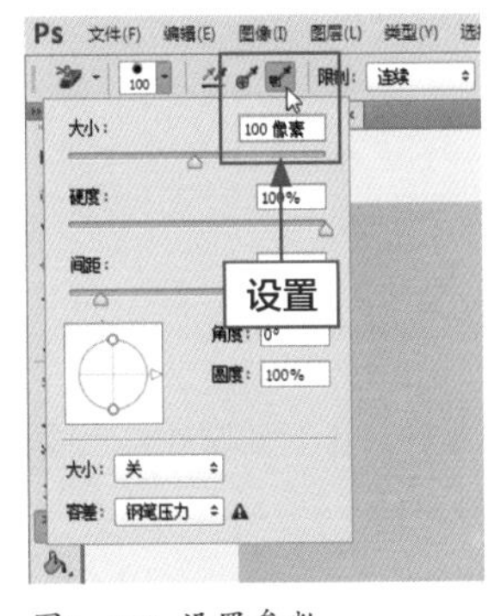

图3-110 设置参数

图3-111 最终效果

实例059 通过魔术棒橡皮擦抠取商品

网店卖家处理商品图片时，可使用魔术橡皮擦工具快速擦去单一颜色的背景，抠取商品图像，为用户节约时间，提高工作效率。本实例最终效果如图3-112所示。

素材文件	素材\第3章\彩铅.jpg
效果文件	效果\第3章\彩铅.psd
视频文件	光盘\视频\第3章\实例059 通过魔术棒橡皮擦抠取商品.mp4

图3-112 图像效果

步骤 01 按【Ctrl+O】组合键，打开一幅素材图像，如图3-113所示。

步骤 02 选取工具箱中的魔术橡皮擦工具，如图3-114所示。

图3-113 打开素材图像

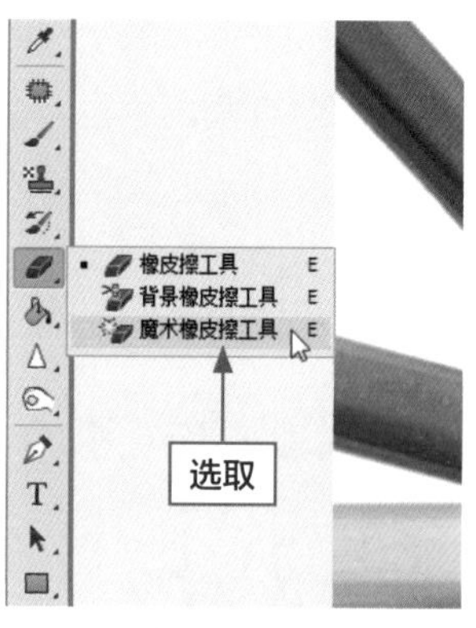

图3-114 选取魔术橡皮擦工具

步骤 03 选取魔术橡皮擦工具后，其工具属性栏如图3-115所示（表3-8为图中标号说明）。

步骤 04 在工具属性栏中设置容差为20，取消选中“连续”复选框，如图3-116所示。效果如图3-117所示。

步骤 05 移动鼠标至图像编辑窗口中的白色区域，单击鼠标左键即可擦除背景，如图3-117所示。

容差：32 ☑消除锯齿 ☑连续 □对所有图层取样 不透明度：100%

图3-115 魔术橡皮擦工具属性栏

表3-8 标号说明

标号	名称	选项说明
1	消除锯齿	选中该复选框，可以使擦除边缘平滑
2	连续	选中该复选框后，擦除仅与单击处相邻的且在容差范围内的颜色；若不选中该复选框，则擦除图像中所有符合容差范围内的颜色
3	不透明度	设置所要擦除图像区域的不透明度，数值越大，则图像被擦除得越彻底

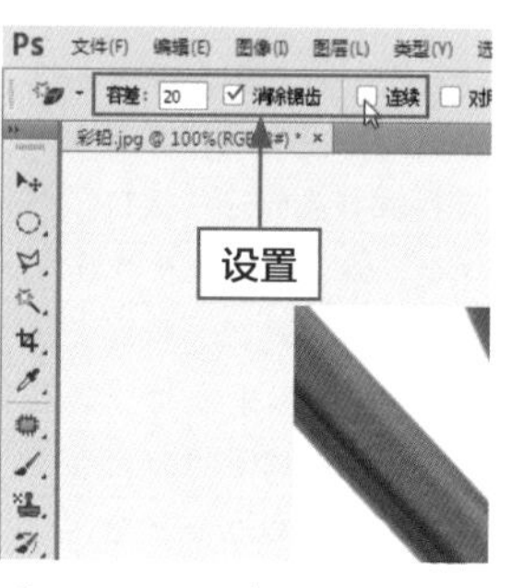

图3-116 设置参数

图3-117 擦除背景

实例060 通过钢笔绘制直线路径抠取商品

网店卖家处理商品图片时，若所拍摄的商品轮廓呈多边形，可使用钢笔工具先绘制直线路径然后转换为选区抠取商品。本实例效果如图3-118所示。

素材文件	素材\第3章\文件盒.jpg
效果文件	效果\第3章\文件盒.psd
视频文件	视频\第3章\实例060 通过钢笔绘制直线路径抠取商品.mp4

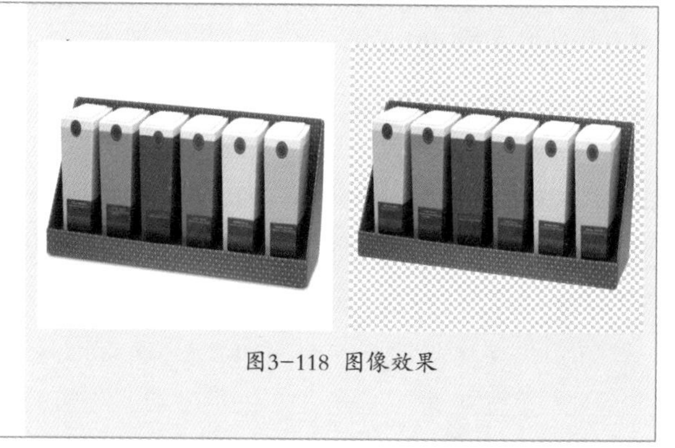

图3-118 图像效果

步骤 01 按【Ctrl+O】组合键，打开一幅素材图像，如图3-119所示。

步骤 02 选取工具箱中的钢笔工具，如图3-120所示。

技巧点拨

- 使用钢笔工具绘制路径时，按住【Shift】键，如果在已经绘制好的路径上单击鼠标则表示禁止自动添加和删除锚点的操作，如果在路径之外单击鼠标则表示强制绘制的路径为45°角的倍数。
- 路径的类型由其具有的锚点所决定，直线型路径的锚点没有控制柄，因此其两侧的线段为直线。

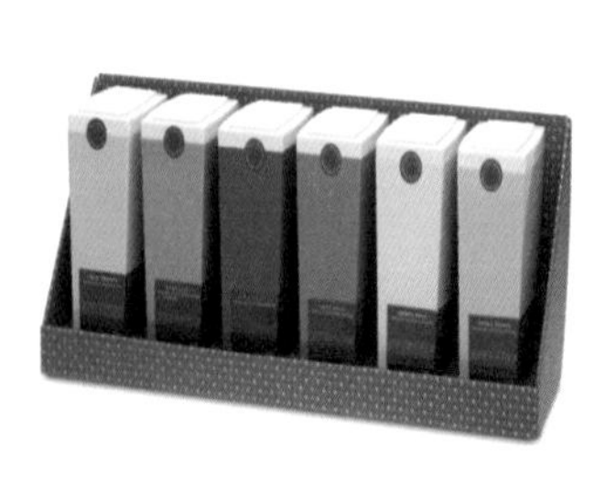

图3-119 打开素材图像

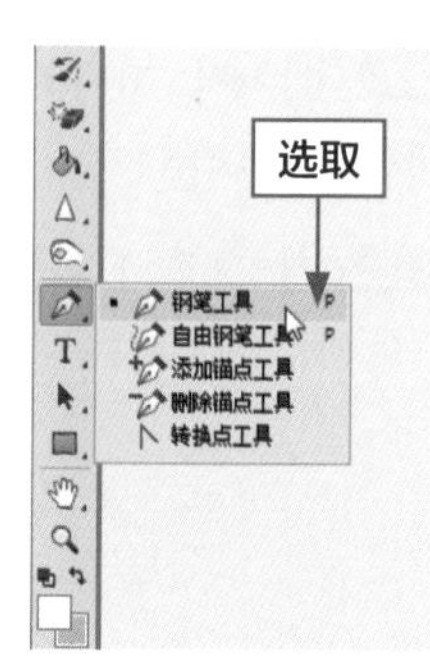

图3-120 选取钢笔工具

步骤 03 选取钢笔工具后，其工具属性栏如图3-121

所示（表3-9为图中标号说明）。

图3-121 钢笔工具属性栏

表3-9 标号说明

标号	名称	选项说明
1	选择工具模式	该列表框中包括图形、路径和像素3个选项
2	建立	该选项区中包括有“选择”、“蒙板”和“图形”3个按钮，使用相应的按钮可以创建选区、蒙板和图形
3	对齐	单击该按钮，在弹出的列表框中，可以选择相应的选项对齐路径
4	自动添加/删除	选中该复选框，则“钢笔工具”就具有了智能增加和删除锚点的功能

步骤 04 将鼠标指针移至图像编辑窗口中，沿图像边缘单击鼠标左键创建锚点绘制路径，如图3-122所示。

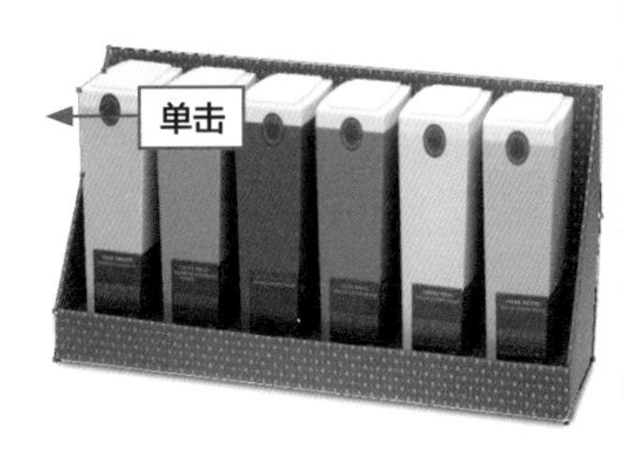

图3-122 绘制路径

步骤 05 在菜单栏中单击“窗口”→“路径”命令，如图3-123所示。

步骤 06 展开“路径”面板，单击“将路径作为选区载入”按钮，如图3-124所示。

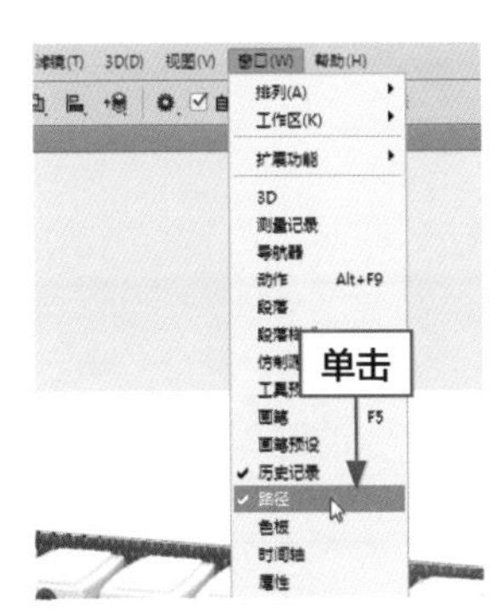

图3-123 单击“路径”命令

图3-124 单击“将路径作为选区载入”按钮

步骤 07 执行上述操作后，即可创建选区，效果如图3-125所示。

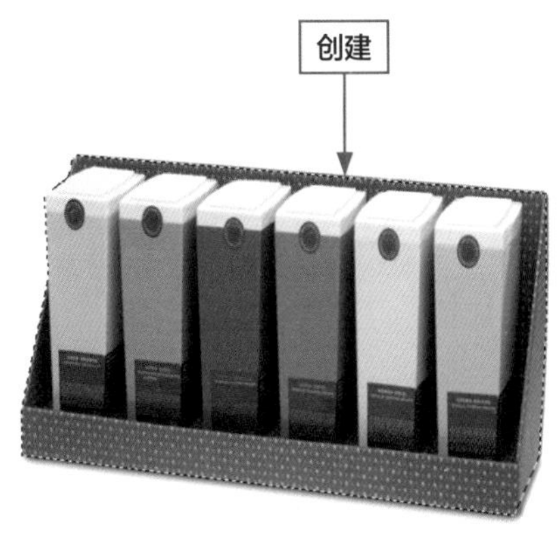

图3-125 创建选区

步骤 08 展开“图层”面板，按【Ctrl+J】组合键，得到“图层1”图层，单击“背景”图层的“指示图层可见性”图标，如图3-126所示。

图3-126 单击“指示图层可见性”图标

步骤 09 执行上述操作后，即可隐藏“背景”图层，效果如图3-127所示。

图3-127 最终效果

实例061 通过钢笔绘制曲线路径抠取商品

网店卖家在修改商品图片时，如拍摄的商品边缘平滑，可使用钢笔工具绘制曲线路径抠取商品。本实例效果如图3-128所示。

素材文件	素材\第3章\沙发.jpg
效果文件	效果\第3章\沙发.psd
视频文件	视频\第3章\实例061　通过钢笔绘制曲线路径抠取商品.mp4

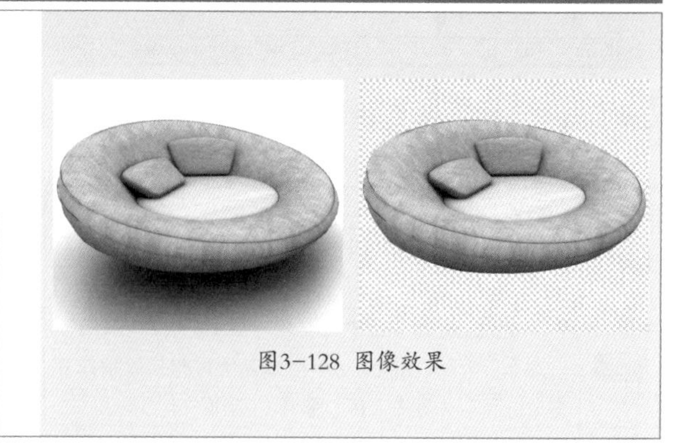

图3-128 图像效果

步骤 01 按【Ctrl+O】组合键，打开一幅素材图像，如图3-129所示。

步骤 02 选取工具箱中的钢笔工具，如图3-130所示。

图3-129 打开素材图像

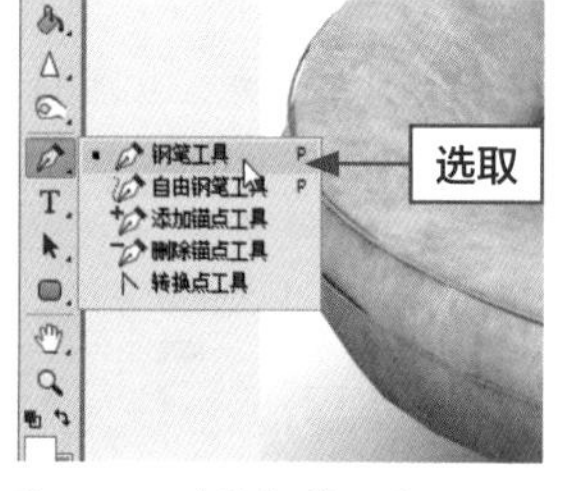

图3-130 选取钢笔工具

步骤 03 将鼠标指针移至图像窗口，在合适位置单击鼠标左键，绘制第一个曲线锚点，如图3-131所示。

步骤 04 释放鼠标后，移动鼠标指针至合适位置单击鼠标左键并拖动鼠标，将曲线调至和图像边缘重合位置，释放鼠标即可绘制第二个曲线锚点，如图3-132所示。

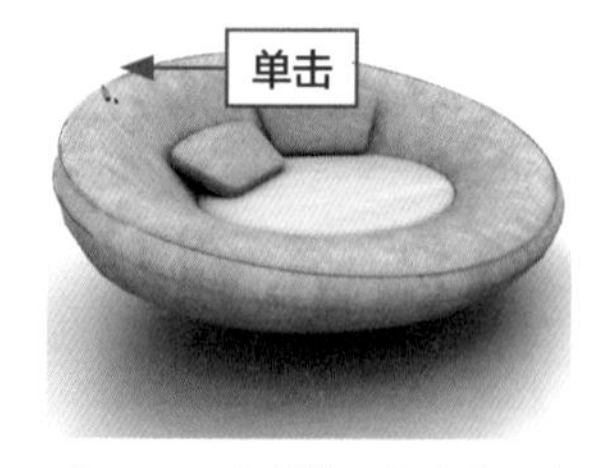

图3-131 绘制第一个曲线锚点

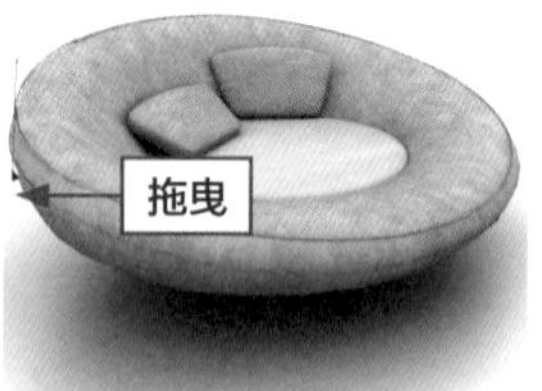

图3-132 绘制第二个曲线锚点

步骤 05 按住【Alt】键，将鼠标指针移动至第二个曲线锚点上，当鼠标呈 时单击鼠标左键，即可删除一条控制柄，再次移动鼠标指针至合适位置单击鼠标左键并拖动鼠标，将曲线调至和图像边缘重合位置，释放鼠标即可绘制第3个锚点，如图3-133所示。

步骤 06 重复以上操作，沿图像边缘绘制闭合路径，效果如图3-134所示。

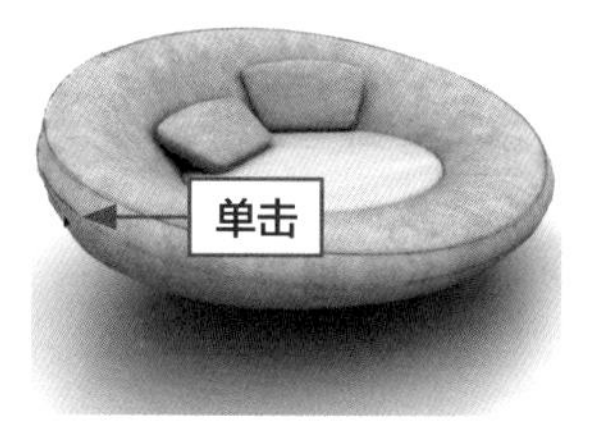

图3-133 绘制第三个曲线锚点

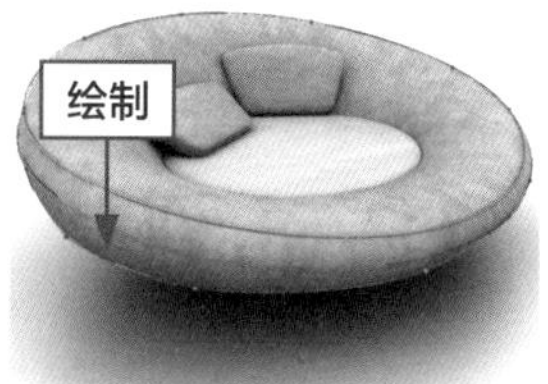

图3-134 绘制闭合路径

步骤 07 展开“路径”面板，单击“将路径作为选区载入”按钮 ，如图3-135所示。

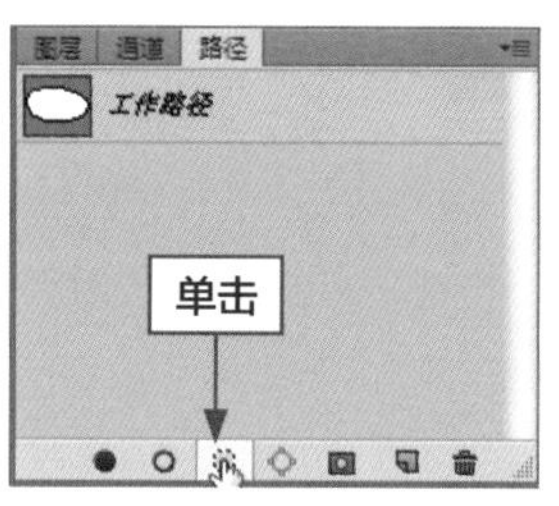

图3-135 单击“将路径作为选区载入”按钮

步骤 08 执行上述操作后，即可创建选区，效果如图3-136所示。

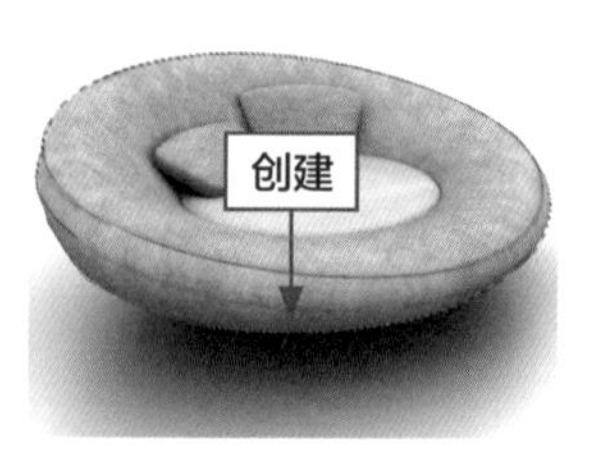

图3-136 创建选区

步骤 09 展开“图层”面板，按【Ctrl+J】组合键，得到“图层1”图层，单击“背景”图层的“指示图层可见性”图标，如图3-137所示。

图3-137 单击“指示图层可见性”图标

步骤 10 执行上述操作后，即可隐藏“背景”图层，效果如图3-138所示。

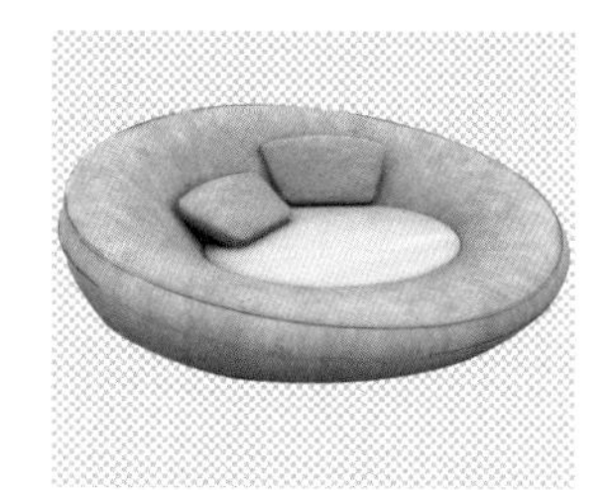

图3-138 最终效果

实例 062 通过自由钢笔绘制路径抠取商品

网店卖家在做商品图片处理时，若商品图片边缘不规则，可使用自由钢笔工具绘制路径抠取商品。本实例效果如图3-139所示。

素材文件	素材\第3章\布艺娃娃.jpg
效果文件	效果\第3章\布艺娃娃.psd
视频文件	视频\第3章\实例062 通过自由钢笔绘制路径抠取商品.mp4

图3-139 图像效果

步骤 01 按【Ctrl+O】组合键，打开一幅素材图像，如图3-140所示。

步骤 02 选取工具箱中的自由钢笔工具，如图3-141所示。

图3-140 打开素材图像

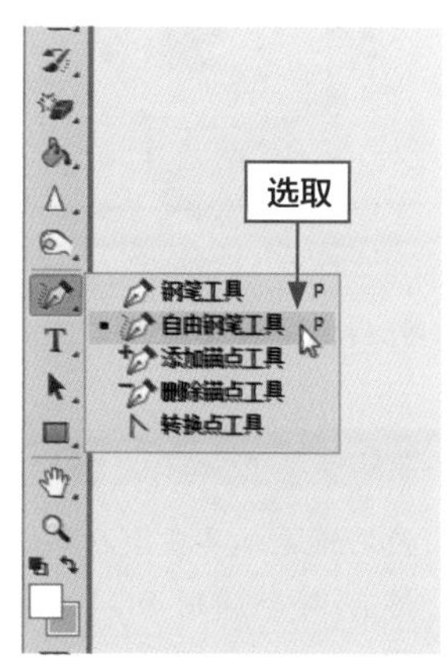

图3-141 选取自由钢笔工具

技巧点拨

使用自由钢笔工具可以随意绘图，不需要像使用钢笔工具那样通过锚点来创建路径。自由钢笔工具属性栏与钢笔工具属性栏基本一致，只是将“自动添加/删除”变为“磁性的”复选框。

步骤 03 选取自由钢笔工具后，其工具属性栏如图3-142所示（表3-10为图中标号说明）。

图3-142 自由钢笔工具属性栏

表3-10 标号说明

标号	名称	选项说明
1	磁性的	选中该复选框，在创建路径时，可以仿照磁性套索工具的用法设置平滑的路径曲线，对创建具有轮廓的图像的路径很有帮助

步骤 04 在工具属性栏中选中“磁性的”复选框，如图3-143所示。

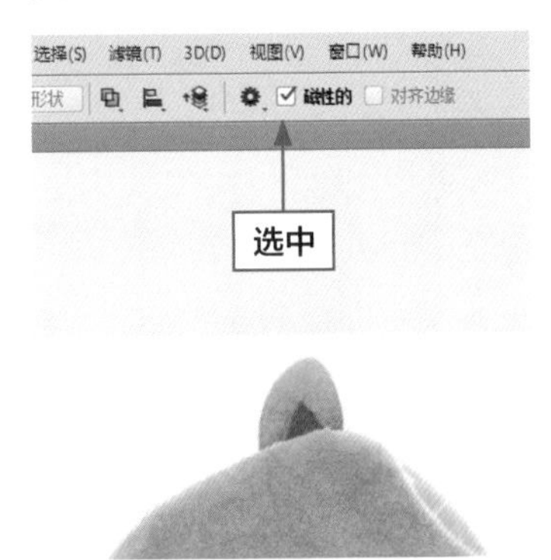

图3-143 选中“磁性的”复选框

步骤 05 移动鼠标指针至图像编辑窗口中合适位置单击鼠标左键，沿素材图像轮廓拖动鼠标绘制路径，如图3-144所示。

图3-144 绘制路径

步骤 06 展开“路径”面板，单击“将路径作为选区载入”按钮，如图3-145所示。

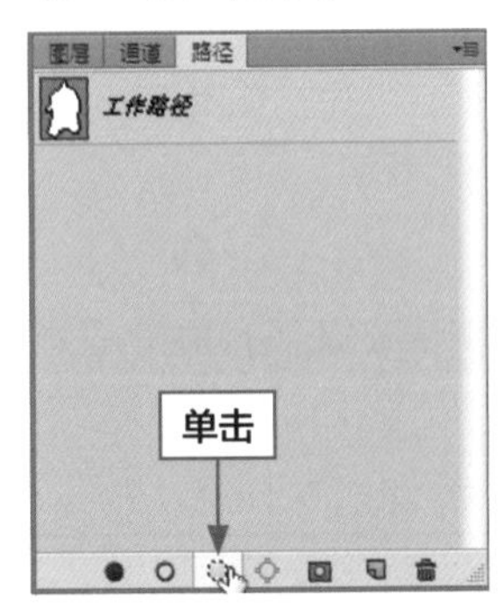

图3-145 单击“将路径作为选区载入”按钮

步骤 07 执行上述操作后，即可创建选区，效果如图3-146所示。

图3-146 创建选区

步骤 08 展开“图层”面板，按【Ctrl+J】组合键，得到“图层1”图层，单击“背景”图层的“指示图层可见性”图标，如图3-147所示。

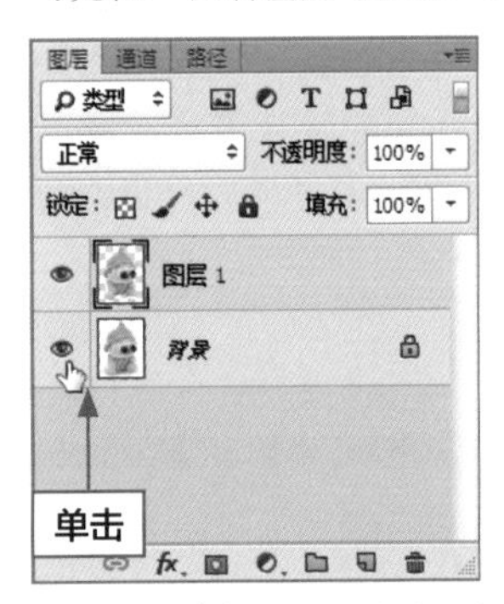

图3-147 单击“指示图层可见性”图标

步骤 09 执行上述操作后，即可隐藏“背景”图层，效果如图3-148所示。

图3-148 最终效果

技巧点拨

使用钢笔工具在绘制路径的时候，如果按住【Ctrl】键，则会临时切换为直接选择工具；如果按住【Alt+Ctrl】组合键，则可以临时切换为路径选择工具；如果按【Alt】键，则可以临时转换为转换点工具。

实例063 通过绘制矩形路径抠取商品

网店卖家在修改商品图片时，若商品呈矩形，可使用矩形工具创建路径抠取商品图片。本实例效果如图3-149所示。

素材文件	素材\第3章\十字绣.jpg
效果文件	效果\第3章\十字绣.psd
视频文件	视频\第3章\实例063　通过绘制矩形路径抠取商品.mp4

图3-149 图像效果

步骤 01 按【Ctrl+O】组合键，打开一幅素材图像，如图3-150所示。

步骤 02 选取工具箱中的矩形工具，如图3-151所示。

图3-150 打开素材图像

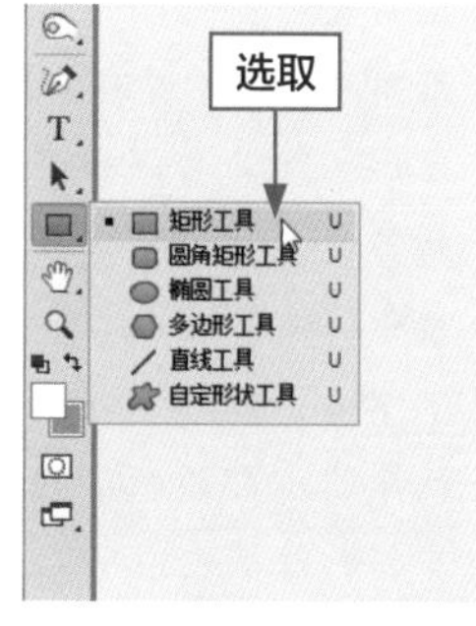

图3-151 选取自由钢笔工具

技巧点拨

矩形工具主要用于创建矩形或正方形图形，可以在工具属性栏上进行相应选项的设置，也可以设置矩形的尺寸、固定宽高比例等。

步骤 03 选取矩形工具后，其工具属性栏如图3-152所示（表3-11为图中标号说明）。

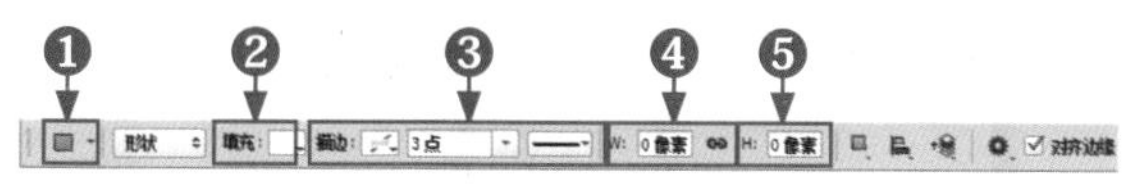

图3-152 矩形工具属性栏

表3-11 标号说明

标号	名称	选项说明
1	模式	单击该按钮，在弹出的下拉面板中，可以定义工具预设
2	填充	单击该按钮，在弹出的下拉面板中，可以设置填充颜色
3	描边	在该选项区中，可以设置创建的路径形状的边缘颜色和宽度等
4	宽度	用于设置矩形路径形状的宽度
5	高度	用于设置矩形路径形状的高度

步骤 04 在工具属性栏中，设置"选择工具模式"为"路径"，如图3-153所示。

步骤 05 将鼠标指针移动至图像编辑窗口中合适位置，单击鼠标左键并拖动至合适位置，释放鼠标即可创建一个矩形路径，如图3-154所示。

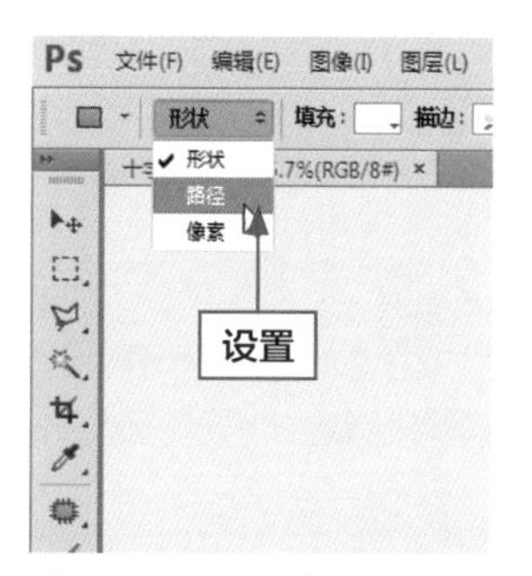

图3-153 设置"选择工具模式"

图3-154 创建路径

步骤 06 在菜单栏中单击"窗口"→"路径"命令，即可展开"路径"面板，单击"将路径作为选区载入"按钮，如图3-155所示。

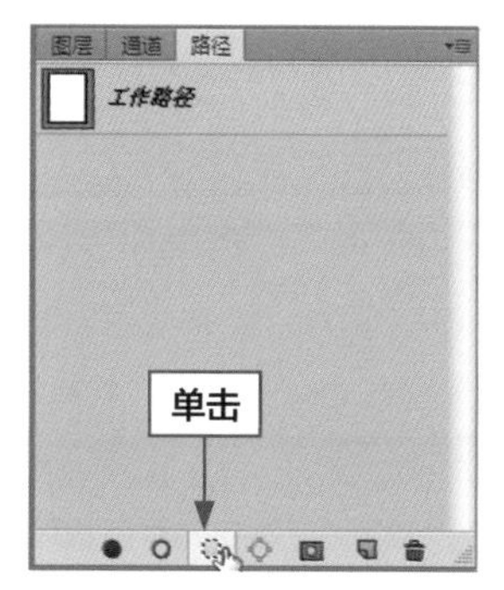

图3-155 单击"将路径作为选区载入"按钮

步骤 07 执行上述操作后，即可创建选区，如图3-156所示。

图3–156 创建选区

步骤 08 展开“图层”面板，按【Ctrl+J】组合键，得到“图层1”图层，单击“背景”图层的“指示图层可见性”图标，如图3–157所示。

图3–157 单击“指示图层可见性”图标

步骤 09 执行上述操作后，即可隐藏“背景”图层，效果如图3–158所示。

图3–158 最终效果

技巧点拨

在工具属性栏中，单击齿轮按钮，即可设置创建路径的方式。

- 不受约束：通过拖动鼠标创建任意大小的矩形和正方形。
- 方形：拖动鼠标创建任意大小的正方形。
- 固定大小：可以在右侧的文本框中输入数值，然后单击鼠标左键时，只创建预设大小的矩形。
- 比例：在其右侧的文本框中输入数值，此后拖动鼠标时，无论创建多大的矩形，矩形的宽度和高度都保持预设的比例。
- 从中心：以任何方式创建矩形时，鼠标在画面中的单击点即为矩形的中心，拖动鼠标时矩形将由中心向外扩展。

实例064 通过绘制圆角矩形路径抠取商品

网店卖家在处理商品图片时，若商品呈圆角矩形，可使用圆角矩形工具创建路径抠取商品图片。本实例效果如图3–159所示。

素材文件	素材\第3章\单个手机.jpg
效果文件	效果\第3章\单个手机.psd
视频文件	视频\第3章\实例064 通过绘制圆角矩形路径抠取商品.mp4

图3–159 图像效果

步骤 01 按【Ctrl+O】组合键，打开一幅素材图像，如图3-160所示。

步骤 02 在菜单栏中单击“视图”→“新建参考线”命令，新建水平、垂直各一条参考线并移动至合适位置，如图3-161所示。

图3-160 打开素材图像

图3-161 新建参考线

步骤 03 选取工具箱中的圆角矩形工具，如图3-162所示。

步骤 04 在工具属性栏设置“选择工具模式”为“路径”，将鼠标指针移动至图像编辑窗口中合适位置，单击鼠标左键并拖曳鼠标至合适位置后释放鼠标，即可创建一个圆角矩形路径，如图3-163所示。

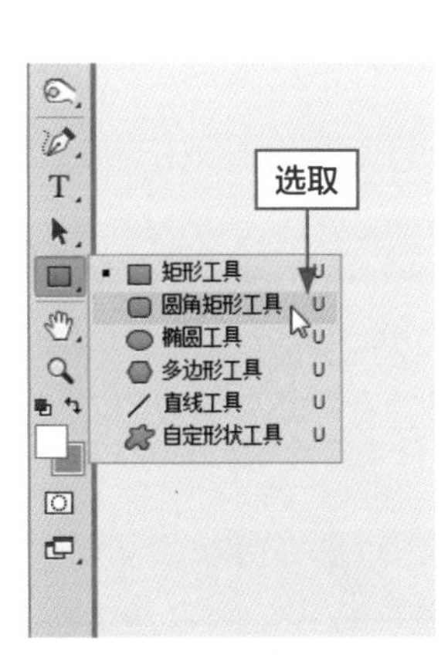

图3-162 选取圆角矩形工具

图3-163 创建路径

步骤 05 执行上述操作后，即会弹出“属性”面板，设置“角半径”为56像素，设置“将角半径链接到一起”后按【Enter】键确认，如图3-164所示。

步骤 06 执行上述操作后，即可改变圆角矩形的角半径，效果如图3-165所示。

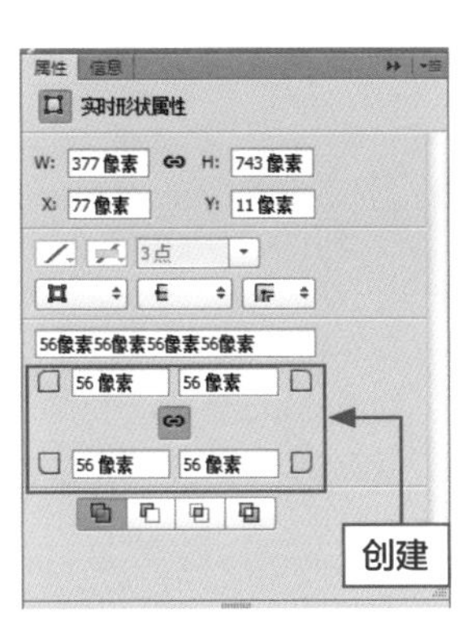

图3-164 设置参数

图3-165 改变圆角矩形的角半径

步骤 07 展开“路径”面板，单击“将路径作为选区载入”按钮，如图3-166所示。

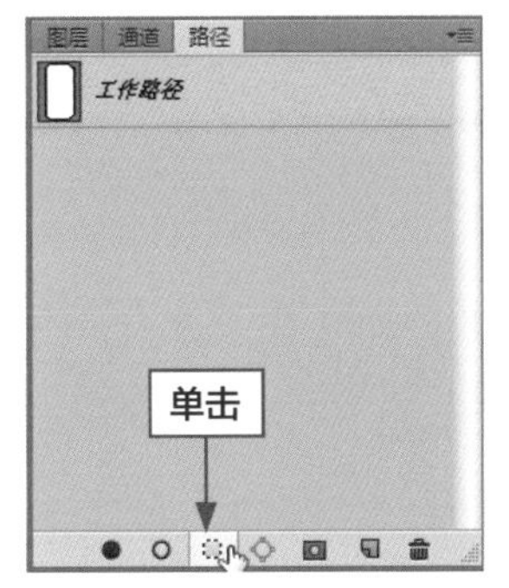

图3-166 单击“将路径作为选区载入”按钮

步骤 08 执行上述操作后，即可创建选区，如图3-167所示。

图3-167 创建选区

步骤 09 展开“图层”面板，按【Ctrl+J】组合键，得到“图层1”图层，单击“背景”图层的“指示图层可见性”图标，如图3-168所示。

图3-168 单击“指示图层可见性”图标

步骤 10 执行上述操作后，即可隐藏“背景”图层，效果如图3-169所示。

图3-169 隐藏“背景”图层

步骤 11 在菜单栏中单击“视图”→“清除参考线”命令，如图3-170所示。

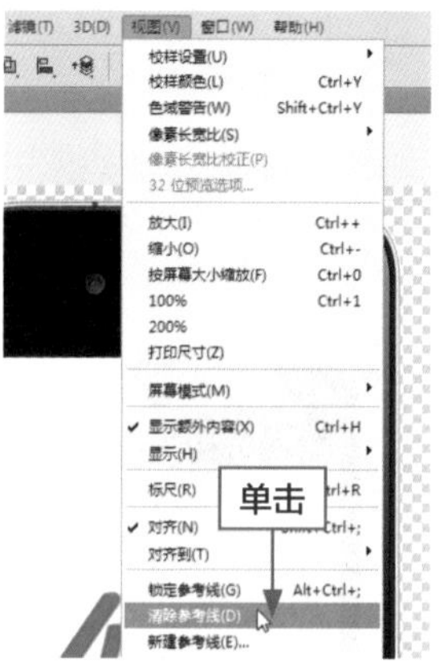

图3-170 单击“清除参考线”命令

步骤 12 执行上述操作后，即可清除参考线，效果如图3-171所示。

图3-171 最终效果

技巧点拨

在运用圆角矩形工具绘制路径时，按住【Shift】键的同时，在窗口中单击鼠标左键并拖曳，可绘制一个正圆角矩形路径；如果按住【Alt】键的同时，在窗口中单击鼠标左键并拖曳，可绘制以起点为中心的圆角矩形路径。

实例065 通过绘制椭圆路径抠取商品

网店卖家在处理商品图片时，若商品呈椭圆形，可使用椭圆工具创建路径抠取商品图片。本实例效果如图3-172所示。

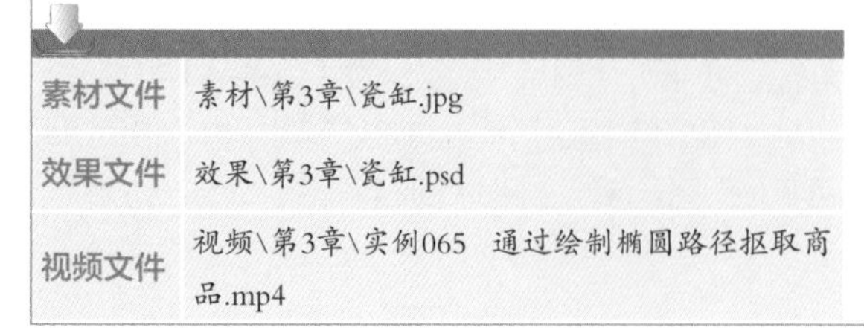

素材文件	素材\第3章\瓷缸.jpg
效果文件	效果\第3章\瓷缸.psd
视频文件	视频\第3章\实例065　通过绘制椭圆路径抠取商品.mp4

图3-172 图像效果

步骤 01 按【Ctrl+O】组合键，打开一幅素材图像，如图3-173所示。

步骤 02 选取工具箱的椭圆工具，在图像编辑窗口中创建一个椭圆路径，如图3-174所示。

图3-173 打开素材图像

图3-174 创建椭圆路径

步骤 03 按【Ctrl+T】组合键，对椭圆路径进行适当旋转和调整，如图3-175所示。

步骤 04 按【Enter】键确认调整，按【Ctrl+Enter】组合键，将路径转换为选区，如图3-176所示。

图3-175 调整路径

图3-176 将路径转换为选区

步骤 05 按【Ctrl+J】组合键，得到“图层1”图层，单击“背景”图层的“指示图层可见性”图标，如图3-177所示。

技巧点拨

在运用椭圆工具绘制路径时，按住【Shift】键的同时，在窗口中单击鼠标左键并拖曳，可绘制一个正圆形路径；如果按住【Alt】键的同时，在窗口中单击鼠标左键并拖曳，可绘制以起点为中心的椭圆形路径。

图3-177 单击“指示图层可见性”图标

步骤 06 执行上述操作后，即可隐藏“背景”图层，效果如图3-178所示。

图3-178 最终效果

实例066 通过调整通道对比抠取商品

网店卖家在处理商品图片时，有些商品图像与背景过于相近，从而使抠图不是那么方便，此时可以利用调整通道对比抠取商品图像。本实例效果如图3-179所示。

素材文件	素材\第3章\兔子.jpg
效果文件	效果\第3章\兔子.psd
视频文件	视频\第3章\实例066　通过调整通道对比抠取商品.mp4

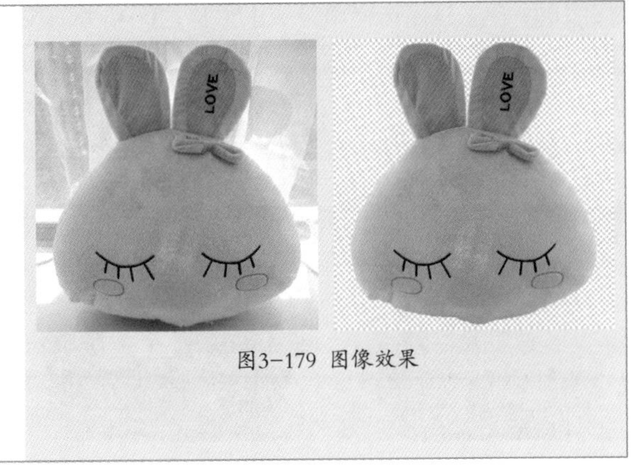

图3-179 图像效果

步骤 01 按【Ctrl+O】组合键，打开一幅素材图像，如图3-180所示。

步骤 02 展开“通道”面板，分别单击来查看通道显示效果，单击鼠标左键拖动“绿”通道至面板底部的“创建新通道”按钮上，复制一个通道，如图3-181所示。

图3-180 打开素材图像

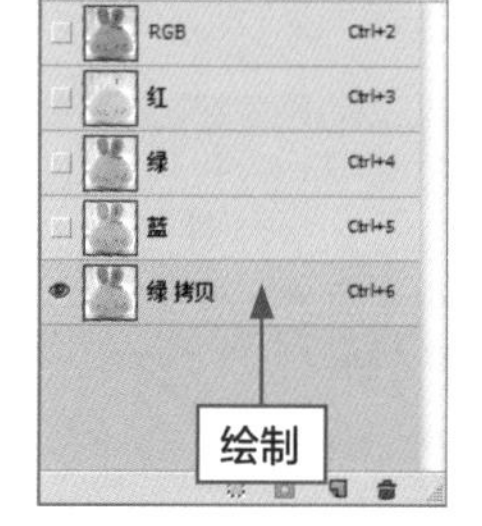

图3-181 复制“绿”通道

步骤 03 在菜单栏中单击“图像”→“调整”→“亮度/对比度”命令，如图3-182所示。

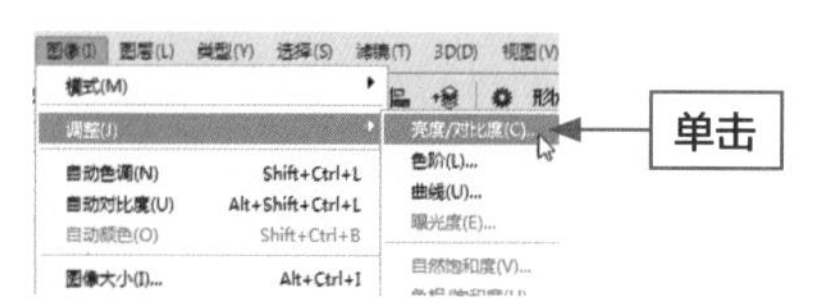

图3-182 单击“亮度/对比度”命令

步骤 04 弹出“亮度/对比度”对话框，设置“亮度”为-80、对比度为100，如图3-183所示，单击“确定”按钮。

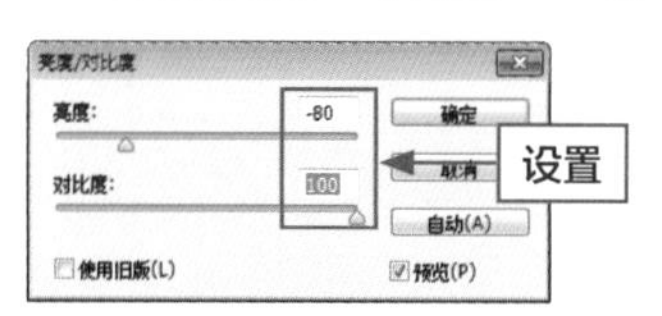

图3-183 复制“绿”通道

步骤 05 选取工具箱中的快速选择工具，设置画笔大小为80像素，在图像上连续单击鼠标左键创建选区，如图3-184所示。

步骤 06 在工具属性栏中，单击“从选区减去”按钮，设置画笔大小为20像素，减去多余的选区，如图3-185所示。

图3-184 创建选区

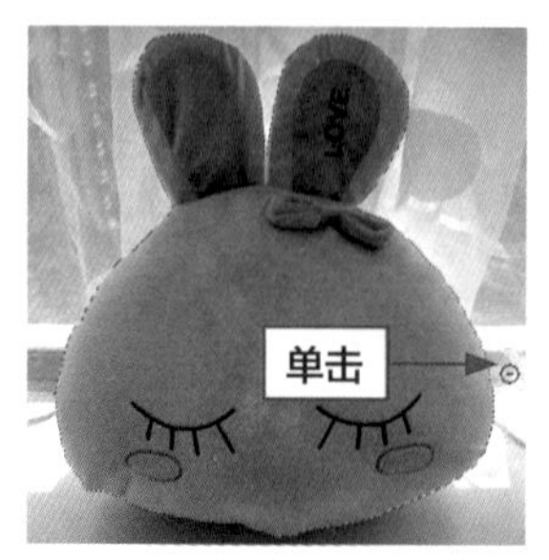

图3-185 从选区减去

步骤 07 在“通道”面板中单击“RGB”通道，退出通道模式，如图3-186所示。

步骤 08 执行上述操作后，即可返回到“RGB”模式，效果如图3-187所示。

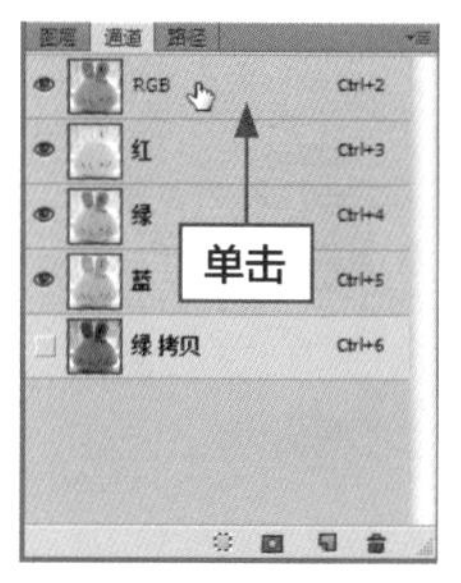

图3-186 退出通道模式

图3-187 返回“RGB”模式

技巧点拨

除了运用上述方法退出通道模式外，还可以按【Ctrl+2】组合键，快速返回到RGB模式。

步骤 09 展开“图层”面板，按【Ctrl+J】组合键，得到“图层1”图层，单击“背景”图层的“指示图层可见性”图标，如图3-188所示。

步骤 10 执行上述操作后，即可隐藏“背景”图层，效果如图3-189所示。

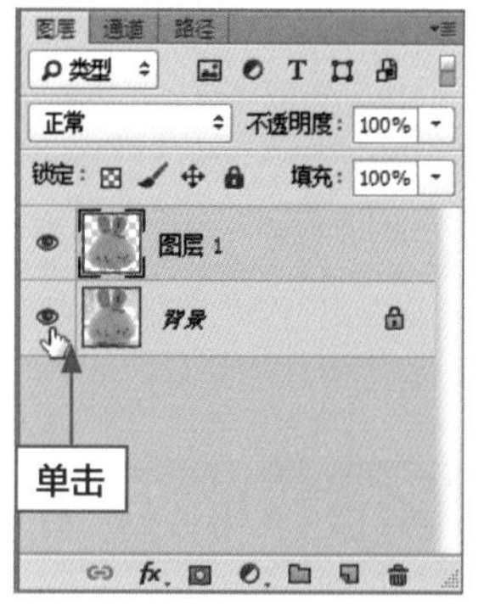

图3-188 单击“指示图层可见性”图标

图3-189 最终效果

技巧点拨

在“通道”面板中，单击各个通道进行查看，要注意查看哪个通道的兔子边缘更加清晰，以便于抠图。除了运用上述方法复制通道外，还可以在选中某个通道后，单击鼠标右键，在弹出的快捷菜单中选择“复制通道”选项。

实例067 通过利用通道差异性抠取商品

网店卖家在抠取商品图片时，有些商品图像颜色差异较大不利于选取，这时可以利用通道的差异性抠取商品。本实例效果如图3-190所示。

素材文件	素材\第3章\公仔.jpg
效果文件	效果\第3章\公仔.psd
视频文件	视频\第3章\实例067 通过利用通道差异性抠取商品.mp4

图3-190 图像效果

步骤 01 按【Ctrl+O】组合键，打开一幅素材图像，如图3-191所示。

步骤 02 展开“通道”面板，单击鼠标左键选择“绿”通道，如图3-192所示。

图3-191 打开素材图像

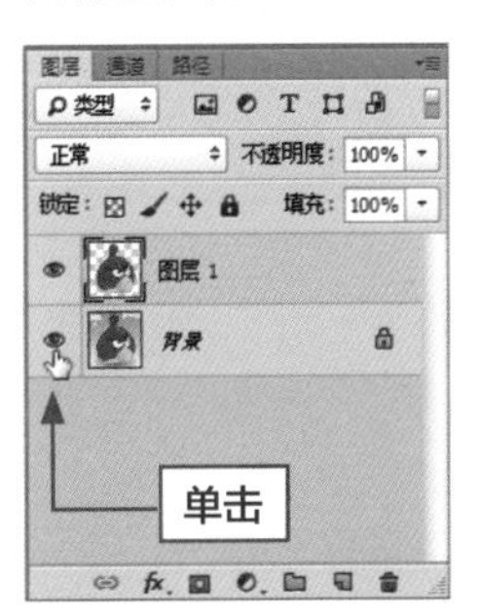

图3-192 选择“绿”通道

步骤 03 选取工具箱中的快速选择工具，设置画笔大小为40像素，在公仔头部连续单击鼠标左键创建选区，如图3-193所示。

步骤 04 选择“蓝”通道，在公仔嘴和肚子区域单击鼠标左键添加选区，如图3-194所示。

图3-193 创建选区

图3-194 添加选区

步骤 05 按【Ctrl+2】组合键，快速返回RGB模式，展开“图层”面板，按【Ctrl+J】组合键，得到“图层1”图层，单击“背景”图层的“指示图层可见性”图标，如图3-195所示。

图3-195 单击“指示图层可见性”图标

步骤 06 执行上述操作后，即可隐藏“背景”图层，效果如图3-196所示。

图3-196 最终效果

技巧点拨

有一些图像在通道中的不同颜色模式下显示的颜色深浅会有所不同，利用通道的差异性可以快速选择图像，从而进行抠图。

实例068 通过“正片叠底”模式抠取商品

在处理商品图片时，经常使用素材美化商品图片，若商品图像非常复杂难以抠取且背景呈白色，这时可以使用“正片叠底”模式快速将白色背景图像叠加抠出，制作完美特效。本实例效果如图3-197所示。

素材文件	素材\第3章\画布.jpg、剪纸.jpg
效果文件	效果\第3章\画布.psd、画布.jpg
视频文件	视频\第3章\实例068　通过“正片叠底”模式抠取商品.mp4

图3-197　图像效果

步骤 01 按【Ctrl+O】组合键，打开两幅素材图像，如图3-198所示。

图3-198　打开素材图像

步骤 02 切换至“剪纸”图像编辑窗口，选取工具箱中的移动工具，将素材图像移动至“画布”图像编辑窗口中，如图3-199所示。

图3-199　移动素材图像

步骤 03 按【Ctrl+T】组合键，调整图像大小和位置，如图3-200所示。

图3-200　调整图像大小和位置

步骤 04 按【Enter】键确认，在“图层”面板中，在“设置图层的混合模式”列表框中，选择“正片叠底”选项，即可用“正片叠底”模式抠图，效果如图3-201所示。

图3-201　最终效果

技巧点拨

“正片叠底”模式可以将当前层图像颜色值与下层图像颜色值相乘，再除以数值255，得出最终像素的颜色值。

实例069 通过“颜色加深”模式抠取商品素材

在做商品图片美化时，经常需要在商品上添加素材，若素材图像和商品颜色相差巨大且无黑色时，可使用“颜色加深”模式抠取图像。本实例效果如图3-202所示。

素材文件	素材\第3章\瓷杯.jpg、玫瑰.jpg
效果文件	效果\第3章\瓷杯.psd、瓷杯.jpg
视频文件	视频\第3章\实例069　通过“颜色加深”模式抠取商品.mp4

图3-202　图像效果

步骤 01 按【Ctrl+O】组合键，打开两幅素材图像，如图3-203所示。

图3-203　打开素材图像

步骤 02 切换至“玫瑰”图像编辑窗口，选取工具箱中的移动工具，将素材图像移动至“瓷杯”图像编辑窗口中，如图3-204所示。

图3-204　移动素材图像

步骤 03 按【Ctrl+T】组合键，调整图像大小、角度和位置，如图3-205所示。

图3-205　调整图像

步骤 04 按【Enter】键确认，在“图层”面板中的“设置图层的混合模式”列表框中，选择“颜色加深”选项，即可用“颜色加深”模式抠图，效果如图3-206所示。

图3-206　最终效果

技巧点拨

“颜色加深”模式可以降低上方图层中除黑色外的其他区域的对比度，使合成图像整体对比度下降，产生下方图层透过上方图层的投影效果。

实例070 通过“滤色”模式抠取商品素材

在做商品图片美化时，经常需要在商品图像上使用素材做特殊效果，若素材图像复杂难以抠取且背景呈黑色时，可使用“滤色”模式抠取图像。本实例效果如图3-207所示。

素材文件	素材\第3章\镯子.jpg、小花.jpg
效果文件	效果\第3章\镯子.psd、镯子.jpg
视频文件	视频\第3章\实例070 通过“滤色”模式抠取商品.mp4

图3-207 图像效果

步骤 01 按【Ctrl+O】组合键，打开两幅素材图像，如图3-208所示。

步骤 02 切换至“小花”图像编辑窗口，选取工具箱中的移动工具，将素材图像移动至“镯子”图像编辑窗口中，如图3-209所示。

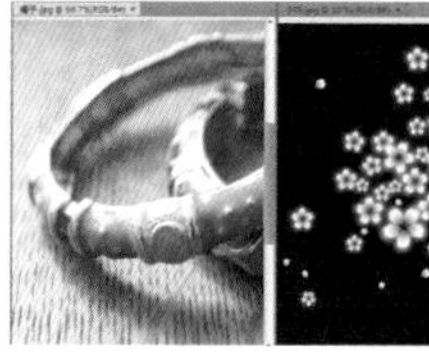
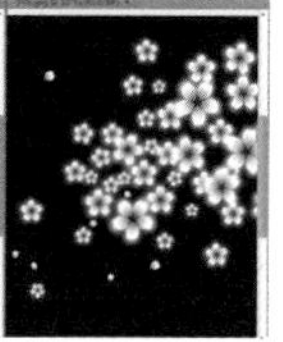

图3-208 打开素材图像

图3-209 移动素材图像

步骤 03 按【Ctrl+T】组合键，调整图像大小、角度和位置，如图3-210所示。

步骤 04 按【Enter】键确认，在“图层”面板中的“设置图层的混合模式”列表框中，选择“滤色”选项，即可用“滤色”模式抠图，效果如图3-211所示。

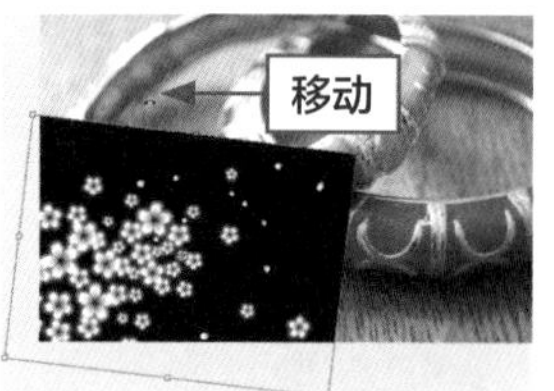

图3-210 调整图像

图3-211 最终效果

技巧点拨

“滤色”模式用于“留白不留黑”，如果要进行抠图的图像中有黑色和其他颜色，而要保留除黑色以外的图像时，可以使用此模式抠图。

实例071 通过快速蒙版抠取商品

在处理商品图像时，若图片上商品颜色和背景颜色呈渐变色彩或阴影变化丰富，这时可通过快速蒙版抠取商品图像。本实例效果如图3-212所示。

素材文件	素材\第3章\茶壶.psd
效果文件	效果\第3章\茶壶.psd
视频文件	视频\第3章\实例071 通过快速蒙版抠取商品.mp4

图3-212 图像效果

技巧点拨

一般使用"快速蒙版"模式都是从选区开始的，然后从中添加或者减去选区，以建立蒙版。使用快速蒙版可以通过绘图工具进行调整，以便创建复杂的选区。

步骤 01 按【Ctrl+O】组合键，打开一幅素材图像，如图3-213所示。

步骤 02 在"路径"面板中，选择"工作路径"，如图3-214所示。

图3-213 打开素材图像

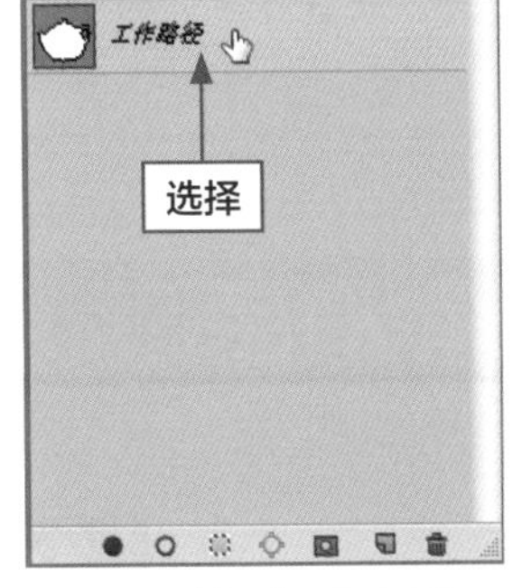

图3-214 选择"工作路径"

步骤 03 按【Ctrl+Enter】组合键，将路径转换为选区，如图3-215所示。

图3-215 转换为选区

步骤 04 在工具箱底部，单击"以快速蒙版模式编辑"按钮，如图3-216所示。

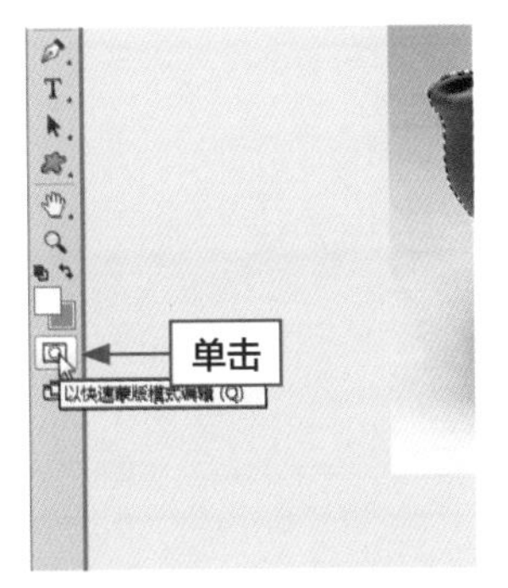

图3-216 单击"以快速蒙版模式编辑"按钮

技巧点拨

在进入快速蒙版后，当运用黑色绘图工具进行作图时，将在图像中得到红色的区域，即非选区区域，当运用白色绘图工具进行作图时，可以去除红色的区域，即生成的选区，用灰色绘图工具进行作图，则生成的选区将会带有一定的羽化。

步骤 05 执行上述操作后，即可启用快速蒙版，可以看到红色的保护区域，并可以看到物体多选的区域，如图3-217所示。

步骤 06 选取工具箱中的画笔工具，设置画笔"大小"为20像素、"硬度"为100%，如图3-218所示。

图3-217 启用快速蒙版

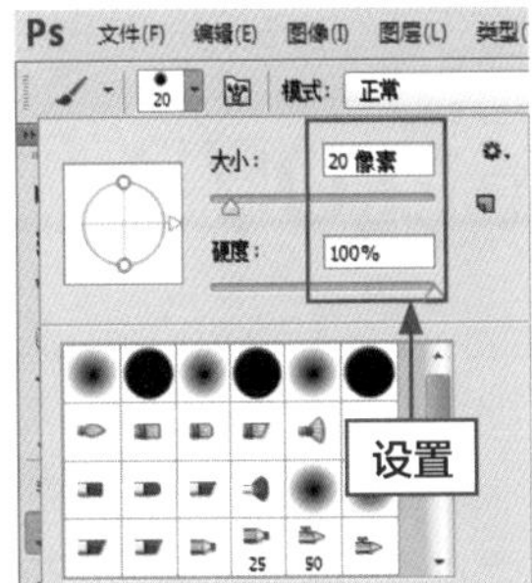

图3-218 设置参数

步骤 07 单击"设置前景色"按钮，弹出"拾色器（前景色）"对话框，设置前景色为白色，RGB值均为255，如图3-219所示。

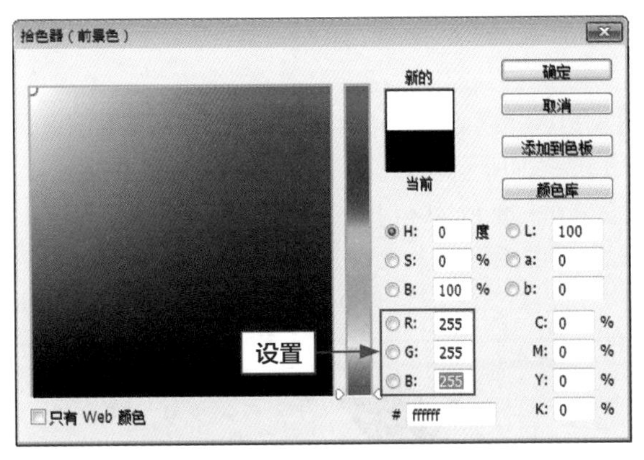

图3-219 设置参数

步骤 08 单击"确定"按钮，移动鼠标至图像编辑窗口中单击鼠标左键并拖动，进行适当擦除，如图3-220所示。

图3-220 设置参数

图3-221 退出快速蒙版模式　图3-222 最终效果

步骤 09 在工具箱底部，单击“以标准模式编辑”按钮，退出快速蒙版模式，如图3-221所示。

步骤 10 展开“图层”面板，按【Ctrl+J】组合键，拷贝新图层，并隐藏“背景”图层，效果如图3-222所示。

技巧点拨

此外，按【Q】键可以快速启用或者退出快速蒙版模式。

实例072 通过矢量蒙版抠取商品

在做商品图片美化时，若商品图像轮廓分明，可使用矢量蒙版抠取商品图片。矢量蒙版主要借助路径来创建，利用路径选择图像后，通过矢量蒙版可以快速进行图像的抠取。本实例效果如图3-223所示。

素材文件	素材\第3章\唇膏.psd
效果文件	效果\第3章\唇膏.psd
视频文件	视频\第3章\实例072　通过矢量蒙版抠取商品.mp4

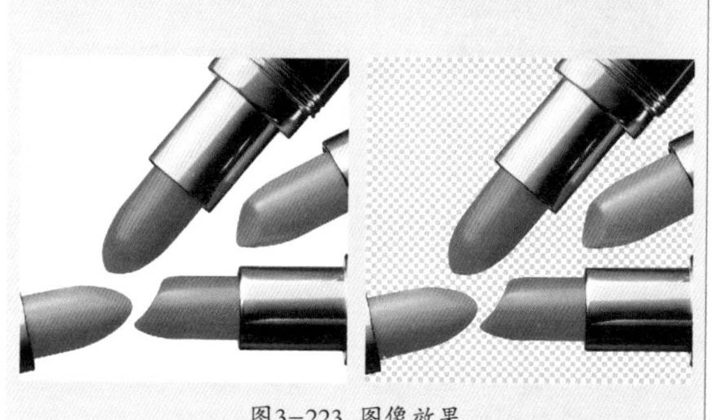
图3-223 图像效果

步骤 01 按【Ctrl+O】组合键，打开一幅素材图像，如图3-224所示。

步骤 02 按【Ctrl+J】组合键，新建“图层1”图层，如图3-225所示。

图3-224 打开素材图像

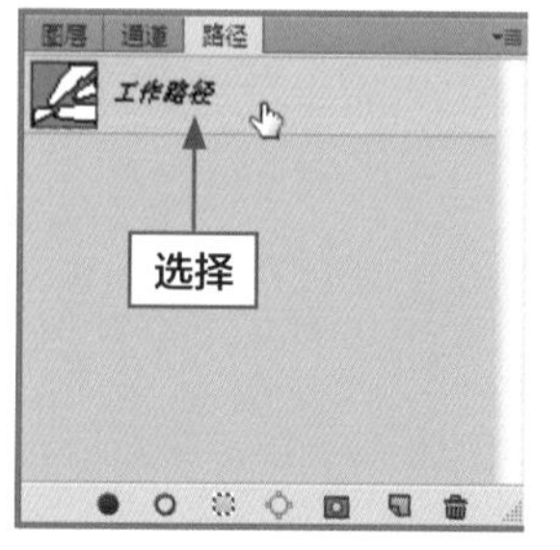

图3-225 新建“图层1”图层

技巧点拨

在“背景”图层中不能创建矢量蒙版，所以首先要将“背景”图层进行复制。

步骤 03 展开“路径”面板，选择“工作路径”，如图3-226所示。

图3-226 选择“工作路径”

步骤 04 在菜单栏中单击“图层”→“矢量蒙版”→“当前路径”命令，如图3-227所示。

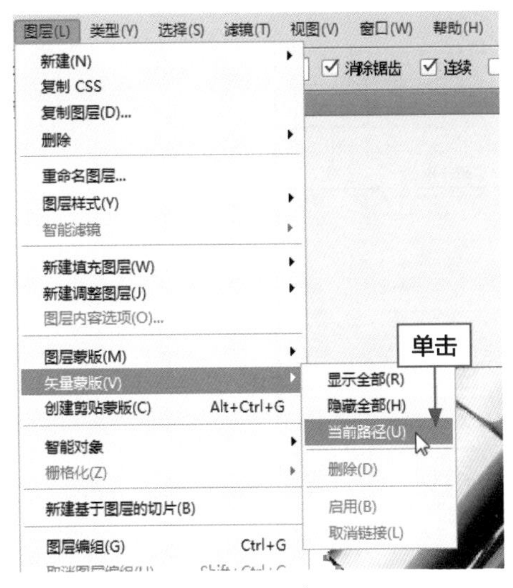

图3-227 单击“当前路径”命令

步骤 05 在“图层”面板中，单击“背景”图层前的“指示图层可见性”图标，如图3-228所示。

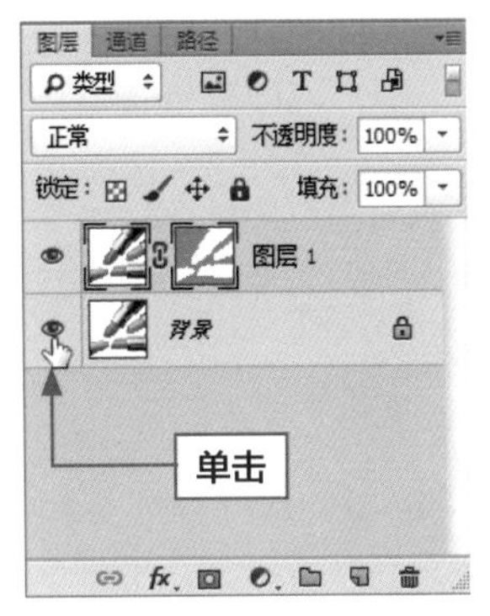

图3-228 单击“指示图层可见性”图标

步骤 06 执行上述操作后，即可隐藏“背景”图层，效果如图3-229所示。

图3-229 最终效果

实例073 通过“调整边缘”命令抠取商品

在做商品图片美化时，若想做特殊边缘的特效显示，可使用“调整边缘”命令抠取图像。本实例效果如图3-230所示。

素材文件	素材\第3章\拼盘.psd
效果文件	效果\第3章\拼盘.psd
视频文件	视频\第3章\实例073 通过“调整边缘”命令抠取商品.mp4

图3-230 图像效果

步骤 01 按【Ctrl+O】组合键，打开一幅素材图像，如图3-231所示。

步骤 02 按【Ctrl+J】组合键，新建“图层1”图层，如图3-232所示。

图3-231 打开素材图像

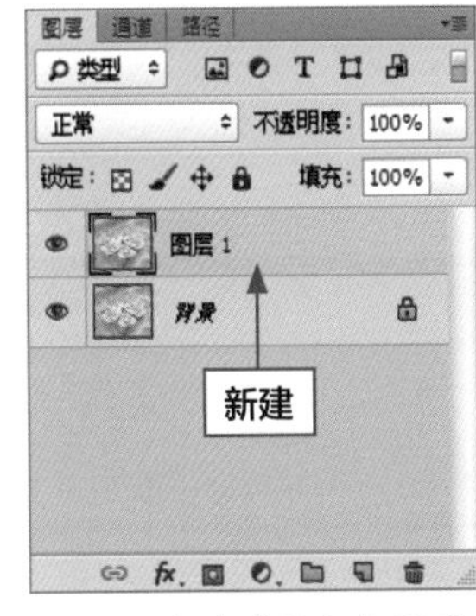

图3-232 新建“图层1”图层

步骤 03 在工具箱中选择椭圆选框工具，在图像编辑窗口中适当位置创建一个椭圆选区，如图3-233所示。

图3-233 创建椭圆选框

步骤 04 单击工具属性栏中的“调整边缘”按钮，如图3-234所示。

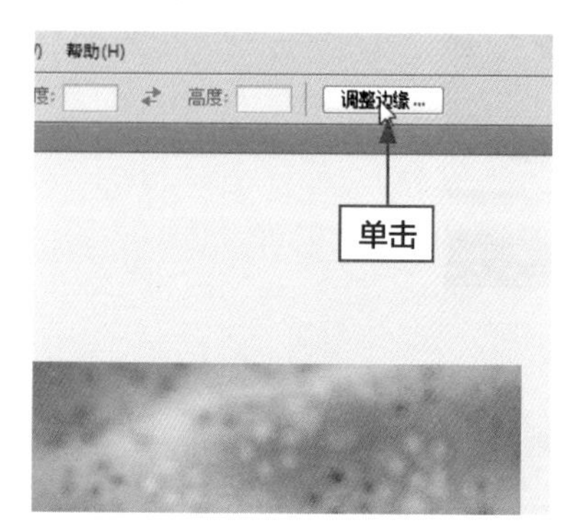

图3-234 单击“调整边缘”按钮

技巧点拨

创建选区后，还可以单击“选择”→“调整边缘”命令，弹出“调整边缘”对话框。在使用一些选区工具创建选区后，应用“调整边缘”命令，可以调出选区特殊的边缘效果，从而将选区内的图像抠取出来。

步骤 05 在弹出的“调整边缘”对话框，设置“半径”为120像素、“平滑”为85、“羽化”为5像素、“对比度”为20%、“输出到”为“新建带有图层蒙版的图层”，如图3-235所示。

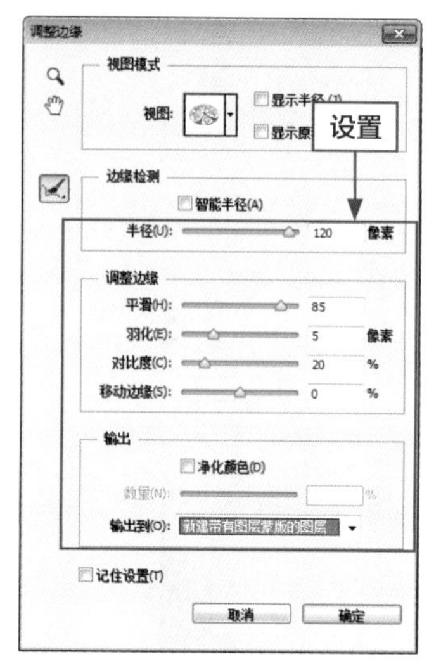

图3-235 设置相应参数

步骤 06 单击“确定”按钮，即可新建一个带有图层蒙版的“图层1拷贝”图层，单击“背景”图层的“指示图层可见性”图标，即可隐藏“背景”图层，效果如图3-236所示。

图3-236 最终效果

第 4 章

商品文字的制作

学习提示

文字是多数设计作品尤其是商业作品中不可或缺的重要元素，不管是在店铺装修，还是商品促销中，文字的使用都是非常广泛的。通过对文字进行编排与设计，不但能够更有效地表现活动主题，还可以对商品图像起到美化作用。本章将详细讲述商品文字的制作与特殊效果的处理。

本章关键案例导航

- 制作横排商品文字效果
- 设置商品文字属性
- 商品文字水平垂直互换
- 制作商品文字沿路径排列效果
- 制作商品文字变形式样
- 制作商品文字立体效果
- 制作商品文字描边效果
- 制作商品文字渐变效果
- 制作商品文字发光效果
- 制作商品文字投影效果

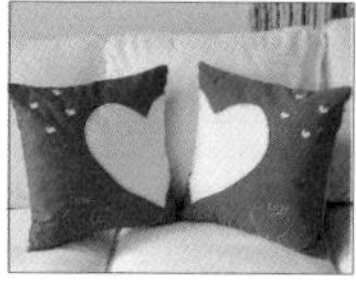

实例074 制作横排商品文字效果

在处理商品图片时，经常需要在商品图片上附上商品说明，这时可通过横排文字工具制作横排商品文字效果。本实例最终效果如图4-1所示。

素材文件	素材\第4章\眼镜.jpg
效果文件	效果\第4章\眼镜.psd、眼镜.jpg
视频文件	视频\第4章\实例074　制作横排商品文字效果.mp4

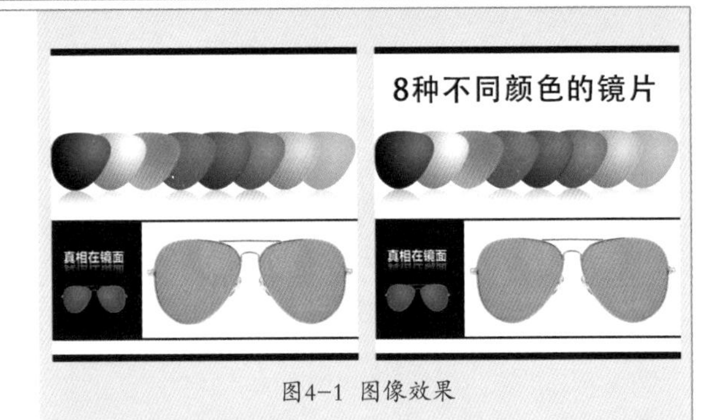

图4-1 图像效果

步骤 01 按【Ctrl+O】组合键，打开一幅素材图像，如图4-2所示。

步骤 02 在工具箱中选取横排文字工具，如图4-3所示。

步骤 03 选取横排文字工具后，其工具属性栏如图4-4所示（表4-1为图中标号说明）。

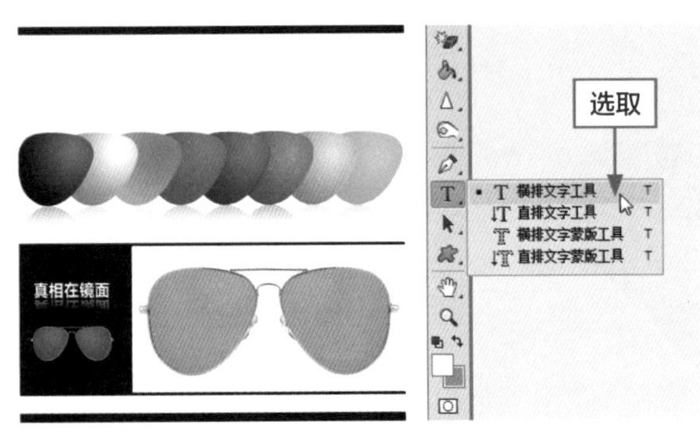

图4-2 打开素材图像　图4-3 选取横排文字工具

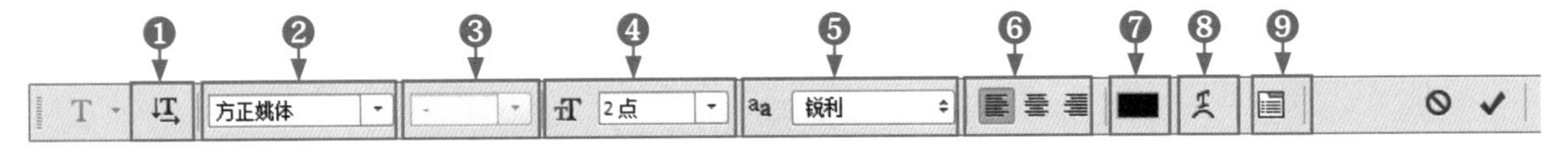

图4-4 文字工具属性栏

表4-1 标号说明

标号	名称	选项说明
1	更改文本方向	如果当前文字是横排文字，单击该按钮，可以将其转换为直排文字；如果是直排文字，可以将其转换为横排文字
2	设置字体	在该选项列表框中可以选择字体
3	字体样式	为字符设置样式，包括Regular（规则的）、Ltalic（斜体）、Bold（粗体）和Bold Ltalic（粗斜体），该选项只对部分英文字体有效
4	字体大小	可以选择字体的大小，或者直接输入数值来进行调整
5	消除锯齿的方法	可以为文字消除锯齿选择一种方法，Photoshop会通过部分填充边缘像素来产生边缘平滑的文字，使文字的边缘混合到背景中而看不出锯齿
6	文本对齐	根据输入文字时光标的文字来设置文本的对齐方式，包括左对齐文本、居中对齐文本和右对齐文本
7	文本颜色	单击颜色块，可以在打开的“拾色器（文本颜色）”对话框中设置文字的颜色
8	文本变形	单击该按钮，可以在打开的“变形文字”对话框中为文本添加变形样式，创建变形文字
9	显示/隐藏字符和段落面板	单击该按钮，可以显示或隐藏“字符”面板和“段落”面板

步骤 04 将鼠标移至图像编辑窗口中，单击鼠标左键确定文字的插入点，如图4-5所示。

步骤 05 在工具属性栏中，设置“字体”为“Adobe 黑体 Std”、“字体大小”为18点，如图4-6所示。

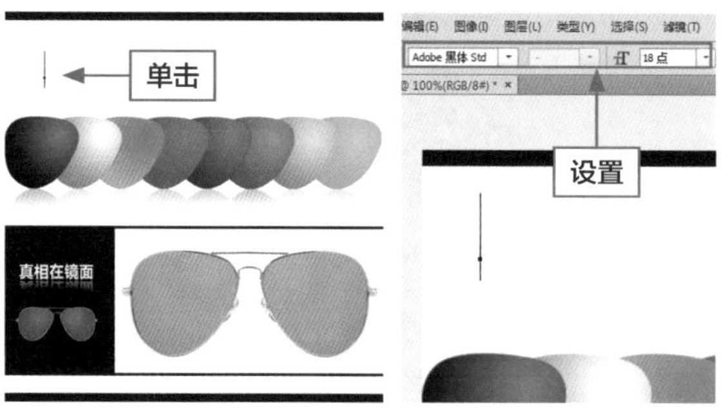

图4-5 确定文字插入点　　图4-6 设置参数

步骤 06 在工具属性栏中单击“颜色”色块，弹出“拾色器（文本颜色）”对话框，设置颜色为黑色（RGB参数值均为0），如图4-7所示。

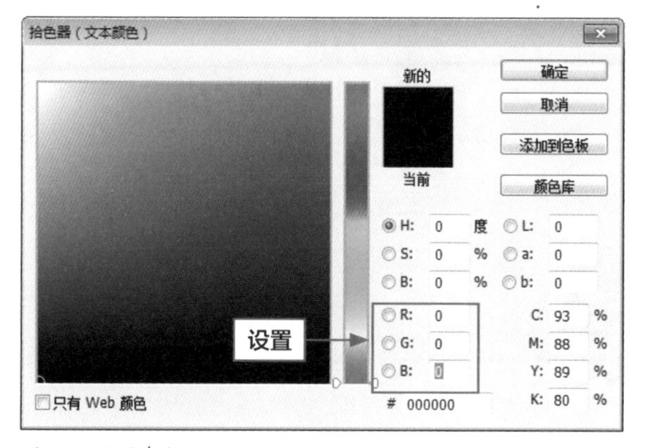

图4-7 设置参数

步骤 07 单击“确定”按钮后，输入文字，效果如图4-8所示。

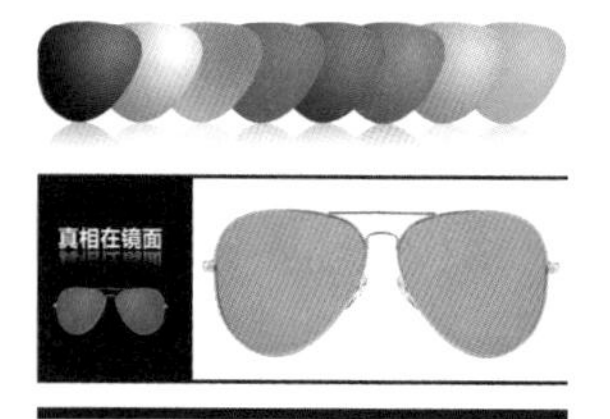

图4-8 输入文字

步骤 08 单击工具属性栏右侧的“提交所有当前编辑”按钮✔，即可结束当前文字输入，如图4-9所示。

步骤 09 选取工具箱中的移动工具，将文字移动到合适位置，最终效果如图4-10所示。

图4-9 单击“提交所有当前编辑”按钮

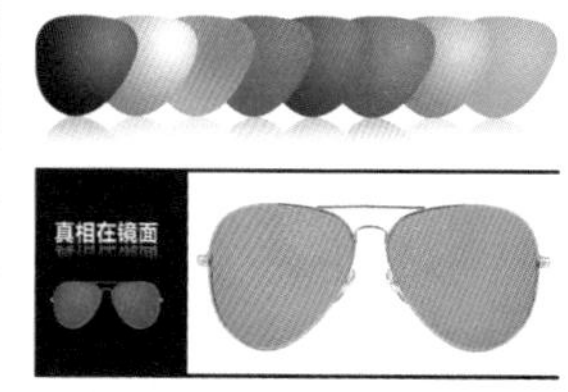

图4-10 最终效果

技巧点拨

不仅可以在工具属性栏中设置文字的字体、字号、文字颜色以及文字样式等属性，还可以在“字符”面板中，设置文字的各种属性。

实例 075 制作直排商品文字效果

在做商品图片处理时，经常需要在商品图片上附上文字说明等，这时可通过直排文字工具制作直排商品文字效果。本实例最终效果如图4-11所示。

素材文件	素材\第4章\连衣裙.jpg
效果文件	效果\第4章\连衣裙.psd、连衣裙.jpg
视频文件	视频\第4章\实例075 制作直排商品文字效果.mp4

图4-11 图像效果

步骤 01 按【Ctrl+O】组合键，打开一幅素材图像，如图4-12所示。

步骤 02 选取工具箱中的直排文字工具，如图4-13所示。

图4-12 打开素材图像

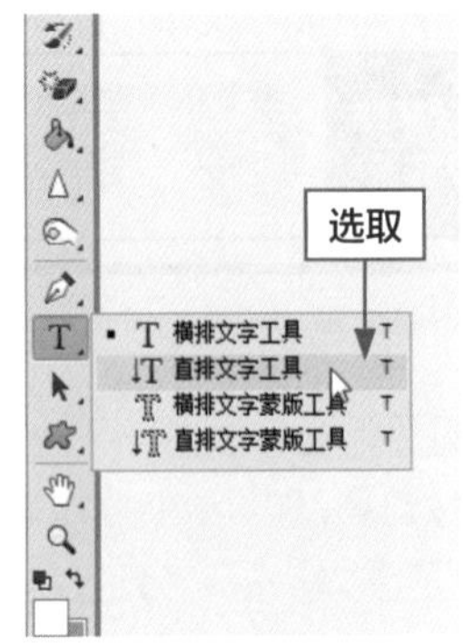

图4-13 选取直排文字工具

步骤 03 将鼠标指针移至图像编辑窗口中，单击鼠标左键确定文字的插入点，如图4-14所示。

步骤 04 在工具属性栏中，设置“字体”为“华文中宋”、“字体大小”为10点，如图4-15所示。

图4-14 确定文字插入点

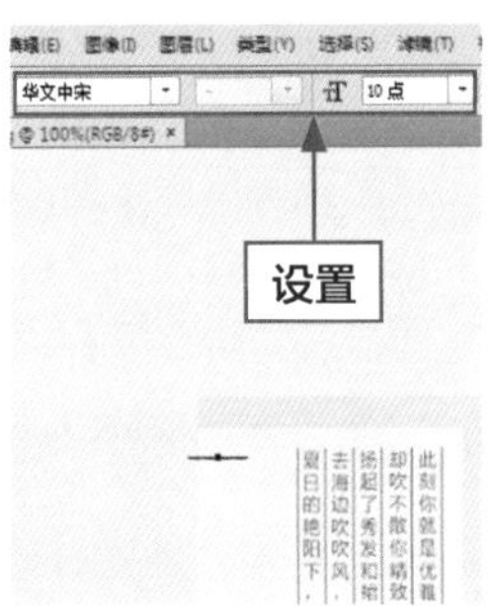

图4-15 设置参数

步骤 05 在工具属性栏中单击“颜色”色块，弹出“拾色器（文本颜色）”对话框，设置颜色为橙色（RGB参数值分别为238、85、44），如图4-16所示。

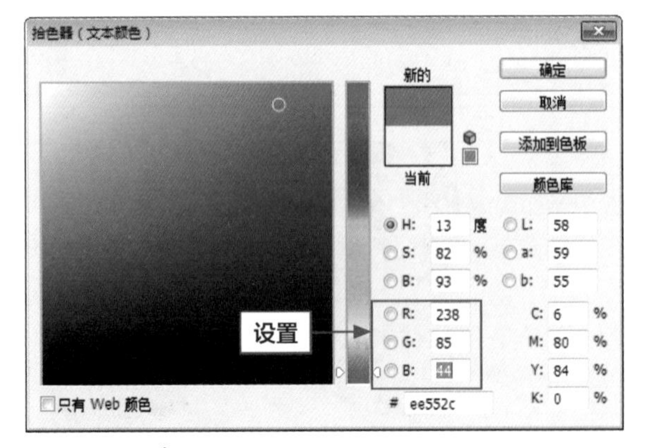

图4-16 设置参数

步骤 06 单击“确定”按钮后，输入文字，如图4-17所示。

图4-17 输入文字

步骤 07 单击工具属性栏右侧的“提交所有当前编辑”按钮✔，即可结束当前文字输入，如图4-18所示。

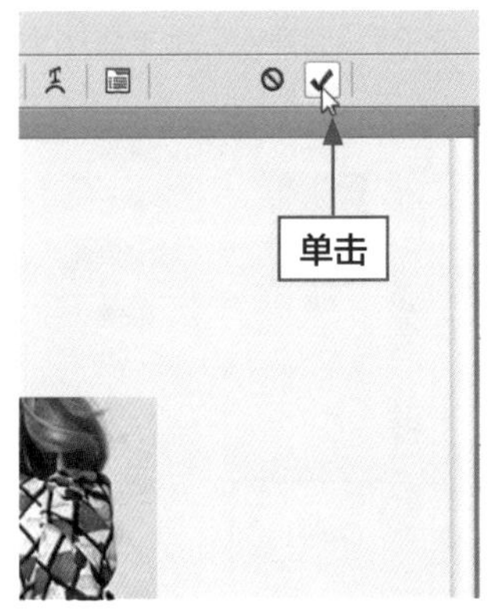

图4-18 单击“提交所有当前编辑”按钮

步骤 08 选取工具箱中的移动工具，将文字移动到合适位置，效果如图4-19所示。

图4-19 最终效果

技巧点拨

按【Ctrl+Enter】组合键，确认输入的文字，如果单击工具属性栏上的“取消所有当前编辑”按钮，则可以清除输入的文字。

实例076 制作商品文字描述段落输入

在处理商品图片时，经常需要在商品图片上附上文字说明或商品描述等，若输入文字较多，这时可通过输入段落文字制作商品文字描述段落输入。本实例最终效果如图4-20所示。

素材文件	素材\第4章\真爱恒久.jpg
效果文件	效果\第4章\真爱恒久.psd、真爱恒久.jpg
视频文件	视频\第4章\实例076 制作商品文字描述段落输入.mp4

图4-20 图像效果

步骤 01 按【Ctrl+O】组合键，打开一幅素材图像，如图4-21所示。

图4-21 打开素材图像

步骤 02 在工具箱中选取横排文字工具，如图4-22所示。

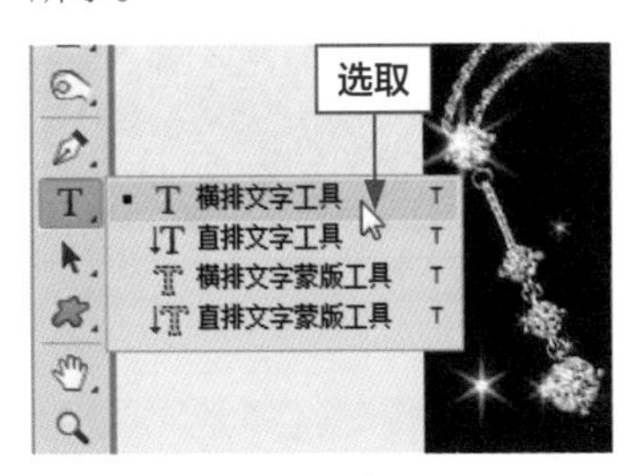

图4-22 选取横排文字工具

步骤 03 将鼠标指针移至图像编辑窗口中，单击鼠标左键并拖动鼠标至合适位置，释放鼠标即可创建一个文本框，如图4-23所示。

图4-23 创建文本框

步骤 04 在工具属性栏中，设置"字体"为"华文楷体"、"字体大小"为5点，如图4-24所示。

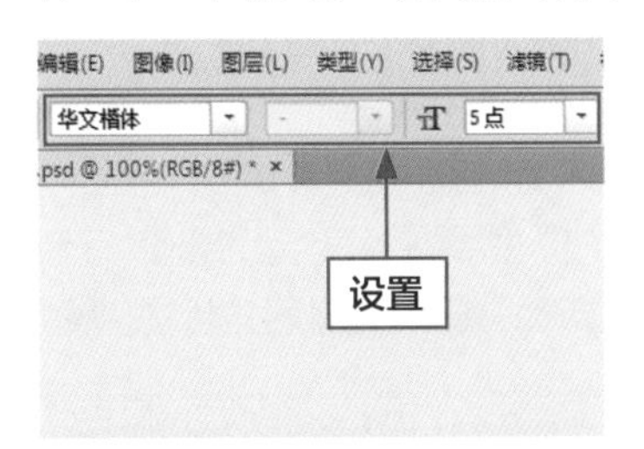

图4-24 设置参数

步骤 05 在工具属性栏中单击"颜色"色块，弹出"拾色器（文本颜色）"对话框，设置颜色为白色（RGB参数值均为255），如图4-25所示。

步骤 06 单击"确定"按钮后，输入相应文字，效果如图4-26所示。

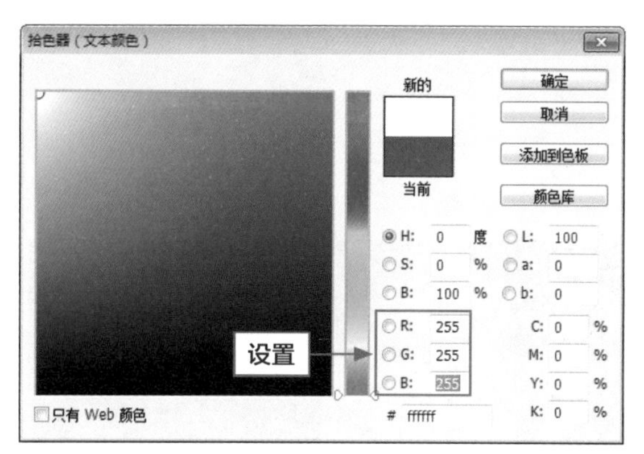

图4-25 设置参数

步骤 07 单击工具属性栏右侧的“提交所有当前编辑”按钮✔，即可结束当前文字输入，如图4-27所示。

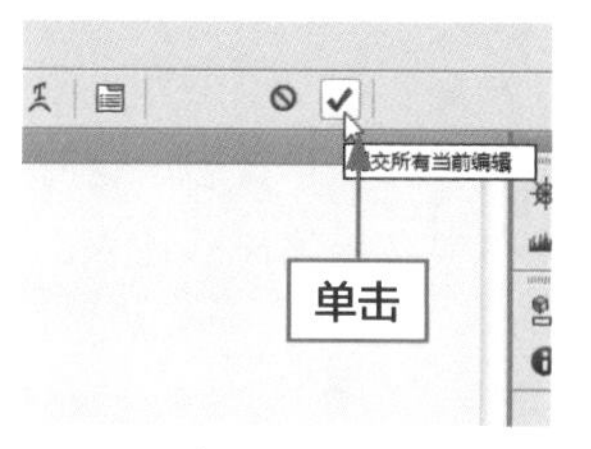

图4-27 单击“提交所有当前编辑”按钮

步骤 08 选取工具箱中的移动工具，将文字移动到合适位置，效果如图4-28所示。

图4-26 输入文字

图4-28 最终效果

实例 077 设置商品文字属性

在做商品图片后期处理时，若文字效果不佳，则需通过更改文字属性来调整文字效果，达到美化商品图片的目的。本实例最终效果如图4-29所示。

素材文件	素材\第4章\蓝钻.psd
效果文件	效果\第4章\蓝钻.psd、蓝钻.jpg
视频文件	视频\第4章\实例077 设置商品文字属性.mp4

图4-29 图像效果

步骤 01 按【Ctrl+O】组合键，打开一幅素材图像，如图4-30所示。

步骤 02 在“图层”面板中，选择文字图层，如图4-31所示。

步骤 03 在菜单栏中单击“窗口”→“字符”命令，如图4-32所示。

步骤 04 执行上述操作后，即可展开“字符”面板，如图4-33所示（表4-2为图中标号说明）。

图4-30 打开素材图像

图4-31 选择文字图层

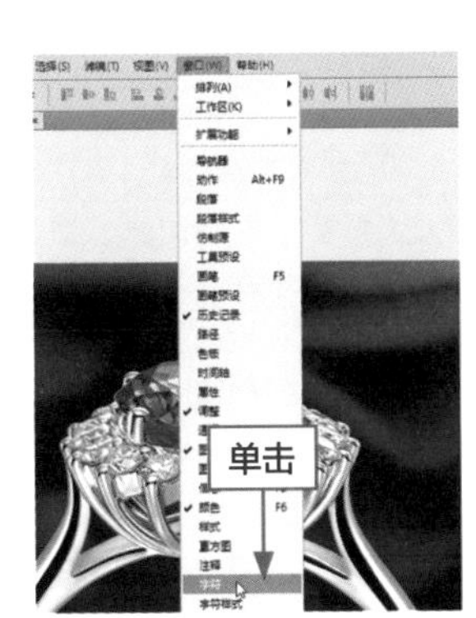

图4-32 单击“字符”命令

图4-33 展开“字符”面板

表4-2 标号说明

标号	名称	选项说明
1	字体	在该选项列表框中可以选择字体
2	字体大小	可以选择字体的大小
3	字距微调	用来调整两个字符之间的距离，在操作时首先要调整两个字符之间的间距，设置插入点，然后调整数值
4	水平缩放/垂直缩放	水平缩放用于调整字符的宽度，垂直缩放用于调整字符的高度。这两个百分比相同时，可以进行等比缩放；不相同时，则可以进行不等比缩放
5	基线偏移	用来控制文字与基线的距离，它可以升高或降低所选文字
6	T状按钮	T状按钮用来创建仿粗体、斜体等文字样式，以及为字符添加下画线或删除线
7	语言	可以对所选字符进行有关连字符和拼写规则的语言设置，Photoshop使用语言词典检查连字符连接
8	行距	行距是指文本中各个字行之间的垂直间距，同一段落的行与行之间可以设置不同的行距，但文字行中的最大行距决定了该行的行距

续表

标号	名称	选项说明
9	字距调整	选择部分字符时，可以调整所选字符的间距
10	颜色	单击颜色块，可以在打开的“拾色器（文本颜色）”对话框中设置文字的颜色
11	消除锯齿的方法	可以为文字消除锯齿选择一种方法，Photoshop会通过部分填充边缘像素来产生边缘平滑的文字，使文字的边缘混合到背景中而看不出锯齿

步骤 05 设置“字体大小”为36点、“T状按钮”为“仿粗体”、“取消锯齿方法”为“平滑”，如图4-34所示。

步骤 06 执行上述操作后，即可更改文字属性，调整文字至合适位置，效果如图4-35所示。

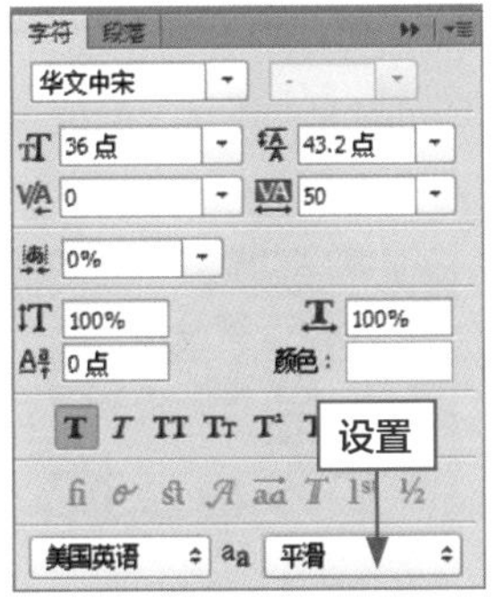

图4-34 设置参数

图4-35 最终效果

技巧点拨

当完成文字的输入后，发现文字的属性与整体的效果不太符合，此时，则需要对文字的相关属性进行细节性的调整。

实例 078 设置商品描述段落属性

在做商品图片后期处理时，经常在商品图片上添加商品描述，若想改变商品描述段落文字显示效果，可通过设置文字段落属性来实现。本实例最终效果如图4-36所示。

素材文件	素材\第4章\淡雅沙发.psd
效果文件	效果\第4章\淡雅沙发.psd、淡雅沙发.jpg
视频文件	视频\第4章\实例078 设置商品描述段落属性.mp4

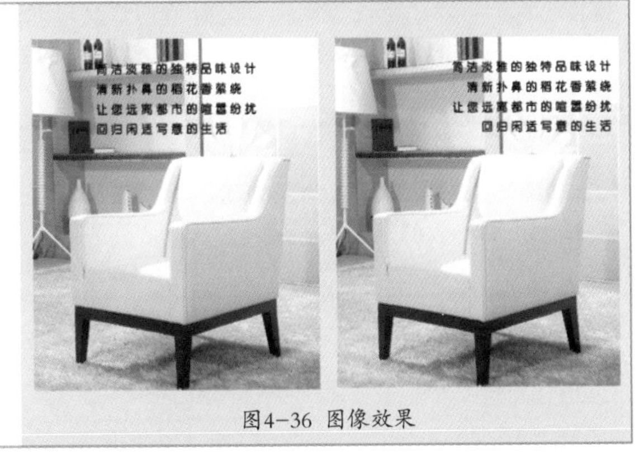

图4-36 图像效果

步骤 01 按【Ctrl+O】组合键，打开一幅素材图像，如图4-37所示。

步骤 02 在“图层”面板中，选择文字图层，如图4-38所示。

图4-37 打开素材图像

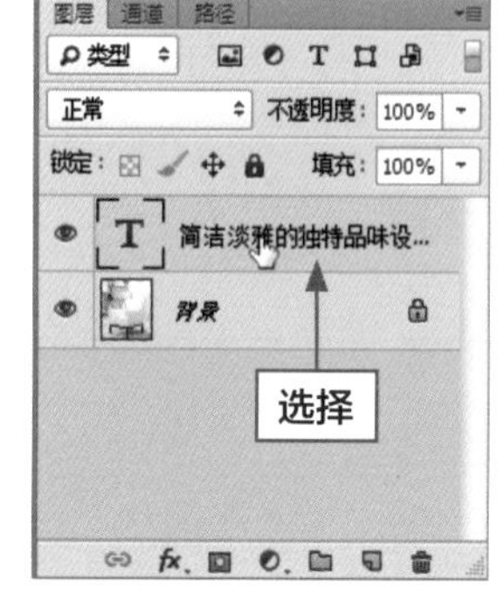

图4-38 选择文字图层

步骤 03 在菜单栏中单击“窗口”→“段落”命令，如图4-39所示。

步骤 04 执行上述操作后，即可展开“段落”面板，如图4-40所示（表4-3为图中标号说明）。

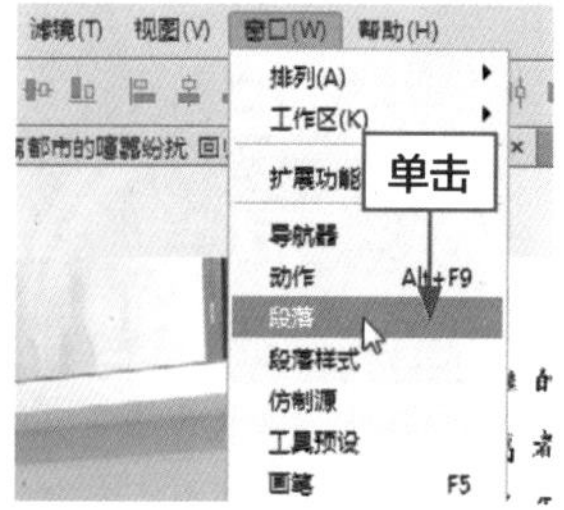

图4-39 单击“段落”命令

图4-40 展开“段落”面板

表4-3 标号说明

标号	名称	选项说明
1	对齐方式	对齐方式包括有左对齐文本、居中对齐文本、右对齐文本、最后一行左对齐、最后一行居中对齐、最后一行右对齐和全部对齐
2	左缩进	设置段落的左缩进
3	首行缩进	缩进段落中的首行文字，对于横排文字，首行缩进与左缩进有关；对于直排文字，首行缩进与顶端缩进有关，要创建首行悬挂缩进，必须输入一个负值
4	段前添加空格	设置段落与上一行的距离，或全选文字的每一段的距离
5	右缩进	设置段落的右缩进
6	段后添加空格	设置每段文本后的一段距离

步骤 05 设置“对齐方式”为“右对齐文本”，如图4-41所示。

步骤 06 执行上述操作后，即可更改文字段落属性，若文字位置不对，可使用移动工具进行调整，效果如图4-42所示。

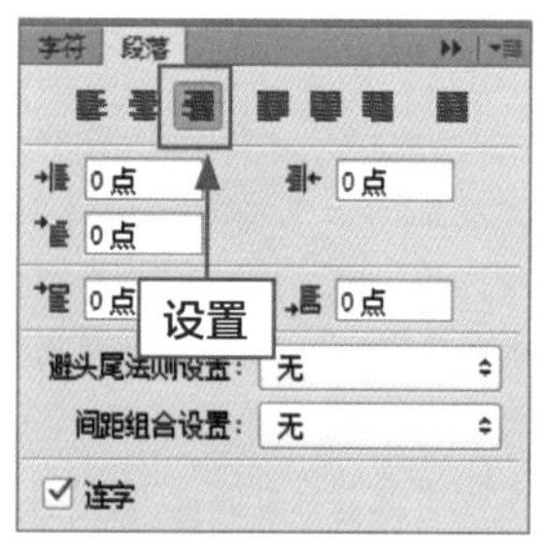

图4-41 设置对齐方式

图4-42 最终效果

实例 079 制作商品文字横排文字蒙版效果

在处理商品图片时，经常需要在商品图片上注明文字说明，以达到宣传效果，这时可通过横排文字蒙版工具制作商品文字效果。本实例最终效果如图4-43所示。

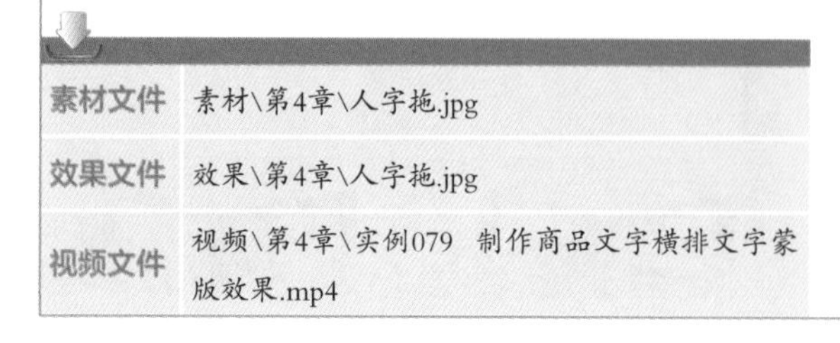

素材文件	素材\第4章\人字拖.jpg
效果文件	效果\第4章\人字拖.jpg
视频文件	视频\第4章\实例079 制作商品文字横排文字蒙版效果.mp4

图4-43 图像效果

步骤 01 按【Ctrl+O】组合键，打开一幅素材图像，如图4-44所示。

步骤 02 在工具箱中选取横排文字蒙版工具，如图4-45所示。

图4-44 打开素材图像

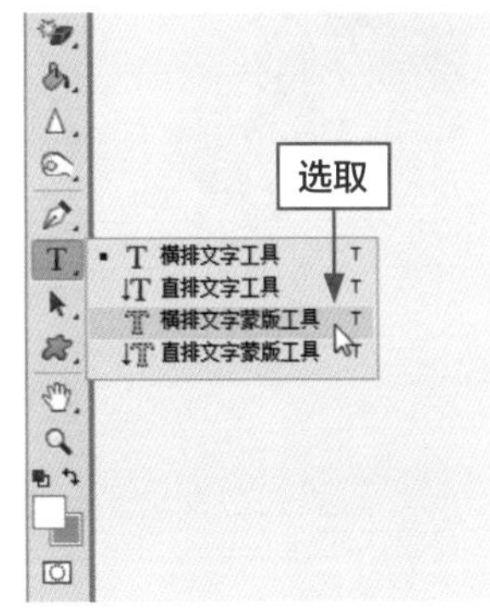

图4-45 选取横排文字蒙版工具

步骤 03 将鼠标指针移动至图像编辑窗口中，单击鼠标左键确定文字的插入点，此时图像呈淡红色，如图4-46所示。

步骤 04 在工具属性栏中，设置"字体"为"华文中宋"、"字体大小"为160点，如图4-47所示。

图4-46 确定文字插入点

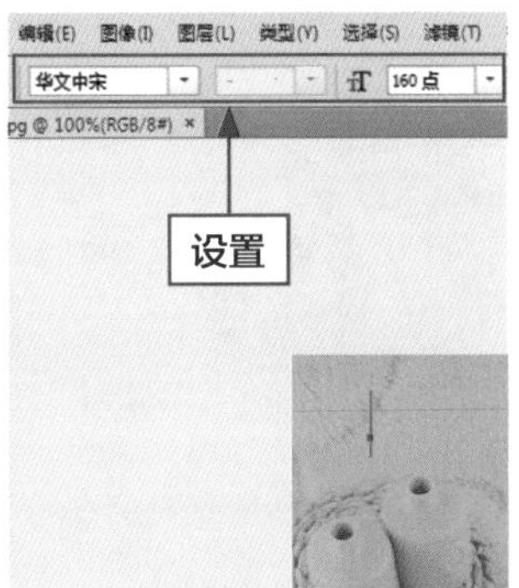

图4-47 设置参数

步骤 05 设置好参数后，输入文字，此时输入的文字呈实体显示，如图4-48所示。

步骤 06 单击工具属性栏右侧的"提交所有当前编辑"按钮✔，即可结束当前文字输入，如图4-49所示。

图4-48 输入文字

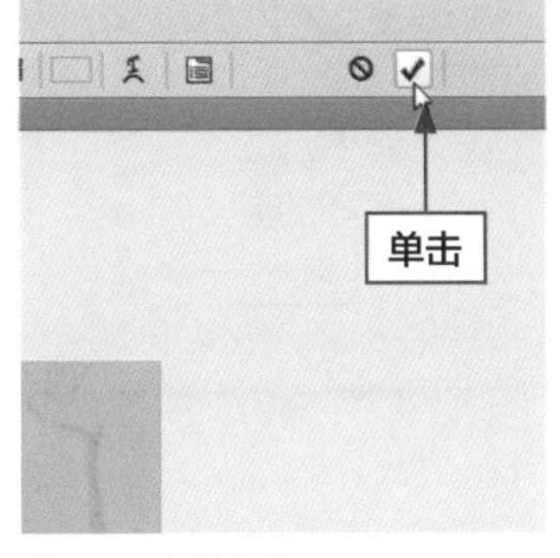

图4-49 设置参数

步骤 07 执行上述操作后，即可创建文字选区，效果如图4-50所示。

图4-50 创建文字选区

步骤 08 在工具箱底部单击"前景色"色块，弹出"拾色器（前景色）"对话框，设置前景色为粉色（RGB参数值分别为252、90、111），如图4-51所示。

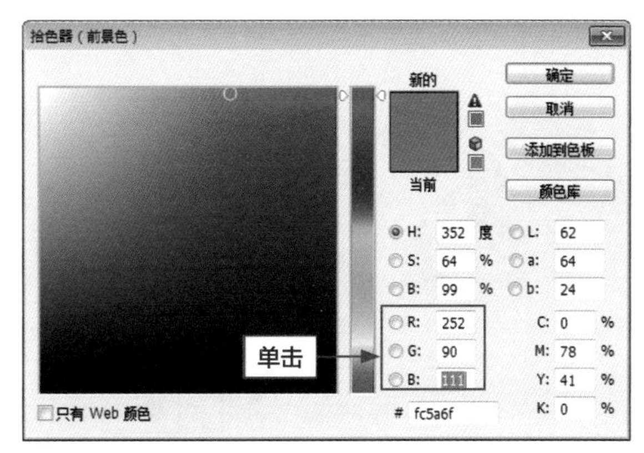

图4-51 设置参数

步骤 09 单击"确定"按钮，按【Alt+Delete】组合键为选区填充前景色，效果如图4-52所示。

步骤 10 按【Ctrl+D】组合键取消选区，输入的文字效果如图4-53所示。

图4-52 填充前景色　　图4-53 最终效果

实例080 制作商品文字直排文字蒙版效果

在处理商品图片时，经常需要在商品图片上注明文字说明，以达到宣传效果，若商品图像呈垂直分布，这时可通过直排文字蒙版工具制作商品文字效果。本实例最终效果如图4-54所示。

素材文件	素材\第4章\粉钻.jpg
效果文件	效果\第4章\粉钻.jpg
视频文件	视频\第4章\实例080 制作商品文字直排文字蒙版效果.mp4

图4-54 图像效果

步骤 01 按【Ctrl+O】组合键，打开一幅素材图像，如图4-55所示。

步骤 02 在工具箱中选取直排文字蒙版工具，如图4-56所示。

图4-55 打开素材图像

图4-56 选取直排文字蒙版工具

步骤 03 将鼠标指针移至图像编辑窗口中，单击鼠标左键确定文字的插入点，此时图像呈淡红色，如图4-57所示。

步骤 04 在工具属性栏中，设置“字体”为“华文中宋”、“字体大小”为24点、“设置取消锯齿的方法”为“平滑”，如图4-58所示。

图4-57 确定文字插入点

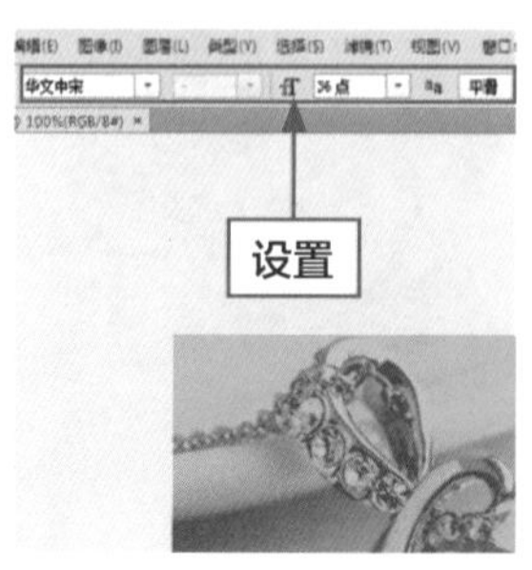

图4-58 设置参数

步骤 05 设置好参数后，输入文字，此时输入的文字呈实体显示，单击工具属性栏右侧的“提交所有当前编辑”按钮✔，即可结束当前文字输入，创建文字选区，如图4-59所示。

步骤 06 在工具箱底部单击“前景色”色块，弹出“拾色器（前景色）”对话框，设置前景色为黑色（RGB参数值均为0），如图4-60所示。

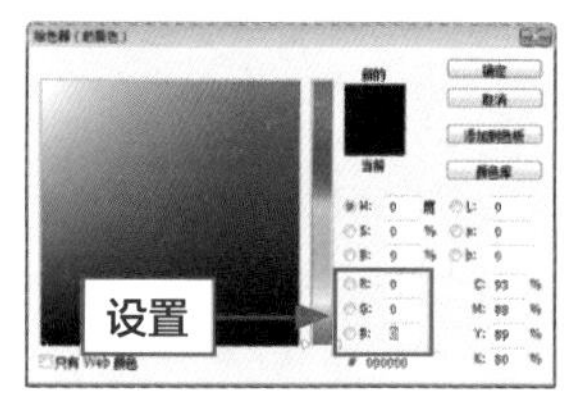

图4-59 创建文字选区　图4-60 设置参数

步骤 07 单击“确定”按钮，按【Alt+Delete】组合键为选区填充前景色，效果如图4-61所示。

步骤 08 按【Ctrl+D】组合键取消选区，输入的文字效果如图4-62所示。

图4-61 填充前景色　图4-62 最终效果

实例 081 商品文字水平垂直互换

在做商品图片后期处理时，若想改变商品文字显示效果，可通过文字水平垂直互换来实现。本实例最终效果如图4-63所示。

素材文件	素材\第4章\蓝戒指.psd
效果文件	效果\第4章\蓝戒指.psd、蓝戒指.jpg
视频文件	视频\第4章\实例081 商品文字水平垂直互换.mp4

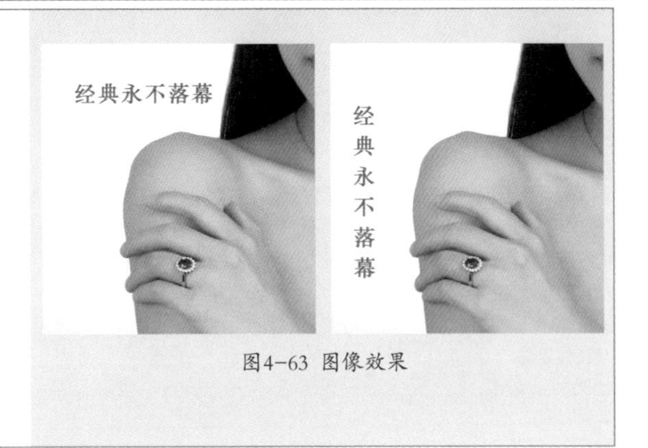

图4-63 图像效果

步骤 01 按【Ctrl+O】组合键，打开一幅素材图像，如图4-64所示。

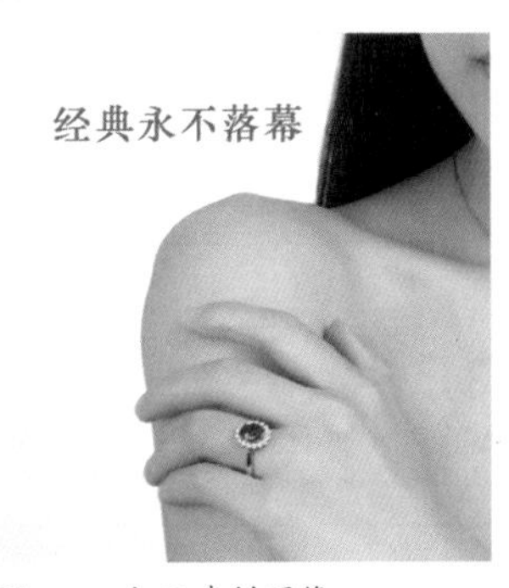

图4-64 打开素材图像

步骤 02 在“图层”面板选择文字图层，如图4-65所示。

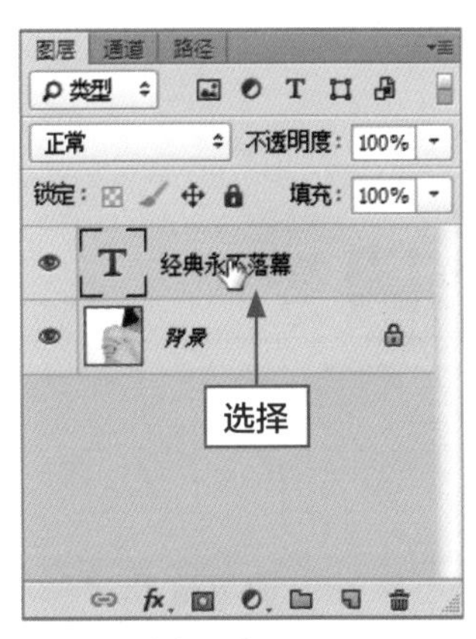

图4-65 选择文字图层

步骤 03 选取工具箱中的横排文字工具，在工具属性栏中，单击“更改文本方向”按钮，如图4-66所示。

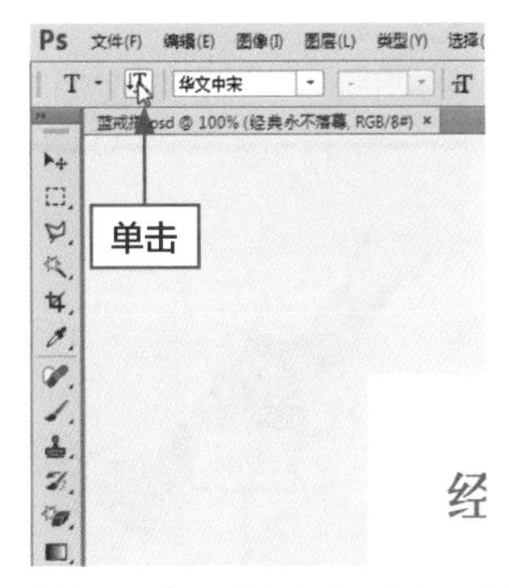

图4-66 单击“更改文本方向”按钮

步骤 04 执行操作后，即可更改文字的排列方向，效果如图4-67所示。

图4-67 最终效果

技巧点拨

除了上述操作方法外，还有两种方法可以切换文字排列。

- 在菜单栏中单击“图层”→“文字”→“水平”命令，可以在直排文字与横排文字之间进行相互转换。
- 在菜单栏中单击“图层”→“文字”→“垂直”命令，可以在直排文字与横排文字之间进行相互转换。

实例082 制作商品文字沿路径排列效果

在做商品图片后期处理时，若想制作商品文字特殊排列效果，可通过绘制路径，并沿路径排列文字。本实例最终效果如图4-68所示。

素材文件	素材\第4章\红色中国.jpg
效果文件	效果\第4章\红色中国.psd、红色中国.jpg
视频文件	视频\第4章\实例082 制作商品文字沿路径排列效果.mp4

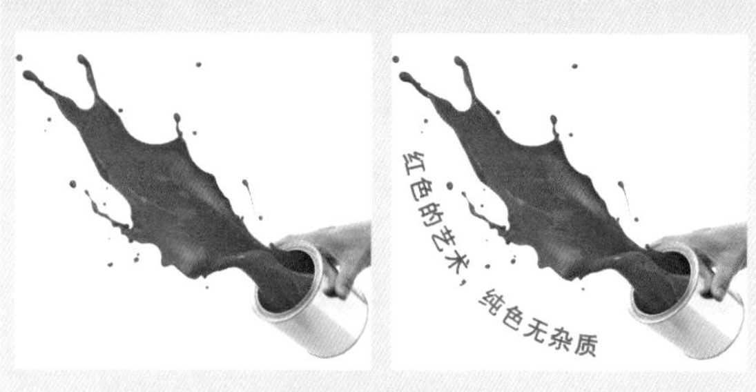

图4-68 图像效果

步骤 01 按【Ctrl+O】组合键，打开一幅素材图像，如图4-69所示。

步骤 02 在工具箱中选取钢笔工具，在图像编辑窗口合适位置绘制一条曲线路径，如图4-70所示。

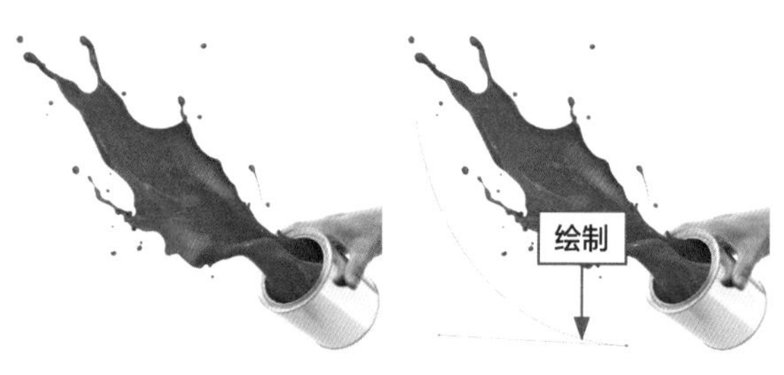

图4-69 打开素材图像　　图4-70 绘制曲线路径

步骤 03 选取工具箱中的横排文字工具，在路径上单击鼠标左键，确定文字输入点，如图4-71所示。

步骤 04 在工具属性栏中，设置“字体”为“黑体”、“字体大小”为72点，如图4-72所示。

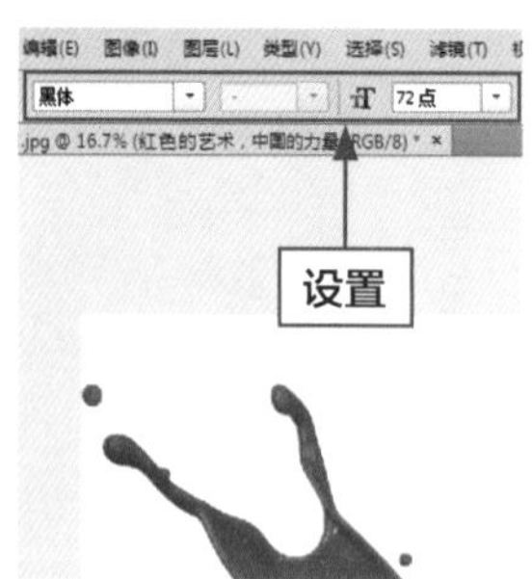

图4-71 确定文字输入点　　图4-72 设置参数

步骤 05 在工具属性栏中单击“颜色”色块，弹出“拾色器（文本颜色）”对话框，设置颜色为红色（RGB参数值分别为255、0、11），如图4-73所示。

步骤 06 单击“确定”按钮后，输入文字，按【Ctrl+Enter】组合键，确认文字输入，并隐藏路径，效果如图4-74所示。

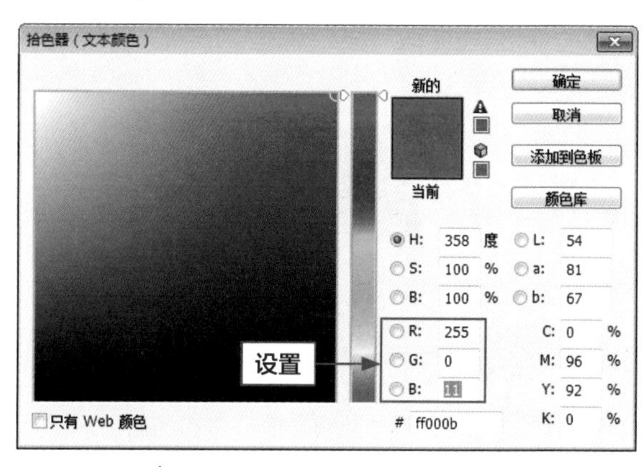

图4-73 设置参数

图4-74 最终效果

技巧点拨

沿路径输入文字时，文字将沿着锚点添加到路径方向。如果在路径上输入横排文字，文字方向将与基线垂直；当在路径上输入直排文字时，文字方向将与基线平行。

实例083 商品文字路径形状调整

网店卖家在做商品图片后期处理时，若觉得文字路径形状效果不理想，想改变商品文字排列形状效果，可通过调整文字路径形状来实现。本实例最终效果如图4-75所示。

素材文件	素材\第4章\眼镜1.psd
效果文件	效果\第4章\眼镜1.psd、眼镜1.jpg
视频文件	视频\第4章\实例083　商品文字路径形状调整.mp4

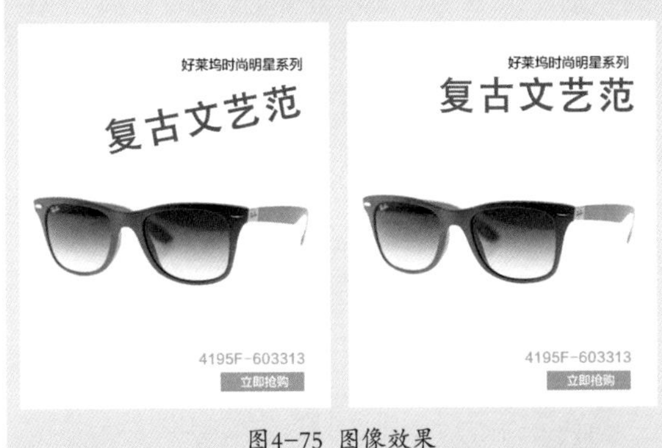

图4-75　图像效果

步骤 01 按【Ctrl+O】组合键，打开一幅素材图像，如图4-76所示。

步骤 02 在“图层”面板选择文字图层，展开“路径”面板，在“路径”面板中，选择文字路径，如图4-77所示。

步骤 03 在工具箱中选取直接选择工具，拖动鼠标至图像编辑窗口中的文字路径上，单击鼠标左键并拖曳节点至合适位置，如图4-78所示。

步骤 04 执行上述操作后，按【Enter】键确认，即可调整文字路径的形状，效果如图4-79所示。

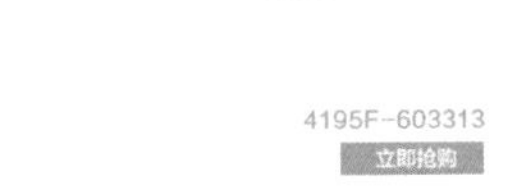

图4-76　打开素材图像

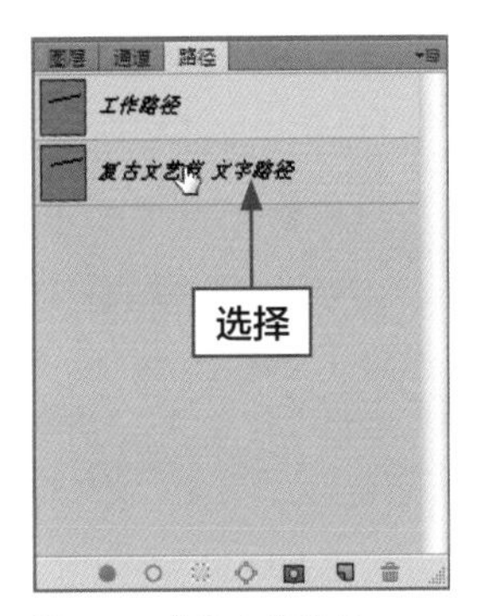

图4-77　选择文字路径

图4-78　拖曳节点

图4-79　最终效果

实例084 商品文字位置排列调整

在做商品图片后期处理时，若想改变商品文字位置排列效果，可通过路径选择工具，调整文字在路径上的起始位置来改变文字的位置排列。本实例最终效果如图4-80所示。

素材文件	素材\第4章\盆栽.psd
效果文件	效果\第4章\盆栽.psd、盆栽.jpg
视频文件	视频\第4章\实例084　商品文字位置排列调整.mp4

图4-80　图像效果

步骤 01 按【Ctrl+O】组合键，打开一幅素材图像，如图4-81所示。

步骤 02 在“图层”面板选择文字图层，展开“路径”面板，在“路径”面板中，选择文字路径，如图4-82所示。

图4-81 打开素材图像

图4-82 选择文字路径

步骤 03 选取工具箱中的路径选择工具，移动鼠标至图像编辑窗口中的文字路径上，单击鼠标左键，如图4-83所示。

步骤 04 执行上述操作后，按【Enter】键确认，即可调整文字位置排列，效果如图4-84所示。

图4-83 单击鼠标　图4-84 最终效果

实例 085 制作商品文字变形式样

当网店卖家在做商品图片处理时，经常在商品图片上添加文字描述，这时使用变形文字，使画面显得更美观，很容易就能引起买家的注意。本实例最终效果如图4-85所示。

素材文件	素材\第4章\鱼缸.jpg
效果文件	效果\第4章\鱼缸.psd、鱼缸.jpg
视频文件	视频\第4章\实例085 制作商品文字变形式样.mp4

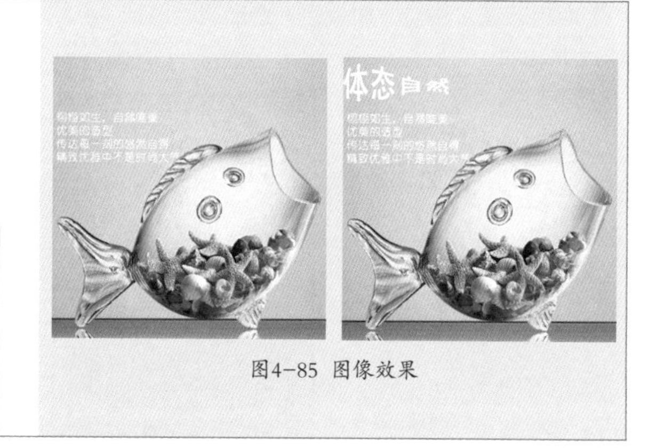

图4-85 图像效果

步骤 01 按【Ctrl+O】组合键，打开一幅素材图像，如图4-86所示。

步骤 02 在工具箱中选取横排文字工具，在工具属性栏中设置“字体”为“Adobe 黑体 Std”、“字体大小”为12点、“设置取消锯齿的方法”为“浑厚”，如图4-87所示。

图4-86 打开素材图像

图4-87 设置参数

步骤 03 在工具属性栏中单击“颜色”色块，弹出“拾色器（文本颜色）”对话框，设置颜色为白色（RGB参数值均为255），如图4-88所示。

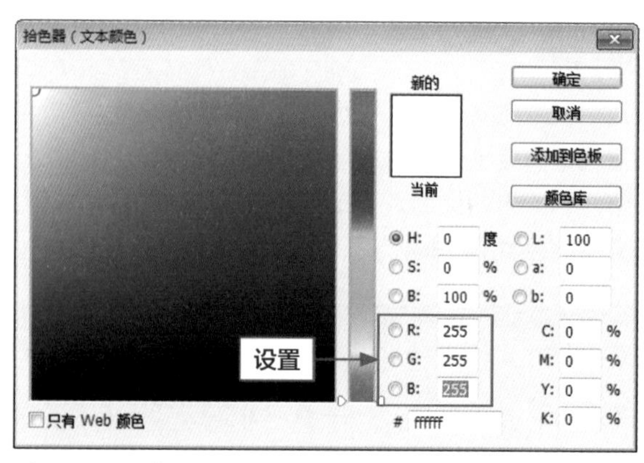

图4-88 设置参数

步骤 04 单击“确定”按钮后，将鼠标移至图像编辑窗口中单击鼠标左键并输入文字，按【Ctrl+Enter】组合键，确认文字输入，如图4-89所示。

步骤 05 在菜单栏中单击“类型”→“文字变形”命令，如图4-90所示。

图4-89 输入文字

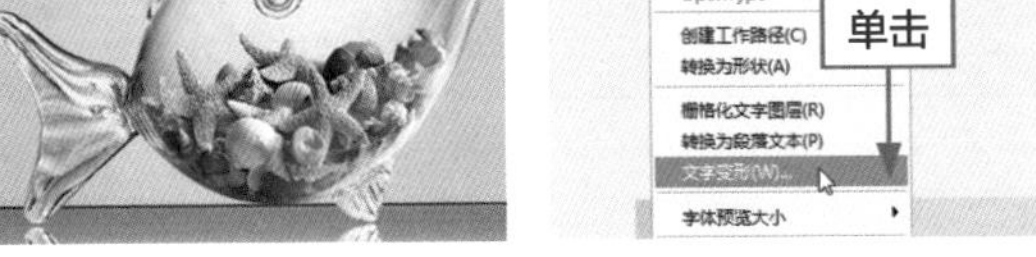

图4-90 单击“文字变形”命令

步骤 06 执行上述操作后，即可弹出“变形文字”对话框，如图4-91所示（表4-4为图中标号说明）。

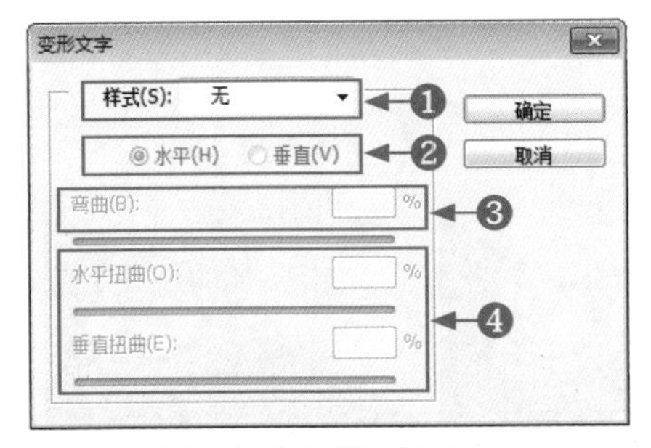

图4-91 弹出“变形文字”对话框

表4-4 标号说明

标号	名称	选项说明
1	样式	在该选项的下拉列表中可以选择15种变形样式
2	水平/垂直	文本的扭曲方向为水平方向或垂直方向
3	弯曲	设置文本的弯曲程度
4	水平扭曲/垂直扭曲	可以对文本应用透视

步骤 07 在“变形文字”对话框中，设置“样式”为“鱼形”，其他参数均保持默认即可，如图4-92所示。

步骤 08 单击“确定”按钮，使用移动工具将变形文字移动至合适位置，如图4-93所示。

图4-92 设置参数

图4-93 最终效果

技巧点拨

通过“文字变形”对话框可以对选定的文字进行多种变形操作，使文字更加富有灵动感和层次感。

实例086 制作变形商品文字编辑

在做商品图片后期处理时，经常使用文字对商品进行描述或说明，在输入文字后，可对文字进行变形扭曲操作，以得到更好的视觉效果。本实例最终效果如图4-94所示。

素材文件	素材\第4章\天然水晶.psd
效果文件	效果\第4章\天然水晶.psd、天然水晶.jpg
视频文件	视频\第4章\实例086 制作变形商品文字编辑.mp4

图4-94 图像效果

步骤 01 按【Ctrl+O】组合键，打开一幅素材图像，如图4-95所示。

步骤 02 在“图层”面板选择文字图层，在菜单栏中单击“类型”→“文字变形”命令，如图4-96所示。

图4-95 打开素材图像

图4-96 单击“文字变形”命令

步骤 03 执行上述操作后，即可弹出“变形文字”对话框，设置“样式”为“花冠”、“弯曲”为+30%，如图4-97所示。

步骤 04 单击“确定”按钮，即可编辑变形文字，效果如图4-98所示。

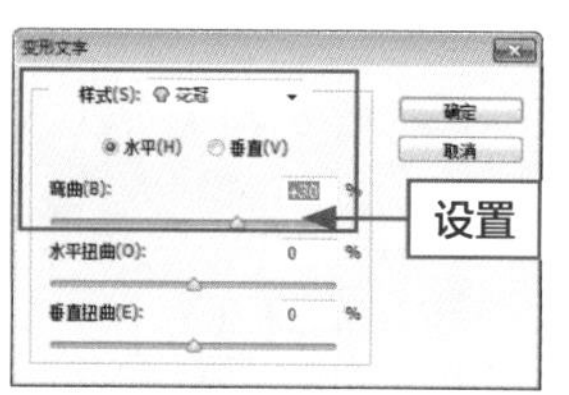

图4-97 设置参数

图4-98 最终效果

实例 087 制作商品文字路径效果

在商品图片上添加文字描述时，可直接将文字转换为路径，从而可以直接通过此路径进行描边、填充等操作，制作出特殊的文字效果。本实例最终效果如图4-99所示。

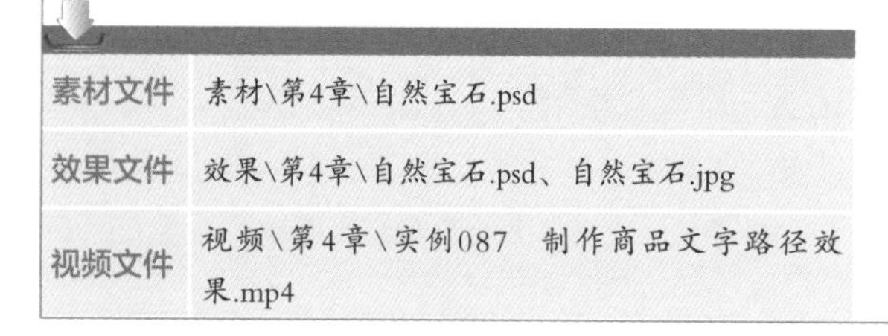

素材文件	素材\第4章\自然宝石.psd
效果文件	效果\第4章\自然宝石.psd、自然宝石.jpg
视频文件	视频\第4章\实例087 制作商品文字路径效果.mp4

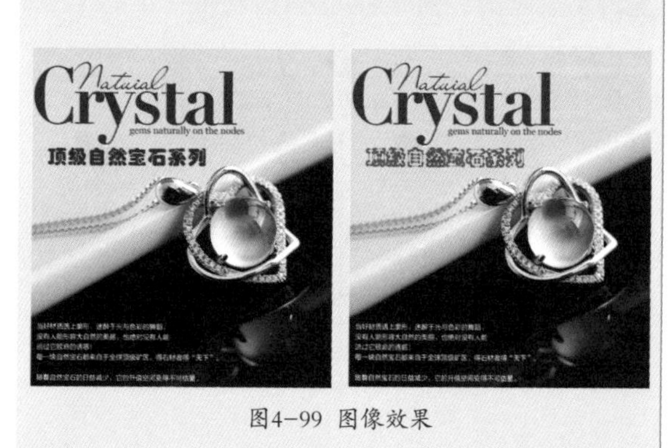

图4-99 图像效果

步骤 01 按【Ctrl+O】组合键，打开一幅素材图像，如图4-100所示。

步骤 02 展开“图层”面板，选择文字图层，如图4-101所示。

步骤 03 在菜单栏中单击“类型”→“创建工作路径”命令，如图4-102所示。

步骤 04 执行上述操作后，隐藏文字图层，即可制作文字路径效果，效果如图4-103所示。

图4-100 打开素材图像

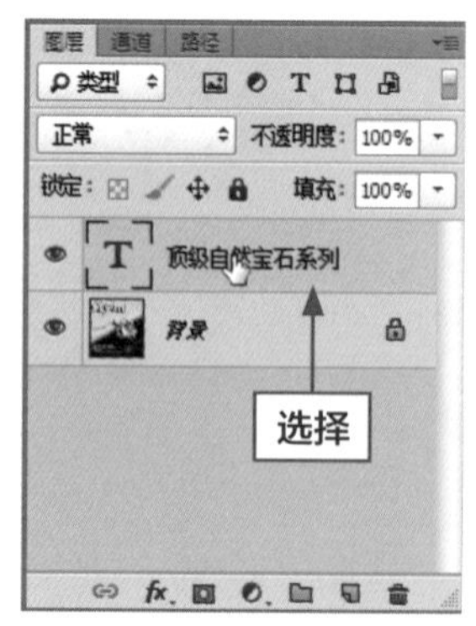

图4-101 选择文字图层

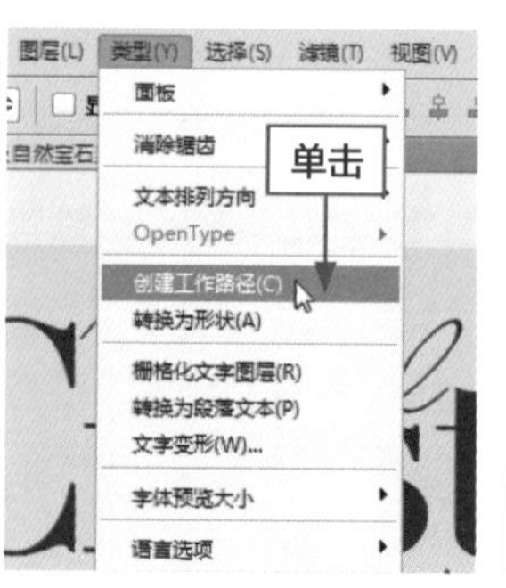

图4-102 单击“创建工作路径”

图4-103 最终效果

技巧点拨

在将文字转换为路径后，原文字属性不变，生产的工作路径可以应用填充和描边，或者通过调整锚点得到变形文字。

除上述方法制作文字路径外，还可在“图层”面板选择文字图层，单击鼠标右键，选择“创建工作路径”选项，制作文字路径。

实例 088 制作商品文字图像效果

在做商品图片处理时，若需要在文本图层中进行其他操作，就需要先将文字转换为图像，使文字图层变成普通图层。本实例最终效果如图4-104所示。

素材文件	素材\第4章\鞋子1.psd
效果文件	效果\第4章\鞋子1.psd、鞋子1.jpg
视频文件	视频\第4章\实例088 制作商品文字图像效果.mp4

图4-104 图像效果

步骤 01 按【Ctrl+O】组合键，打开一幅素材图像，如图4-105所示。

步骤 02 展开“图层”面板，选择文字图层，在菜单栏中单击“类型”→“栅格化文字图层”命令，如图4-106所示。

图4-105 打开素材图像

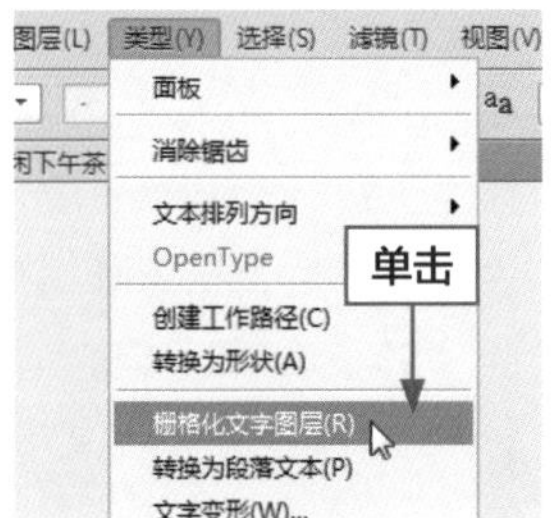

图4-106 单击“栅格化文字图层”命令

步骤 03 执行上述操作后，即可将文字图层转换为普通图层，如图4-107所示。

步骤 04 在工具箱中选取魔棒工具，将鼠标移动至图像编辑窗口中文字上单击鼠标左键，在菜单栏中单击“选择”→“选取相似”命令，即可创建文字图像选区，如图4-108所示。

图4-107 转换为图片图层

图4-108 创建文字图像选区

步骤 05 在工具箱底部单击“前景色”色块，弹出“拾色器（前景色）”对话框，设置RGB参数值分别为245、76、111，如图4-109所示。

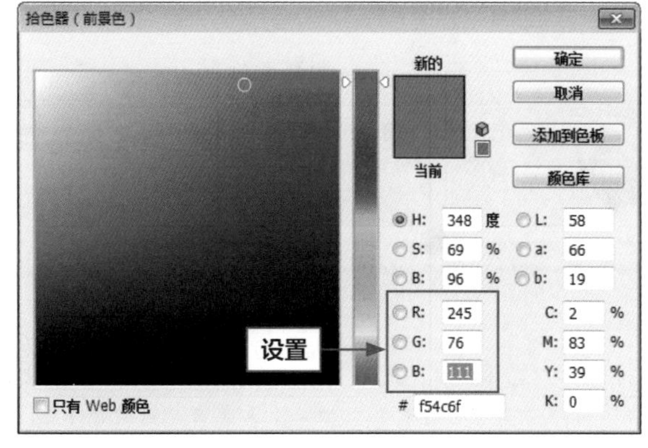

图4-109 设置参数

步骤 06 单击“确定”按钮，按【Alt+Delete】组合键为选区填充前景色，按【Ctrl+D】组合键，取消选区，效果如图4-110所示。

技巧点拨

除上述方法制作文字图像效果外，还可在“图层”面板选择文字图层，单击鼠标右键，选择“栅格化文字图层”选项，制作文字图像效果。

图4-110 设置参数

实例089 制作商品文字立体效果

在做商品图片后期处理时，经常需要在商品图片上添加文字描述，若网店卖家觉得输入的文字过于单调，可将文字制作成立体效果，使商品画面更加生动诱人。本实例最终效果如图4-111所示。

素材文件	素材\第4章\冰种.psd
效果文件	效果\第4章\冰种.psd、冰种.jpg
视频文件	视频\第4章\实例089　制作商品文字立体效果.mp4

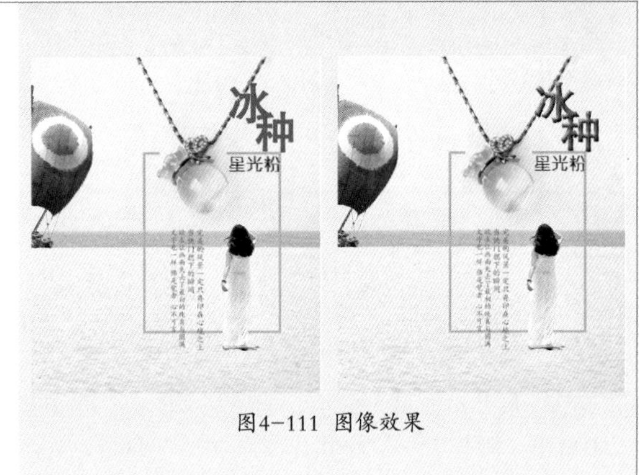

图4-111 图像效果

步骤 01 按【Ctrl+O】组合键，打开一幅素材图像，如图4-112所示。

步骤 02 展开“图层”面板，选择文字图层，在菜单栏中单击“图层”→“图层样式”→“斜面和浮雕”命令，如图4-113所示。

图4-112 打开素材图像

图4-113 单击“斜面和浮雕”命令

技巧点拨

除了上述方法可弹出“图层样式”对话框外，还可在“图层”面板选择文字图层，单击鼠标右键，选择“混合选项”选项，弹出“图层样式”对话框，选中“斜面和浮雕”复选框即可。

步骤 03 执行上述操作后，即可弹出“图层样式”对话框，设置“样式”为“内斜面”、“方法”为“平滑”、“深度”为170%、“方向”为“上”、“大小”为7像素、“角度”为120度，如图4-114所示（表4-5为图中标号说明）。

步骤 04 单击“确定”按钮，即可制作文字立体效果，如图4-115所示。

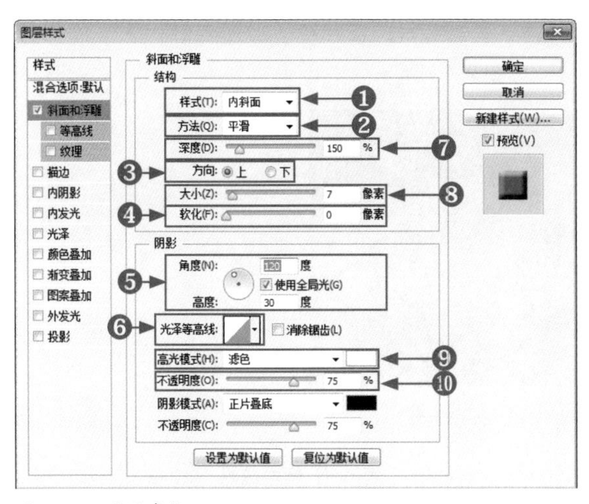

图4-114 设置参数

图4-115 最终效果

表4-5 标号说明

标号	名称	选项说明
1	样式	在该选项下拉列表中可以选择斜面和浮雕的样式
2	方法	用来选择一种创建浮雕的方法
3	方向	定位光源角度后，可以通过该选项设置高光和阴影的位置
4	软化	用来设置 斜面和浮雕的柔和程度，该值越高，效果越柔和
5	角度/高度	“角度”选项用来设置光源的照射角度，“高度”选项用来设置光源的高度
6	光泽等高线	可以选择一个等高线样式，为斜面和浮雕表面添加光泽，创建具有光泽感的金属外观浮雕效果
7	深度	用来设置浮雕斜面的应用深度，该值越高，浮雕的立体感越强
8	大小	用来设置斜面和浮雕中阴影面积的大小
9	高光模式	用来设置高光的混合模式、颜色和不透明度
10	阴影模式	用来设置阴影的混合模式、颜色和不透明度

技巧点拨

“斜面和浮雕”图层样式可以制作出各种凹陷和凸出的图像或文字，从而使图像具有一定的立体效果。

实例 090 制作商品文字描边效果

网店卖家在做商品图片处理时，若觉得商品描述文字效果暗淡，可制作文字描边效果，提亮文字显示效果。本实例最终效果如图4-116所示。

素材文件	素材\第4章\捷克钻鞋子.psd
效果文件	效果\第4章\捷克钻鞋子.psd、捷克钻鞋子.jpg
视频文件	视频\第4章\实例090 制作商品文字描边效果.mp4

图4-116 图像效果

步骤 01 按【Ctrl+O】组合键，打开一幅素材图像，如图4-117所示。

步骤 02 展开“图层”面板，选择文字图层，在菜单栏中单击“图层”→“图层样式”→“描边”命令，如图4-118所示。

图4-117 打开素材图像

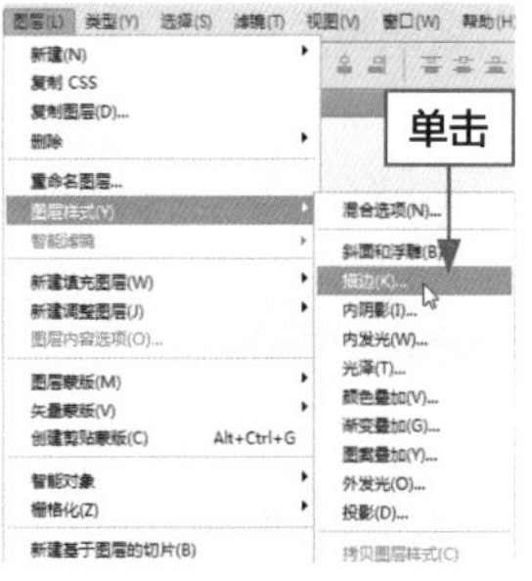

图4-118 单击“描边”命令

步骤 03 执行上述操作后，即可弹出“图层样式”对话框，设置“大小”为3像素、“位置”为“外部”、“颜色”为“绿色”（RGB参数值分别为127、173、147），效果如图4-119所示（表4-6为图中标号说明）。

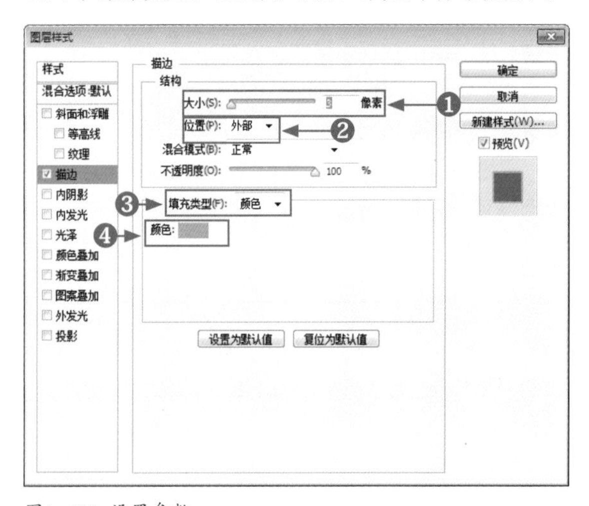

图4-119 设置参数

步骤 04 单击“确定”按钮，即可制作文字描边效果，如图4-120所示。

图4-120 最终效果、

表4-6 标号说明

标号	名称	选项说明
1	大小	此选项用于控制“描边”的宽度，数值越大则生成的描边宽度越大
2	位置	在此下拉列表中，可以选择“外部”、“内部”、“居中”三种位置，如果选择“外部”选项，则用于描边的线条完全处于图像外部；如果选择“内部”选项，则用于描边的线条完全处于图像内部；选择“居中”选项，则用于描边的线条一半处于图像外部，一半处于图像内部，此时该图层样式同时修改透明和图像像素
3	填充类型	用于设置图像描边的类型
4	颜色	单击该图标，可设置描边的颜色

实例091 制作商品文字颜色效果

在做商品图片处理时，经常需要在商品图片上添加店铺活动来吸引目光，若想改变文字颜色效果，可使用“颜色叠加”图层样式改变文字颜色。本实例最终效果如图4-121所示。

素材文件	素材\第4章\手表.psd
效果文件	效果\第4章\手表.psd、手表.jpg
视频文件	视频\第4章\实例091 制作商品文字颜色效果.mp4

图4-121 图像效果

步骤 01 按【Ctrl+O】组合键，打开一幅素材图像，如图4-122所示。

步骤 02 展开“图层”面板，选择文字图层，在菜单栏中单击“图层”→“图层样式”→“颜色叠加”命令，如图4-123所示。

图4-122 打开素材图像

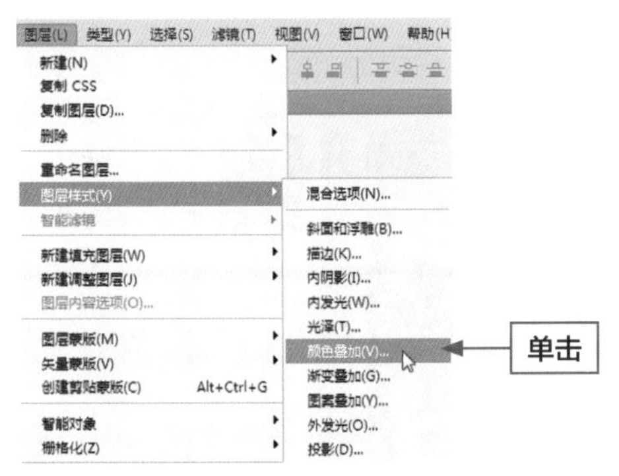

图4-123 单击“颜色叠加”命令

步骤 03 执行上述操作后，即可弹出“图层样式”对话框，设置“颜色”为“白色”（RGB参数值均为255），如图4-124所示。

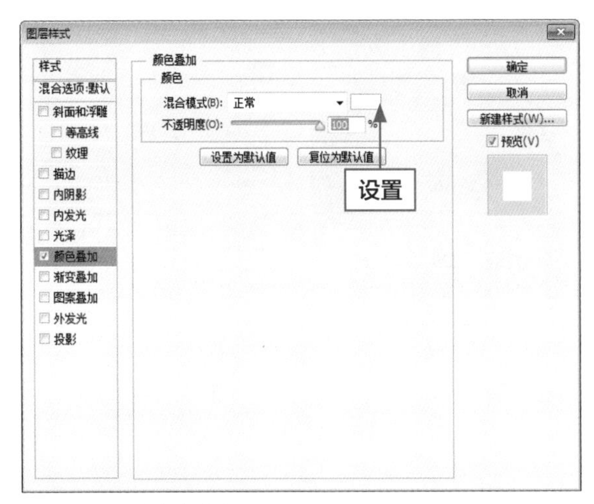

图4-124 设置颜色为白色

步骤 04 单击“确定”按钮，即可改变文字颜色效果，如图4-125所示。

图4-125 最终效果

实例 092 制作商品文字渐变效果

在做商品图片处理时，经常需要在商品图像上添加文字做宣传效果，这时可使用“渐变叠加”图层样式使文字产生颜色渐变，使画面更丰富多彩。本实例最终效果如图4-126所示。

素材文件	素材\第4章\抱枕.psd
效果文件	效果\第4章\抱枕.psd、抱枕.jpg
视频文件	视频\第4章\实例092 制作商品文字渐变效果.mp4

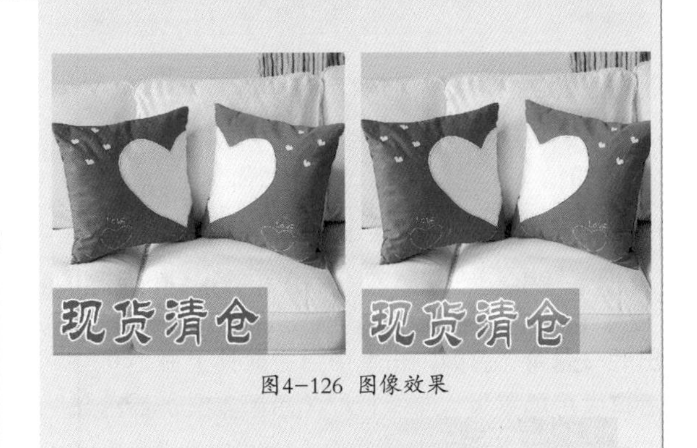

图4-126 图像效果

步骤 01 按【Ctrl+O】组合键，打开一幅素材图像，如图4-127所示。

步骤 02 展开“图层”面板，选择文字图层，在菜单栏中单击“图层”→“图层样式”→“渐变叠加”命令，如图4-128所示。

图4-127 打开素材图像

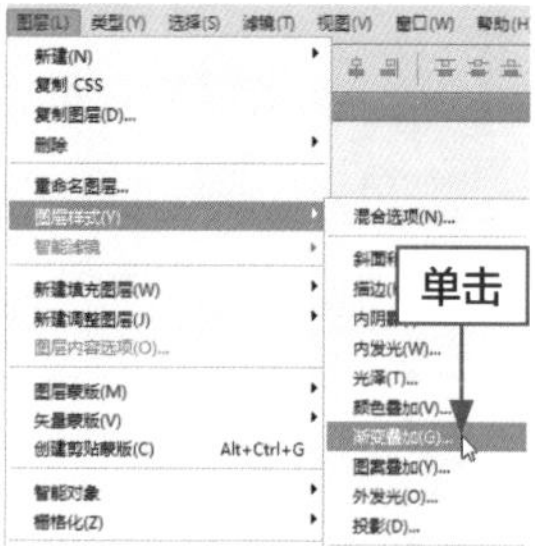

图4-128 单击“渐变叠加”命令

步骤 03 执行上述操作后，即可弹出“图层样式”对话框，单击“点按可编辑渐变”色块，如图4-129所示（表4-7为图中标号说明）。

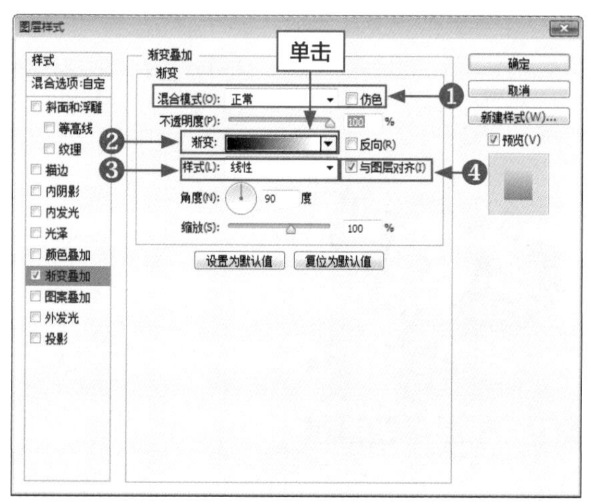

图4-129 单击“点按可编辑渐变”色块

步骤 04 弹出“渐变编辑器”，单击左边“色标”后，单击“颜色”后的色块，如图4-130所示。

图4-130 设置参数

表4-7 标号说明

标号	名称	选项说明
1	混合模式	用于设置使用渐变叠加时色彩混合的模式
2	渐变	用于设置使用的渐变色
3	样式	包括“线性”、“径向”以及“角度”等渐变类型
4	与图层对齐	从上到下绘制渐变时，选中该复选框，则渐变以图层对齐

步骤 05 弹出“拾色器（色标颜色）”对话框，设置RGB参数值分别为217、0、0，如图4-131所示。

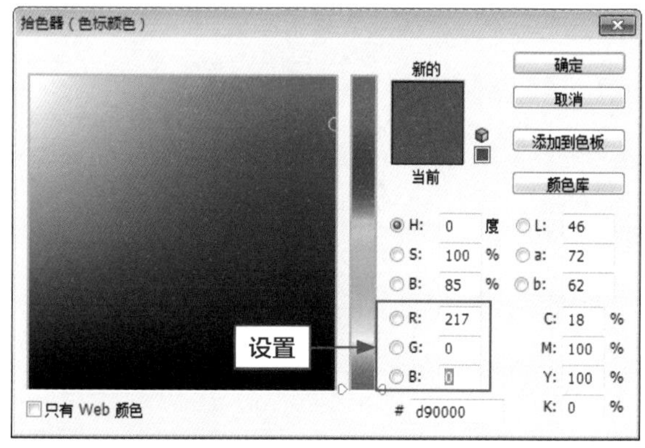

图4-131 设置左边色标颜色

步骤 06 单击“确定”按钮，重复以上操作设置右边“色标”为橙色（RGB参数值分别为253、155、0），如图4-132所示。

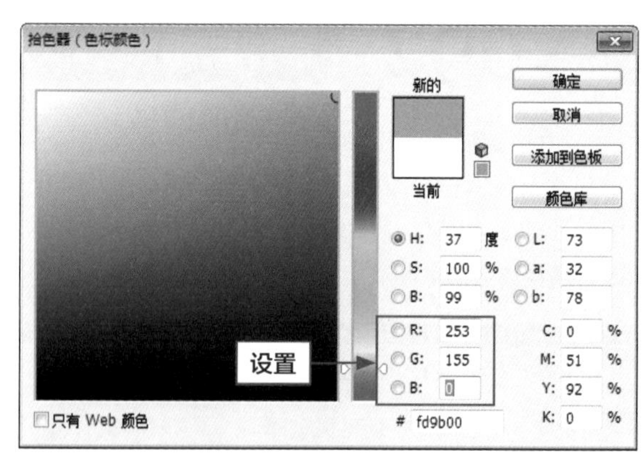

图4-132 设置右边色标颜色

步骤 07 单击“确定”按钮后，即可返回“渐变编辑器”对话框，单击“确定”按钮返回“图层样式”对话框，如图4-133所示。

步骤 08 单击“确定”按钮，即可制作文字渐变效果，如图4-134所示。

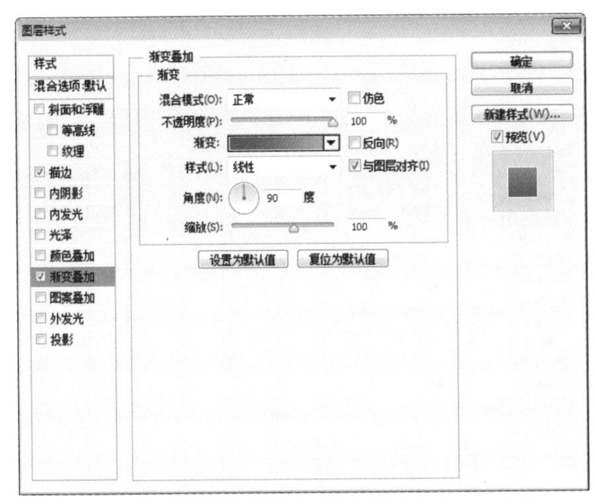

图4-133 返回“图层样式”对话框

4-134 最终效果

技巧点拨

除了上述方法可弹出“图层样式”对话框外，还可在“图层”面板选择文字图层，单击鼠标右键，选择“混合选项”选项，弹出“图层样式”对话框，选中“渐变叠加”复选框。

实例 093 制作商品文字发光效果

网店卖家在做商品图片后期处理时，经常需要在商品图片上添加文字描述，若想使文字更加惹人注目，可制作文字发光效果来吸引目光。本实例最终效果如图4-135所示。

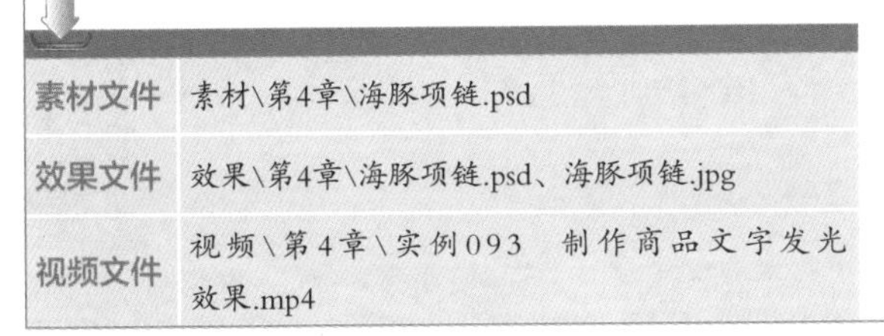

素材文件	素材\第4章\海豚项链.psd
效果文件	效果\第4章\海豚项链.psd、海豚项链.jpg
视频文件	视频\第4章\实例093 制作商品文字发光效果.mp4

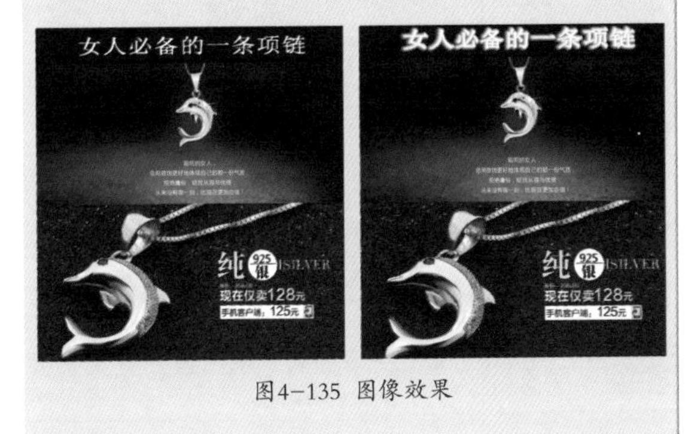

图4-135 图像效果

步骤 01 按【Ctrl+O】组合键，打开一幅素材图像，如图4-136所示。

图4-136 打开素材图像

步骤 02 展开“图层”面板，选择文字图层，在菜单栏中单击“图层”→“图层样式”→“外发光”命令，如图4-137所示。

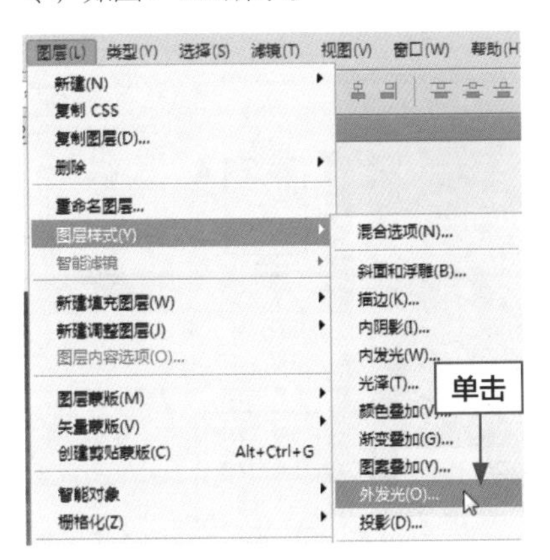

图4-137 单击“外发光”命令

步骤 03 执行上述操作后，即可弹出“图层样式”对话框，设置“混合模式”为“正常”、“不透明度”为100%、“方法”为“精确”、“扩展”为10%、“大小”为7像素，如图4-138所示（图中标号说明见表4-8）。

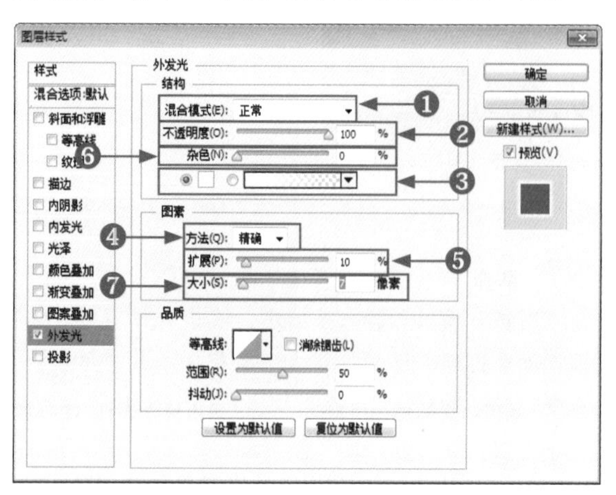

图4-138 设置参数

表4-8 标号说明

标号	名称	选项说明
1	混合模式	用来设置发光效果与下面图层的混合方式
2	不透明度	用来设置发光效果的不透明度，该值越低，发光效果越弱
3	发光颜色	可以通过颜色色块和颜色条来设置图层样式的发光颜色
4	方法	用来设置发光的方法，以控制发光的准确度
5	扩展	用来设置投影的扩展范围，该值会受“大小”选项的影响
6	杂色	可以在发光效果中添加随机的杂色，使光晕呈现颗粒感
7	大小	用来设置光晕范围的大小

步骤 04 单击“设置发光颜色”色块，弹出“拾色器（外发光颜色）”对话框，设置RGB参数值分别为255、255、0，如图4-139所示。

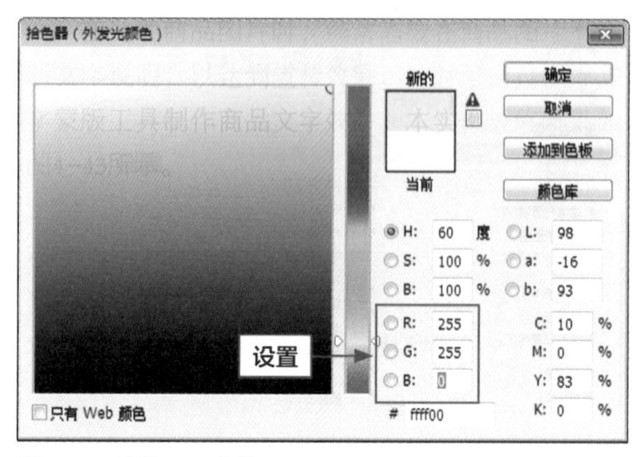

图4-139 设置RGB参数

步骤 05 单击“确定”按钮，返回“图层样式”对话框，即可更改发光颜色，如图4-140所示。

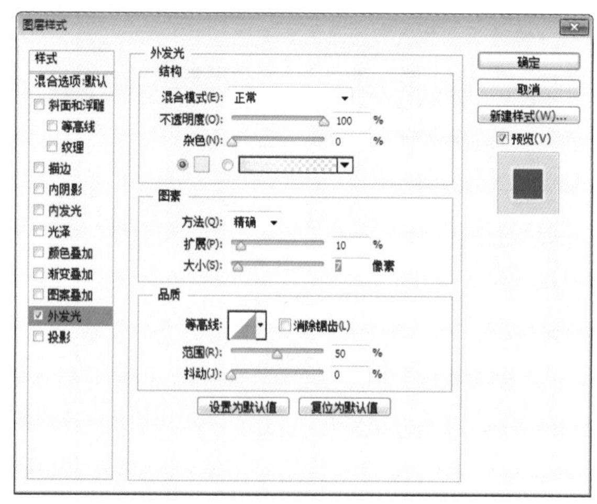

图4-140 返回“图层样式”对话框

步骤 06 单击“确定”按钮，即可制作文字发光效果，如图4-141所示。

图4-141 最终效果

实例 094 制作商品文字投影效果

在做商品图片后期处理时，经常需要在商品图片上添加文字描述，这时可制作文字投影效果，使文字融入商品图片，使画面看上去更加协调。本实例最终效果如图4–142所示。

素材文件	素材\第4章\四叶草项链.psd
效果文件	效果\第4章\四叶草项链.psd、四叶草项链.jpg
视频文件	视频\第4章\实例094 制作商品文字投影效果.mp4

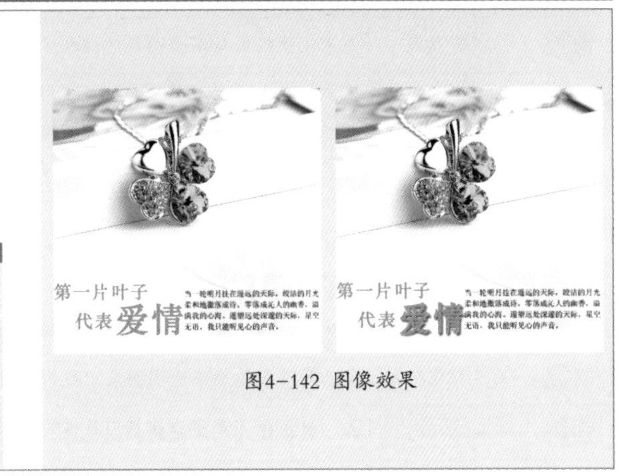

图4–142 图像效果

步骤 01 按【Ctrl+O】组合键，打开一幅素材图像，如图4–143所示。

图4–143 打开素材图像

步骤 02 展开“图层”面板，选择“爱情”文字图层，在菜单栏中单击“图层”→“图层样式”→“投影”命令，如图4–144所示。

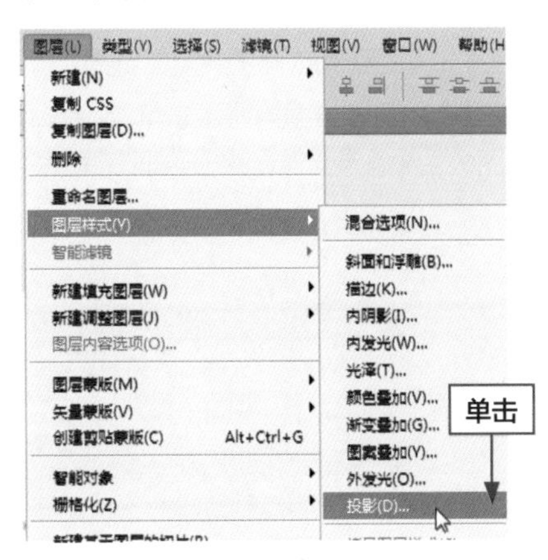

图4–144 单击“投影”命令

步骤 03 执行上述操作后，即可弹出“图层样式”对话框，设置“角度”为120度、“距离”为5像素、“大小”为5像素，如图4–145所示（表4–9为图中标号说明）。

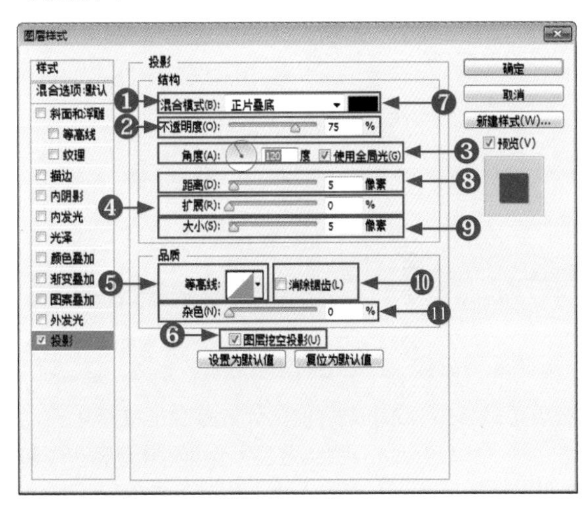

图4–145 设置参数

步骤 04 单击“确定”按钮，即可制作文字投影效果，效果如图4–146所示。

图4–146 最终效果

表4-9 标号说明

标号	名称	选项说明
1	混合模式	用来设置投影与下面图层的混合方式，默认为“正片叠底”模式
2	不透明度	设置图层效果的不透明度，不透明度值越大，图像效果就越明显。可以直接在后面的数值框中输入数值进行精确调节，或拖动滑块进行调节
3	角度	设置光照角度，可以确定投下阴影的方向与角度。当选中后面的“使用全局光”复选框时，可以将所有图层对象的阴影角度都统一
4	扩展	设置模糊的边界，“扩展”值越大，模糊的部分越少
5	等高线	设置阴影的明暗部分，单击右侧的下拉按钮，可以选择预设效果，也可以单击预设效果，弹出“等高线编辑器”对话框重新进行编辑
6	图层挖空阴影	该选项用来控制半透明图层中投影的可见性
7	投影颜色	在“混合模式”右侧的颜色框中，可以设定阴影的颜色
8	距离	设置投影偏移图层内容的距离。距离越大，层次感越强；距离越小，层次感越弱
9	大小	设置模糊的边界，“大小”值越大，模糊的部分就越大
10	消除锯齿	混合等高线边缘的像素，使投影更加平滑
11	杂色	为阴影增加杂点效果，“杂色”值越大，杂点越明显

第 5 章

商品的调色处理

学习提示

在商品拍摄过程中，由于受光线、技术、拍摄设备等影响，拍摄出来的商品图片往往会有一些不足。为了把商品最好的一面展现给买家，使用Photoshop给商品图像调色显得尤为重要，本章将详细介绍Photoshop常用的调色处理方法。

本章关键案例导航

- 通过自动色调调整商品图像色调
- 通过自动颜色校正商品图像偏色
- 通过色阶调整商品图像亮度范围
- 通过曲线调整商品图像色调
- 通过曝光度调整商品图像曝光度
- 通过自然饱和度调整商品图像饱和度
- 通过色相/饱和度调整商品图像色调
- 通过色彩平衡调整商品图像偏色
- 通过替换颜色命令替换商品图像颜色
- 通过可选颜色校正商品图像色彩平衡

实例095 通过自动色调调整商品图像色调

在做商品图像后期处理时，由于拍摄问题使商品图像整体偏暗，这时可使用“自动色调”命令调亮商品图像。本实例最终效果如图5-1所示。

素材文件	素材\第5章\短裙.jpg
效果文件	效果\第5章\短裙.jpg
视频文件	视频\第5章\实例095 通过自动色调调整商品图像色调.mp4

图5-1 图像效果

步骤 01 按【Ctrl+O】组合键，打开一幅素材图像，如图5-2所示。

步骤 02 在菜单栏中单击“图像”→“自动色调”命令，如图5-3所示。

步骤 03 执行上述操作后，即可自动调整图像明暗，效果如图5-4所示。

步骤 04 重复5次上述操作，即可将图像调整至合适色调，效果如图5-5所示。

图5-2 打开素材图像

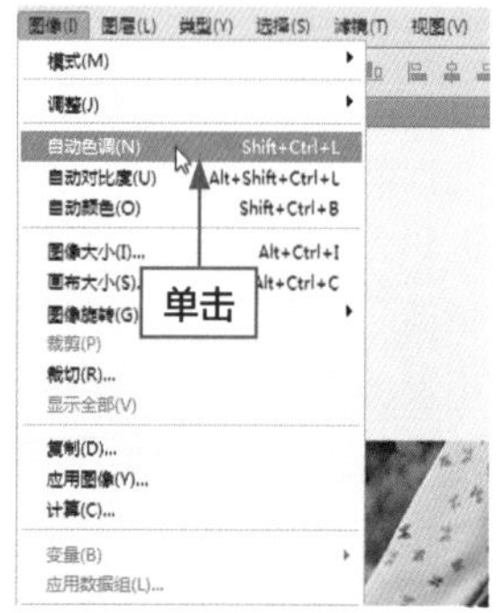

图5-3 单击“自动色调”命令

图5-4 自动调整图像明暗

图5-5 最终效果

技巧点拨

按【Shift+Ctrl+L】组合键，也可以执行“自动色调”命令调整图像色彩。

技巧点拨

“自动色调”命令根据图像整体颜色的明暗程度进行自动调整，使得亮部与暗部的颜色按一定的比例分布。

实例096 通过自动对比度调整商品图像对比度

在网店卖家做商品图像处理时，若商品图像色彩层次不够丰富，则可使用“自动对比度”命令来调整商品图像的对比度，本实例最终效果如图5-6所示。

素材文件	素材\第5章\杯子.jpg
效果文件	效果\第5章\杯子.jpg
视频文件	视频\第5章\实例096 通过自动对比度调整商品图像对比度.mp4

图5-6 图像效果

技巧点拨

"自动对比度"命令对于连续调的图像效果相当明显，而对于单色或颜色不丰富的图像几乎不产生作用。

步骤 01 按【Ctrl+O】组合键，打开一幅素材图像，如图5-7所示。

步骤 02 在菜单栏中单击"图像"→"自动对比度"命令，即可调整图像对比度，如图5-8所示。

图5-7 打开素材图像

图5-8 自动调整图像对比度

技巧点拨

按【Alt+Shift+Ctrl+L】组合键，也可以执行"自动色调"命令调整图像色彩。

使用"自动对比度"命令可以自动调整图像中颜色的总体对比度和混合颜色，它将图像中最亮和最暗的像素映射为白色和黑色，使高光显得更亮而暗调显得更暗，使图像对比度加强，看上去更有立体感，光线效果更加强烈。

实例 097 通过自动颜色校正商品图像偏色

在处理商品图像时，由于拍摄光线的问题，经常会使拍摄的商品图像颜色出现偏色，这时可使用"自动颜色"命令来校正商品图像偏色。"自动颜色"命令可以自动识别图像中的实际阴影、中间调和高光，从而自动更正图像的颜色。

本实例最终效果如图5-9所示。

素材文件	素材\第5章\莲花盆栽.jpg
效果文件	效果\第5章\莲花盆栽.jpg
视频文件	视频\第5章\实例097 通过自动颜色校正商品图像偏色.mp4

图5-9 图像效果

步骤 01 按【Ctrl+O】组合键，打开一幅素材图像，如图5-10所示。

步骤 02 在菜单栏中单击"图像"→"自动颜色"命令，即可校正图像偏色，效果如图5-11所示。

技巧点拨

按【Shift+Ctrl+B】组合键，也可以执行"自动颜色"命令调整图像颜色。

图5-10 打开素材图像

图5-11 自动校正图像偏色

实例098 通过亮度/对比度调整商品图像色彩

网店卖家在处理商品图像时，由于拍摄光线和拍摄设备本身原因，使商品图像色彩暗沉，这时可通过“亮度/对比度”命令调整商品图像色彩。本实例最终效果如图5-12所示。

素材文件	素材\第5章\暖手鼠标垫.jpg
效果文件	效果\第5章\暖手鼠标垫.jpg
视频文件	视频\第5章\实例098 通过亮度/对比度调整商品图像色彩.mp4

图5-12 图像效果

步骤 01 按【Ctrl+O】组合键，打开一幅素材图像，如图5-13所示。

步骤 02 在菜单栏中单击“图像”→“调整”→“亮度/对比度”命令，如图5-14所示。

图5-13 打开素材图像

图5-14 单击“亮度/对比度”命令

步骤 03 弹出“亮度/对比度”对话框，设置“亮度”为70、“对比度”为40，如图5-15所示（表5-1为图中标号说明）。

表5-1 标号说明

标号	名称	选项说明
1	亮度	用于调整图像的亮度。该值为正时增加图像亮度，为负时降低亮度
2	对比度	用于调整图像的对比度。正值时增加图像对比度，负值时降低对比度

步骤 04 单击“确定”按钮，即可调整图像的亮度与对比度，效果如图5-16所示。

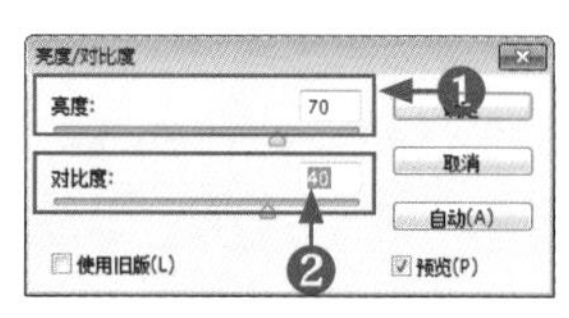

图5-15 设置参数

图5-16 最终效果

实例099 通过色阶调整商品图像亮度范围

在网店卖家做商品图像处理时，由于拍摄问题，使商品图像偏暗，这时可通过“色阶”命令调整商品图像亮度范围，提高商品图像亮度。本实例最终效果如图5-17所示。

素材文件	素材\第5章\熊抱枕.jpg
效果文件	效果\第5章\熊抱枕.jpg
视频文件	视频\第5章\实例099 通过色阶调整商品图像亮度范围.mp4

图5-17 图像效果

步骤 01 按【Ctrl+O】组合键，打开一幅素材图像，如图5-18所示。

图5-18 打开素材图像

步骤 02 在菜单栏中单击“图像”→“调整”→“色阶”命令，如图5-19所示。

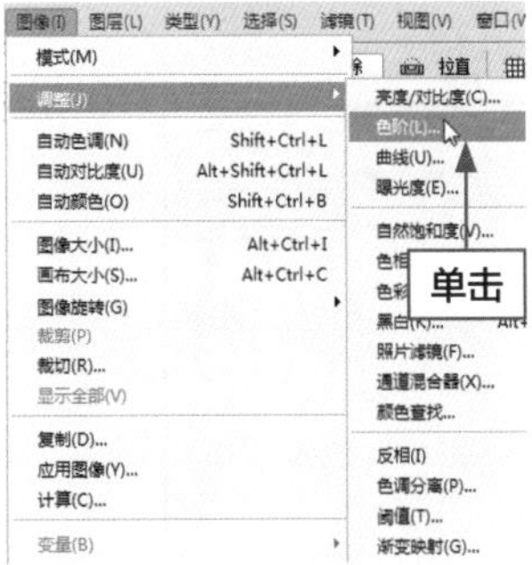

图5-19 单击“色阶”命令

步骤 03 弹出“色阶”对话框，设置“输入色阶”各参数值分别为0、1.79、255，如图5-20所示（表5-2为图中标号说明）。

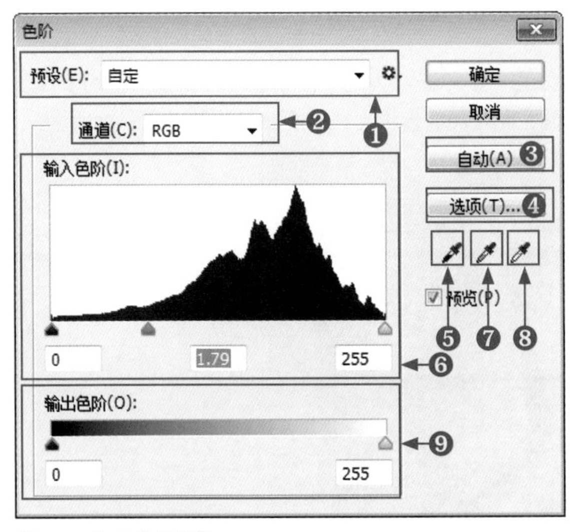

图5-20 打开素材图像

步骤 04 单击“确定”按钮，即可使用“色阶”命令调整图像的亮度范围，其图像显示效果如图5-21所示。

表5-2 标号说明

标号	名称	选项说明
1	预设	单击“预设选项”按钮，在弹出的列表框中，选择“存储预设”选项，可以将当前的调整参数保存为一个预设的文件
2	通道	可以选择一个通道进行调整，调整通道会影响图像的颜色
3	自动	单击该按钮，可以应用自动颜色校正，Photoshop会以0.5%的比例自动调整图像色阶，使图像的亮度分布更加均匀
4	选项	单击该按钮，可以打开“自动颜色校正选项”对话框，在该对话框中可以设置黑色像素和白色像素的比例
5	在图像中取样以设置白场	使用该工具在图像中单击，可以将单击点的像素调整为白色，原图中比该点亮度值高的像素也都会变为白色
6	输入色阶	用来调整图像的阴影、中间调和高光区域
7	在图像中取样以设置灰场	使用该工具在图像中单击，可以根据单击点像素的亮度来调整其他中间色调的平均亮度，通常用来校正色偏
8	在图像中取样以设置黑场	使用该工具在图像中单击，可以将单击点的像素调整为黑色，原图中比该点暗的像素也变为黑色
9	输出色阶	可以限制图像的亮度范围，从而降低对比度，使图像呈现褪色效果

图5-21 最终效果

技巧点拨

“色阶”是指图像中的颜色或颜色中的某一个组成部分的亮度范围。“色阶”命令通过调整图像的阴影、中间调和高光的强度级别，校正图像的色调范围和色彩平衡。

实例100 通过曲线调整商品图像色调

网店卖家在处理商品图像时，由于光线影响，使拍摄的商品图像色调偏暗，这时可通过“曲线”命令调整商品图像色调。本实例最终效果如图5-22所示。

素材文件	素材\第5章\手机套.jpg
效果文件	效果\第5章\手机套.jpg
视频文件	视频\第5章\实例100 通过曲线调整商品图像色调.mp4

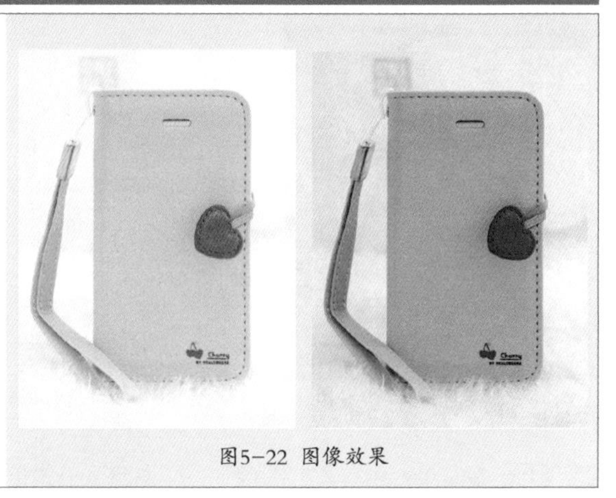

图5-22 图像效果

步骤01 按【Ctrl+O】组合键，打开一幅素材图像，如图5-23所示。

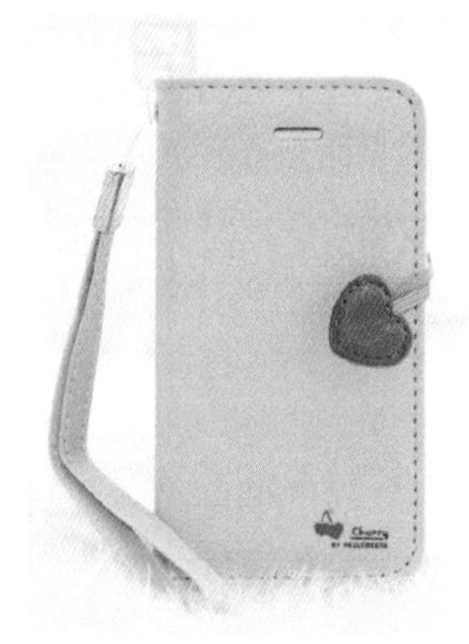

图5-23 打开素材图像

步骤02 在菜单栏中单击“图像”→“调整”→“曲线”命令，如图5-24所示。

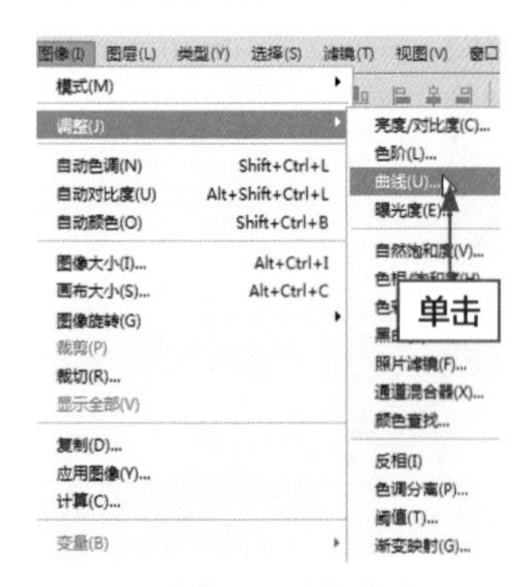

图5-24 单击“曲线”命令

步骤03 执行上述操作后，即可弹出“曲线”对话框，在网格中单击鼠标左键，建立曲线编辑点后，设置“输出”和“输入”值分别为90、158，如图5-25所示（表5-3为图中标号说明）。

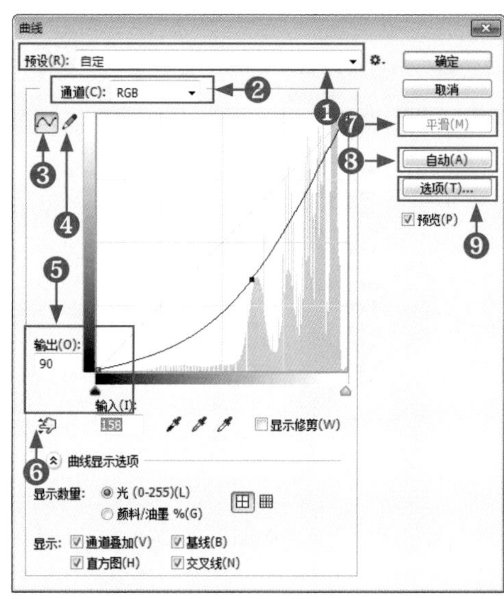

图5-25 设置参数

步骤04 单击“确定”按钮，即可调整图像的整体色调，此时图像编辑窗口中的图像效果如图5-26所示。

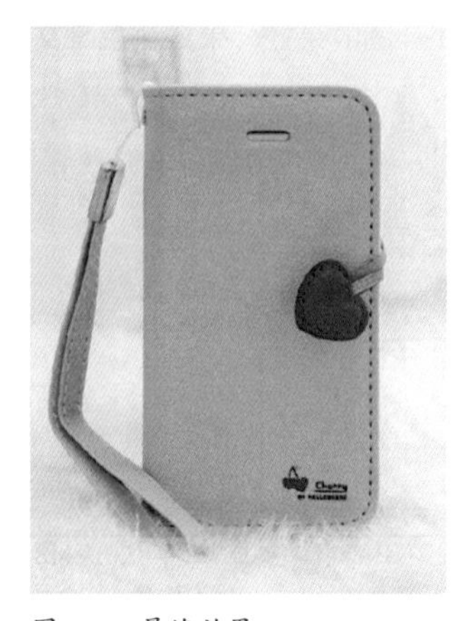

图5-26 最终效果

表5-3 标号说明

标号	名称	选项说明
1	预设	包含了Photoshop提供的各种预设调整文件，可以用于调整图像
2	通道	在其列表框中可以选择要调整的通道，调整通道会改变图像的颜色
3	编辑点以修改曲线	该按钮为选中状态，此时在曲线中单击可以添加新的控制点，拖动控制点改变曲线形状即可调整图像
4	通过绘制来修改曲线	单击该按钮后，可以绘制手绘效果的自由曲线
5	输出/输入	“输入”色阶显示了调整前的像素值，“输出”色阶显示了调整后的像素值
6	在图像上单击并拖动可以修改曲线	单击该按钮后，将光标放在图像上，曲线上会出现一个圆形图形，它代表光标处的色调在曲线上的位置，在画面中单击并拖动鼠标可以添加控制点并调整相应的色调
7	平滑	使用铅笔绘制曲线后，单击该按钮，可以对曲线进行平滑处理
8	自动	单击该按钮，可以对图像应用“自动颜色”、“自动对比度”或“自动色调”校正。具体校正内容取决于“自动颜色校正选项”对话框中的设置
9	选项	单击该按钮，可以打开“自动颜色校正选项”对话框。自动颜色校正选项用来控制由“色阶”和“曲线”中的“自动颜色”、“自动色调”、“自动对比度”和“自动”选项应用的色调和颜色校正。它允许指定“阴影”和“高光”剪切百分比，并为阴影、中间调和高光指定颜色值

实例101 通过曝光度调整商品图像曝光度

在商品拍摄过程中，经常会因为曝光过度而导致图像偏白，或因为曝光不足而导致图像偏暗，此时可以通过“曝光度”命令来调整图像的曝光度，使图像曝光达到正常。本实例最终效果如图5-27所示。

素材文件	素材\第5章\瓷碗.jpg
效果文件	效果\第5章\瓷碗.jpg
视频文件	视频\第5章\实例101 通过曝光度调整商品图像曝光度.mp4

图5-27 图像效果

步骤 01 按【Ctrl+O】组合键，打开一幅素材图像，如图5-28所示。

图5-28 打开素材图像

步骤 02 在菜单栏中单击“图像”→“调整”→“曝光度”命令，如图5-29所示。

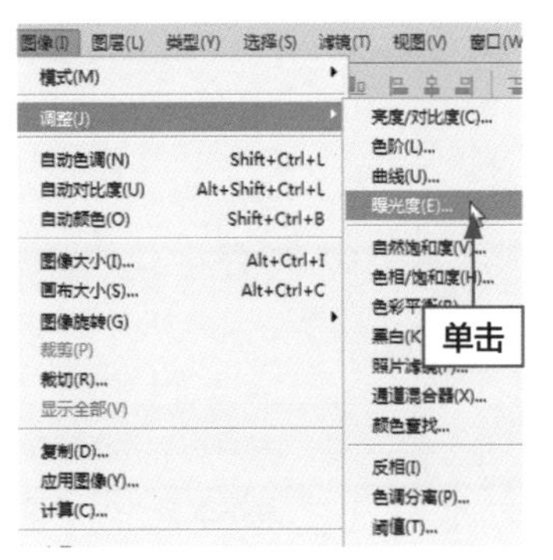

图5-29 单击“曝光度”命令

步骤 03 弹出“曝光度”对话框，设置“曝光度”为1.5、“灰度系数校正”为1.1，如图5-30所示（表5-4为图中标号说明）。

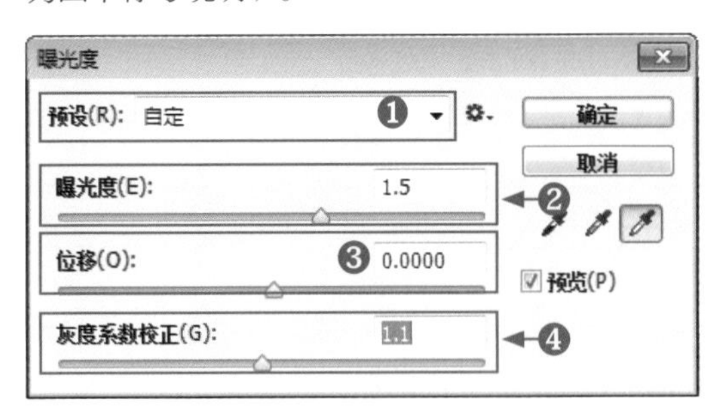

图5-30 设置参数

步骤 04 单击“确定”按钮，即可调整图像的曝光度，效果如图5-31所示。

图5-31 最终效果

表5-4 标号说明

标号	名称	选项说明
1	预设	可以选择一个预设的曝光度调整文件
2	曝光度	调整色调范围的高光端，对极限阴影的影响很轻微
3	位移	使阴影和中间调变暗，对高光的影响很轻微
4	灰度系数校正	使用简单乘方函数调整图像灰度系数，负值会被视为它们的相应正值

实例102 通过自然饱和度调整商品图像饱和度

在商品拍摄过程中，经常会因为光线、拍摄设备和环境影响，导致商品图像色彩减淡，这时可通过“自然饱和度”命令调整商品图像的饱和度。本实例最终效果如图5-32所示。

素材文件	素材\第5章\盆栽.jpg
效果文件	效果\第5章\盆栽.jpg
视频文件	视频\第5章\实例102 通过自然饱和度调整商品图像饱和度.mp4

图5-32 图像效果

步骤 01 按【Ctrl+O】组合键，打开一幅素材图像，如图5-33所示。

图5-33 打开素材图像

步骤 02 在菜单栏中单击“图像”→“调整”→“自然饱和度”命令，如图5-34所示。

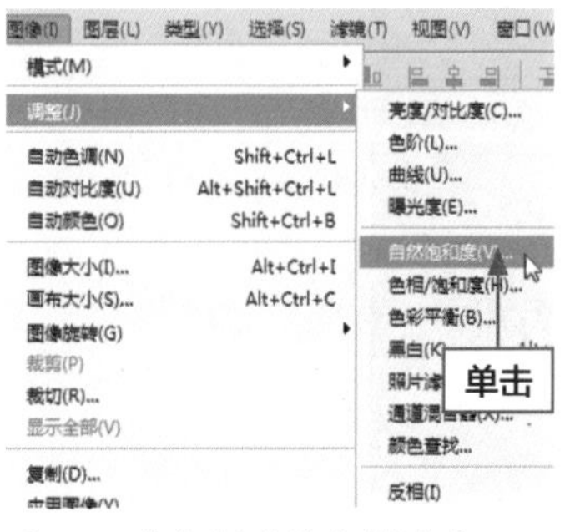

图5-34 单击“自然饱和度”命令

步骤 03 弹出“自然饱和度”对话框，设置“自然饱和度”为10、“饱和度”为32，如图5-35所示（表5-5为图中标号说明）。

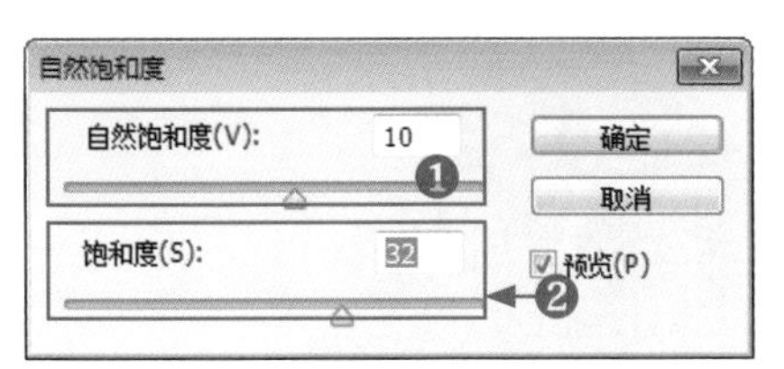

图5-35 设置参数

表5-5 标号说明

标号	名称	选项说明
1	自然饱和度	在颜色接近最大饱和度时，最大限度地减少修剪，可以防止过度饱和
2	饱和度	用于调整所有颜色，而不考虑当前的饱和度

步骤 04 单击“确定”按钮，即可调整图像的饱和度，如图5-36所示。

图5-36 最终效果

实例103 通过色相/饱和度调整商品图像色调

在商品拍摄过程中，经常会因为光线、拍摄设备和环境影响，导致商品图像色彩暗淡，这时可通过“色相/饱和度”命令调整商品图像的色调。本实例最终效果如图5-37所示。

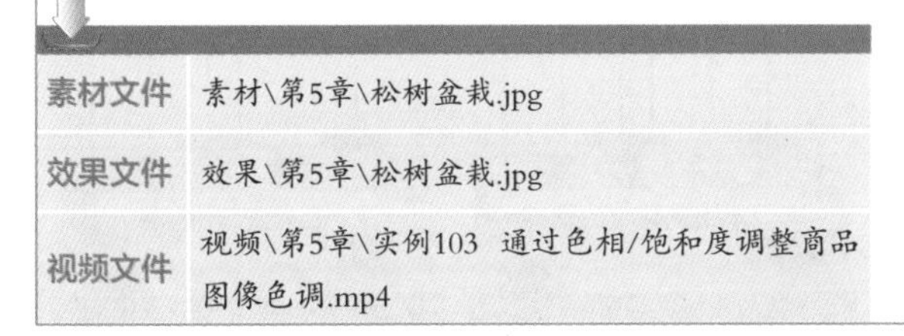

素材文件	素材\第5章\松树盆栽.jpg
效果文件	效果\第5章\松树盆栽.jpg
视频文件	视频\第5章\实例103 通过色相/饱和度调整商品图像色调.mp4

图5-37 图像效果

步骤 01 按【Ctrl+O】组合键，打开一幅素材图像，如图5-38所示。

步骤 02 在菜单栏中单击“图像”→“调整”→“色相/饱和度”命令，如图5-39所示。

图5-38 打开素材图像

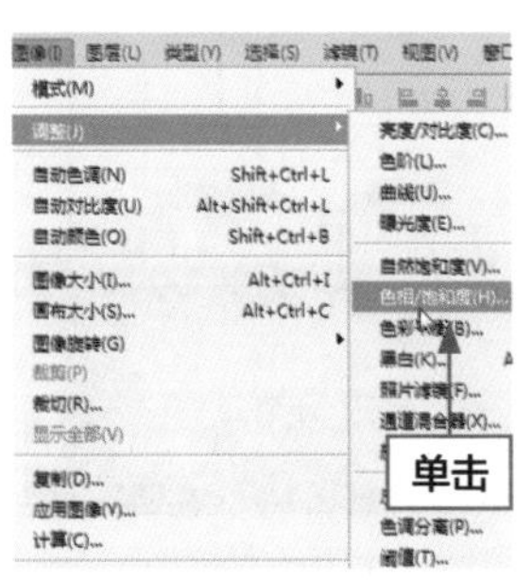

图5-39 单击“色相/饱和度”命令

步骤 03 弹出“色相/饱和度”对话框，设置“色相”为5、“饱和度”为40，如图5-40所示（表5-6为图中标号说明）。

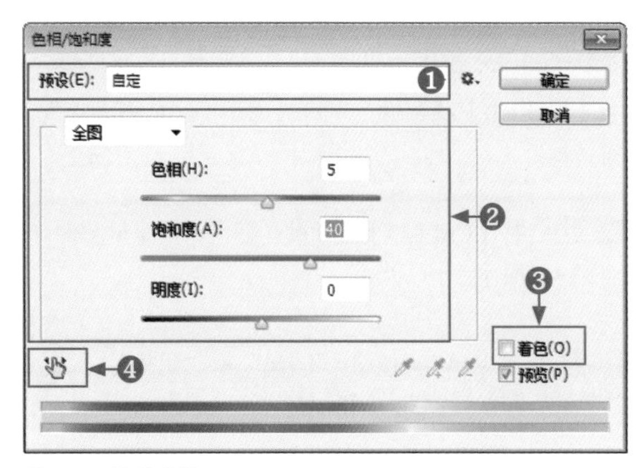

图5-40 设置参数

表5-6 标号说明

标号	名称	选项说明
1	预设	在“预设”列表框中提供了8种色相/饱和度预设
2	通道	在“通道”列表框中可以选择全图、红色、黄色、绿色、青色、蓝色和洋红通道，进行色相、饱和度和明度的参数调整
3	着色	选中该复选框后，图像会整体偏向于单一的红色调
4	在图像上单击并拖动可修改饱和度	使用该工具在图像上单击设置取样点以后，向右拖曳鼠标可以增加图像的饱和度，向左拖曳鼠标可以降低图像的饱和度

技巧点拨

“色相/饱和度”命令可以调整整幅图像或单个颜色分量的色相、饱和度和亮度值，还可以同步调整图像中所有的颜色。

步骤 04 单击“确定”按钮，即可调整图像色调，如图5-41所示。

图5-41 最终效果

实例104 通过色彩平衡调整商品图像偏色

在商品拍摄过程中，经常会因为光线原因，导致拍摄的商品图像产生偏色，这时可通过“色彩平衡”命令调整商品图像色调，校正图像偏色。本实例最终效果如图5-42所示。

素材文件	素材\第5章\沙发.jpg
效果文件	效果\第5章\沙发.jpg
视频文件	视频\第5章\实例104 通过色彩平衡调整商品图像偏色.mp4

图5-42 图像效果

技巧点拨

按【Ctrl+B】组合键，可以快速弹出“色彩平衡”对话框。

步骤 01 按【Ctrl+O】组合键，打开一幅素材图像，如图5-43所示。

步骤 02 在菜单栏中单击“图像”→“调整”→“色彩平衡”命令，如图5-44所示。

图5-43 打开素材图像

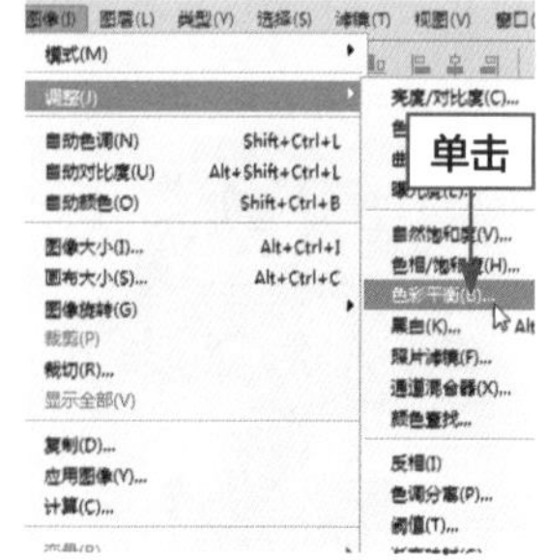

图5-44 单击“色彩平衡”命令

步骤 03 弹出“色彩平衡”对话框，选中“高光”单选按钮，设置“色阶”为20、40、20，如图5-45所示（表5-7为图中标号说明）。

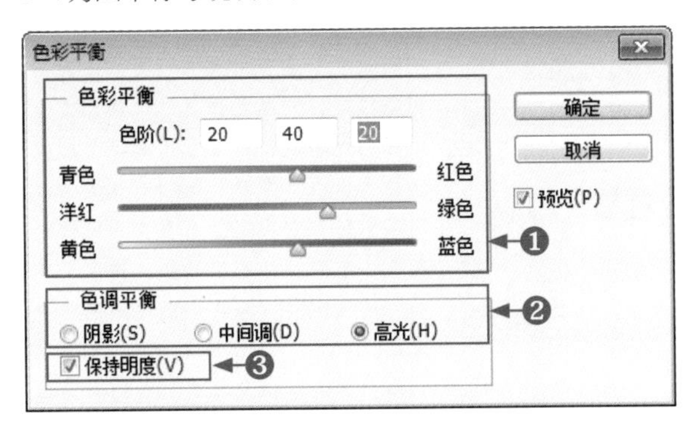

图5-45 设置参数

表5-7 标号说明

标号	名称	选项说明
1	色彩平衡	分别显示了青色和红色、洋红和绿色、黄色和蓝色这3对互补的颜色，每一对颜色中间的滑块用于控制各主要色彩的增减
2	色调平衡	分别选中该区域中的3个单选按钮，可以调整图像颜色的最暗处、中间度和最亮度
3	保持明度	选中该复选框，图像像素的亮度值不变，只有颜色值发生变化

步骤 04 单击“确定”按钮，即可调整图像偏色，效果如图5-46所示。

图5-46 最终效果

实例105 通过匹配颜色匹配商品图像色调

在处理商品图像时，如果卖家想把商品图像色调统一，可通过“匹配颜色”命令将不同的商品图像自动调整统一成一个协调的色调。本实例最终效果如图5-47所示。

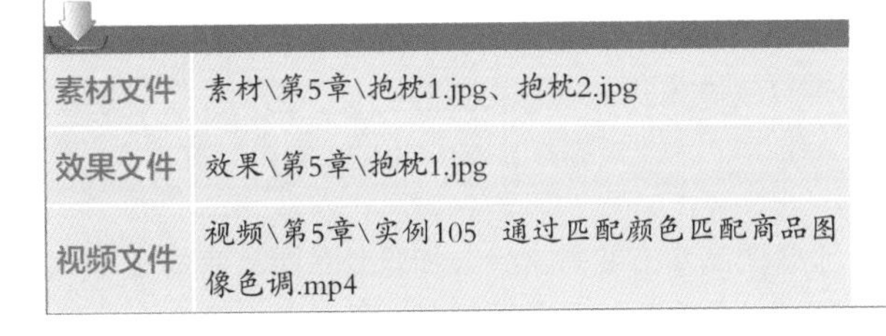

素材文件	素材\第5章\抱枕1.jpg、抱枕2.jpg
效果文件	效果\第5章\抱枕1.jpg
视频文件	视频\第5章\实例105 通过匹配颜色匹配商品图像色调.mp4

图5-47 图像效果

步骤 01 按【Ctrl+O】组合键，打开两幅素材图像，如图5-48所示。

图5-48 打开素材图像

步骤 02 确定“抱枕1”为当前图像编辑窗口，在菜单栏中单击“图像”→“调整”→“匹配颜色”命令，如图5-49所示。

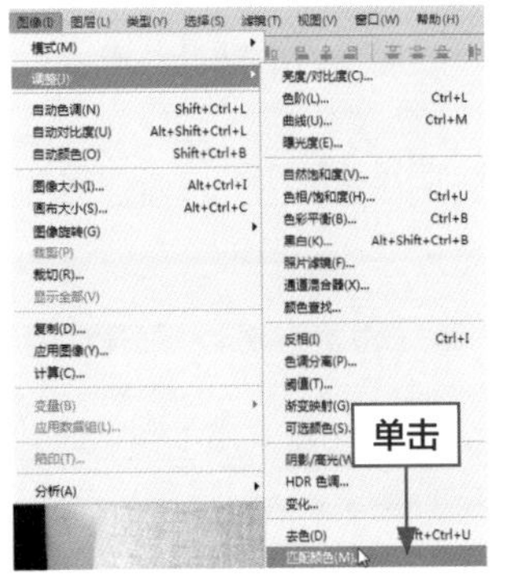

图5-49 单击“匹配颜色”命令

步骤 03 弹出“匹配颜色”对话框，在“源”列表框中，选择“抱枕2”，如图5-50所示（表5-8为图中标号说明）。

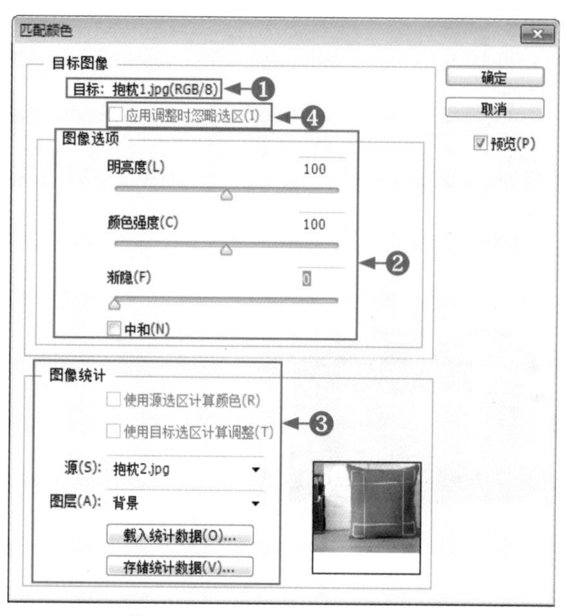

图5-50 设置参数

步骤 04 单击“确定”按钮，即可匹配图像色调，效果如图5-51所示。

图5-51 最终效果

表5-8 标号说明

标号	名称	选项说明
1	目标	该选项区显示要修改的图像的名称以及颜色模式
2	图像选项	“明亮度”选项用来调整图像匹配的明亮程度；“颜色强度”选项相当于图像的饱和度，因此它用来调整图像的饱和度；“渐隐”选项有点类似于图层蒙版，它决定了有多少源图像的颜色匹配到目标图像的颜色中；“中和”选项主要用来去除图像中的偏色现象
3	图像统计	“使用源选区计算颜色”选项可以使用源图像中的选区图像的颜色来计算匹配颜色；“使用目标选区计算调整”选项可以使用目标图像中的选区图像的颜色来计算匹配颜色；“源”选项用来选择源图像，即将颜色匹配到目标图像的图像；“图层”选项用来选择需要用来匹配颜色的图层；“载入统计数据”和“存储统计数据”选项主要用来载入已经存储的设置与存储当前的设置
4	应用调整时忽略选区	如果目标图像中存在选区，选中该复选框，Photoshop将忽视选区的存在，会将调整应用到整个图像

技巧点拨

“匹配颜色”命令是一个智能的颜色调整工具，它可以使原图像与目标图像的亮度、色相和饱和度进行统一，不过该命令只在RGB模式下才可用。

实例106 通过替换颜色命令替换商品图像颜色

在拍摄商品图像时，经常因为拍摄设备影响，导致商品图像和商品本身存在色差，这时可通过“替换颜色”命令替换商品图像颜色。本实例最终效果如图5-52所示。

素材文件	素材\第5章\高跟鞋.jpg
效果文件	效果\第5章\高跟鞋.jpg
视频文件	视频\第5章\实例106 通过替换颜色命令替换商品图像颜色.mp4

图5-52 图像效果

步骤 01 按【Ctrl+O】组合键，打开一幅素材图像，如图5-53所示。

步骤 02 在菜单栏中单击“图像”→“调整”→“替换颜色”命令，如图5-54所示。

图5-53 打开素材图像

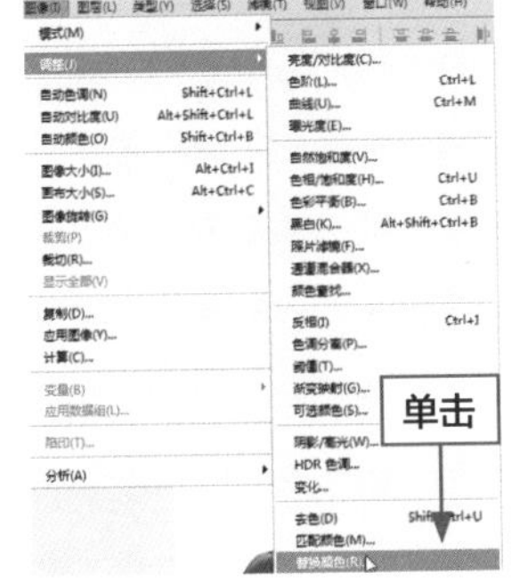

图5-54 单击“替换颜色”命令

步骤 03 弹出“替换颜色”对话框，在黑色矩形框中适当位置重复单击，选中需要替换的颜色，如图5-55所示。

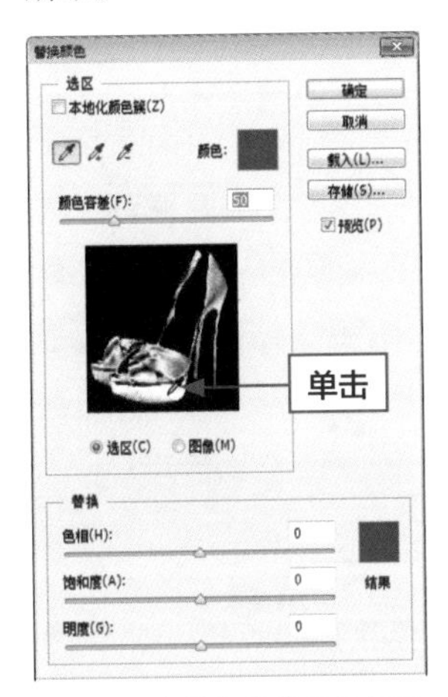

图5-55 选择需要替换的颜色

步骤 04 单击“结果”色块，弹出“拾色器（结果颜色）”对话框，设置RGB参数值分别为255、0、161，如图5-56所示。

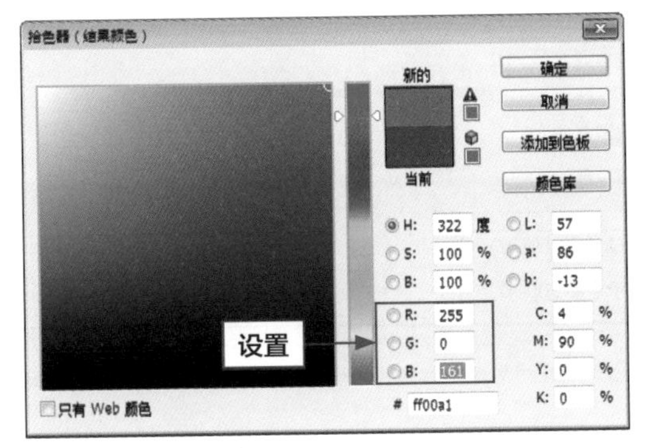

图5-56 设置RGB参数值

步骤 05 单击“确定”按钮，返回“替换颜色”对话框，设置“颜色容差”为100、“色相”为15，如图5-57所示（表5-9为图中标号说明）。

步骤 06 单击“确定”按钮，即可替换图像颜色，如图5-58所示。

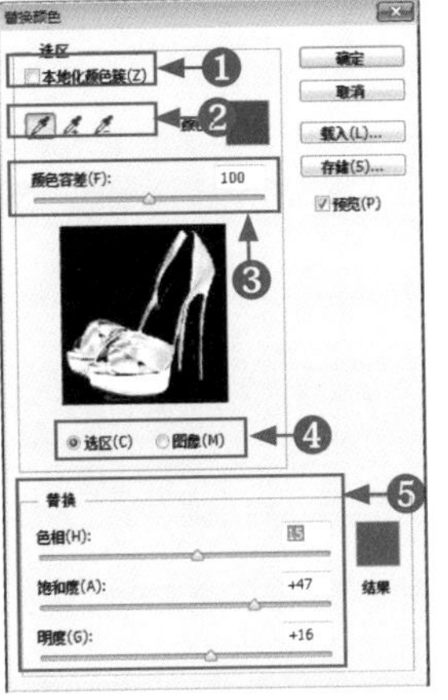

图5-57 设置参数

图5-58 最终效果

表5-9 标号说明

标号	名称	选项说明
1	本地颜色簇	该复选框主要用来在图像上选择多种颜色
2	吸管	单击“吸管工具”按钮后，在图像上单击鼠标左键可以选中单击点处的颜色，同时在“选区”缩略图中也会显示出选中的颜色区域；单击“添加到取样”按钮后，在图像上单击鼠标左键，可以将单击点处的颜色添加到选中的颜色中；单击“从取样中减去”按钮，在图像上单击鼠标左键，可以将单击点处的颜色从选定的颜色中减去
3	颜色容差	该选项用来控制选中颜色的范围，数值越大，选中的颜色范围越广
4	选区/图像	选择“选区”选项，可以以蒙版方式进行显示，其中白色表示选中的颜色，黑色表示未选中的颜色，灰色表示只选中了部分颜色；选择“图像”选项，则只显示图像
5	色相/饱和度/明度	这3个选项与“色相/饱和度”命令的3个选项相同，可以调整选定颜色的色相、饱和度和明度

技巧点拨

使用“替换颜色”命令，可以为需要替换的颜色创建一个临时蒙版，以选择图像中的特定颜色，然后基于这个特定颜色来调整图像的色相、饱和度和明度值。另外，“替换颜色”命令还能够将整幅图像或者选定区域的颜色用指定的颜色代替。

实例107 通过阴影/高光调整商品图像明暗

在拍摄商品图像时，经常因为拍摄设备、光线以及拍摄技术的影响，导致商品图像偏亮，这时可通过“阴影/高光”命令调整商品图像明暗。本实例最终效果如图5-59所示。

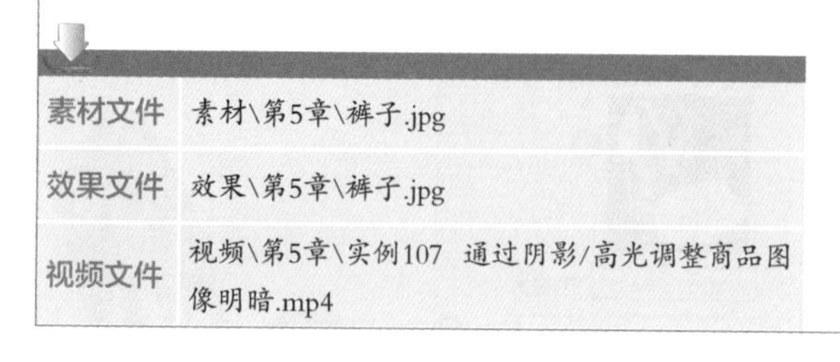

素材文件	素材\第5章\裤子.jpg
效果文件	效果\第5章\裤子.jpg
视频文件	视频\第5章\实例107 通过阴影/高光调整商品图像明暗.mp4

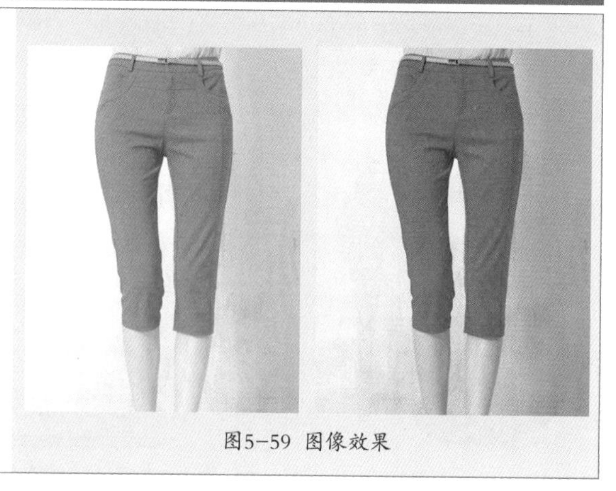

图5-59 图像效果

步骤 01 按【Ctrl+O】组合键，打开一幅素材图像，如图5-60所示。

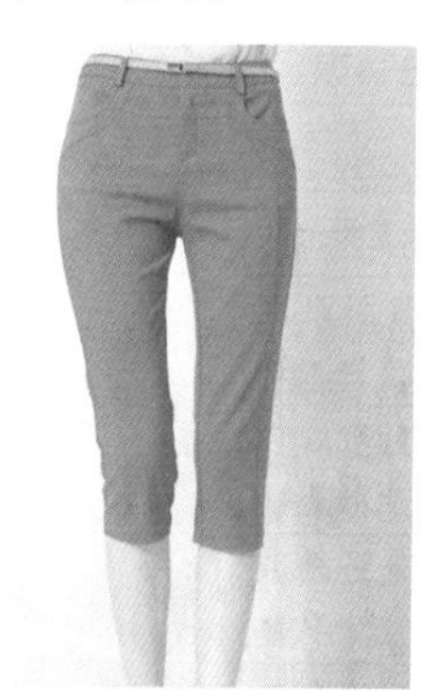

图5-60 打开素材图像

步骤 02 在菜单栏中单击“图像”→“调整”→“阴影/高光”命令，如图5-61所示。

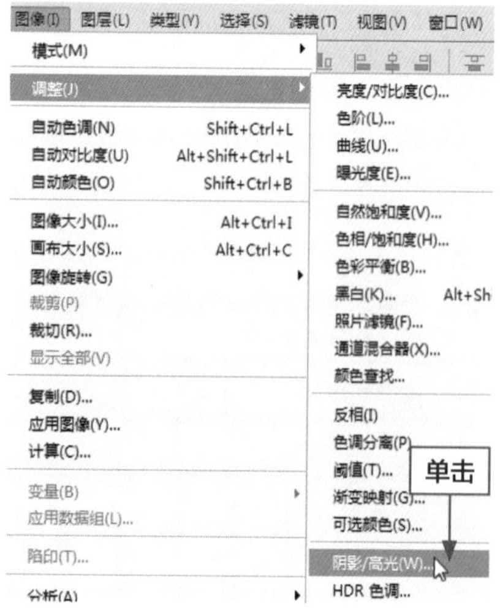

图5-61 单击“阴影/高光”命令

步骤 03 弹出“阴影/高光”对话框，在“阴影”选项区设置“数量”为0%，在“高光”选项区设置“数量”为15%，如图5-62所示（表5-10为图中标号说明）。

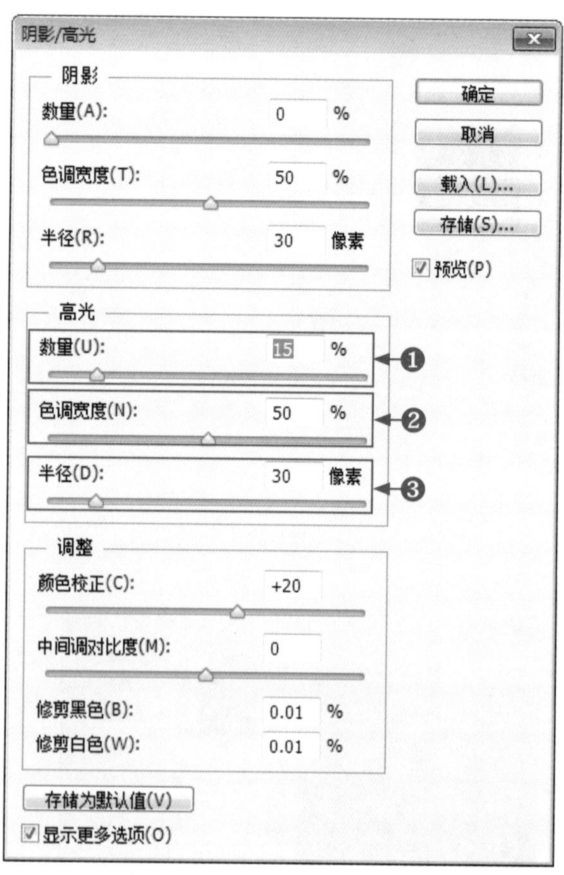

图5-62 设置参数

表5-10 标号说明

标号	名称	选项说明
1	数量	用于调整图像阴影或高光区域，该值越大则调整的幅度也越大
2	色调宽度	用于控制对图像的阴影或高光部分的修改范围，该值越大，则调整的范围越大
3	半径	用于确定图像中哪些是阴影区域，哪些区域是高光区域，然后对已确定的区域进行调整

步骤 04 单击“确定”按钮，即可调整图像明暗，如图5-63所示。

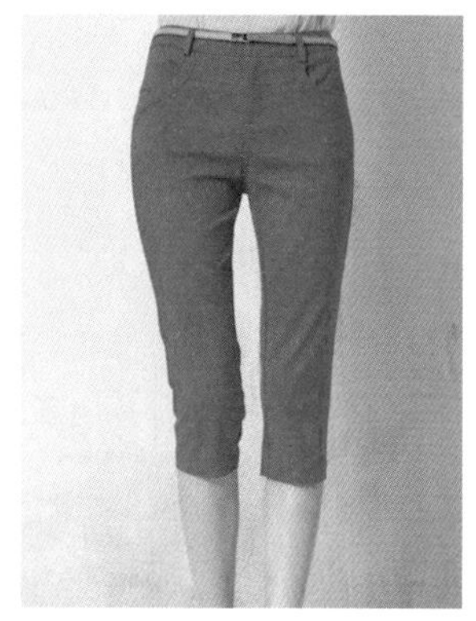

图5-63 最终效果

实例108 通过照片滤镜过滤商品图像色调

网店卖家在做商品图片后期处理时，若想改变背景颜色和商品图像色调，可通过“照片滤镜”命令来实现。本实例最终效果如图5-64所示。

素材文件	素材\第5章\SD娃娃.jpg
效果文件	效果\第5章\ SD娃娃.jpg
视频文件	视频\第5章\实例108 通过照片滤镜过滤商品图像色调.mp4

图5-64 图像效果

步骤 01 按【Ctrl+O】组合键，打开一幅素材图像，如图5-65所示。

图5-65 打开素材图像

步骤 02 在菜单栏中单击“图像”→“调整”→“照片滤镜”命令，如图5-66所示。

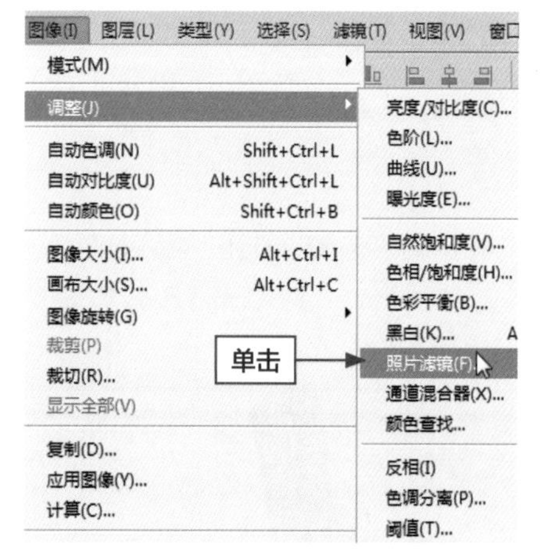

图5-66 单击“照片滤镜”命令

步骤 03 弹出“照片滤镜”对话框，设置“浓度”为47%，如图5-67所示（表5-11为图中标号说明）。

步骤 04 单击“确定”按钮，即可过滤图像色调，如图5-68所示。

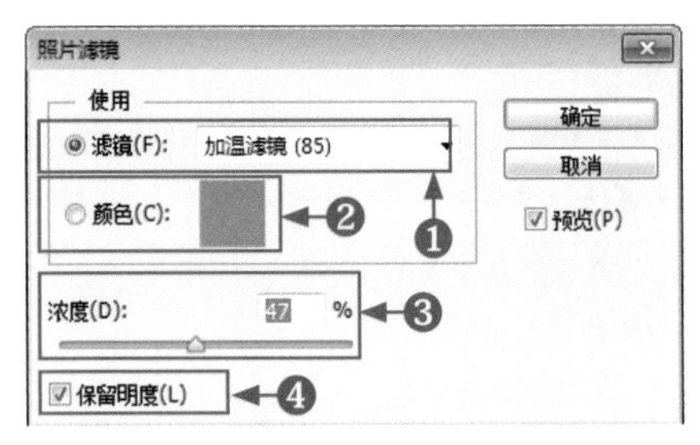

图5-67 设置参数

图5-68 最终效果

表5-11 标号说明

标号	名称	选项说明
1	滤镜	包含20种预设选项，用户可以根据需要选择合适的选项，对图像进行调整
2	颜色	单击该色块，在弹出的“拾色器”对话框中可以自定义一种颜色作为图像的色调
3	浓度	用于调整应用于图像的颜色数量。该值越大，应用的色彩浓度越大
4	保留明度	选中该复选框，在调整颜色的同时保持原图像的亮度

实例109 通过通道混合器调整图像色调

网店卖家在做商品图片后期处理时，若想改变背景颜色和商品图像色调，可通过“通道混合器”命令来实现。本实例最终效果如图5-69所示。

素材文件	素材\第5章\木椅.jpg
效果文件	效果\第5章\木椅.jpg
视频文件	视频\第5章\实例109 通过通道混合器调整图像色调.mp4

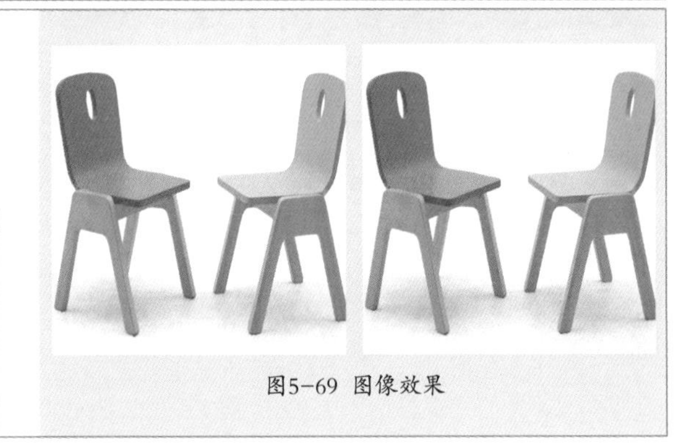

图5-69 图像效果

步骤 01 按【Ctrl+O】组合键，打开一幅素材图像，如图5-70所示。

图5-70 打开素材图像

步骤 02 在菜单栏中单击“图像”→“调整”→“通道混合器”命令，如图5-71所示。

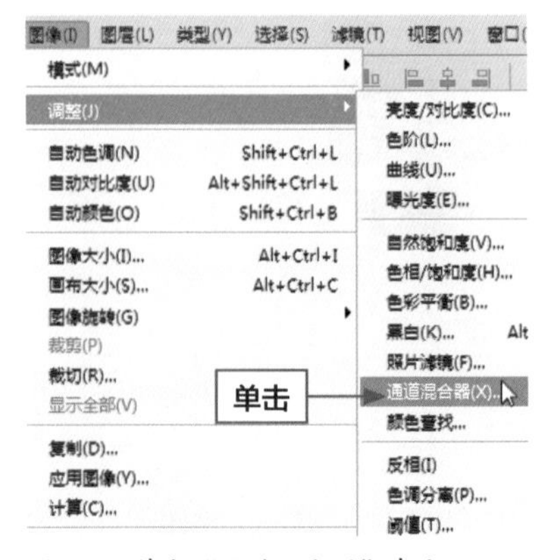

图5-71 单击“通道混合器”命令

步骤 03 弹出“通道混合器”对话框，设置“输出通道”为“蓝”、“蓝色”为+85%，如图5-72所示（表5-12为图中标号说明）。

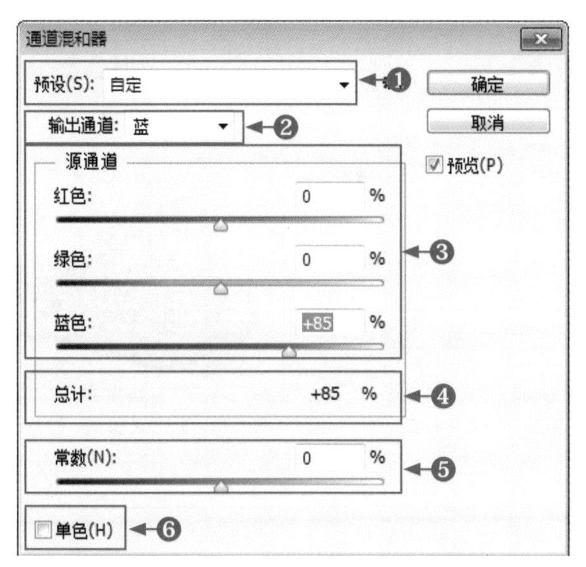

图5-72 设置参数

表5-12 标号说明

标号	名称	选项说明
1	预设	该列表框中包含了Photoshop提供的预设调整设置文件
2	输出通道	可以选择要调整的通道
3	源通道	用来设置输出通道中源通道所占的百分比
4	总计	显示了通道的总计值
5	常数	用来调整输出通道的灰度值
6	单色	选中该复选框，可以将彩色图像转换为黑白效果

步骤 04 单击“确定”按钮，即可调整图像色调，如图5-73所示。

技巧点拨

“通道混合器”命令可以用当前颜色通道的混合器修改颜色通道，但在使用该命令前要选择复合通道。

图5-73 最终效果

实例 110 通过可选颜色改变商品图像颜色

在处理商品图像时，由于光线、拍摄设备等因素，经常会使拍摄的商品图像颜色出现不平衡，这时可使用“可选颜色”命令校正商品图像色彩平衡。本实例最终效果如图5-74所示。

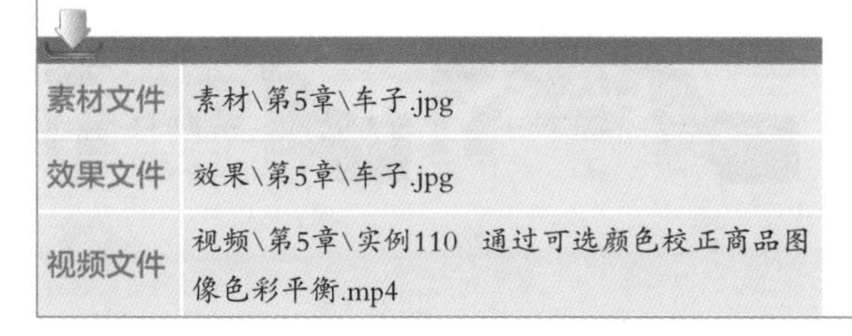

素材文件	素材\第5章\车子.jpg
效果文件	效果\第5章\车子.jpg
视频文件	视频\第5章\实例110 通过可选颜色校正商品图像色彩平衡.mp4

图5-74 图像效果

技巧点拨

“可选颜色”命令主要校正图像的色彩不平衡和调整图像的色彩，它可以在高档扫描仪和分色程序中使用，并有选择性地修改主要颜色的印刷数量，不会影响到其他主要颜色。

步骤 01 按【Ctrl+O】组合键，打开一幅素材图像，如图5-75所示。

图5-75 打开素材图像

步骤 02 在菜单栏中单击“图像”→“调整”→“可选颜色”命令，如图5-76所示。

图5-76 单击“可选颜色”命令

步骤 03 弹出“可选颜色”对话框，设置“青色”为-81%、“洋红”为-64%、“黄色”为-100%、“黑色”为91%，如图5-77所示（表5-13为图中标号说明）。

步骤 04 单击“确定”按钮，即可改变图像颜色，如图5-78所示。

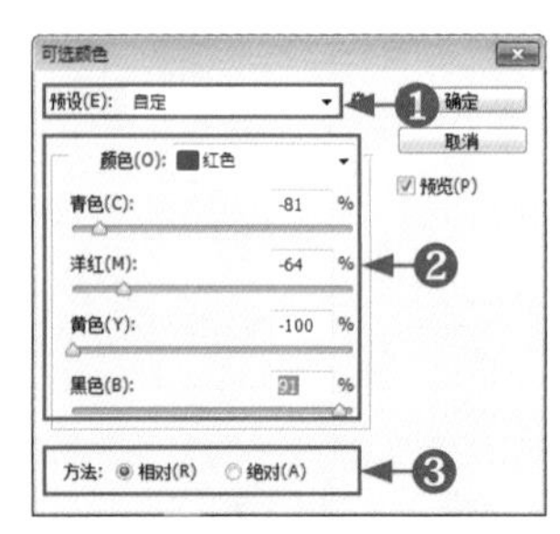

图5-77 设置参数

图5-78 最终效果

表5-13 标号说明

标号	名称	选项说明
1	预设	可以使用系统预设的参数对图像进行调整
2	颜色	可以选择要改变的颜色，然后通过下方的“青色”、“洋红”、“黄色”、“黑色”滑块对选择的颜色进行调整
3	方法	该选项区中包括“相对”和“绝对”两个单选按钮，选中“相对”单选按钮，表示设置的颜色为相对于原颜色的改变量，即在原颜色的基础上增加或减少某种印刷色的含量；选中“绝对”单选按钮，则直接将原颜色校正为设置的颜色

实例111 通过黑白命令去除商品图像颜色

网店卖家在做商品图片后期处理时，若想使商品图像呈现黑白照片效果，可通过“黑白”命令来实现。本实例最终效果如图5-79所示。

素材文件	素材\第5章\玻璃茶具.jpg
效果文件	效果\第5章\玻璃茶具.jpg
视频文件	视频\第5章\实例111 通过黑白命令去除商品图像颜色.mp4

图5-79 图像效果

步骤 01 按【Ctrl+O】组合键，打开一幅素材图像，如图5-80所示。

步骤 02 在菜单栏中单击“图像”→“调整”→“黑白”命令，如图5-81所示。

图5-80 打开素材图像

图5-81 单击"黑白"命令

步骤 03 弹出"黑白"对话框，各参数保持默认设置，如图5-82所示（表5-14为图中标号说明）。

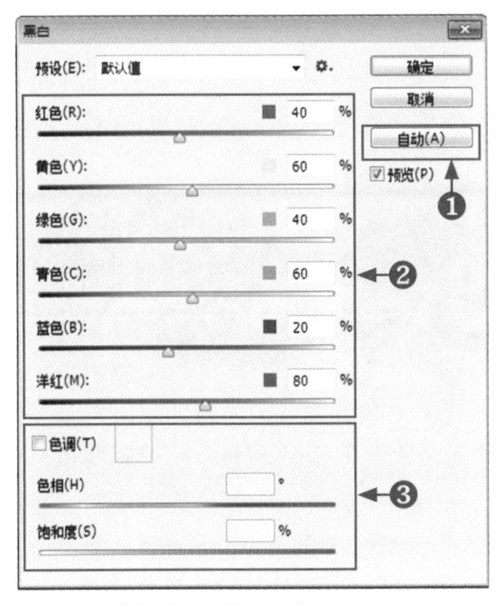

图5-82 弹出"黑白"对话框

步骤 04 单击"确定"按钮，即可制作黑白图像，如图5-83所示。

图5-83 最终效果

表5-14 标号说明

标号	名称	选项说明
1	自动	单击该按钮，可以设置基于图像的颜色值的灰度混合，并使灰度值的分布最大化
2	拖动颜色滑块调整	拖动各个颜色的滑块可以调整图像中特定颜色的灰色调，向左拖动灰色调变暗，向右拖动灰色调变亮
3	色调	选中该复选框，可以为灰度着色，创建单色调效果，拖动"色相"和"饱和度"滑块进行调整，单击颜色块，可以打开"拾色器"对话框对颜色进行调整

技巧点拨

运用"黑白"命令可以将图像调整为具有艺术感的黑白效果图像，也可以调整出不同单色的艺术效果。

实例 112 通过去色命令制作灰度商品图像效果

网店卖家在做商品图片后期处理时，若想使商品图像呈现灰度效果，可通过"去色"命令来实现。本实例最终效果如图5-84所示。

素材文件	素材\第5章\玩偶.jpg
效果文件	效果\第5章\玩偶.jpg
视频文件	视频\第5章\实例112 通过去色命令制作灰度商品图像效果.mp4

图5-84 图像效果

步骤 01 按【Ctrl+O】组合键，打开一幅素材图像，如图5-85所示。

步骤 02 在菜单栏中单击"图像"→"调整"→"去色"命令，即可将图像去色成灰色显示，效果如图5-86所示。

图5-85 打开素材图像

图5-86 最终效果

技巧点拨

按【Shift+Ctrl+U】组合键也可以将窗口中的图像去色，以制作黑白图像。“去色”命令可以将彩色图像转换为灰度图像，同时图像的颜色模式保持不变。

实例113 通过变化命令制作彩色调商品图像

网店卖家在做商品图片后期处理时，若想制作商品图像彩色调效果，可通过“变换”命令来实现。本实例最终效果如图5-87所示。

素材文件	素材\第5章\草帽.jpg
效果文件	效果\第5章\草帽.jpg
视频文件	视频\第5章\实例113 通过变化命令制作彩色调商品图像.mp4

图5-87 图像效果

步骤 01 按【Ctrl+O】组合键，打开一幅素材图像，如图5-88所示。

图5-88 打开素材图像

步骤 02 在菜单栏中单击“图像”→“调整”→“变化”命令，如图5-89所示。

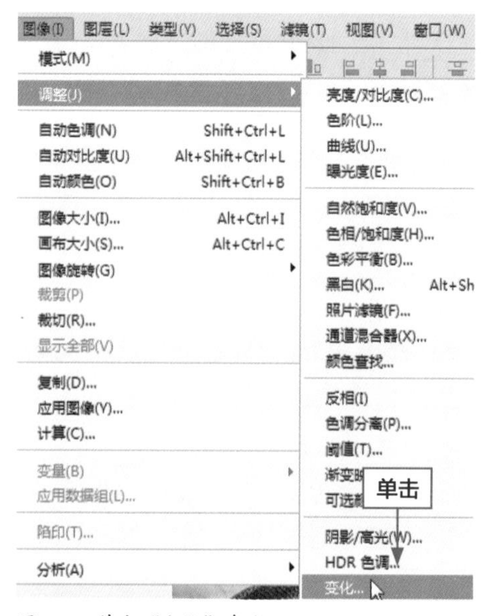

图5-89 单击“变化”命令

步骤 03 弹出“变化”对话框，在“加深蓝色”缩略图上单击鼠标左键，如图5-90所示（表5-15为图中标号说明）。

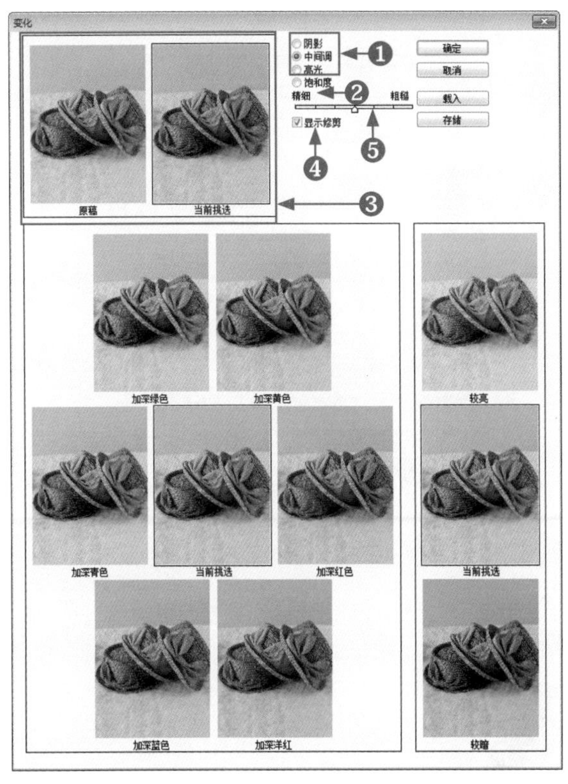

图5-90 单击缩略图

步骤 04 单击“确定”按钮，即可使用“变化”命令制作彩色调图像，效果如图5-91所示。

图5-91 最终效果

表5-15 标号说明

标号	名称	选项说明
1	阴影/中间色调/高光	选择相应的选项，可以调整图像的阴影、中间调或高光的颜色
2	饱和度	“饱和度”选项用来调整颜色的饱和度
3	原稿/当前挑选	在对话框顶部的“原稿”缩览图中显示了原始图像，“当前挑选”缩览图中显示了图像的调整结果
4	精细/粗糙	用来控制每次的调整量，每移动一格滑块，可以使调整量双倍增加
5	显示修剪	选中该复选框，如果出现溢色，颜色就会被修剪，以标识出溢色区域

技巧点拨

“变化”命令是一个简单直观的图像调整工具，在调整图像的颜色平衡、对比度以及饱和度的同时，能看到图像调整前和调整后的缩览图，使调整更为简单、明了。“变化”命令对于调整色调均匀并且不需要精确调整色彩的图像非常有用，但是不能用于索引图像或16位通道图像。

实例114 通过HDR色调命令调整商品图像色调

在做商品图像处理时，由于光线、拍摄设备等因素，经常会使拍摄的商品图像颜色出现色差，这时可通过“HDR色调”命令调整商品图像颜色与色调。本实例最终效果如图5-92所示。

素材文件	素材\第5章\包包.jpg
效果文件	效果\第5章\包包.jpg
视频文件	视频\第5章\实例114 通过变化命令制作商品图像彩色图像.mp4

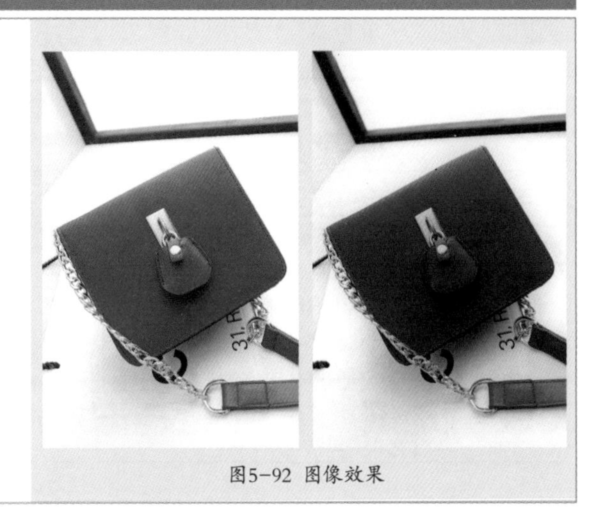

图5-92 图像效果

步骤 01 按【Ctrl+O】组合键，打开一幅素材图像，如图5–93所示。

图5–93 打开素材图像

步骤 02 在菜单栏中单击“图像”→“调整”→“HDR色调”命令，如图5–94所示。

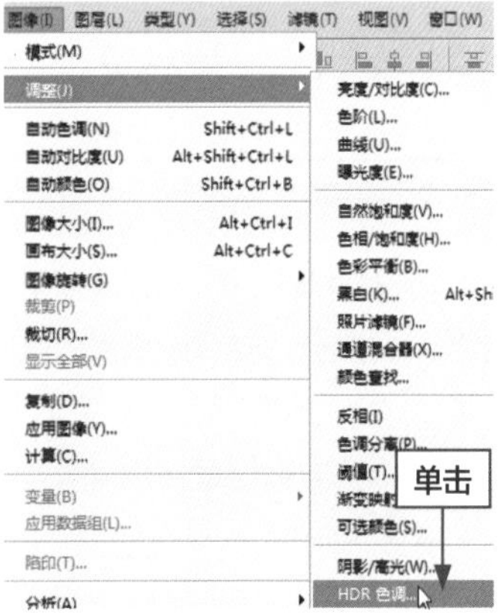

单击

图5–94 单击“HDR色调”命令

步骤 03 弹出“HDR色调”对话框，设置“半径”为81像素、“强度”为2.1，如图5–95所示（表5–16为图中标号说明）。

表5–16 标号说明

标号	名称	选项说明
1	预设	用于选择Photoshop的预设HDR色调调整选项
2	方法	用于选择HDR色调应用图像的方法，可以对边缘光、色调和细节、颜色等选项进行精确的细节调整。单击“色调曲线和直方图”展开按钮，在下方调整“色调曲线和直方图”选项

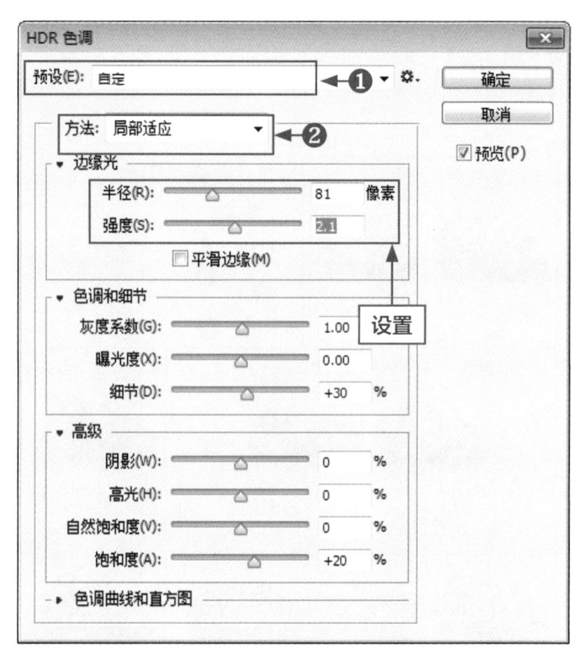

图5–95 设置参数

步骤 04 单击“确定”按钮，即可调整图像色调，效果如图5–96所示。

图5–96 最终效果

第 6 章

商品的合成

学习提示

如今，网店的普及，让更多的消费者有了更多的选择，对于网店店铺的主人来说，如何抓住消费者的心，如何吸引消费者进行购买是首要考虑的问题，而作为“门面”的店铺商品展示则是重中之重。本章将主要介绍网店商品图片的合成特效处理。

本章关键案例导航

- 合成服饰特效
- 合成个性手包
- 合成多样鞋子
- 合成儿童玩具
- 合成商品搭配
- 合成手表商品
- 合成眼镜商品
- 合成家居用品
- 合成珠宝玉石
- 合成发饰商品

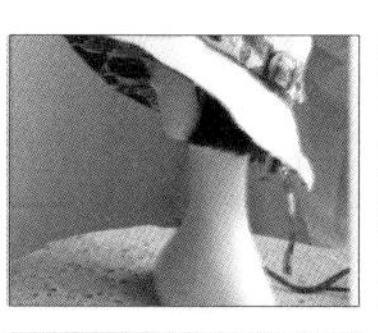

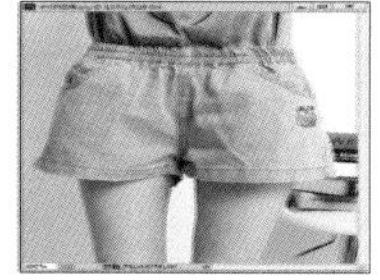

实例115 合成服饰特效

服装是网店中火热的销售商品，尤其女装的销售更是受到广大消费者的青睐，下面以女装为例介绍网店衣服图片的合成特效制作。本实例最终效果如图6-1所示。

素材文件	素材\第6章\连衣裙.jpg、连衣裙1.jpg
效果文件	效果\第6章\连衣裙.psd、连衣裙.jpg
视频文件	视频\第6章\实例115 合成服饰特效.mp4

图6-1 图像效果

步骤 01 按【Ctrl+O】组合键，打开两幅素材图像，如图6-2所示。

图6-2 打开素材图像

步骤 02 切换至“连衣裙1”图像编辑窗口，选取工具箱中的椭圆选框工具，按住【Shift】键创建一个合适大小的正圆选区，将鼠标移至选区内单击鼠标左键并拖动，将选区移动至合适位置，如图6-3所示。

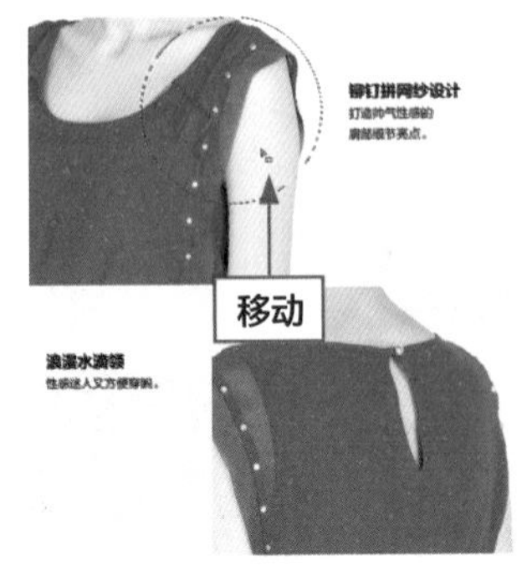

图6-3 移动选区

步骤 03 选取工具箱中的移动工具，将鼠标移动至选区内，按住鼠标左键，拖动选区图像至“连衣裙”图像编辑窗口中合适位置，在菜单栏中单击“图层”→“图层样式”→“描边”命令，即可弹出“图层样式”对话框，设置“大小”为3像素，单击“确定”按钮，即可给图像描边，效果如图6-4所示。

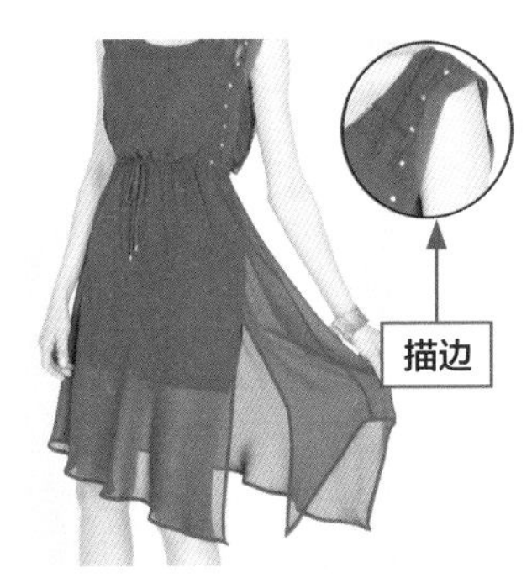

图6-4 图像描边

步骤 04 切换至“连衣裙1”图像编辑窗口，在工具箱中选取椭圆选框工具，将鼠标移动至选区内单击鼠标左键并拖动，将选区移动至合适位置，重复步骤03操作，即可给图像描边，效果如图6-5所示。

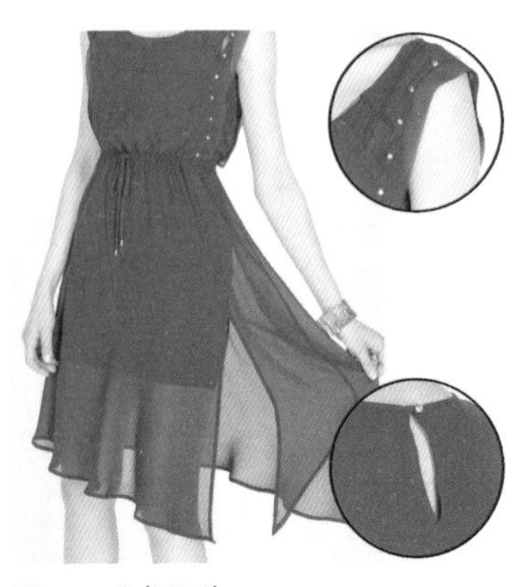

图6-5 重复操作

步骤 05 切换至“连衣裙1”图像编辑窗口，在工具箱中选取矩形选框工具，在图像编辑窗口中的文字上创建选区，在工具箱中选取移动工具，将选区图像移动至“连衣裙”图像编辑窗口中合适位置，效果如图6-6所示。

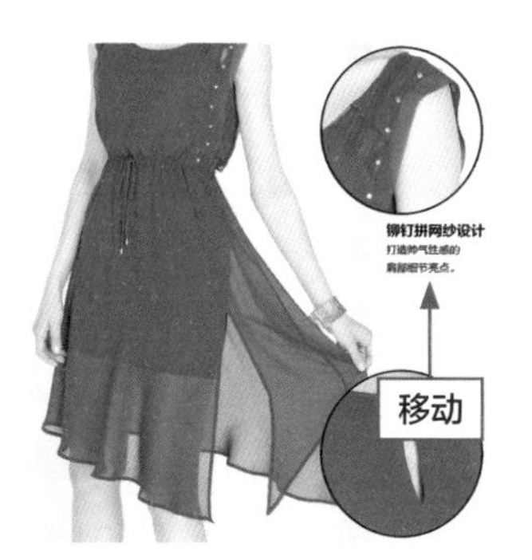

图6-6 移动选区图像

步骤 06 重复上述操作，将其他文字图像移动至“连衣裙”图像编辑窗口中，效果如图6-7所示。

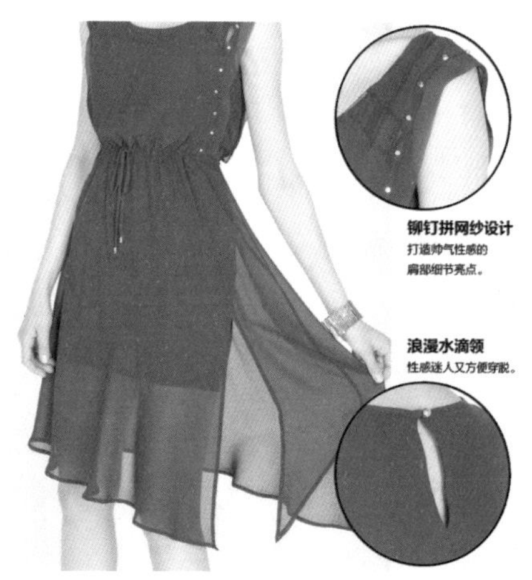

图6-7 最终效果

实例 116 合成个性手包

如今对于琳琅满目的网店商品，一个好的店面装修和商品展示是非常重要的，下面以手包为例介绍包包类商品图片的合成处理。本实例最终效果如图6-8所示。

素材文件	素材\第6章\手包1.jpg、手包2.jpg
效果文件	效果\第6章\手包.psd、手包.jpg
视频文件	视频\第6章\实例116 合成个性手包.mp4

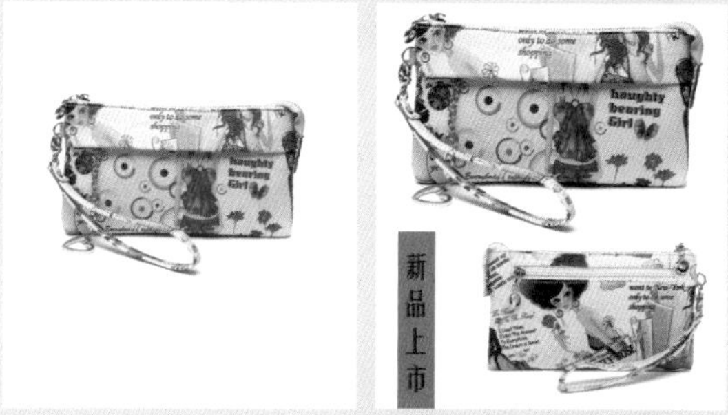

图6-8 图像效果

步骤 01 在菜单栏中单击“文件”→“新建”命令，即可弹出“新建”对话框，设置“名称”为“手包”、“宽度”为27厘米、“高度”为30厘米，如图6-9所示。

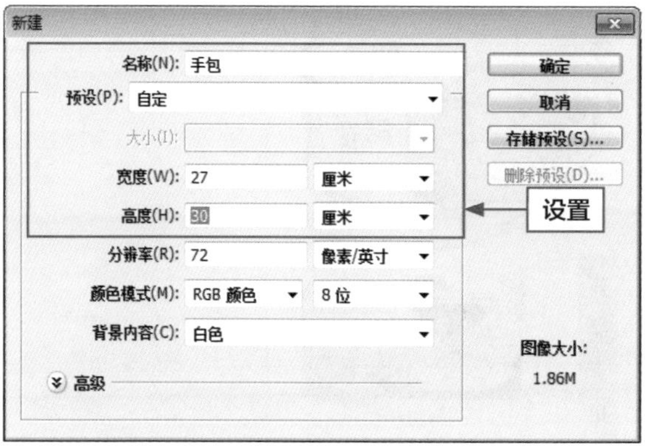

图6-9 设置新建属性

步骤 02 单击“确定”按钮，即可新建一个指定大小的空白文档；在菜单栏中单击“文件”→“打开”命令，打开“手包1”素材图像，如图6-10所示。

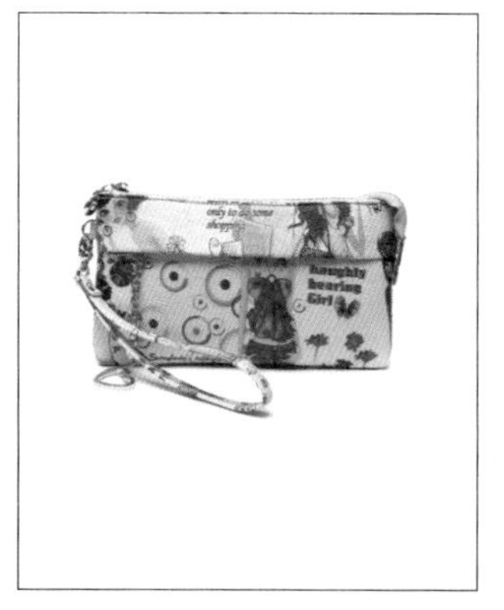

图6-10 打开素材图像

步骤 03 按【Ctrl+J】组合键新建“图层1”图层，并隐藏“背景”图层，如图6-11所示。

步骤 04 选取工具箱中的魔棒工具，在工具属性栏中单击“添加到选区”按钮，设置“容差”为10，在“图层1”图层白色背景上多次单击鼠标左键，选中白色区域，如图6-12所示。

图6-11 隐藏背景图层

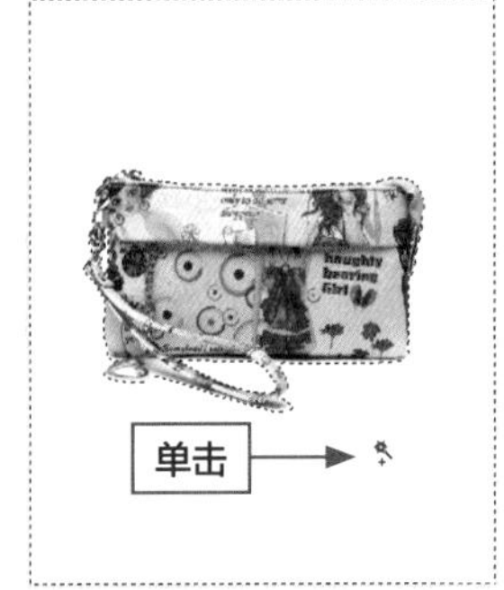

图6-12 创建选区

步骤 05 执行上述操作后，按【Delete】键删除背景，按【Ctrl+D】组合键，取消选择，如图6-13所示。

步骤 06 选取工具箱中的移动工具，将鼠标移动至图像上，按住鼠标左键并拖动，将素材图像移动至新建的图像编辑窗口中，按【Ctrl+T】组合键，适当调整图像大小并移动图像至合适位置，如图6-14所示。

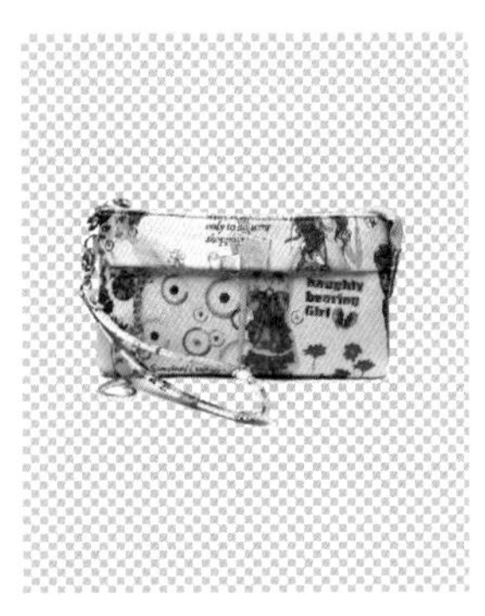

图6-13 删除背景

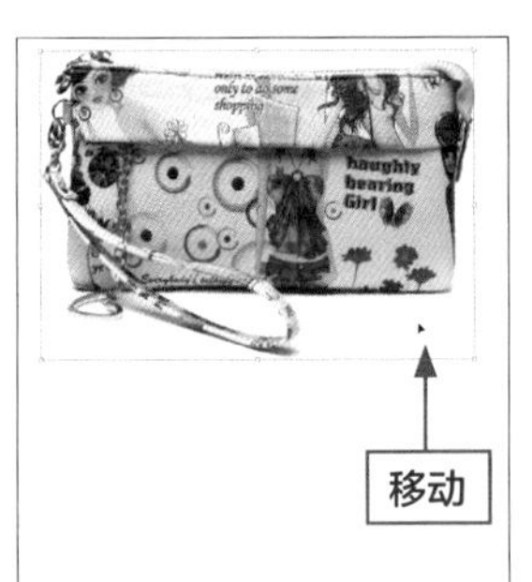

图6-14 移动图像

步骤 07 按【Enter】键确认操作，参照步骤03至步骤05的操作方法，将“手包2”素材图像移动至新建的图像编辑窗口中，效果如图6-15所示。

步骤 08 在工具箱中选取直排文字工具，在工具属性栏中设置“字体”为“方正姚体”、“大小”为60点，“颜色”为黑色，RGB参数值均为0，将鼠标移动至图像编辑窗口中合适位置单击鼠标左键，并输入“新品上市”文字，按【Ctrl+Enter】键确认输入，如图6-16所示。

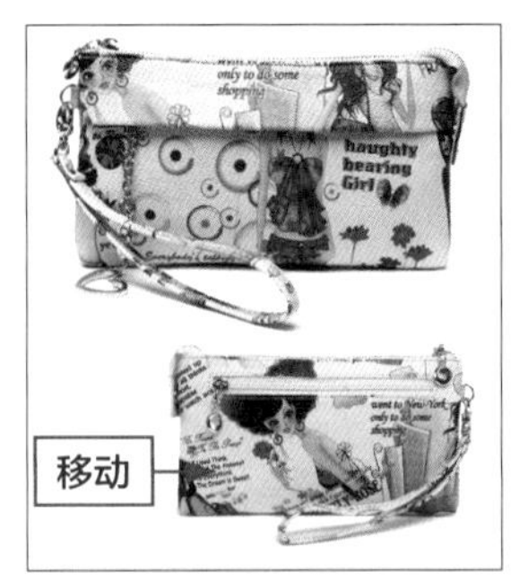

图6-15 移动素材图像

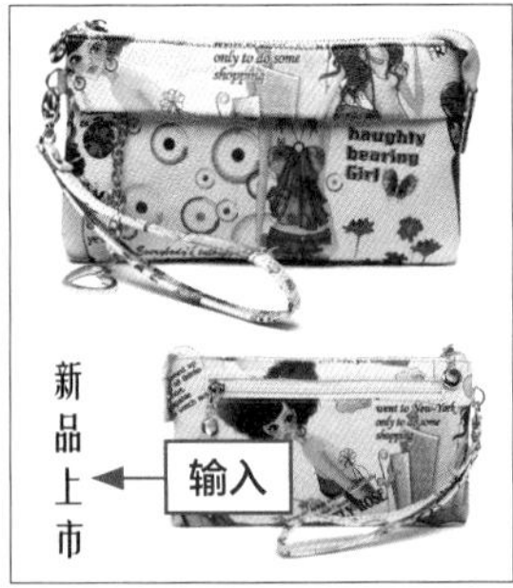

图6-16 输入文字

步骤 09 展开“图层”面板，单击“创建新图层”按钮新建“图层3”图层，并将“图层3”图层移动至文字图层下方，如图6-17所示。

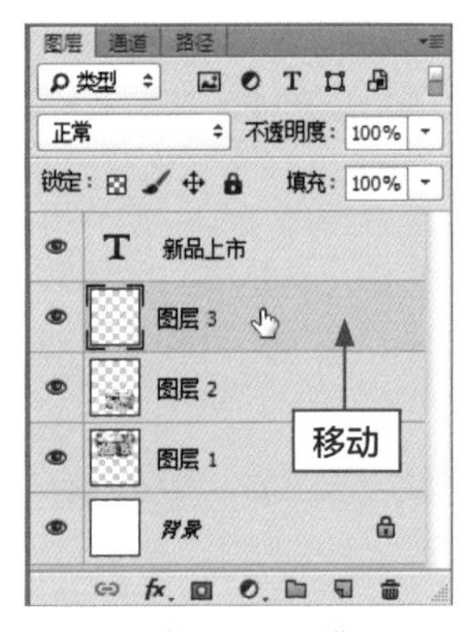

图6-17 移动“图层3”图层

步骤 10 设置前景色为枚红色，RGB参数值分别为255、1、144，在工具箱中选取矩形选框工具，在图像编辑窗口中合适位置创建矩形选区，按【Alt+Delete】组合键填充前景色，按【Ctrl+D】组合键，取消选择，效果如图6-18所示。

图6-18 输入文字

实例117 合成戒指促销

饰品的样式和色彩多种多样，对于不同的饰品类别，用于展示的模式也不相同，下面以戒指为例介绍饰品类商品图片的合成处理。本实例最终效果如图6-19所示。

素材文件	素材\第6章\饰品.jpg、饰品1.jpg、饰品2.jpg
效果文件	效果\第6章\饰品.psd、饰品.jpg
视频文件	视频\第6章\实例117 合成戒指促销.mp4

图6-19 图像效果

步骤 01 在菜单栏中单击“文件”→“打开”命令，打开3幅素材图像，如图6-20所示。

图6-20 打开素材图像

步骤 02 切换至“饰品1”图像编辑窗口，在工具箱中选取移动工具，将鼠标移动至素材图像上，按住鼠标左键，并拖动素材图像至“饰品”图像编辑窗口中，如图6-21所示。

图6-21 移动素材图像

步骤 03 按【Ctrl+T】组合键，适当调整图像大小并移动图像至合适位置，如图6-22所示。

图6-22 调整素材图像

步骤 04 按【Enter】键确认操作，在菜单栏中单击“编辑”→“描边”命令，弹出“描边”对话框，设置“颜色”为红色（RGB参数值分别为255、0、0），“宽度”为2像素，“位置”为“居外”，单击“确定”按钮，即可对素材图像进行描边处理，如图6-23所示。

图6-23 图像描边

步骤 05 重复步骤02至步骤04操作，将“饰品2”素材图像移动至“饰品”编辑窗口中合适位置，并进行缩放调整和描边操作，效果如图6-24所示。

步骤 06 在工具箱中选取横排文字工具，在工具属性栏中，设置“字体”为“华文隶书”、“字体大小”为60点、“颜色”为红色（RGB参数分别为255、0、0），在图像编辑窗口中单击鼠标左键并输入文字，效果如图6-25所示。

步骤 07 选中“五”文字，设置“字体大小”为100点，按【Ctrl+Enter】组合键确认输入，并将其移至合适位置，效果如图6-26所示。

步骤 08 在菜单栏中单击“图层”→“图层样式”→“投影”命令，即可弹出“图层样式”对话框，设置“角度”为120度、“距离”为5像素、“大小”为5像素，单击“确定”按钮，即可制作文字投影效果，最终效果如图6-27所示。

图6-24 图像描边

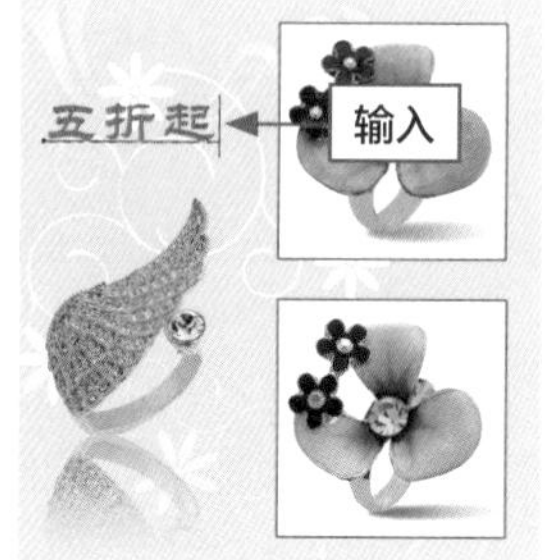

图6-25 输入文字

图6-26 调整文字

图6-27 最终效果

实例 118 合成多样鞋子

在网店商品中，鞋子种类繁多，样式新颖，要想在众多的商品中脱颖而出，就必须制作出别样的商品图像，下面以男鞋为例介绍鞋子类商品的合成处理。本实例最终效果如图6-28所示。

素材文件	素材\第6章\鞋子1.jpg、鞋子2.jpg、文字1.psd
效果文件	效果\第6章\鞋子.psd、鞋子.jpg
视频文件	视频\第6章\实例118 合成多样鞋子.mp4

图6-28 图像效果

步骤 01 在菜单栏中单击“文件”→“新建”命令，即可弹出“新建”对话框，设置“名称”为“鞋子”、“宽度”为20厘米、“高度”为22厘米，如图6-29所示。

步骤 02 单击“确定”按钮，即可新建一个指定大小的空白文档，设置前景色为灰色，RGB参数值分别为224、223、223，按【Alt+Delete】组合键填充前景色，如图6-30所示。

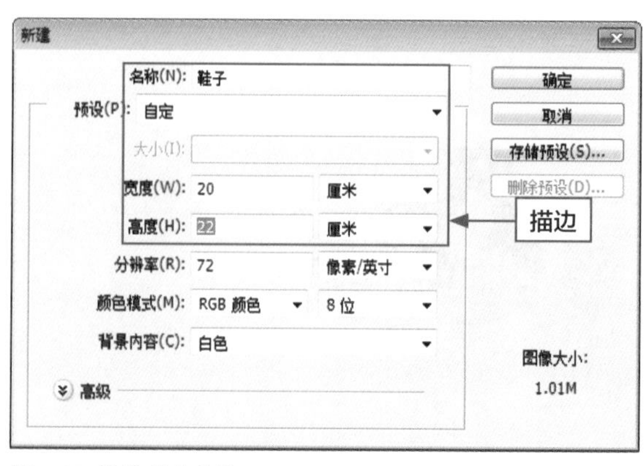

图6-29 设置新建属性

图6-30 填充前景色

步骤 03 在菜单栏中单击“文件”→“打开”命令，打开“鞋子1”素材图像，选取工具箱中的移动工具，将素材图像移动至“鞋子”图像编辑窗口中，如图6-31所示。

步骤 04 按【Ctrl+T】组合键，适当调整图像大小并移动图像至合适位置，如图6-32所示，按【Enter】键确认操作。

图6-31 移动素材图像

图6-32 调整素材图像

步骤 05 单击图层面板下方的“添加蒙版”按钮，选取工具箱中的画笔工具，在工具属性栏中设置“画笔”为“柔边圆”、“大小”为178像素，如图6-33所示。

步骤 06 设置前景色为黑色，RGB参数值均为0，移动鼠标至图像编辑窗口中，在合适位置涂抹，即可制作图层蒙版效果，效果如图6-34所示。

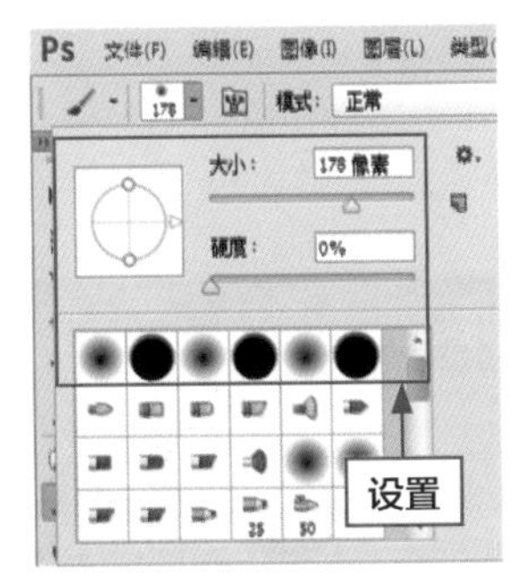

图6-33 设置画笔属性

图6-34 制作图层蒙版效果

步骤 07 在菜单栏中单击“文件”→“打开”命令，打开“鞋子2”素材图像，按【Ctrl+J】组合键新建“图层1”图层，并隐藏“背景”图层，如图6-35所示。

步骤 08 选取工具箱中的魔棒工具，在工具属性栏中单击“添加到选区”按钮，设置“容差”为10，在“图层1”图层背景上多次单击鼠标左键，创建选区，效果如图6-36所示。

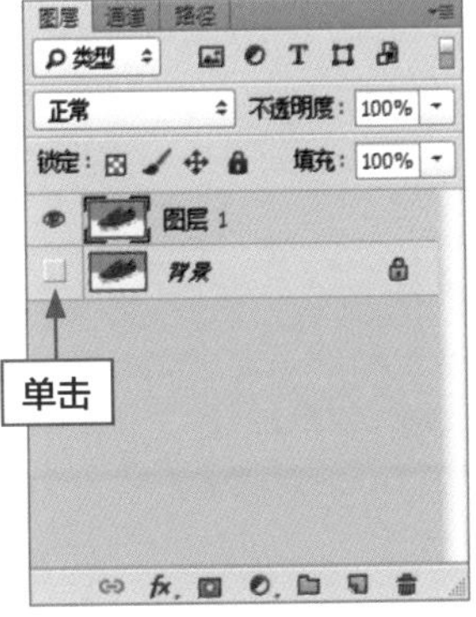

图6-35 隐藏背景图层

图6-36 创建选区

步骤 09 执行上述操作后，按【Delete】键删除背景，按【Ctrl+D】组合键，取消选区；选取工具箱中的移动工具，将素材图像移动至“鞋子”图像编辑窗口中，按【Ctrl+T】组合键，适当调整图像大小并移动图像至合适位置，按【Enter】键确认操作，如图6-37所示。

步骤 10 在菜单栏中单击“文件”→“打开”命令，打开“文字1”素材图像，选取工具箱中的移动工具，将文字素材移动至“鞋子”图像编辑窗口中合适位置，效果如图6-38所示。

图6-37 移动调整素材图像

图6-38 最终效果

实例 119 合成手机商品

网店卖家为了吸引买家消费，经常会推出一些小活动，下面以手机为例介绍手机类商品图片的合成处理。本实例最终效果如图6-39所示。

素材文件	素材\第6章\手机.jpg、蓝牙耳机.jpg
效果文件	效果\第6章\手机.psd、手机.jpg
视频文件	视频\第6章\实例119 合成手机商品.mp4

图6-39 图像效果

步骤 01 在菜单栏中单击"文件"→"打开"命令，打开两幅素材图像，如图6-40所示。

步骤 02 确定"手机"为当前编辑窗口，在工具箱中选取椭圆工具，在图像编辑窗口中创建椭圆形状，如图6-41所示。

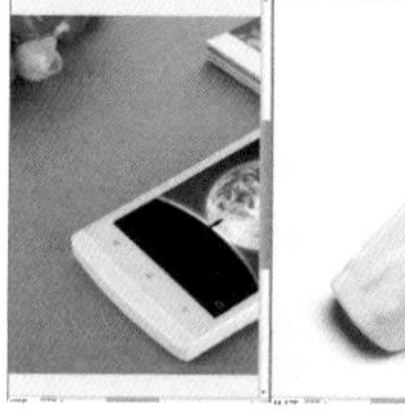
图6-40 打开素材图像

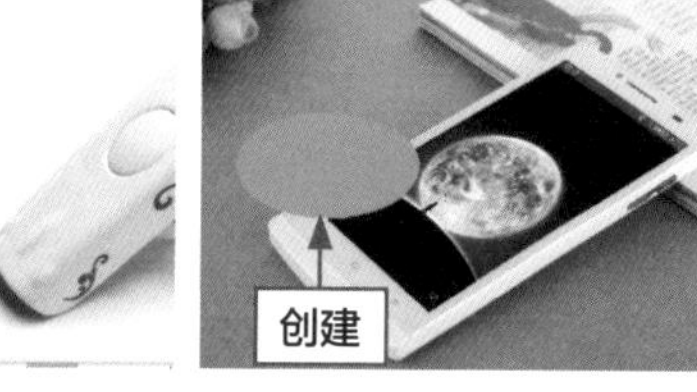

图6-41 创建椭圆形状

步骤 03 在"图层"面板底部单击"添加图层蒙版"图标，即可创建图层蒙版，如图6-42所示。

步骤 04 切换至"蓝牙耳机"图像编辑窗口，选取工具箱中的移动工具，将素材图像移动至"手机"图像编辑窗口中，如图6-43所示。

图6-42 创建图层蒙版

图6-43 移动素材图像

步骤 05 在"图层"面板选择"图层1"图层，单击鼠标右键，在弹出的快捷菜单中选择"创建剪贴蒙版"选项，按【Ctrl+T】组合键，适当调整图像大小并移动图像至合适位置，如图6-44所示。

步骤 06 按【Enter】键确认操作，在"图层"面板选择"椭圆1"图层，按【Ctrl+T】组合键，适当调整图像大小，按【Enter】键确认操作，在菜单栏中单击"图层"→"图层样式"→"描边"命令，弹出"图层样式"对话框，设置"大小"为3像素、"颜色"为红色，RGB参数值分别为255、0、0，单击"确定"按钮后返回"图层样式"对话框，单击"确定"按钮即可给图像描边，如图6-45所示。

图6-44 调整并移动素材图像

图6-45 图像描边

步骤 07 在"图层"面板选择"图层1"图层，选取工具箱中的横排文字工具，在工具属性栏中设置"字体"为"微软雅黑"、"字体样式"为Bold、"字体大小"为18点、"颜色"为白色，在图像编辑窗口中单击鼠标左键并输入文字，效果如图6-46所示。

步骤 08 按【Ctrl+Enter】组合键确认输入，并移动文字至合适位置，最终效果如图6-47所示。

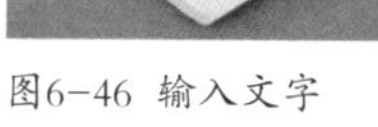
图6-46 输入文字

图6-47 最终效果

实例 120 合成儿童玩具

玩具类是网店商品中非常火热且销售非常好的产品，同时，一些个性创意的玩具也吸引着很多收藏爱好者的关注，下面以玩具为例介绍玩具类商品图片的合成处理。本实例最终效果如图6–48所示。

素材文件	素材\第6章\玩具正面.jpg、玩具侧面.jpg、包装盒.jpg等
效果文件	效果\第6章\玩具.psd、玩具.jpg
视频文件	视频\第6章\实例120 合成儿童玩具.mp4

图6–48 图像效果

步骤 01 在菜单栏中单击“文件”→“新建”命令，即可弹出“新建”对话框，设置“名称”为“玩具”、“宽度”为20厘米、“高度”为22厘米，如图6–49所示。

图6–49 设置新建属性

步骤 02 单击“确定”按钮，即可新建一个指定大小的空白文档，在菜单栏中单击“文件”→“打开”命令，打开“玩具正面”素材图像，如图6–50所示。

图6–50 打开素材图像

步骤 03 按【Ctrl+J】组合键新建“图层1”图层，并隐藏“背景”图层，如图6–51所示。

步骤 04 选取工具箱中的魔棒工具，在“图层1”图层的白色背景上单击鼠标左键，选中白色区域，如图6–52所示。

图6–51 隐藏背景图层

图6–52 创建选区

步骤 05 执行上述操作后，按【Delete】键删除背景图像，按【Ctrl+D】组合键，取消选区，如图6–53所示。

步骤 06 选取工具箱中的移动工具，将鼠标移动至“玩具正面”素材图像上，单击鼠标左键并拖动鼠标至新建的图像编辑窗口中，按【Ctrl+T】组合键，适当调整图像大小并移动图像至合适位置，如图6–54所示。

图6–53 删除背景

图6–54 调整并移动图像

步骤 07 按【Enter】键确认操作，重复步骤03至步骤06操作，将“玩具侧面”素材图像移动至新建的图像编辑窗口中，调整大小并移动至合适位置，效果如图6-55所示。

步骤 08 在菜单栏中单击“文件”→“打开”命令，打开3素材图像，在工具箱中选取移动工具，依次将素材图像移动至“玩具”编辑窗口中，并调整大小和位置，最终效果如图6-56所示。

图6-55 调整并移动素材图像　图6-56 最终效果

实例 121 合成商品搭配

单件商品的销售往往难以吸引消费者，创新搭配日渐成为一种炙手可热的营销技巧，下面以商品搭配为例介绍商品合成处理。本实例最终效果如图6-57所示。

素材文件	素材\第6章\搭配套装.jpg、毛衣.jpg、猫咪.jpg、女鞋.jpg、文字.jpg
效果文件	效果\第6章\搭配套装.psd、搭配套装.jpg
视频文件	视频\第6章\实例121 合成商品搭配.mp4

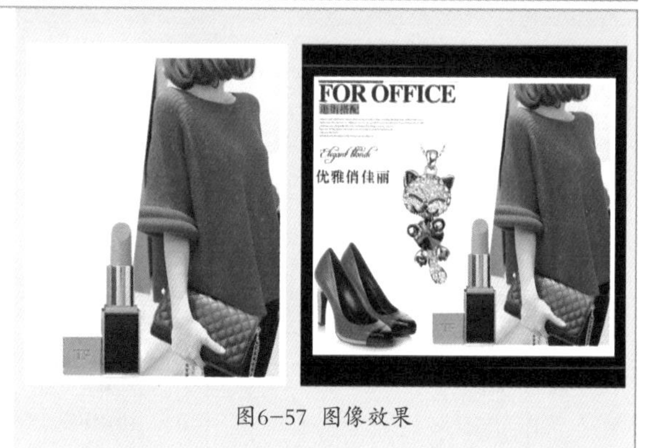

图6-57 图像效果

步骤 01 在菜单栏中单击“文件”→“打开”命令，打开一幅素材图像，如图6-58所示。

步骤 02 展开“图层”面板，单击面板底部的“创建新图层”按钮，即可新建“图层1”图层，选取工具箱中的矩形选框工具，在图像编辑窗口中创建一个矩形选区并填充白色，效果如图6-59所示。

图6-58 打开素材图像

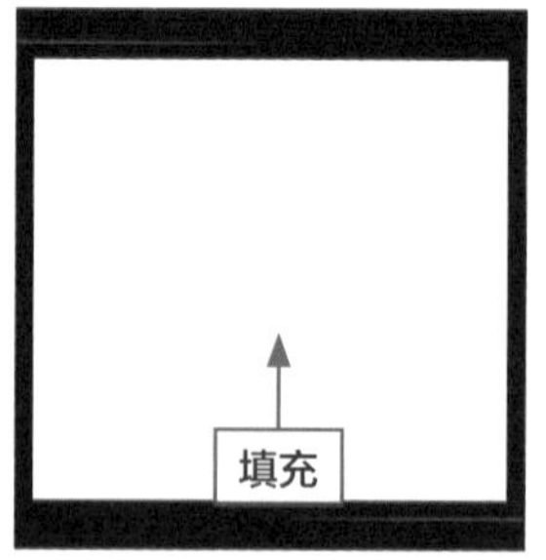

图6-59 填充白色

步骤 03 在菜单栏中单击“文件”→“打开”命令，打开“毛衣”素材图像，按【Ctrl+J】组合键新建“图层1”图层，并隐藏“背景”图层，选取工具箱中的魔棒工具，设置“容差”为5，在图像空白区域单击鼠标左键选中白色背景，按【Delete】键删除背景，按【Ctrl+D】组合键，取消选择，效果如图6-60所示。

步骤 04 选取工具箱中的移动工具，将鼠标移动至图像上，单击鼠标左键并拖动鼠标至“搭配套装”图像编辑窗口中，按【Ctrl+T】组合键，适当调整图像大小并移动至合适位置，效果如图6-61所示。

图6-60 删除背景

图6-61 调整并移动素材图像

步骤 05 重复步骤03至步骤04操作，将“女鞋”和“猫咪”素材图像移动至“搭配套装”图像编辑窗口中，并调整大小和位置，效果如图6-62所示。

步骤 06　在菜单栏中单击“文件”→“打开”命令，打开“文字”素材图像，选取工具箱中的移动工具，将鼠标移动至图像上，按住鼠标左键并拖动鼠标至“搭配套装”图像编辑窗口中合适位置，并将其所在图层移动至“图层1”图层上方，效果如图6-63所示。

步骤 07　选取工具箱中的横排文字工具，在工具属性栏中设置“字体”为“华文中宋”、“字体大小”为8点、“设置取消锯齿的方法”为“平滑”，如图6-64所示。

步骤 08　设置“颜色”为黑色（RGB参数值均为0），在图像编辑窗口中输入相应文字，按【Ctrl+Enter】组合键确认输入，并调整至合适位置，最终效果如图6-65所示。

图6-62 重复操作

图6-63 移动图层顺序

图6-64 设置参数

图6-65 最终效果

实例 122　合成床品套件

在众多的网店商品中，家居消费市场潜力巨大，好的商品展示才能吸引消费者的目光，下面以床品套件为例介绍床品类商品的合成处理，本实例最终效果如图6-66所示。

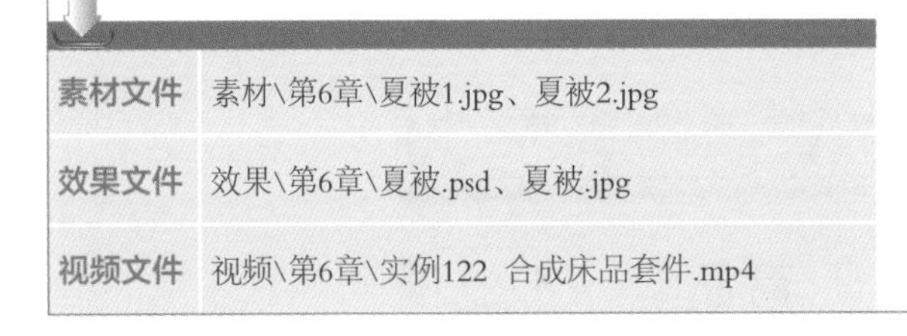

素材文件	素材\第6章\夏被1.jpg、夏被2.jpg
效果文件	效果\第6章\夏被.psd、夏被.jpg
视频文件	视频\第6章\实例122 合成床品套件.mp4

图6-66 图像效果

步骤 01　在菜单栏中单击“文件”→“新建”命令，弹出“新建”对话框，设置“名称”为“夏被”、“宽度”为25厘米、“高度”为30厘米，如图6-67所示。

步骤 02　单击“确定”按钮，即可新建一个指定大小的空白文档，设置前景色为浅绿色（RGB参数值分别为189、214、211），按【Alt+Delete】组合键填充前景色，效果如图6-68所示。

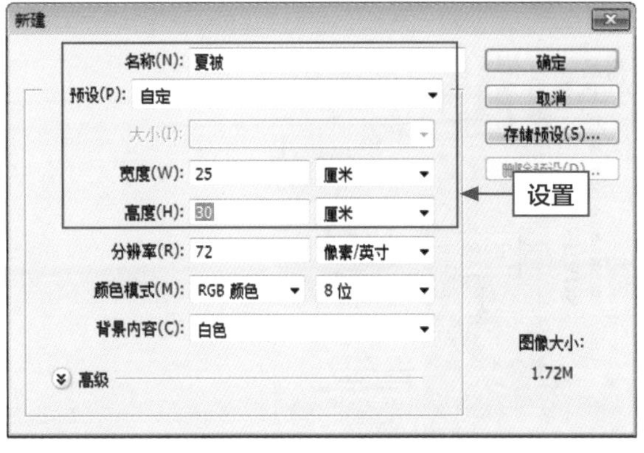

图6-67 设置新建属性

图6-68 填充前景色

步骤 03 在菜单栏中单击“文件”→“打开”命令，打开“夏被1”素材图像，在工具箱中选取移动工具，将素材图像移动至“夏被”图像编辑窗口中，并调整大小和位置，效果如图6-69所示。

图6-69 调整素材图像

步骤 04 重复上述操作，将“夏被2”素材图像移动至“夏被”图像编辑窗口中，并调整大小和位置，效果如图6-70所示。

图6-70 移动并调整素材图像

步骤 05 在工具箱中选取矩形选框工具，在图像编辑窗口中合适位置创建选区，在工具箱底部单击前景色色块，弹出“拾色器（前景色）”对话框，将鼠标移动至图像编辑窗口中灰色区域，单击鼠标左键吸取颜色，单击“确定”按钮即可设置前景色，按【Alt+Delete】组合键，即可将选区填充前景色，效果如图6-71所示。

图6-71 填充前景色

步骤 06 按【Ctrl+D】组合键，取消选区，在工具箱中选取横排文字工具，在工具属性栏中设置“字体”为“Adobe 黑体 Std”、“字体大小”为40点、“设置消除锯齿的方法”为“浑厚”，如图6-72所示，单击颜色色块，即可弹出“拾色器（文本颜色）”对话框，设置颜色为黑色，单击“确定”按钮。

图6-72 设置参数

步骤 07 执行上述操作后，移动鼠标至图像编辑窗口中合适位置，单击鼠标左键，并输入文字，效果如图6-73所示。

步骤 08 按【Ctrl+Enter】组合键确认输入，并移动文字至合适位置，效果如图6-74所示。

图6-73 输入文字

图6-74 最终效果

实例 123 合成手表商品

手表既是实用的计时工具，又有装饰作用，深受广大消费者的喜爱，下面以女士手表为例介绍手表类商品合成处理。本实例最终效果如图6-75所示。

素材文件	素材\第6章\手表1.jpg、手表2.psd、文字2.psd
效果文件	效果\第6章\手表.psd、手表.jpg
视频文件	视频\第6章\实例123 合成手表商品.mp4

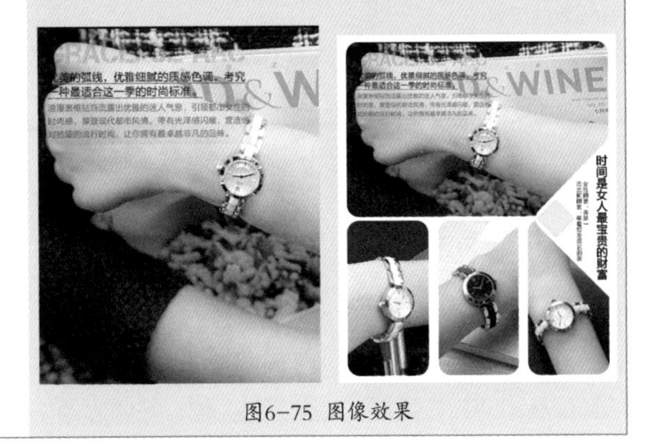

图6-75 图像效果

步骤 01 在菜单栏中单击"文件"→"新建"命令，弹出"新建"对话框，设置"名称"为"手表"、"宽度"为25厘米、"高度"为30厘米，如图6-76所示。

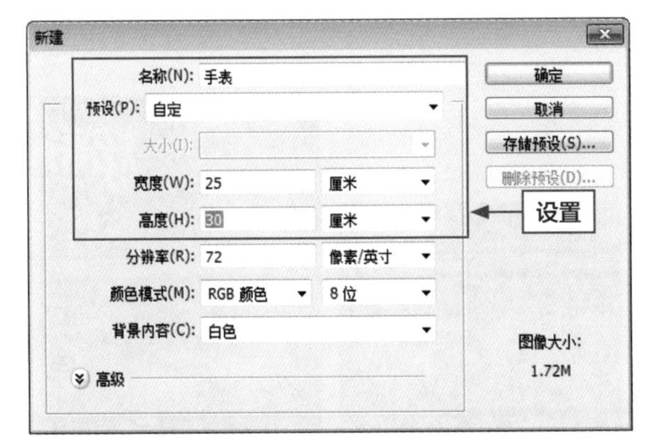

图6-76 设置新建属性

步骤 02 单击"确定"按钮，即可新建一个指定大小的空白文档，在工具箱中选取圆角矩形工具，如图6-77所示。

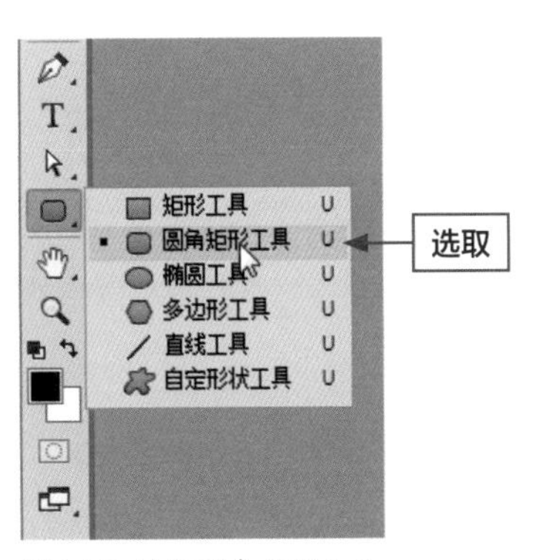

图6-77 选取圆角矩形工具

步骤 03 在图像编辑窗口中单击鼠标左键，即可弹出"创建圆角矩形"对话框，设置"宽度"为667像素、"高度"为428像素、"半径"均为30像素，单击"确定"按钮，即可创建圆角矩形，并移动至合适位置，效果如图6-78所示。

步骤 04 展开"图层"面板，在"图层"面板底部单击"添加图层蒙版"按钮，即可添加图层蒙版，效果如图6-79所示。

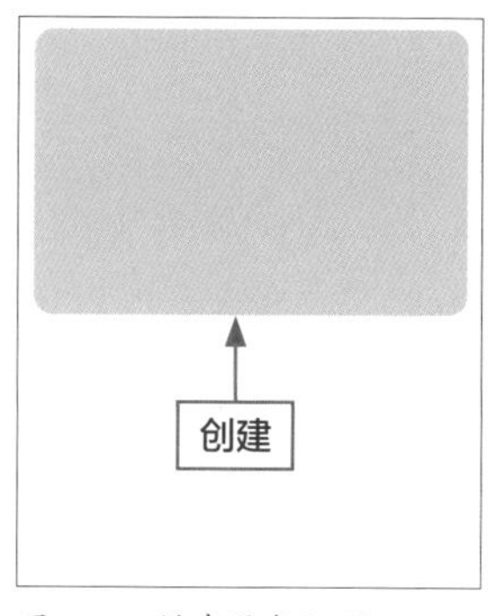

图6-78 创建圆角矩形

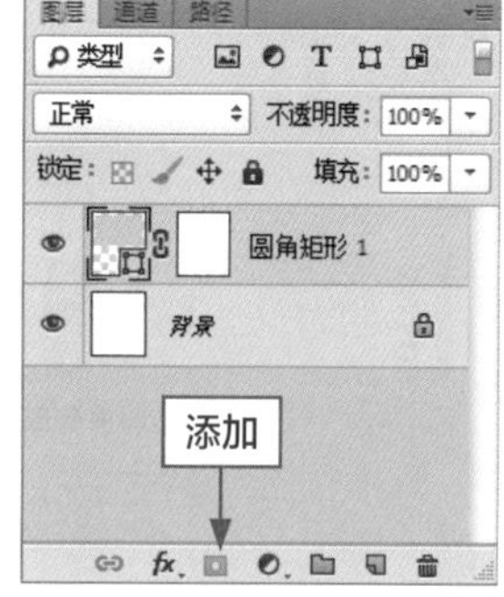

图6-79 添加图层蒙版

步骤 05 在菜单栏中单击“文件”→“打开”命令，打开“手表1”素材图像，在工具箱中选取移动工具，将素材图像移动至“手表”图像编辑窗口中，效果如图6-80所示。

步骤 06 在“图层”面板中选择“图层1”图层，单击鼠标右键，在弹出的快捷菜单中选择“创建剪贴蒙版”选项，即可制作剪贴蒙版效果，按【Ctrl+T】组合键调出自由变换控制框，调整素材图像的大小和位置，按【Enter】键确认操作，效果如图6-81所示。

步骤 07 在菜单栏中单击“文件”→“打开”命令，打开“手表2”素材图像，选取工具箱中的移动工具，将素材图像移动至“手表”图像编辑窗口中，在“图层”面板中选择该图层，单击鼠标右键，在弹出的快捷菜单中选择“释放剪贴蒙版”选项，即可取消剪贴蒙版效果，并移动至合适位置，效果如图6-82所示。

步骤 08 在菜单栏中单击“文件”→“打开”命令，打开“文字2”素材图像，选取工具箱中的移动工具，将素材图像移动至“手表”图像编辑窗口中合适位置，最终效果如图6-83所示。

图6-80 移动素材图像

图6-81 调整素材图像

图6-82 重复操作

图6-83 最终效果

实例 124 合成眼镜商品

眼镜的种类繁多，是网店商品中非常火热且销售非常好的商品，下面以太阳镜为例介绍眼睛类商品的合成处理。本实例最终效果如图6-84所示。

素材文件	素材\第6章\眼镜1.jpg、眼镜2.jpg、眼镜3.jpg
效果文件	效果\第6章\眼镜.psd、眼镜.jpg
视频文件	视频\第6章\实例124 合成眼镜商品.mp4

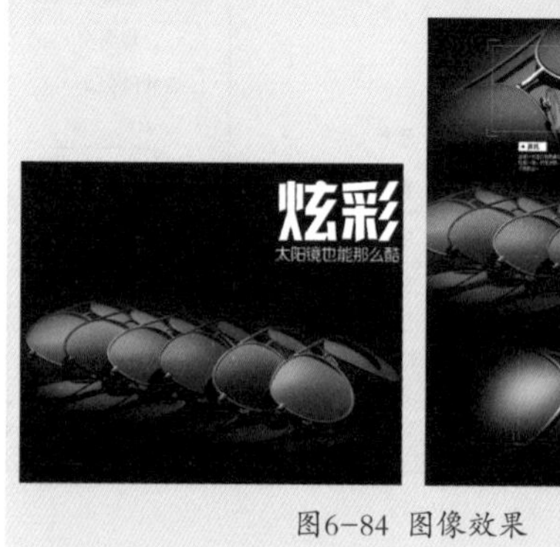

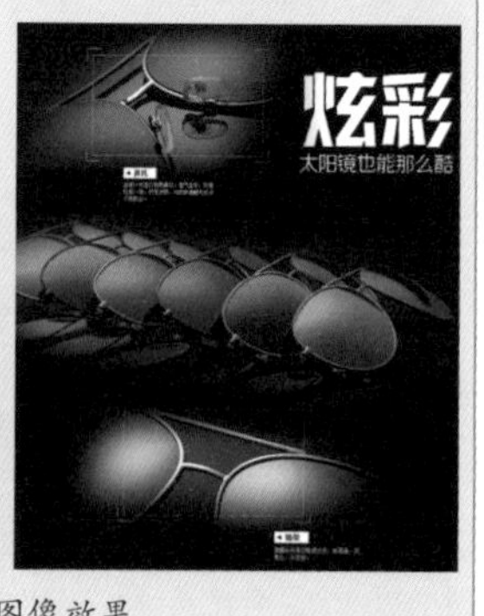

图6-84 图像效果

步骤 01 在菜单栏中单击“文件”→“新建”命令，弹出“新建”对话框，设置“名称”为“眼镜”、“宽度”为25厘米、“高度”为30厘米，如图6-85所示。

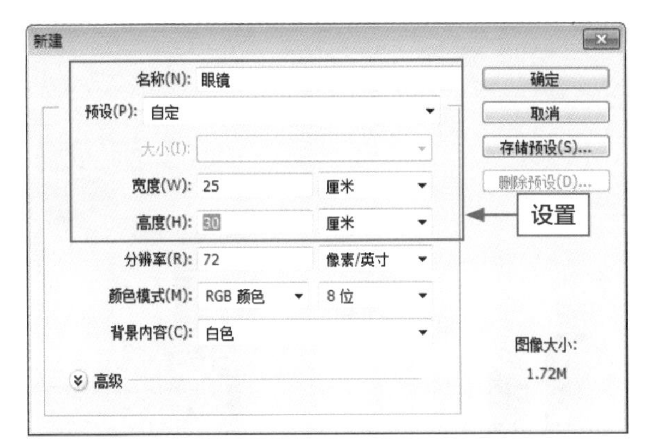

图6-85 设置新建属性

步骤 02 单击“确定”按钮，即可新建一个指定大小的空白文档，设置前景色为黑色，RGB参数值均为0，按【Alt+Delete】组合键，即可填充前景色，如图6-86所示。

图6-86 填充前景色

步骤 03 在菜单栏中单击“文件”→“打开”命令，打开3幅素材图像，如图6-87所示。

步骤 04 切换至“眼镜1”图像编辑窗口，选取工具箱中的移动工具，移动素材图像至“眼镜”图像编辑窗口中，并按【Ctrl+T】组合键，调整大小和位置，效果如图6-88所示。

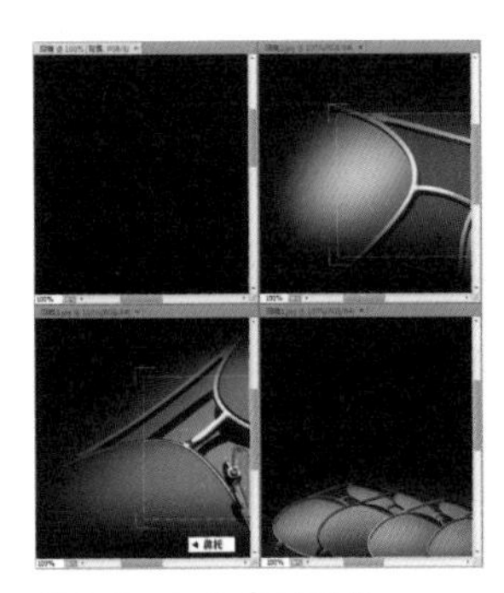

图6-87 打开素材图像

图6-88 调整素材图像

步骤 05 重复步骤04的操作，将“眼镜2”素材图像移动至“眼镜”图像编辑窗口中，并按【Ctrl+T】组合键，调整大小和位置，效果如图6-89所示，按【Enter】键确认操作。

步骤 06 单击“图层”面板底部的“添加图层蒙版”按钮，在工具箱中选取渐变工具，在工具属性栏中单击“点按可编辑渐变”色块，弹出“渐变编辑器”对话框，选择“黑白渐变”，单击“确定”按钮；将鼠标移动至图像编辑窗口中合适位置，单击鼠标左键并拖动，释放鼠标，即可添加图层蒙版渐变效果，效果如图6-90所示。

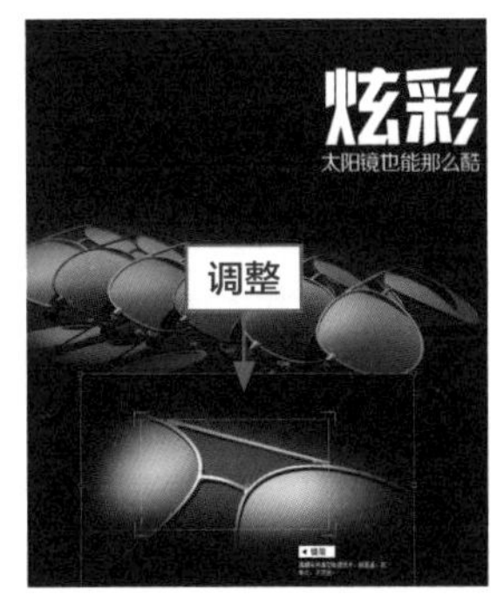

图6-89 调整素材图像

图6-90 添加图层蒙版渐变效果

步骤 07 重复步骤04的操作，将“眼镜3”素材图像移动至“眼镜”图像编辑窗口中，并按【Ctrl+T】组合键，调整大小和位置，效果如图6-91所示。

步骤 08 重复步骤06的操作，给素材图像添加图层蒙版渐变效果，最终效果如图6-92所示。

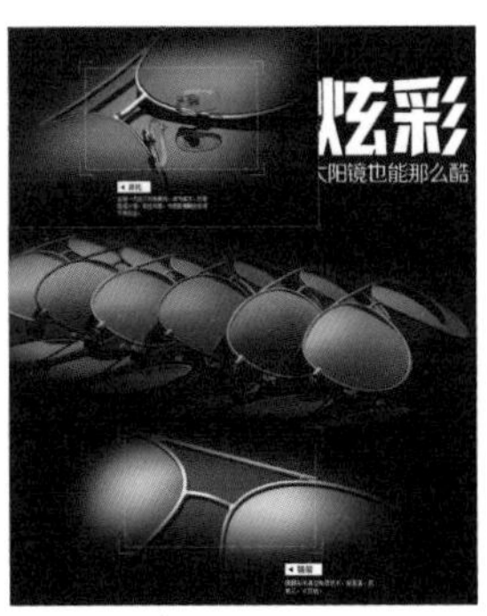

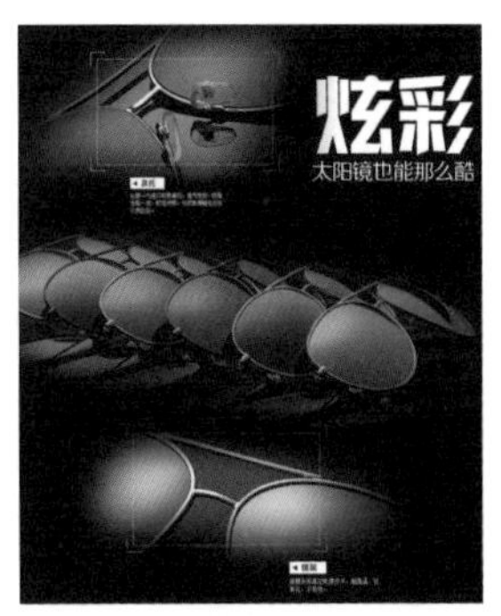

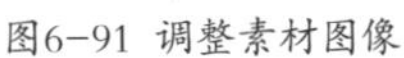

图6-91 调整素材图像

图6-92 最终效果

实例125 合成家居用品

在物质飞速发展的今天，健康越来越受到人们的关注，因此，消费者在家居用品的挑选上慎之又慎，下面以水杯为例详细介绍家居用品类商品的合成处理。本实例最终效果如图6-93所示。

素材文件	素材\第6章\杯子1.jpg、杯子2.psd
效果文件	效果\第6章\杯子.psd、杯子.jpg
视频文件	视频\第6章\实例125 合成家居用品.mp4

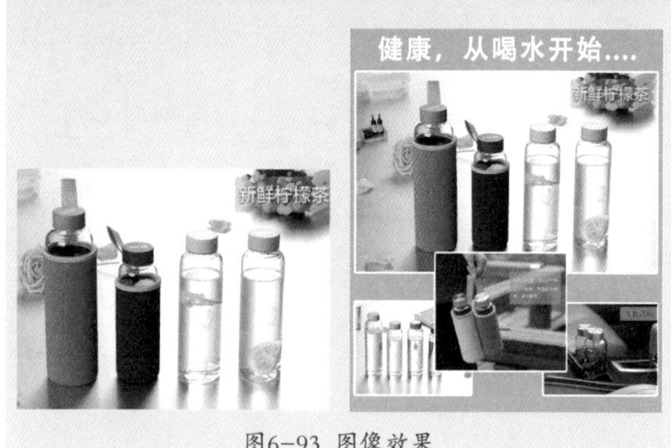

图6-93 图像效果

步骤 01 在菜单栏中单击“文件”→“新建”命令，弹出“新建”对话框，设置“名称”为“杯子”、“宽度”为25厘米、“高度”为30厘米，如图6-94所示。

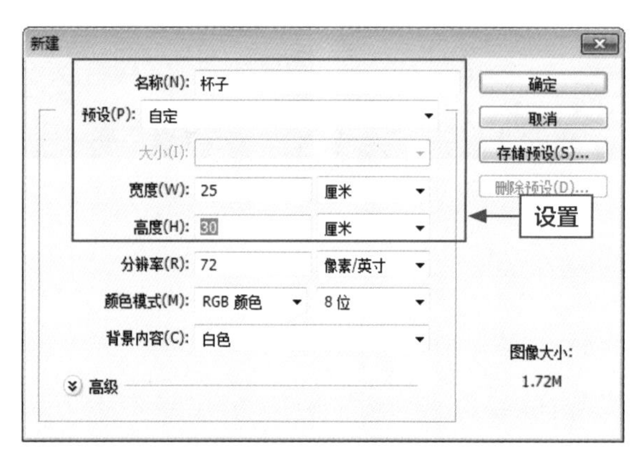

图6-94 设置新建属性

步骤 02 单击“确定”按钮，即可新建一个指定大小的空白文档，设置前景色为绿色（RGB参数值分别为115、195、48），按【Alt+Delete】组合键填充前景色，如图6-95所示。

图6-95 填充前景色

步骤 03 在菜单栏中单击“文件”→“打开”命令，打开两幅素材图像，如图6-96所示。

图6-96 打开素材图像

步骤 04 切换至“杯子1”图像编辑窗口，选取工具箱中的移动工具，移动素材图像至“杯子”图像编辑窗口中，并按【Ctrl+T】组合键，调整大小和位置，在菜单栏中单击“图层”→“图层样式”→“描边”命令，即可弹出“图层样式”对话框，设置“大小”为4像素、“颜色”为白色，单击“确定”按钮，返回“图层样式”对话框，单击“确定”按钮即可给图像描边，效果如图6-97所示。

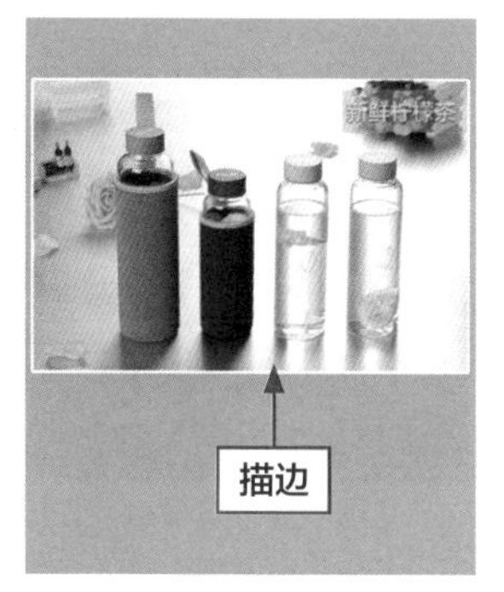

图6-97 图像描边

步骤 05 切换至“杯子2”图像编辑窗口，选取工具箱中的移动工具，移动素材图像至“杯子”图像编辑窗口中合适位置，效果如图6-98所示。

步骤 06 选取工具箱中的横排文字工具，在工具属性栏中设置“字体”为“Adobe 黑体 Std”、“字体大小”为60点、“设置消除锯齿的方法”为“浑厚”、“颜色”为白色，在图像编辑窗口中单击鼠标左键并输入文字，按【Ctrl+Enter】组合键确认输入，并移动文字至合适位置，最终效果如图6-99所示。

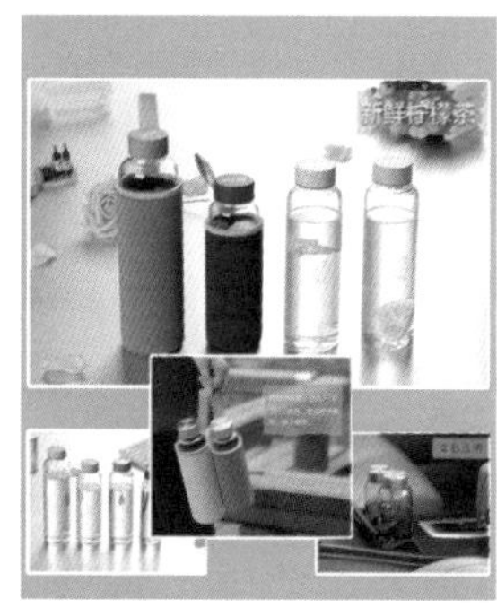

图6-98 重复操作

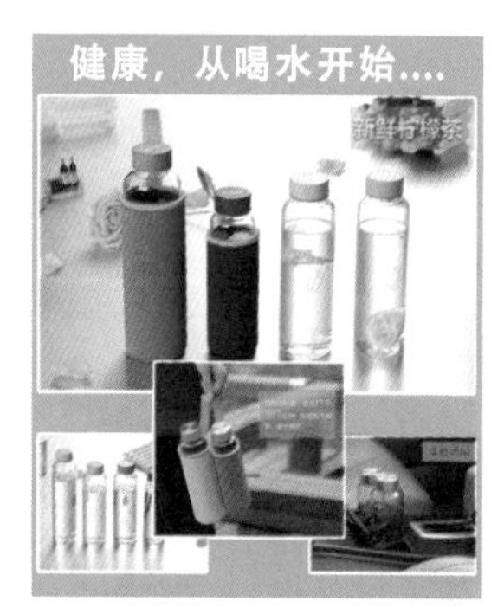

图6-99 最终效果

实例 126 合成珠宝玉石

珠宝玉石类商品是网店中销售火热的商品，尤其是既美观又有美颜功效的玉石深受女性的喜爱，下面以猫眼石吊坠为例介绍珠宝类商品的合成处理。本实例最终效果如图6-100所示。

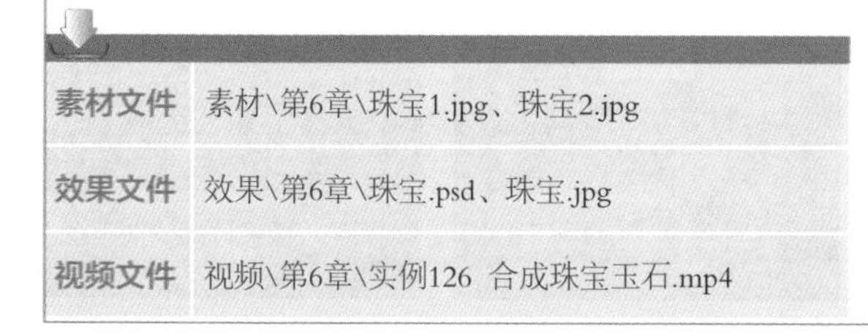

素材文件	素材\第6章\珠宝1.jpg、珠宝2.jpg
效果文件	效果\第6章\珠宝.psd、珠宝.jpg
视频文件	视频\第6章\实例126 合成珠宝玉石.mp4

图6-100 图像效果

步骤 01 在菜单栏中单击“文件”→“新建”命令，弹出“新建”对话框，设置“名称”为“珠宝”、“宽度”为25厘米、“高度”为25厘米，如图6-101所示。

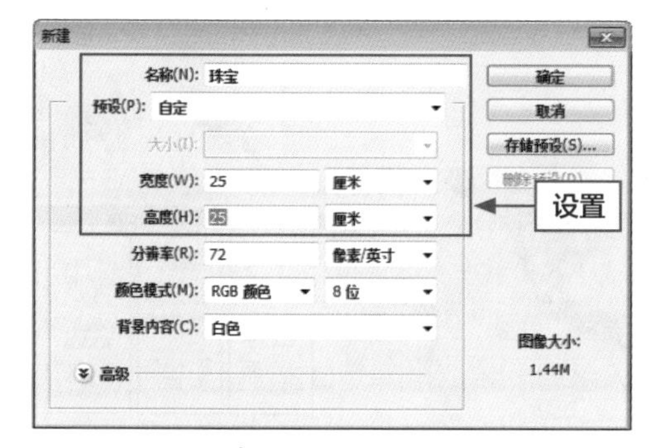

图6-101 设置新建属性

步骤 02 单击“确定”按钮，即可新建一个指定大小的空白文档，在菜单栏中单击“文件”→“打开”命令，打开“珠宝1”素材图像，如图6-102所示。

图6-102 打开素材图像

步骤 03 选取工具箱中的移动工具，将素材图像移动至“珠宝”图像编辑窗口中合适位置，效果如图6-103所示。

步骤 04 在工具箱中选取椭圆工具，在图像编辑窗口中单击鼠标左键，即可弹出“创建椭圆”对话框，设置“宽度”为377像素、“高度”为377像素，单击“确定”按钮，即可创建椭圆形状，选取工具箱中的移动工具，将形状移动至合适位置，如图6-104所示。

图6-103 调整素材图像

图6-104 移动椭圆形状

步骤 05 在“图层”面板底部单击“添加图层蒙版”图标，即可添加图层蒙版，如图6-105所示。

步骤 06 在菜单栏中单击“文件”→“打开”命令，打开“珠宝2”素材图像，选取工具箱中的移动工具，将素材图像移动至“珠宝”图像编辑窗口中，在“图层”面板选择“图层2”图层，单击鼠标右键，在弹出的快捷菜单栏中选择“创建剪贴蒙版”选项，即可制作剪贴蒙版效果，按【Ctrl+T】组合键，适当调整图像大小并移动至合适位置，如图6-106所示。

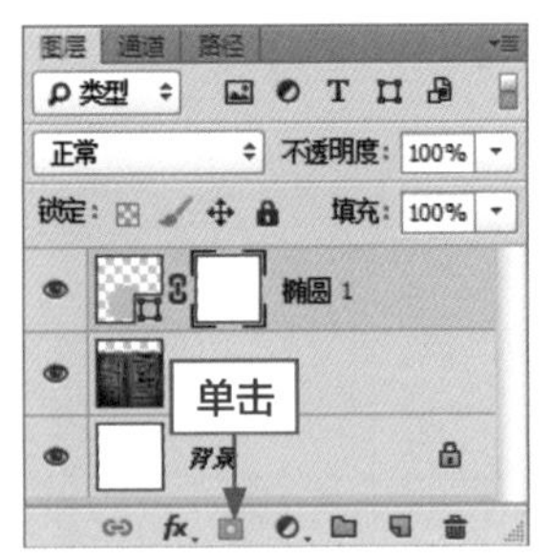

图6-105 添加图层蒙版

图6-106 调整并移动素材图像

步骤 07 在菜单栏中单击“文件”→“打开”命令，打开“底色”素材图像，选取工具箱中的移动工具，将素材图像移动至“珠宝”图像编辑窗口中，在“图层”面板中选择该图层，单击鼠标右键，在弹出的快捷菜单中选择“释放剪贴蒙版”选项，即可取消剪贴蒙版效果，并移动至合适位置，效果如图6-107所示。

步骤 08 在工具箱中选取横排文字工具，在工具属性栏中设置“字体”为“华文隶书”、“字体大小”为72点、“设置消除锯齿的方法”为“浑厚”、“颜色”为褐色（RGB参数值分别为97、6、5），在图像编辑窗口中单击鼠标左键并输入文字，按【Ctrl+Enter】组合键确认输入，并移动文字至合适位置，最终效果如图6-108所示。

图6-107 调整并移动素材图像

图6-108 最终效果

实例 127 合成发饰商品

饰品的样式和色彩多种多样，对于不同的饰品类别，用于展示的模式也不相同，下面以发饰为例介绍饰品类商品图片的合成处理。本实例最终效果如图6-109所示。

素材文件	素材\第6章\发饰1.jpg、发饰2.psd、文字3.jpg
效果文件	效果\第6章\发饰.psd、发饰.jpg
视频文件	视频\第6章\实例127 合成发饰商品.mp4

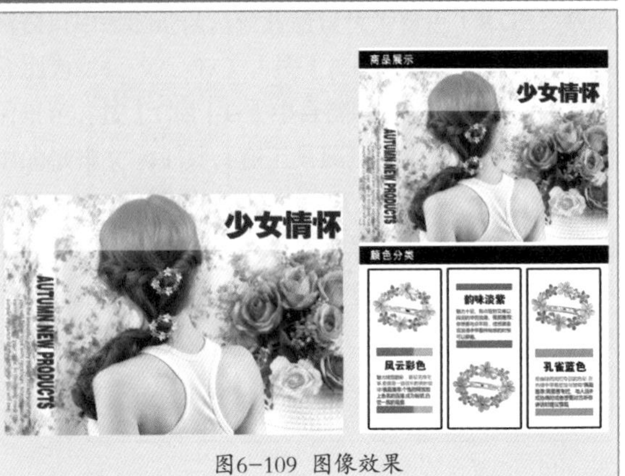

图6-109 图像效果

步骤 01 在菜单栏中单击“文件”→“新建”命令，弹出“新建”对话框，设置“名称”为“发饰”、“宽度”为20厘米、“高度”为30厘米，如图6-110所示。

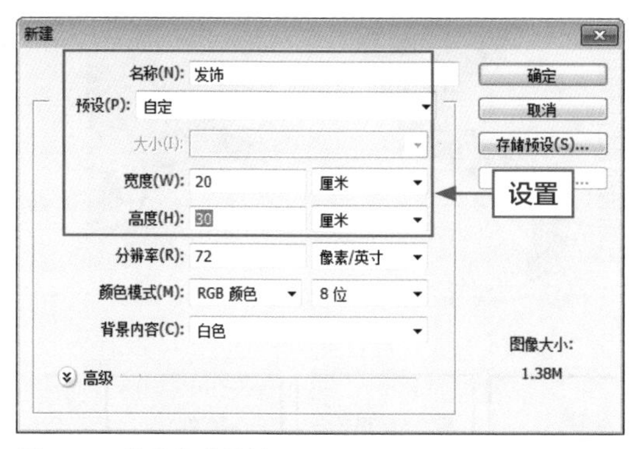

图6-110 设置新建属性

步骤 02 单击“确定”按钮，即可新建一个指定大小的空白文档，在菜单栏中单击“文件”→“打开”命令，如图6-111所示。

图6-111 单击“打开”命令

步骤 03 打开3幅素材图像，如图6-112所示。

图6-112 打开素材图像

步骤 04 切换至“发饰1”图像编辑窗口，选取工具箱中的移动工具，移动素材图像至“发饰”图像编辑窗口中，并按【Ctrl+T】组合键，调整大小和位置，如图6-113所示。

图6-113 调整素材图像

步骤 05 重复步骤04操作，将“发饰2”素材图像移动至“发饰”图像编辑窗口中，并调整大小和位置，如图6-114所示。

图6-114 调整图像

步骤 06 在菜单栏中单击“图层”→“图层样式”→“描边”命令，即可弹出“图层样式”对话框，设置“大小”为3像素，单击“确定”按钮，即可给图像描边，如图6-115所示。

图6-115 图像描边

步骤 07 新建“图层3”图层，在工具箱中选取矩形选框工具，在图像编辑窗口中合适位置创建选区，设置前景色为黑色，按【Alt+Delete】组合键填充前景色，按【Ctrl+D】组合键取消选区；在工具箱中选取横排文字工具，在工具属性栏中设置“字体”为“Adobe 黑体 Std”、“字体大小”为24点、“设置消除锯齿的方法”为“浑厚”、“颜色”为白色；在图像编辑窗口中单击鼠标左键并输入文字，按【Ctrl+Enter】组合键确认输入，并移动文字至合适位置，效果如图6-116所示。

步骤 08 切换至“文字3”图像编辑窗口，选取工具箱中的移动工具，移动素材图像至“发饰”图像编辑窗口中合适位置，最终效果如图6-117所示。

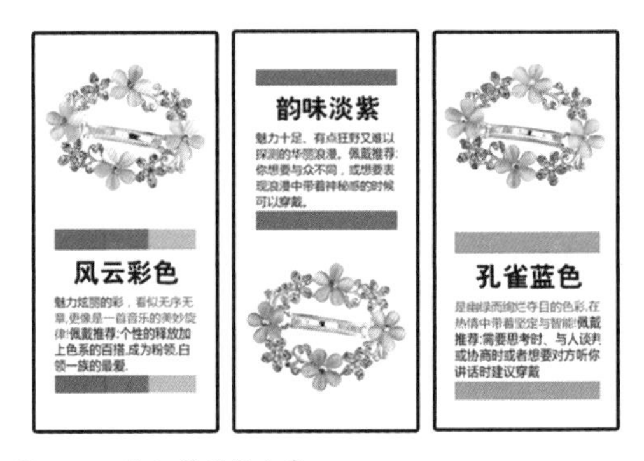

图6-116 输入并调整文字

图6-117 最终效果

第 7 章

设计网店店标

学习提示

店标是指网店店铺标志，是作为一个店铺的形象参考。店标代表着一个店铺的风格和产品的特性。同时，一个设计精致、富有创意的店标也起到了宣传店铺的作用。因此店标设计就显得尤为重要，本章将详细介绍不同商品类别的网店店标制作。

本章关键案例导航

- 设计花店类店标
- 设计珠宝类店标
- 设计运动类店标
- 设计通信类店标
- 设计鞋子类店标
- 设计箱包类店标
- 设计彩妆类店标
- 设计手表类店标
- 设计食品类店标
- 设计汽车类店标

实例128 设计花店类店标

由于店标的展示区域有限，因此，在有限的区域内要将店铺名称和风格展现在店标上，以便于消费者识别。下面以花店类为例介绍花店店标的设计与制作。本实例最终效果如图7-1所示。

素材文件	素材\第7章\品.jpg
效果文件	效果\第7章\细品如花.psd、细品如花.jpg
视频文件	视频\第7章\实例128 设计花店类店标.mp4

图7-1 图像效果

步骤 01 在菜单栏中单击“文件”→“新建”命令，弹出“新建”对话框，设置“名称”为“细品花语”、“宽度”为10厘米、“高度”为10厘米，如图7-2所示。

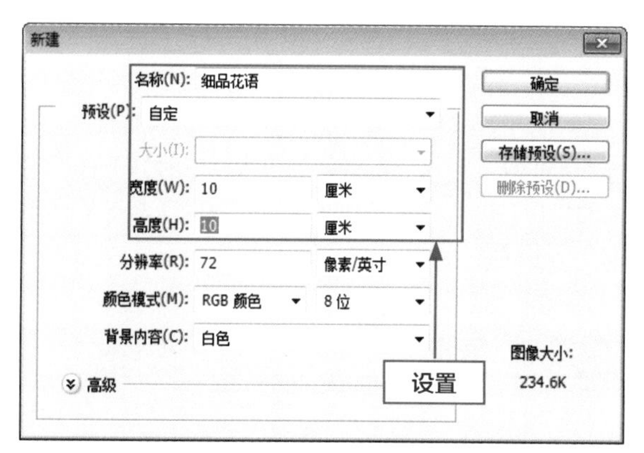

图7-2 设置新建属性

步骤 02 单击“确定”按钮，即可新建一个指定大小的空白文档；选取工具箱中的自定形状工具，在工具属性栏中设置“填充”为红色（RGB参数值分别为255、0、0）、“形状”为“红心形卡”图形，如图7-3所示。

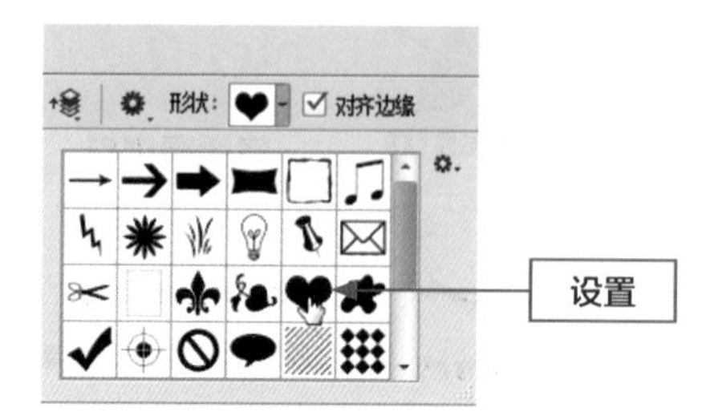

图7-3 设置属性

步骤 03 在图像编辑窗口中单击鼠标左键，即可弹出“创建自定形状”对话框，设置“宽度”为45像素、“高度”为45像素，单击“确定”按钮即可创建心形，效果如图7-4所示。

步骤 04 按【Ctrl+J】组合键拷贝“形状1”图层，得到“形状1拷贝”图层，按【Ctrl+T】组合键调出变换控制框，在工具属性栏中设置“旋转”为120度并移动至合适位置，按【Enter】键确认操作；在工具属性栏中设置“填充”为蓝色（RGB参数值分别为0、106、255），效果如图7-5所示。

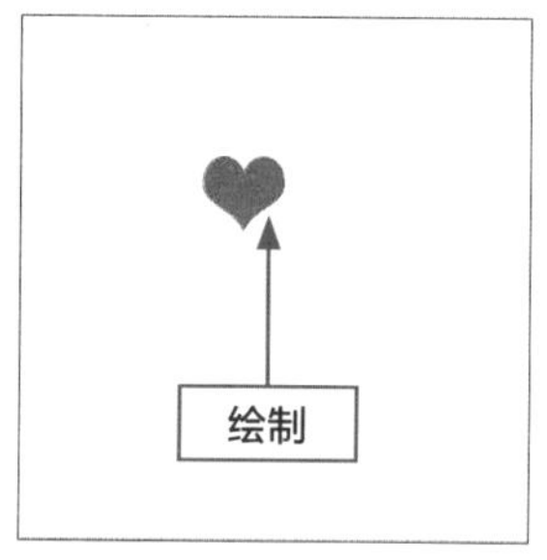

图7-4 绘制形状

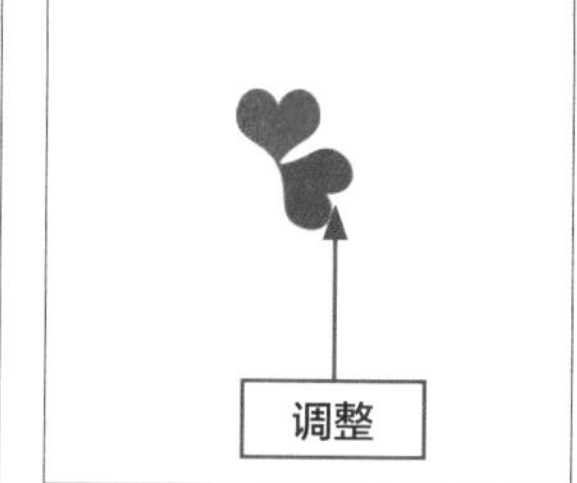

图7-5 调整形状

步骤 05 重复上述操作，在工具属性栏中设置“填充”为黄色（RGB参数值分别为255、246、0），效果如图7-6所示。

步骤 06 展开“图层”面板，按【Shift】键选中3个形状图层，单击鼠标右键在弹出的快捷菜单中选择“链接图层”选项，即可链接图层，选取工具箱中的移动工具，将图像移动至合适位置，效果如图7-7所示。

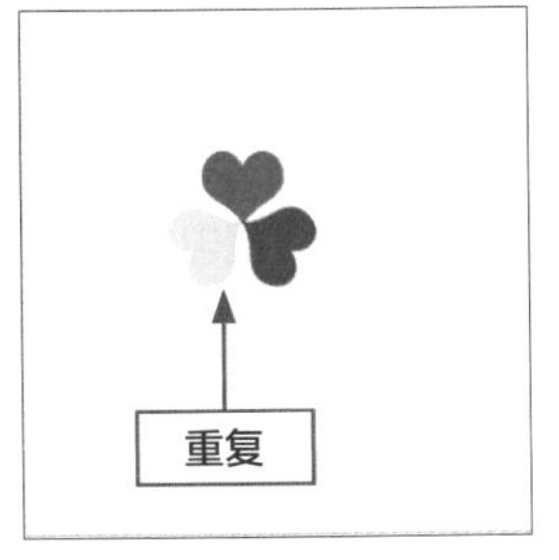

图7-6 重复操作

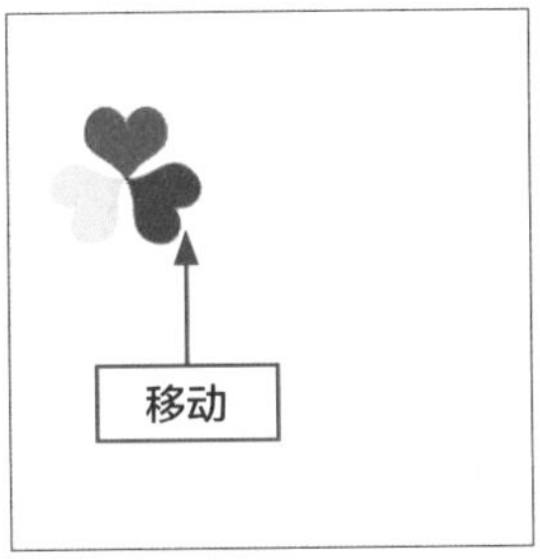

图7-7 移动图像

步骤 07 选取工具箱中的横排文字工具，在工具属性栏中设置“字体”为“方正稚艺简体”、“字体大小”为36点、“设置消除锯齿的方法”为“浑厚”、颜色为黑色，如图7-8所示。

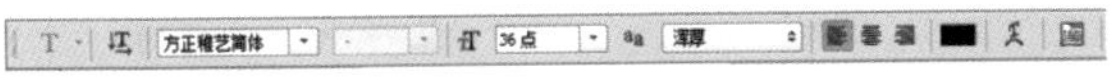

图7-8 设置参数

步骤 08 将鼠标移动至图像编辑窗口中合适位置单击鼠标左键，并输入文字，按【Ctrl+Enter】组合键确认输入，效果如图7-9所示。

步骤 09 在菜单栏中单击“文件”→“打开”命令，打开“品”素材图像，选取工具箱中的移动工具，移动素材图像至“细品花语”图编辑窗口中合适位置，效果如图7-10所示。

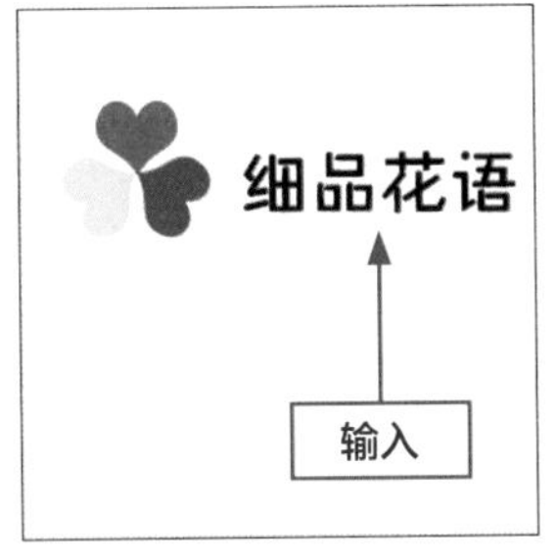

图7-9 输入文字

图7-10 最终效果

实例129 设计珠宝类店标

店标代表着一个店铺的风格和产品的特性，在做店标设计时，一定要体现该店铺的行业和名称，使消费者一目了然。下面以珠宝类为例介绍珠宝店标的设计和制作。本实例最终效果如图7-11所示。

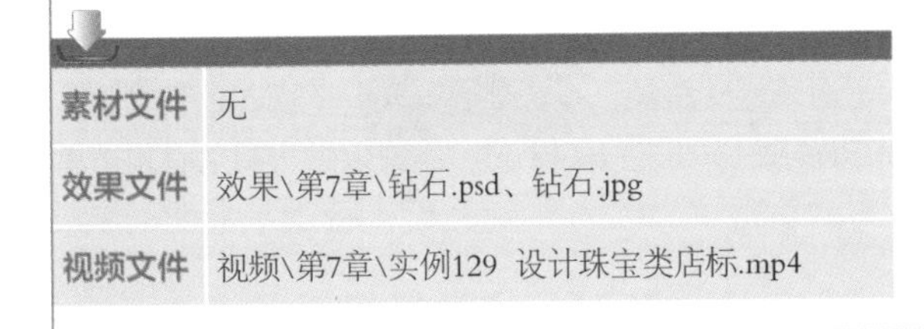

素材文件	无
效果文件	效果\第7章\钻石.psd、钻石.jpg
视频文件	视频\第7章\实例129 设计珠宝类店标.mp4

钻石恒久 恒钻珠宝

图7-11 图像效果

步骤 01 在菜单栏中单击“文件”→“新建”命令，弹出“新建”对话框，设置“名称”为“钻石”、“宽度”为10厘米、“高度”为10厘米，如图7-12所示。

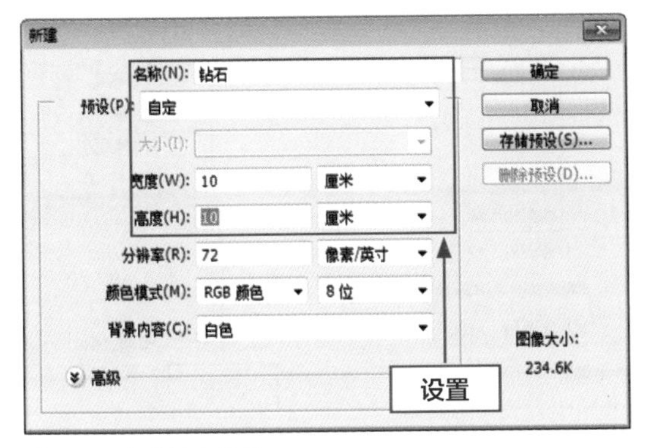

图7-12 设置新建属性

步骤 02 单击“确定”按钮，即可新建一个指定大小的空白文档；选取工具箱中的钢笔工具，在图像编辑窗口中创建路径，如图7-13所示。

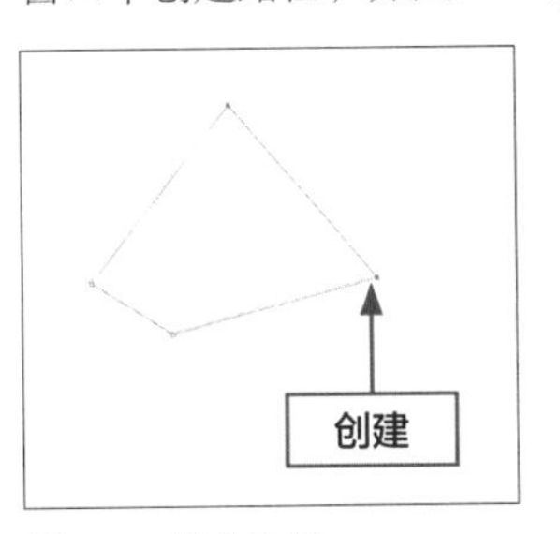

图7-13 创建路径

步骤 03 新建“图层1”图层，设置前景色为红色（RGB参数值分别为229、77、77），选取工具箱中的画笔工具，在工具属性栏中设置画笔为“硬边圆压力大小”、“大小”为8像素；选取工具箱中的钢笔工具，将鼠标移动至图像编辑窗口中的路径上，单击鼠标右键，在弹出的快捷菜单中选择“描边路径”选项，即可弹出“描边路径”对话框，设置“工具”为“画笔”，选中“模拟压力”复选框，单击“确定”按钮，即可制作路径描边效果，按【Ctrl+H】组合键隐藏路径，效果如图7-14所示。

步骤 04 重复步骤02至步骤03的操作，创建路径并制作描边效果，效果如图7-15所示。

步骤 05 选取工具箱中的横排文字工具，在工具属性栏中设置“字体”为“方正稚艺简体”、“字体大小”为24点、“设置消除锯齿的方法”为“浑厚”、颜色为黑色，如图7-16所示。

步骤 06 将鼠标移动至图像编辑窗口中单击鼠标左键，并输入相应文字，按【Ctrl+Enter】组合键确认输入，并调整文字至合适位置，效果如图7-17所示。

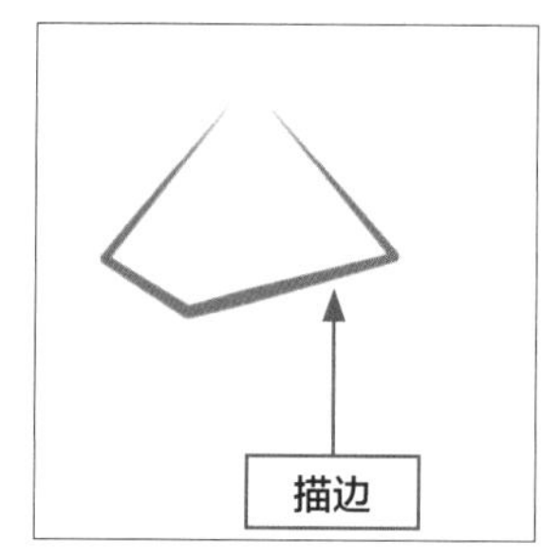

图7-14 路径描边

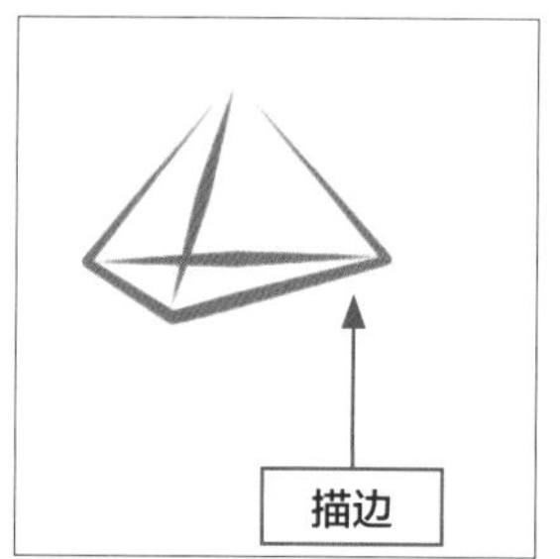

图7-15 重复操作

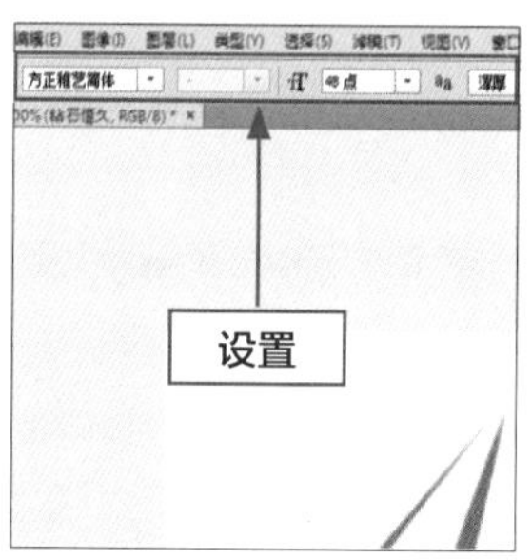

图7-16 设置参数

图7-17 输入文字

实例130 设计服装类店标

店标是一个店铺的形象参考，在做店标设计时一定要和店铺名称相呼应。下面以羽绒服类为例介绍服装类店标的设计与制作。本实例最终效果如图7-18所示。

素材文件	素材\第7章\文字1.psd
效果文件	效果\第7章\蓝羽.psd、蓝羽.jpg
视频文件	视频\第7章\实例130 设计服装类店标.mp4

图7-18 图像效果

步骤 01 在菜单栏中单击“文件”→“新建”命令，弹出“新建”对话框，设置“名称”为“蓝羽”、“宽度”为10厘米、“高度”为10厘米，如图7-19所示。

步骤 02 单击“确定”按钮，即可新建一个指定大小的空白文档；选取工具箱中的椭圆选框工具，在图像编辑窗口中创建椭圆选区，如图7-20所示。

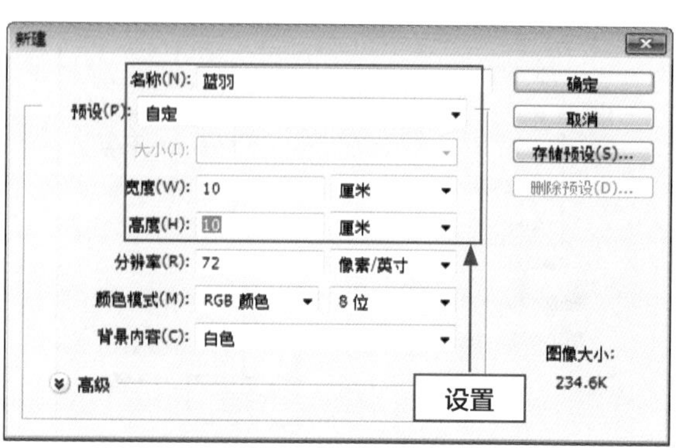

图7-19 设置新建属性

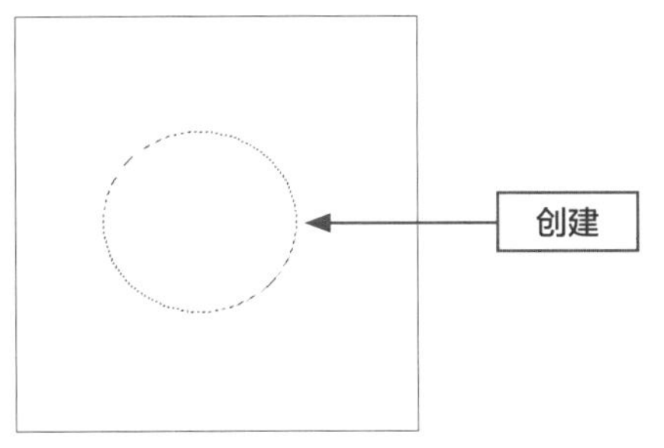

图7-20 创建椭圆选区

步骤 03 按住【Alt】键的同时再次创建一个椭圆选区，得到相减以后的选区，效果如图7-21所示。

步骤 04 新建“图层1”图层，设置前景色为蓝色（RGB参数值分别为2、122、222），按【Alt+Delete】组合键填充前景色，按【Ctrl+D】组合键取消选区，效果如图7-22所示。

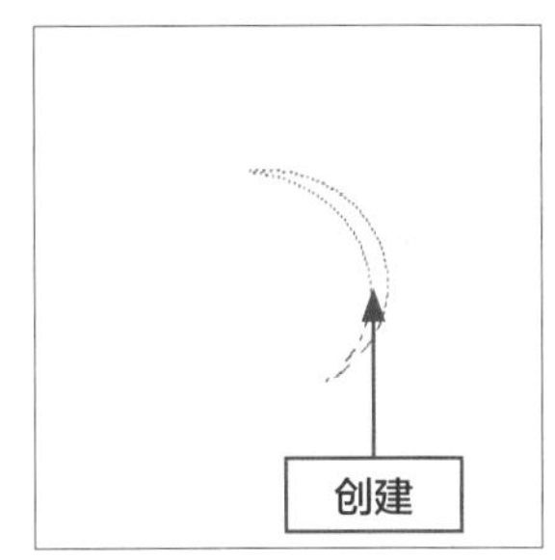

图7-21 相减选区

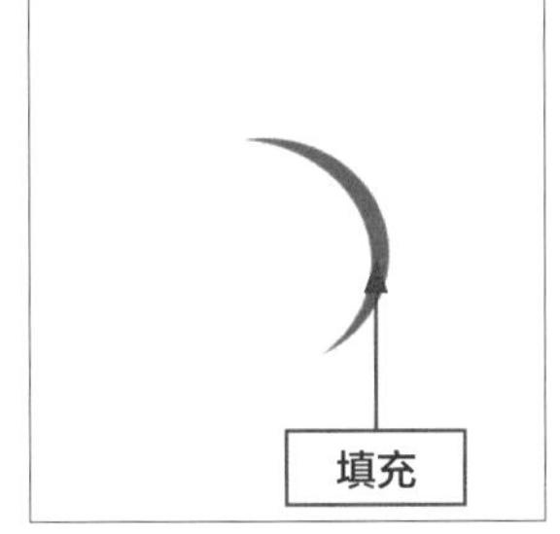

图7-22 填充前景色

步骤 05 按【Ctrl+J】组合键，复制“图层1”图层，得到“图层1拷贝”图层，按【Ctrl+T】组合键，调出变换控制框，缩放并旋转图像，按【Enter】键确认操作，并移动图像至合适位置，效果如图7-23所示。

步骤 06 连续按9次【Ctrl+Alt+Shift+T】组合键，进行9次复制和变换操作，效果如图7-24所示。

图7-23 拷贝并调整图像

图7-24 重复复制和变换图像

步骤 07 按住【Shift】键，选择除“背景”图层外的所有图层，单击鼠标右键在弹出的快捷菜单中选择“链接图层”选项，即可链接图层；按【Ctrl+T】组合键调整图像的大小和位置，按【Enter】键确认操作，效果如图7-25所示。

步骤 08 按【Ctrl+O】组合键，打开“文字1”素材图像，选取工具箱中的移动工具，将文字素材移动至“蓝羽”图像编辑窗口中合适位置，最终效果如图7-26所示。

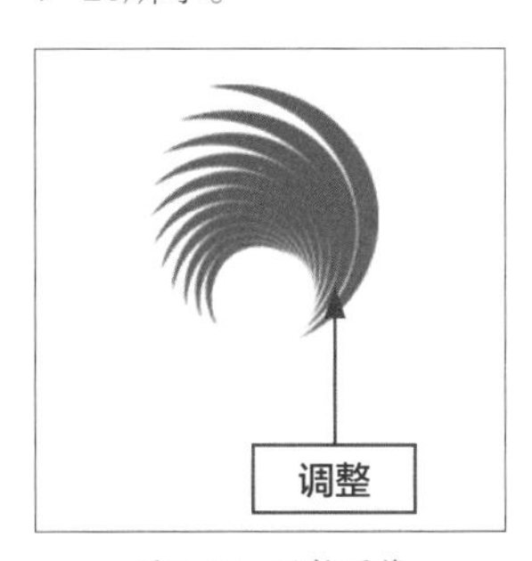

图7-25 调整图像

图7-26 最终效果

实例131 设计运动类店标

店标是店铺的形象代言，在店铺页面和商品中反复强调并摆放，可以让消费者产生重复记忆，从而形成对店铺的品牌烙印。下面以运动类为例介绍运动品牌店标的设计与制作。本实例最终效果如图7-27所示。

素材文件	无
效果文件	效果\第7章\新升运动.psd、新升运动.jpg
视频文件	视频\第7章\实例131 设计运动类店标.mp4

图7-27 图像效果

步骤 01 在菜单栏中单击“文件”→“新建”命令，弹出“新建”对话框，设置“名称”为“新升运动”、“宽度”为10厘米、“高度”为10厘米，如图7-28所示。

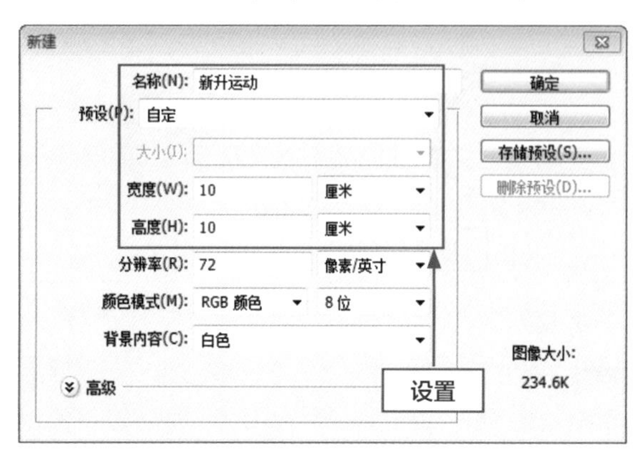

图7-28 设置新建属性

步骤 02 单击“确定”按钮，即可新建一个指定大小的空白文档；选取工具箱中的钢笔工具，在图像编辑窗口中创建路径，如图7-29所示。

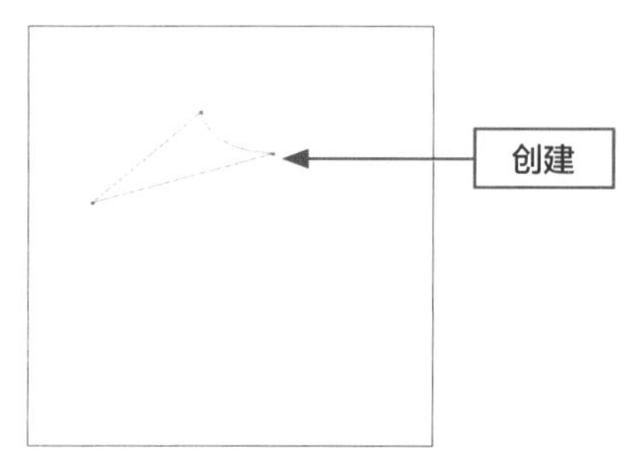

图7-29 创建路径

步骤 03 按【Ctrl+Enter】组合键，将路径转换为选区，设置前景色为绿色（RGB参数值分别为3、140、0）；新建“图层1”图层，按【Alt+Delete】组合键填充前景色，按【Ctrl+D】组合键取消选区，效果如图7-30所示。

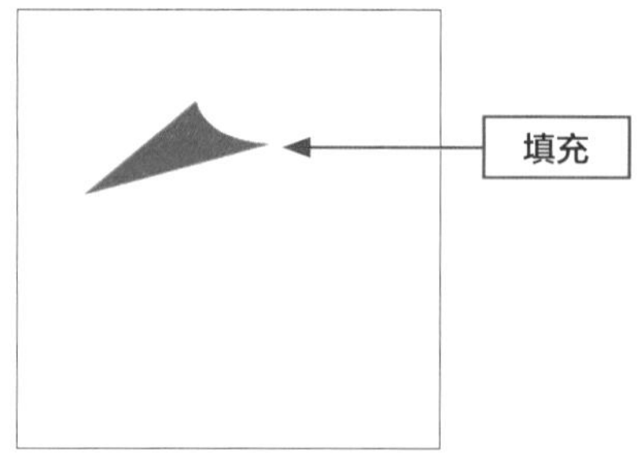

图7-30 填充前景色

步骤 04 按【Ctrl+J】组合键，复制“图层1”图层，得到“图层1拷贝”图层；按【Ctrl+T】组合键，调出变换控制框，在工具属性栏中设置“旋转”角度为180度，并移动至合适位置，按【Enter】键确认操作，效果如图7-31所示。

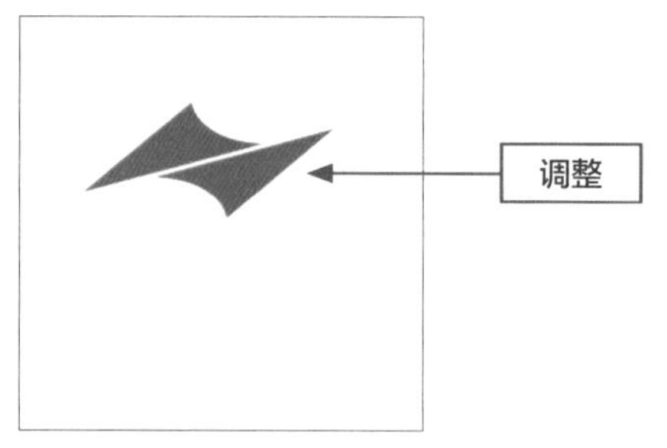

图7-31 复制并调整图像

步骤 05 按住【Ctrl】键的同时，单击“图层1拷贝”图层缩略图，即可将图像载入选区；设置前景色为紫色（RGB参数值分别为85、1、157），按【Alt+Delete】组合键填充前景色，按【Ctrl+D】组合键取消选区；按住【Shift】键，选择除“背景”图层外的所有图层，单击鼠标右键在弹出的快捷菜单中选择“链接图层”选项，即可链接图层；按【Ctrl+T】组合键调整图像的大小和位置，按【Enter】键确认操作，效果如图7-32所示。

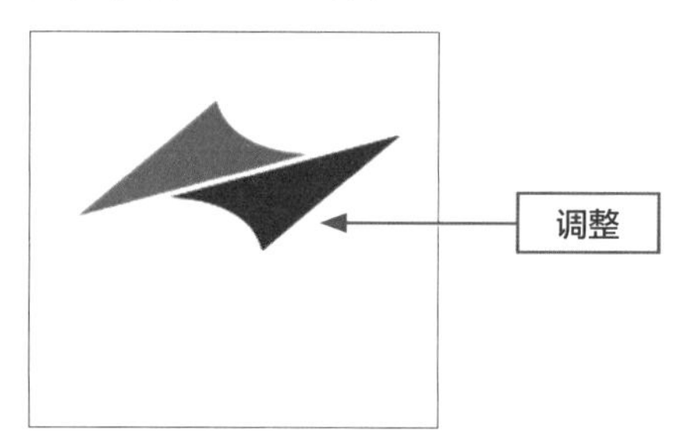

图7-32 填充前景色并调整图像

步骤 06 选取工具箱中的横排文字工具，在工具属性栏中设置“字体”为“方正综艺简体”、“字体大小”为48点、“设置消除锯齿的方法”为“平滑”、“颜色”为黑色；将鼠标移动至图像编辑窗口中合适位置单击鼠标左键，并输入文字，按【Ctrl+Enter】组合键确认输入，效果如图7-33所示。

图7-33 最终效果

实例132 设计通信类店标

店标是造型简单、意义明确的视觉符号，将经验理念和产品特性等要素通过图文传递给消费者。下面以通信类为例介绍通信店标的设计与制作。本实例最终效果如图7-34所示。

素材文件	素材\第7章\路径.psd、圆环.psd
效果文件	效果\第7章\卓越通讯.psd、卓越通讯.jpg
视频文件	视频\第7章\实例132 设计通信类店标.mp4

图7-34 图像效果

步骤 01 在菜单栏中单击“文件”→“新建”命令，弹出“新建”对话框，设置“名称”为“卓越通讯”、“宽度”为10厘米、“高度”为10厘米，如图7-35所示。

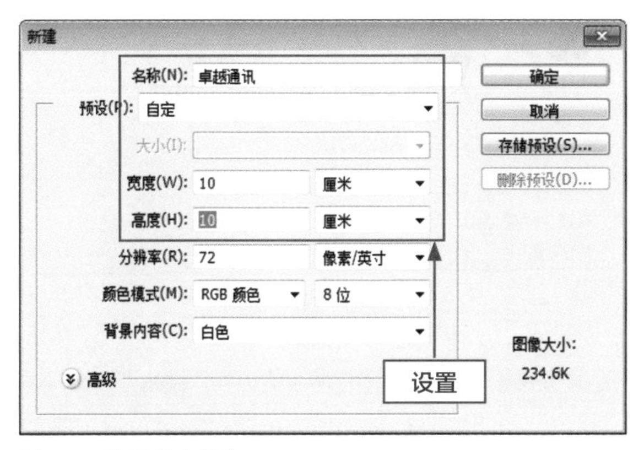

图7-35 设置新建属性

步骤 02 单击“确定”按钮，即可新建一个指定大小的空白文档；按【Ctrl+O】组合键，打开“路径”素材图像，在“路径”面板中选择“路径1”路径，在工具箱中选取路径选择工具，将路径移动至“卓越通讯”图像编辑窗口中，如图7-36所示。

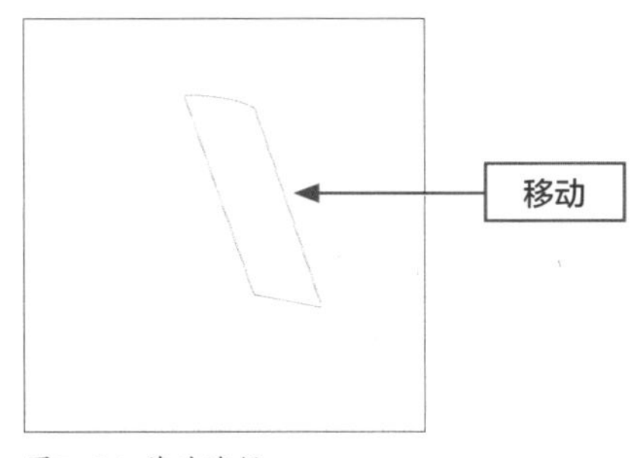

图7-36 移动路径

步骤 03 按【Ctrl+Enter】组合键，将路径转换为选区，设置前景色为黑色；新建“图层1”图层，按【Alt+Delete】组合键填充前景色，按【Ctrl+D】组合键取消选区，效果如图7-37所示。

步骤 04 切换至“路径”图像编辑窗口，在“路径”面板中选择“路径2”路径，在工具箱中选取路径选择工具，将路径移动至“卓越通讯”图像编辑窗口中合适位置，按【Ctrl+Enter】组合键，将路径转换为选区，按【Delete】键清除选区图像，如图7-38所示，按【Ctrl+D】组合键取消选区。

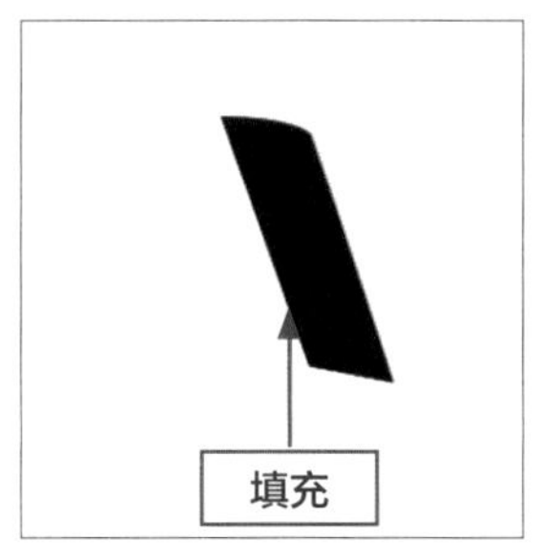

图7-37 填充前景色

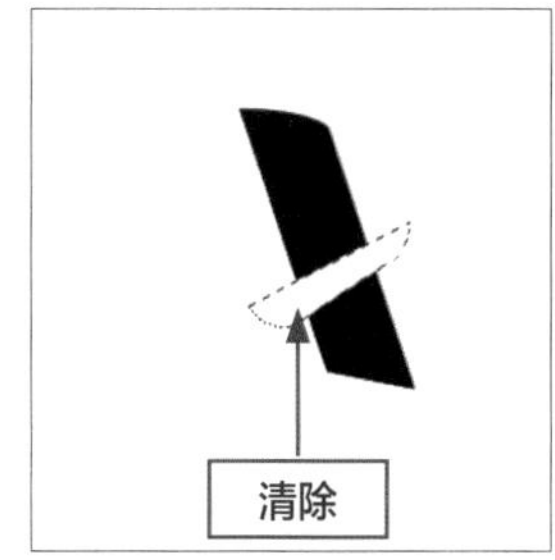

图7-38 清除选区图像

步骤 05 按【Ctrl+J】组合键，复制“图层1”图层，得到“图层1拷贝”图层；按住【Ctrl】键的同时，单击“图层1拷贝”图层缩略图，即可将图像载入选区；设置前景色为蓝色（RGB参数值分别为17、14、151），按【Alt+Delete】组合键填充前景色，按【Ctrl+D】组合键取消选区，效果如图7-39所示。

步骤 06 选取工具箱中的移动工具，将图像移动至合适位置，效果如图7-40所示。

图7-39 填充前景色

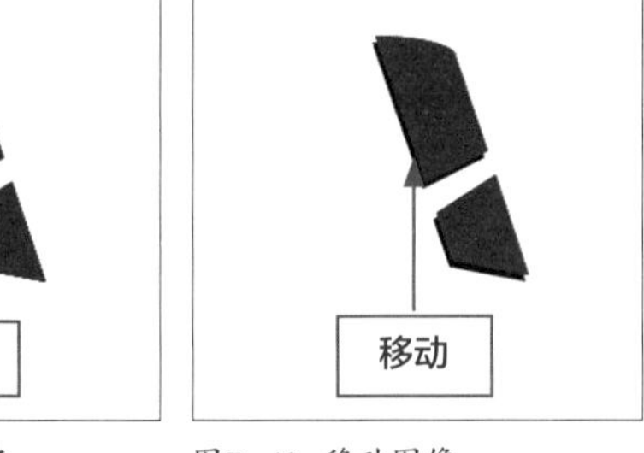

图7-40 移动图像

步骤 07 按【Ctrl+O】组合键，打开“圆环”素材图像，选取工具箱中的移动工具，将素材图像移动至“卓越通讯”图像编辑窗口中，效果如图7-41所示。

步骤 08 按【Ctrl+T】组合键，调整图像大小和位置，效果如图7-42所示。

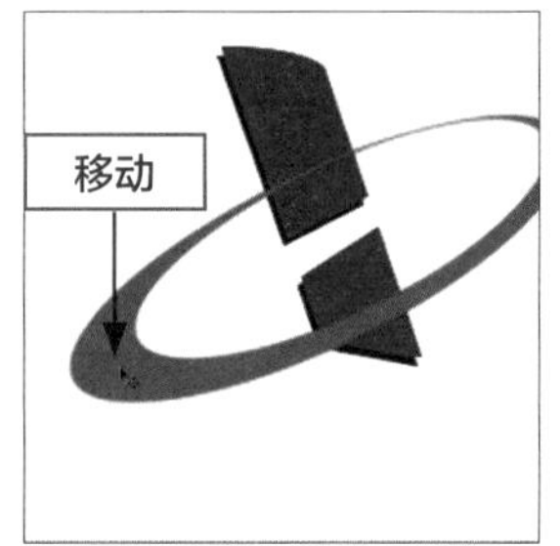

图7-41 移动素材图像

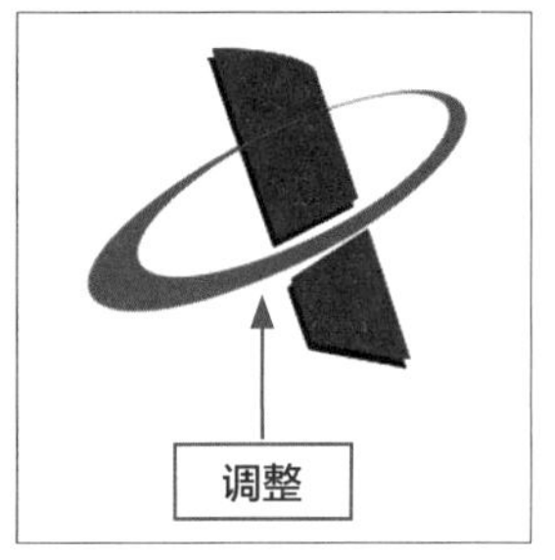

图7-42 调整图像

步骤 09 设置前景色为红色（RGB参数值分别为213、0、0）；选取工具箱中的多边形工具，在工具属性栏中设置“边”为4，单击“几何选项”下拉按钮，在弹出的面板中选中“星形”复选框，并设置“缩进边依据”为60%；在图像编辑窗口中单击鼠标左键，即可弹出“创建多边形”对话框，设置“宽度”为24像素、“高度”为24像素，单击“确定”按钮即可创建多边形，效果如图7-43所示。

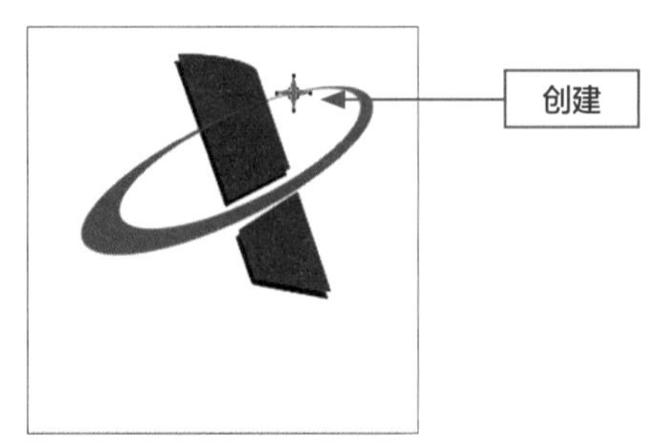

图7-43 创建多边形

步骤 10 选取工具箱中的移动工具，将形状移动至合适位置，效果如图7-44所示。

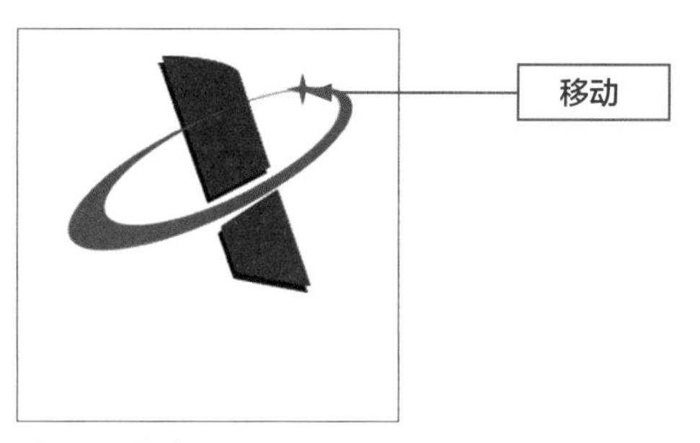

图7-44 移动形状

步骤 11 按住【Shift】键，选择除“背景”图层外的所有图层，单击鼠标右键在弹出的快捷菜单中选择“链接图层”选项，即可链接图层；按【Ctrl+T】组合键调整图像的大小和位置，按【Enter】键确认操作，效果如图7-45所示。

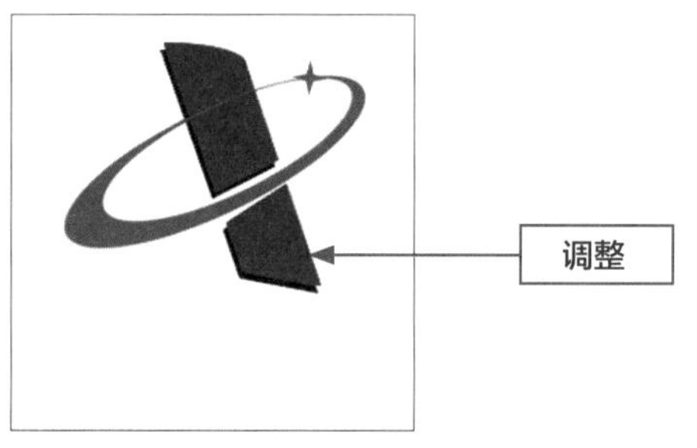

图7-45 调整图像

步骤 12 选取工具箱中的横排文字工具，在工具属性栏中设置“字体”为“方正粗谭黑简体”、“字体大小”为48点、“设置取消锯齿的方法”为“平滑”、“颜色”为黑色；将鼠标移动至图像编辑窗口中合适位置单击鼠标左键，并输入文字，按【Ctrl+Enter】组合键确认输入，效果如图7-46所示。

图7-46 最终效果

实例133 设计家纺类店标

店标是视觉形象的核心，它构成店铺形象的基本特征，体现店铺的行业类别。下面以家纺类为例介绍家纺店标的设计与制作。本实例最终效果如图7-47所示。

素材文件	素材\第7章\路径1.psd
效果文件	效果\第7章\玉蝶彩·家纺.psd、玉蝶彩·家纺.jpg
视频文件	视频\第7章\实例133 设计家纺类店标.mp4

图7-47 图像效果

步骤 01 在菜单栏中单击“文件”→“新建”命令，弹出“新建”对话框，设置“名称”为“玉蝶彩·家纺”、“宽度”为10厘米、“高度”为10厘米，如图7-48所示。

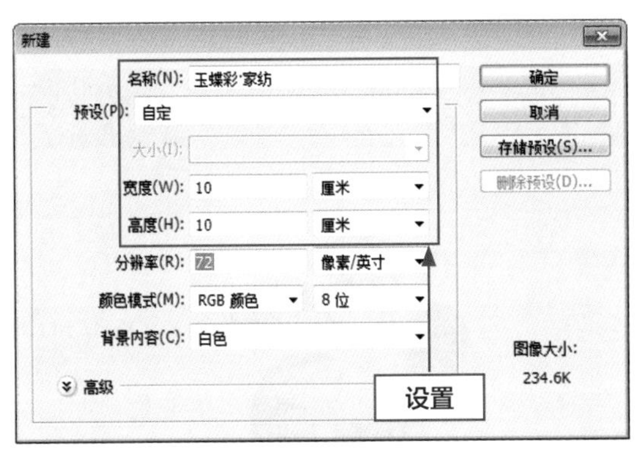

图7-48 设置新建属性

步骤 02 单击“确定”按钮，即可新建一个指定大小的空白文档；按【Ctrl+O】组合键，打开“路径1”素材图像，在“路径”面板中选择“路径1”路径，在工具箱中选取路径选择工具，将路径移动至“玉蝶彩·家纺”图像编辑窗口中，如图7-49所示。

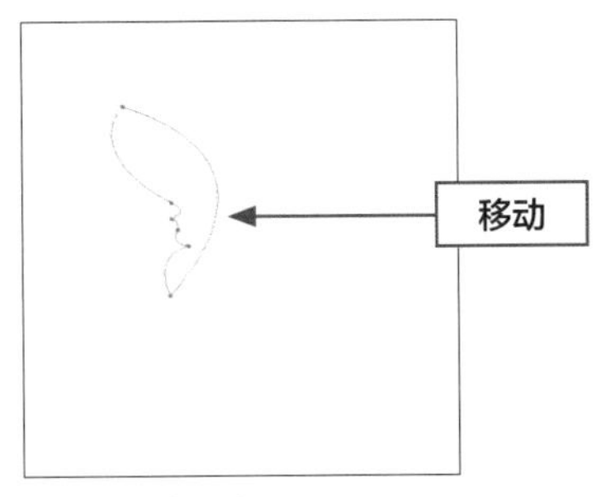

图7-49 移动路径

步骤 03 按【Ctrl+Enter】组合键，将路径转换为选区，新建“图层1”图层；选取工具栏中的渐变工具，在工具属性栏中单击“点按可编辑渐变”色块，即可弹出“渐变编辑器”对话框，设置左边的“色标”为深紫色（RGB参数值分别为141、0、61）、右边的“色标”为浅紫色（RGB参数值分别为255、124、180），单击“确定”按钮，将鼠标移动至图像编辑窗口中的选区内，单击鼠标左键从下到上拖动，释放鼠标即可给选区制作渐变效果，按【Ctrl+D】组合键取消选区，效果如图7-50所示。

步骤 04 按【Ctrl+J】组合键，复制“图层1”图层，得到“图层1拷贝”图层；在菜单栏中单击“编辑”→“变换”→“水平翻转”命令，即可水平翻转图像；选取工具箱中的移动工具，将图像移动至合适位置，效果如图7-51所示。

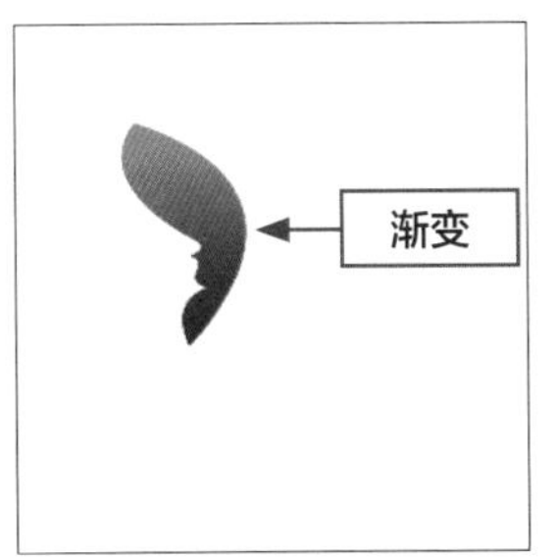

图7-50 制作渐变效果

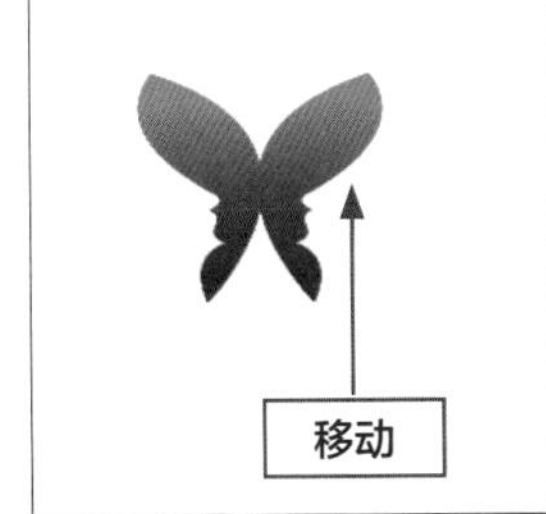

图7-51 移动图像

步骤 05 新建“图层2”图层，选取工具箱中的椭圆选框工具，在图像编辑窗口中合适位置创建选区，并制作渐变效果，按【Ctrl+D】组合键取消选区，效果如图7-52所示。

步骤 06 切换至“路径1”图像编辑窗口，在“路径”面板中选择“路径2”路径，在工具箱中选取路径选择工具，将路径移动至“玉蝶彩·家纺”图像编辑窗口中合适位置，按【Ctrl+Enter】组合键，将路径转换为选区，新建“图层3”图层，制作渐变效果，并取消选区；按【Ctrl+J】组合键，复制“图层3”图层，得到“图层3拷贝”图层；在菜单栏中单击“编辑”→“变换”→“水平翻转”命令，即可水平翻转图像；选取工具箱中的移动工具，将图像移动至合适位置，效果如图7-53所示。

步骤 07 按住【Shift】键，选择除“背景”图层外的所有图层，单击鼠标右键在弹出的快捷菜单中选择“链接图层”选项，即可链接图层；按【Ctrl+T】组合键调整图像的大小和位置，按【Enter】键确认操作，效果如图7-54所示。

步骤 08 选取工具箱中的横排文字工具，在工具属性栏中设置“字体”为“方正稚艺简体”、“字体大小”为30点、“设置消除锯齿的方法”为“浑厚”、“颜色”为黑色；将鼠标移动至图像编辑窗口中合适位置单击鼠标左键，并输入文字，按【Ctrl+Enter】键确认输入，效果如图7-55所示。

图7-52 制作渐变效果

图7-53 移动图像

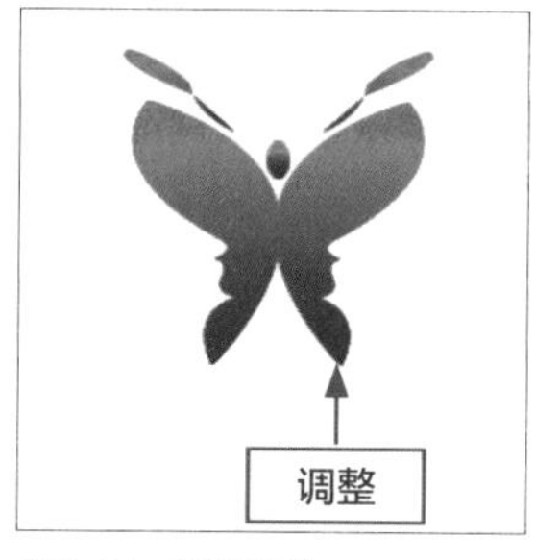

图7-54 调整图像

图7-55 最终效果

实例134 设计百货类店标

店标不仅是调动所有视觉要素的主导力量，也是整合所有视觉要素的中心，更是消费者认同店铺品牌的代表，因此要简单而直接地体现店铺名称和产品特性。下面以日用百货类为例介绍百货店店标的设计与制作。本实例最终效果如图7-56所示。

素材文件	素材\第7章\形状.jpg
效果文件	效果\第7章\满地红百货.psd、满地红百货.jpg
视频文件	视频\第7章\实例134 设计百货类店标.mp4

图7-56 图像效果

步骤 01 在菜单栏中单击“文件”→“新建”命令，弹出“新建”对话框，设置“名称”为“满地红百货”、“宽度”为10厘米、“高度”为10厘米，如图7-57所示。

步骤 02 单击“确定”按钮，即可新建一个指定大小的空白文档；在菜单栏中单击“文件”→“打开”命令，打开“形状”素材图像，如图7-58所示。

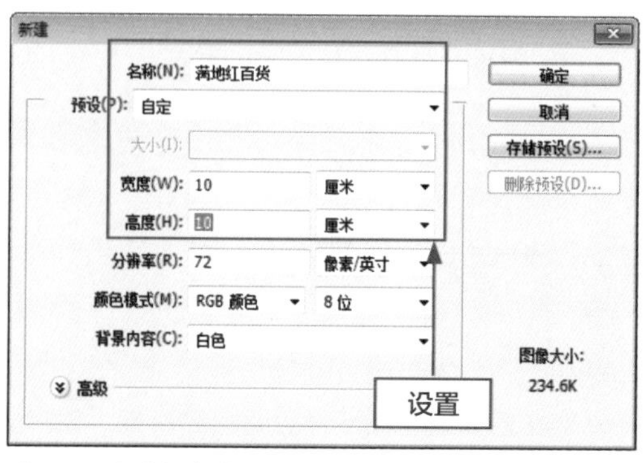

图7-57 设置新建属性

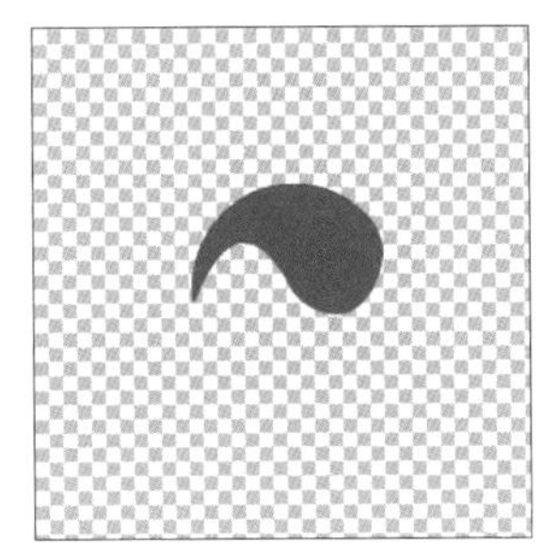
图7-58 打开素材图像

步骤 03 选取工具箱中的移动工具，将素材图像移动至新建空白文档中，如图7-59所示。

步骤 04 按【Ctrl+J】组合键，复制“图层1”图层，得到“图层1拷贝”图层，按【Ctrl+T】组合键，调出变换控制框，拖动变换中心点至左下角，如图7-60所示。

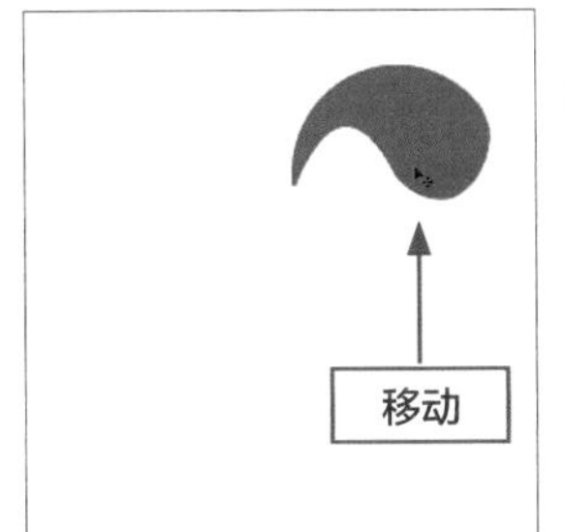

图7-59 移动素材图像　图7-60 移动中心点

步骤 05 执行上述操作后，在工具属性栏中设置“旋转”为72度，按【Enter】键确认操作，效果如图7-61所示。

步骤 06 连续按3次【Ctrl+Alt+Shift+T】组合键，进行3次复制和变换操作，效果如图7-62所示。

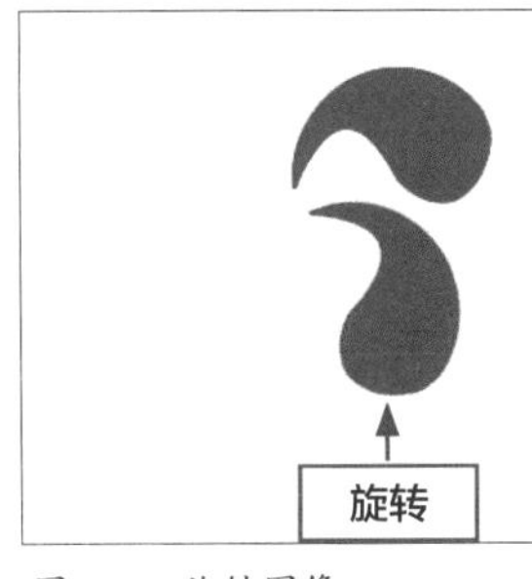

图7-61 旋转图像

图7-62 重复复制和旋转图像

步骤 07 按住【Shift】键，选择除“背景”图层外的所有图层，单击鼠标右键在弹出的快捷菜单中选择“链接图层”选项，即可链接图层；按【Ctrl+T】组合键调整图像的大小和位置，效果如图7-63所示，按【Enter】键确认操作。

步骤 08 选取工具箱中的横排文字工具，在工具属性栏中设置“字体”为“方正粗谭黑简体”、“字体大小”为36点、“设置消除锯齿的方法”为“平滑”、“颜色”为黑色；将鼠标移动至图像编辑窗口中合适位置单击鼠标左键，并输入文字，按【Ctrl+Enter】组合键确认输入，最终效果如图7-64所示。

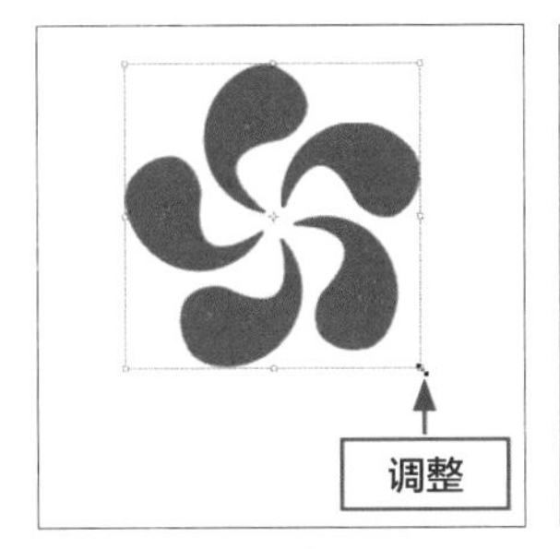

图7-63 调整图像

图7-64 最终效果

实例135 设计鞋子类店标

好的店标既要体现行业的产品特性，又要简单美观，让人印象深刻。下面以鞋子类为例介绍鞋店店标设计与制作。本实例最终效果如图7-65所示。

素材文件	素材\第7章\路径2.psd
效果文件	效果\第7章\鞋子.psd、鞋子.jpg
视频文件	视频\第7章\实例135 设计鞋子类店标.mp4

图7-65 图像效果

步骤 01 在菜单栏中单击“文件”→“新建”命令，弹出“新建”对话框，设置“名称”为“鞋子”、“宽度”为10厘米、“高度”为10厘米，如图7-66所示。

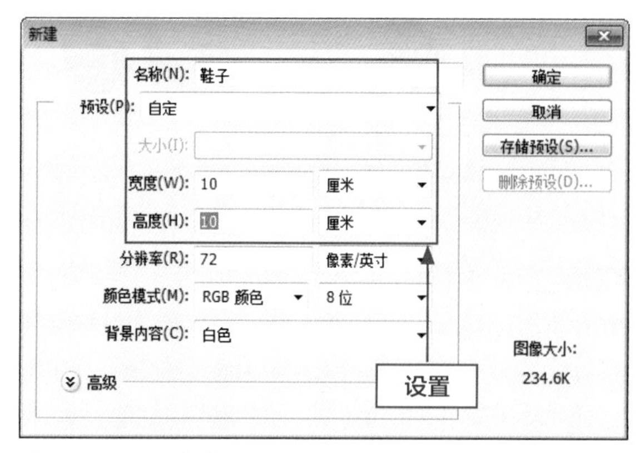

图7-66 设置新建属性

步骤 02 单击“确定”按钮，即可新建一个指定大小的空白文档；选取工具箱中的自定形状工具，在工具属性栏中设置“形状”为“窄边圆形边框”；在图像编辑窗口中单击鼠标左键，即可弹出“创建自定形状”对话框，设置“宽度”为173像素、“高度”为173像素，单击“确定”按钮即可创建自定形状，效果如图7-67所示。

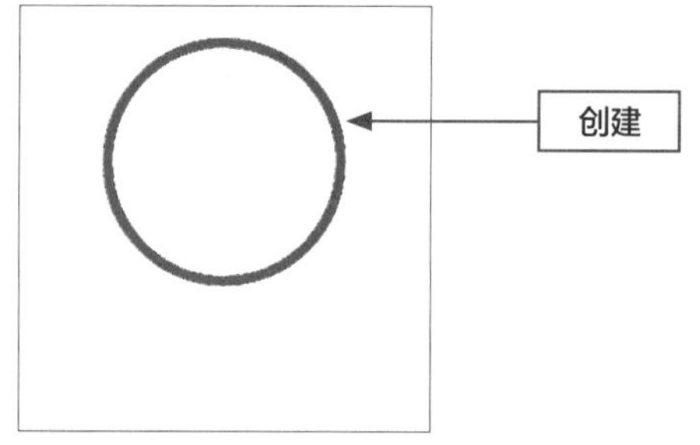

图7-67 创建形状

步骤 03 单击“填充”后的色块下拉按钮，在下拉菜单中单击“拾色器”按钮，即可弹出“拾色器”（填充颜色）对话框，设置RGB参数值分别为227、0、129，单击“确定”按钮，即可更改填充颜色，效果如图7-68所示。

步骤 04 按【Ctrl+O】组合键，打开“路径2”素材图像，在“路径”面板中选择“工作路径”路径，在工具箱中选取路径选择工具，将路径移动至“鞋子”图像编辑窗口中合适位置，如图7-69所示。

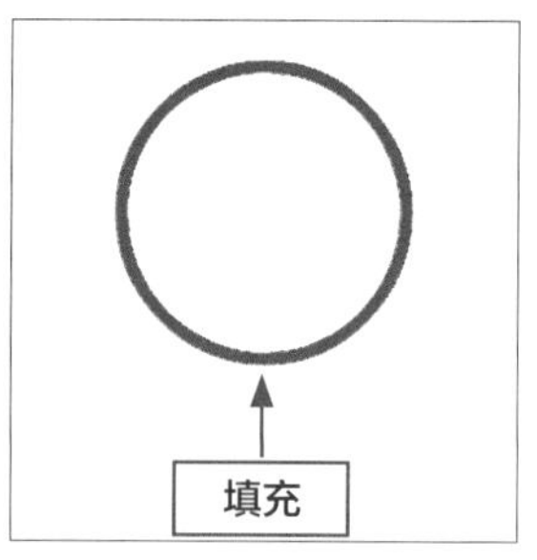

图7-68 更改填充颜色

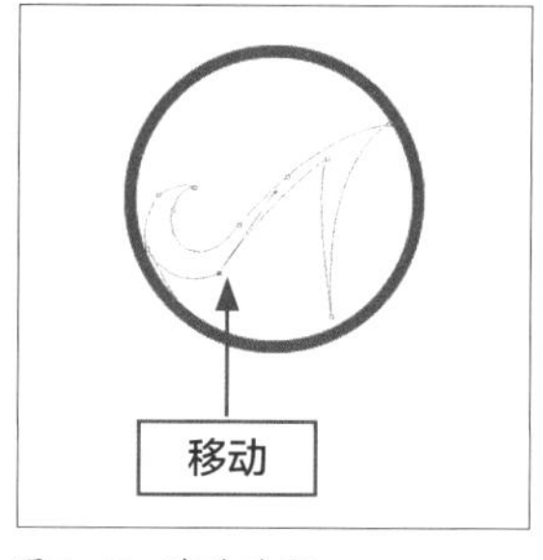

图7-69 移动路径

步骤 05 按【Ctrl+Enter】组合键，将路径转换为选区，效果如图7-70所示。

步骤 06 新建“图层1”图层，设置前景色为洋红，RGB参数值分别为227、0、129，按【Alt+Delete】组合键填充前景色，按【Ctrl+D】组合键取消选区，效果如图7-71所示。

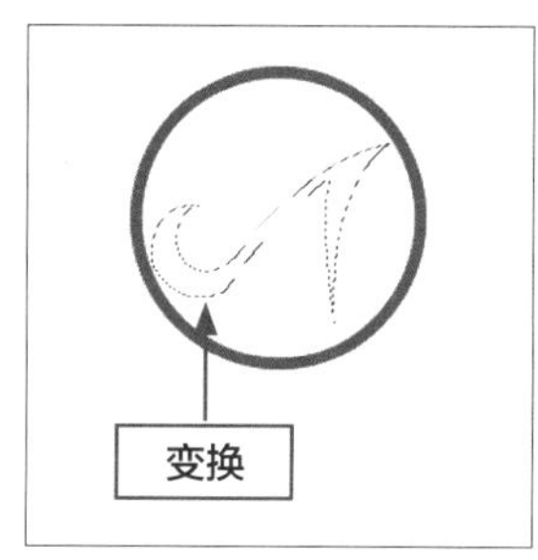

图7-70 将路径变换为选区

图7-71 填充前景色

步骤 07 按住【Shift】键，选择除“背景”图层外的所有图层，单击鼠标右键在弹出的快捷菜单中选择“链接图层”选项，即可链接图层；按【Ctrl+T】组合键调整图像的大小和位置，效果如图7-72所示，按【Enter】键确认操作。

步骤 08 选取工具箱中的横排文字工具，在工具属性栏中设置“字体”为“方正粗谭黑简体”、“字体大小”为36点、“设置消除锯齿的方法”为“平滑”、“颜色”为黑色；将鼠标移动至图像编辑窗口中单击鼠标左键，并输入文字，按【Ctrl+Enter】组合键确认输入，并移动至合适位置，最终效果如图7-73所示。

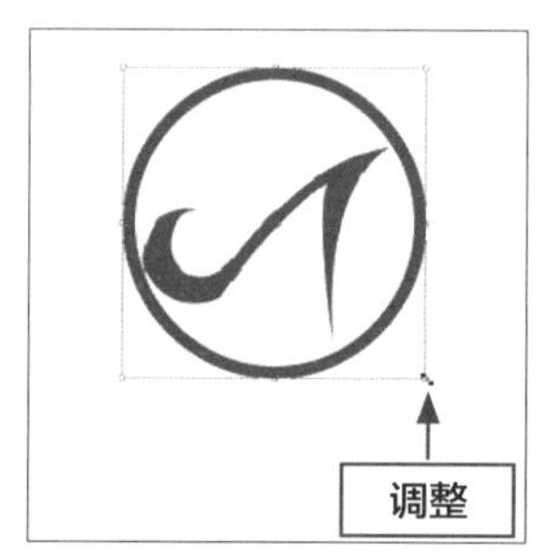

图7-72 调整图像

图7-73 最终效果

实例136 设计箱包类店标

店标的设计，都应力求形体简洁、形象明朗、引人注目且易于识别。下面以箱包类为例介绍箱包店店标的设计与制作。本实例最终效果如图7-74所示。

素材文件	素材\第7章\箱包1.psd、箱包2.psd
效果文件	效果\第7章\箱包.psd、箱包.jpg
视频文件	视频\第7章\实例136 设计箱包类店标.mp4

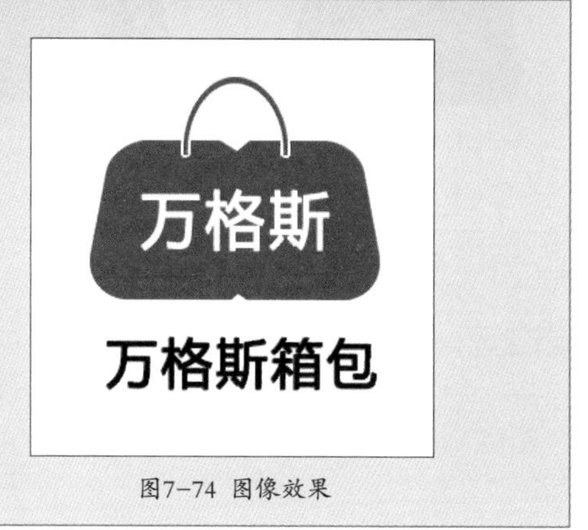

图7-74 图像效果

步骤 01 在菜单栏中单击“文件”→“新建”命令，弹出“新建”对话框，设置“名称”为“箱包”、“宽度”为10厘米、“高度”为10厘米，如图7-75所示。

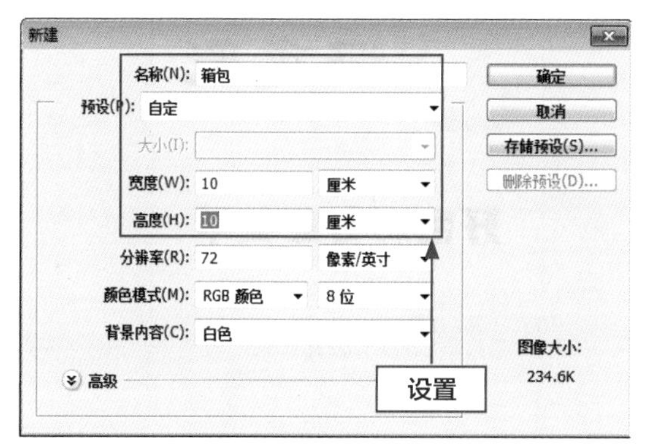

图7-75 设置新建属性

步骤 02 单击“确定”按钮，即可新建一个指定大小的空白文档；按【Ctrl+O】组合键，打开“箱包1”素材图像，选取工具箱中的移动工具，将图像移动至“箱包”图像编辑窗口中合适位置，效果如图7-76所示。

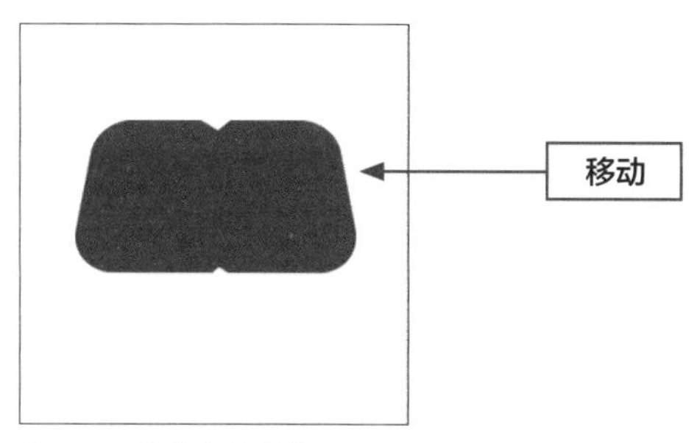

图7-76 移动素材图像

步骤 03 设置前景色为红色（RGB参数值分别为227、0、0），选取工具箱中的自定形状工具，在工具属性栏中设置“形状”为“窄边圆形边框”；在图像编辑窗口中创建形状；选取工具箱中的移动工具，将形状移动至合适位置，效果如图7-77所示。

步骤 04 选择“图层”面板中的“形状1”图层，单击鼠标右键，在弹出的快捷菜单中选择“栅格化图层”选项，即可将图层栅格化，如图7-78所示。

图7-77 移动形状

图7-78 栅格化图层

步骤 05 选取工具箱中的矩形选框工具，在图像编辑窗口中创建选区，按【Delete】键清除选区图像，如图7-79所示，按【Ctrl+D】组合键取消选区。

步骤 06 在菜单栏中单击“图层”→“图层样式”→“描边”命令，即可弹出“图层样式”对话框，设置“大小”为2像素、颜色为白色，单击“确定”按钮，即可给图像描边，效果如图7-80所示。

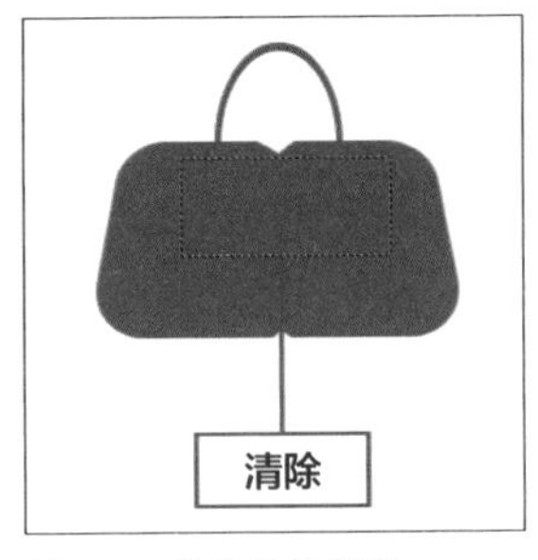

图7-79 清除选区图像

图7-80 图像描边

步骤 07 按【Ctrl+O】组合键，打开“箱包2”素材图像，选取工具箱中的移动工具，将素材图像移动至“箱包”图像编辑窗口中合适位置，效果如图7-81所示。

步骤 08 按住【Shift】键，选择除“背景”图层外的所有图层，单击鼠标右键在弹出的快捷菜单中选择“链接图层”选项，即可链接图层；按【Ctrl+T】组合键调整图像的大小和位置，按【Enter】确认操作，最终效果如图7-82所示。

图7-81 移动素材图像

图7-82 最终效果

实例137 设计彩妆类店标

店标设计讲究优美精致，符合美学原理；店标设计既要有新颖独特的创意来表现产品个性特征，又要用形象化的艺术语言表达出来。下面以美甲类为例介绍彩妆类店标的设计与制作。本实例最终效果如图7-83所示。

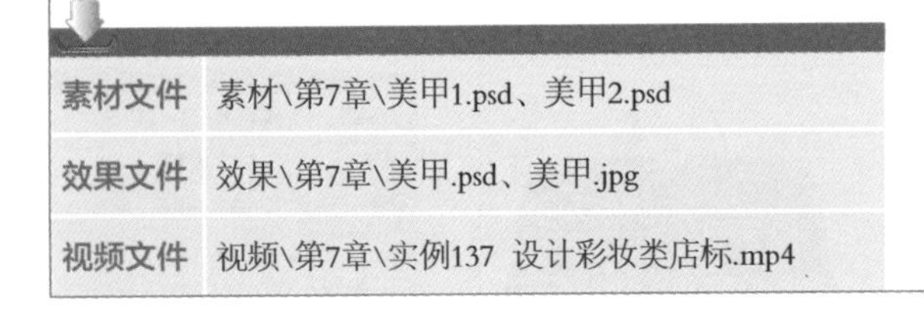

素材文件	素材\第7章\美甲1.psd、美甲2.psd
效果文件	效果\第7章\美甲.psd、美甲.jpg
视频文件	视频\第7章\实例137 设计彩妆类店标.mp4

图7-83 图像效果

步骤 01 在菜单栏中单击“文件”→“新建”命令，弹出“新建”对话框，设置“名称”为“美甲”、“宽度”为10厘米、“高度”为10厘米，如图7-84所示。

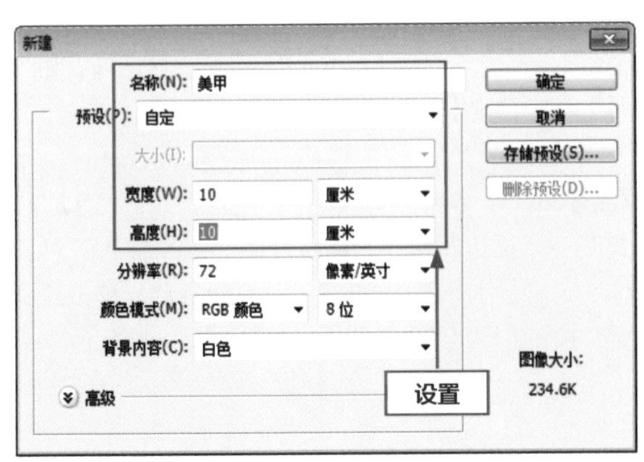

图7-84 设置新建属性

步骤 02 单击“确定”按钮，即可新建一个指定大小的空白文档；按【Ctrl+O】组合键，打开“美甲1”素材图像，效果如图7-85所示。

图7-85 打开素材图像

步骤 03 选取工具箱中的移动工具，将素材图像移动至“美甲”图像编辑窗口中合适位置，如图7-86所示。

步骤 04 按【Ctrl+J】组合键，复制“图层1”图层，得到“图层1拷贝”图层，按【Ctrl+T】组合键，调出变换控制框，将变换中心点移动至右上角，如图7-87所示。

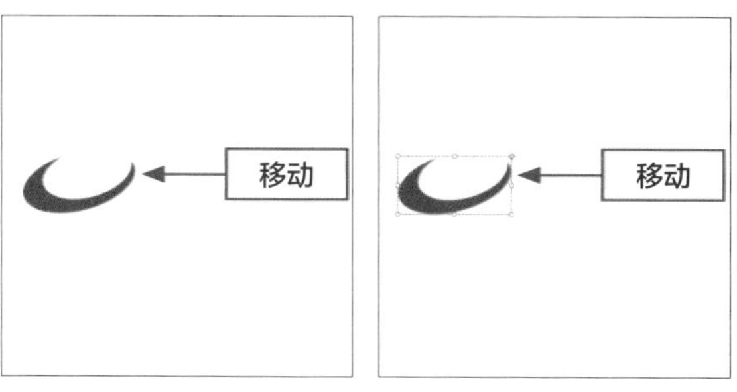

图7-86 移动素材图像　　图7-87 移动中心点

步骤 05 执行上述操作后，在工具属性栏中设置“旋转”为48度，按【Enter】键确认操作，效果如图7-88所示。

步骤 06 连续按两次【Ctrl+Alt+Shift+T】组合键，进行两次复制和变换操作，效果如图7-89所示。

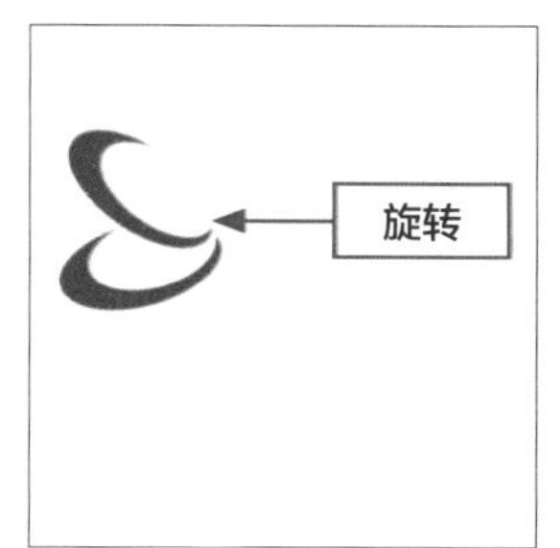

图7-88 旋转图像

图7-89 重复复制和旋转图像

步骤 07 在“图层”面板中选择“图层1拷贝”图层，在菜单栏中单击“图层”→“图层样式”→“颜色叠加”命令，即可弹出“图层样式”对话框，单击颜色色块，弹出“拾色器（叠加颜色）”对话框，设置RGB参数值分别为255、0、144，单击“确定”按钮即可叠加颜色，效果如图7-90所示。

步骤 08 重复步骤07操作，将“图层1拷贝2”图层叠加颜色设置为黄色（RGB参数值分别为255、210、0）、“图层1拷贝3”图层叠加颜色设置为绿色（RGB参数值分别为61、255、0），效果如图7-91所示。

图7-90 颜色叠加

图7-91 重复操作

步骤 09 按【Ctrl+O】组合键，打开“美甲2”素材图像，选取工具箱中的移动工具，将图像移动至“美甲”图像编辑窗口中合适位置，效果如图7-92所示。

步骤 10 选取工具箱中的直线工具，在工具属性栏中设置“填充”为灰色（RGB参数值均为170），在图像编辑窗口中绘制直线，效果如图7-93所示。

图7-92 输入文字

图7-93 最终效果

实例138 设计家居类店标

在做店标设计时可使用图文结合的手法，将店铺商品灵活运用于店标中，既体现结构美感，又具有宣传作用。下面以家居类为例介绍家居用品店店标的设计与制作。本实例最终效果如图7-94所示。

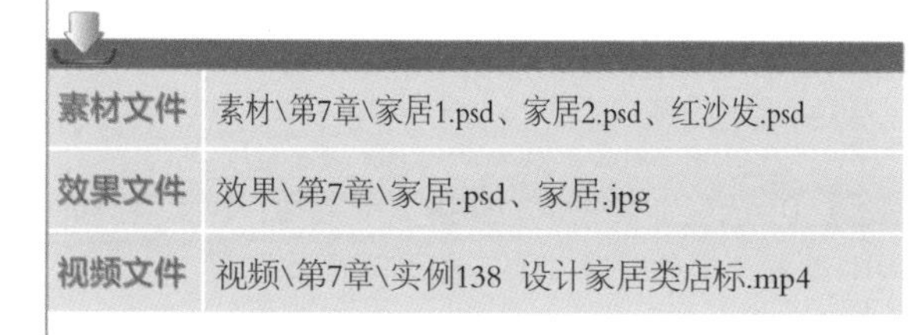

素材文件	素材\第7章\家居1.psd、家居2.psd、红沙发.psd
效果文件	效果\第7章\家居.psd、家居.jpg
视频文件	视频\第7章\实例138 设计家居类店标.mp4

图7-94 图像效果

步骤 01 在菜单栏中单击“文件”→“新建”命令，弹出“新建”对话框，设置“名称”为“家居”、“宽度”为10厘米、“高度”为10厘米，如图7–95所示。

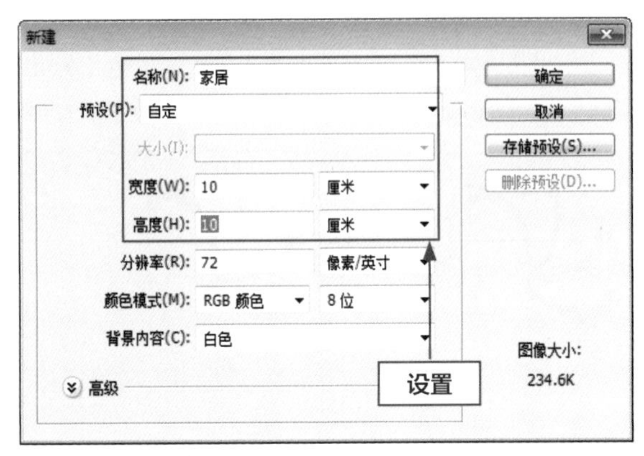

图7–95 设置新建属性

步骤 02 单击“确定”按钮，即可新建一个指定大小的空白文档；按【Ctrl+O】组合键，打开“家居1”素材图像，选取工具箱中的移动工具，将图像移动至“家居”图像编辑窗口中，效果如图7–96所示。

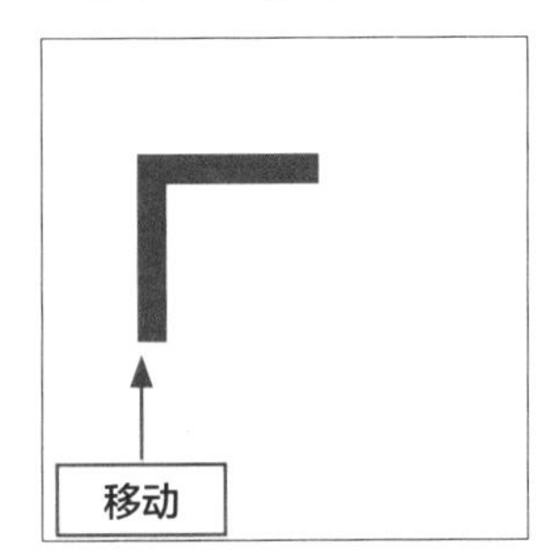

图7–96 移动素材图像

步骤 03 按【Ctrl+T】组合键，调出变换控制框，在工具属性栏中设置“旋转”为45度，按【Enter】键确认，如图7–97所示。

步骤 04 按【Ctrl+O】组合键，打开“家居2”素材图像，选取工具箱中的移动工具，将图像移动至“家居”图像编辑窗口中，效果如图7–98所示。

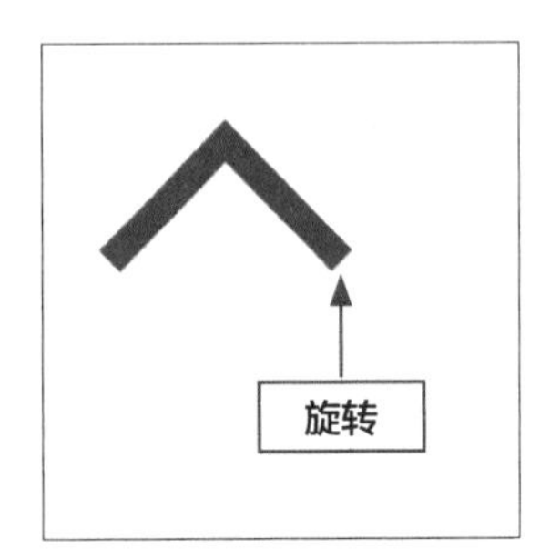

图7–97 旋转图像

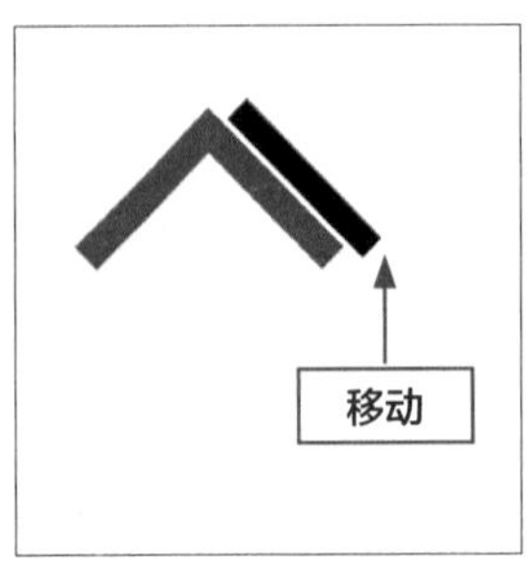

图7–98 移动素材图像

步骤 05 设置前景色为红色（RGB参数值分别为222、0、0），按【Ctrl+J】组合键，复制“图层2”图层，得到“图层2拷贝”图层，按住【Ctrl】键的同时单击“图层2拷贝”图层缩略图，即可创建选区，按【Alt+Delete】组合键填充前景色，按【Ctrl+D】组合键取消选区；选取工具箱中的移动工具，将图像移动至合适位置，如图7–99所示。

步骤 06 在“图层”面板中选择“图层2”图层，按【Ctrl+J】组合键，复制“图层2”图层，得到“图层2拷贝2”图层，选取工具箱中的移动工具，将图像移动至合适位置，效果如图7–100所示。

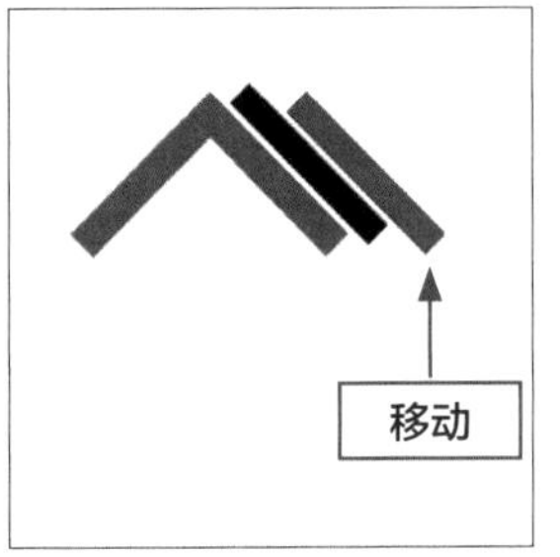

图7–99 移动图像

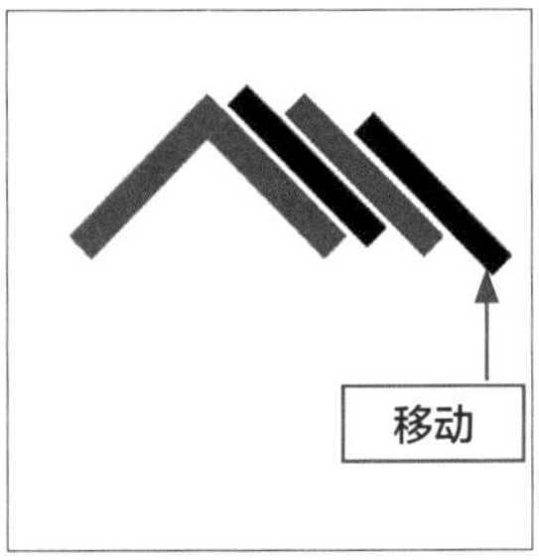

图7–100 旋转并移动图像

步骤 07 按住【Shift】键，选择除“背景”图层外的所有图层，单击鼠标右键在弹出的快捷菜单中选择“链接图层”选项，即可链接图层，选取工具箱中的移动工具，将图像移动至合适位置，如图7–101所示。

步骤 08 按【Ctrl+O】组合键，打开“红沙发”素材图像，选取工具箱中的移动工具，将图像移动至“家居”图像编辑窗口中合适位置，效果如图7–102所示。

步骤 09 选取工具箱中的直线工具，在工具属性栏中设置“填充”为灰色（RGB参数值均为170）；移动鼠标至编辑窗口中合适位置，绘制直线，如图7–103所示。

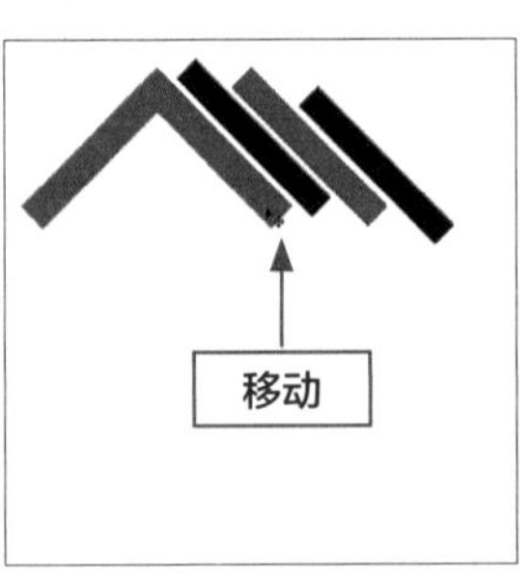

图7–101 移动图像

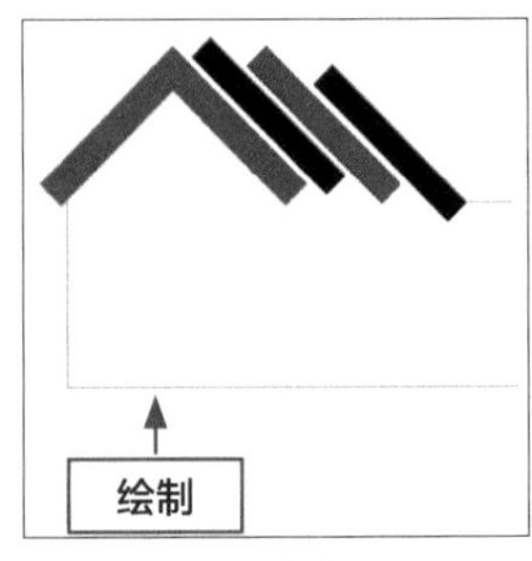

图7–102 绘制直线

步骤 10 选取工具箱中的横排文字工具，在工具属性栏中设置“字体”为“方正粗谭黑简体”、“字体大小”为45点、“设置消除锯齿的方法”为“平滑”、

"颜色"为黑色；将鼠标移动至图像编辑窗口中合适位置单击鼠标左键，并输入文字，按【Ctrl+Enter】组合键确认输入，最终效果如图7-104所示。

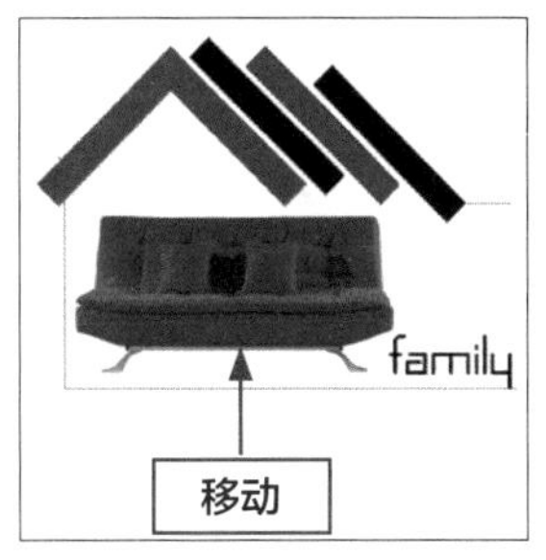

图7-103　移动图像

图7-104　最终效果

实例139　设计手表类店标

图形店标用形象表达含义，造型美是店标设计所追求的艺术特色。下面以手表类为例介绍手表店店标的设计与制作。本实例最终效果如图7-105所示。

素材文件	素材\第7章\圆弧.psd、圆弧1.psd
效果文件	效果\第7章\手表.psd、手表.jpg
视频文件	视频\第7章\实例139　设计手表类店标.mp4

图7-105　图像效果

步骤 01 在菜单栏中单击"文件"→"新建"命令，弹出"新建"对话框，设置"名称"为"手表"、"宽度"为10厘米、"高度"为10厘米，如图7-106所示。

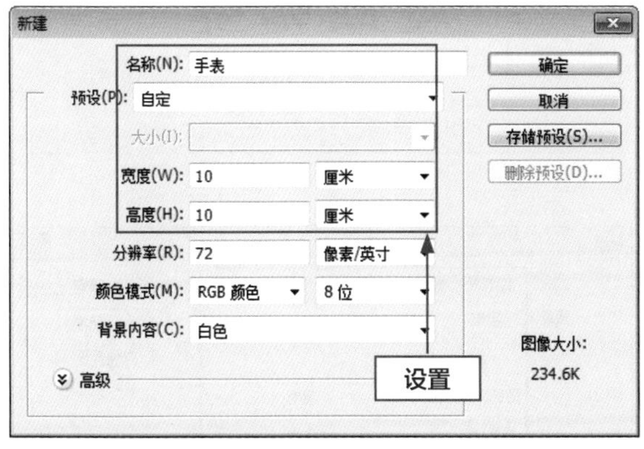

图7-106　设置新建属性

步骤 02 单击"确定"按钮，即可新建一个指定大小的空白文档；按【Ctrl+O】组合键，打开"圆弧"素材图像，选取工具箱中的移动工具，将素材图像移动至"手表"图像编辑窗口中，效果如图7-107所示。

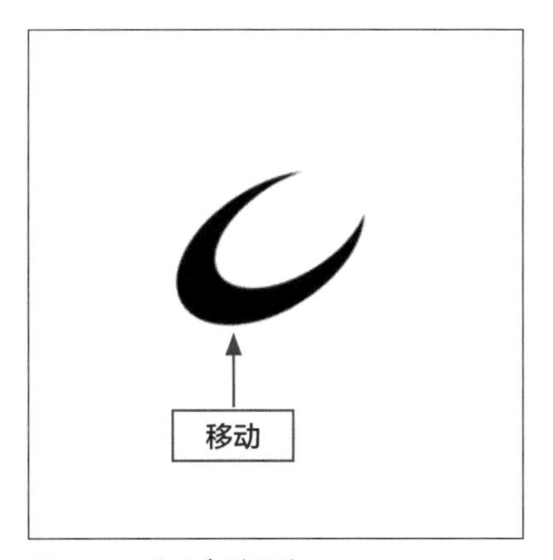

图7-107　移动素材图像

步骤 03 按【Ctrl+O】组合键，打开"圆弧1"素材图像，选取工具箱中的移动工具，将素材图像移动至"手表"图像编辑窗口中合适位置，效果如图7-108所示。

步骤 04 按【Ctrl+J】组合键，复制"图层2"图层，得到"图层2拷贝"图层；按【Ctrl+T】组合键，缩放图像并移动至合适位置，效果如图7-109所示。

图7-108 移动素材图像

图7-109 缩放并移动图像

步骤 05 新建“图层3”图层，选取工具箱中的多边形套索工具，在图像编辑窗口中创建选区，设置前景色为红色（RGB参数值分别为222、0、0），按【Alt+Delete】组合键填充前景色，按【Ctrl+D】组合键取消选区；按住【Shift】键，选择除“背景”图层外的所有图层，单击鼠标右键在弹出的快捷菜单中选择“链接图层”选项，即可链接图层，按【Ctrl+T】组合键，调整图像大小并移动至合适位置，效果如图7-110所示。

步骤 06 选取工具箱中的横排文字工具，在工具属性栏中设置“字体”为“方正粗谭黑简体”、“字体大小”为36点、“设置消除锯齿的方法”为“平滑”、“颜色”为黑色；将鼠标移动至图像编辑窗口中合适位置单击鼠标左键，并输入文字，按【Ctrl+Enter】组合键确认输入，最终效果如图7-111所示。

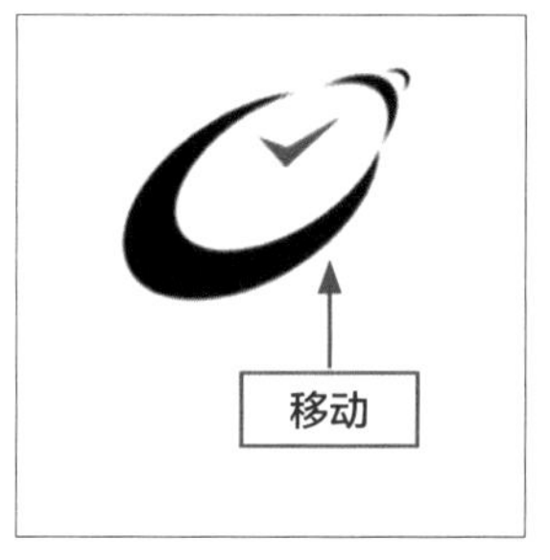

图7-110 调整并移动图像

图7-111 最终效果

实例140 设计食品类店标

如何让自己的店标在消费者心中留下印象，除了要有创意，还要有较高的识别性，让消费者容易记忆。下面以咖啡类为例介绍食品类店标的设计与制作。本实例最终效果如图7-112所示。

素材文件	素材\第7章\茶杯.psd、文字2.jpg
效果文件	效果\第7章\咖啡.psd、咖啡.jpg
视频文件	视频\第7章\实例140 设计食品类店标.mp4

图7-112 图像效果

步骤 01 在菜单栏中单击“文件”→“新建”命令，弹出“新建”对话框，设置“名称”为“咖啡”、“宽度”为10厘米、“高度”为10厘米，如图7-113所示。

步骤 02 单击“确定”按钮，即可新建一个指定大小的空白文档；按【Ctrl+O】组合键，打开“茶杯”素材图像，选取工具箱中的移动工具，将素材图像移动至“咖啡”图像编辑窗口中，按【Ctrl+T】组合键，调整大小和位置，如图7-114所示，按【Enter】键确认操作。

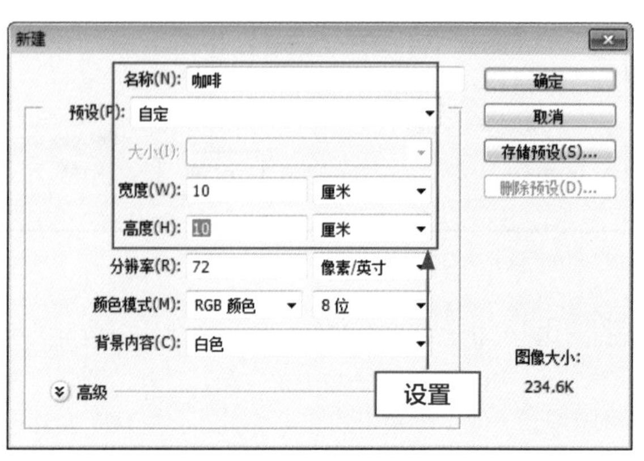

图7-113 设置新建属性

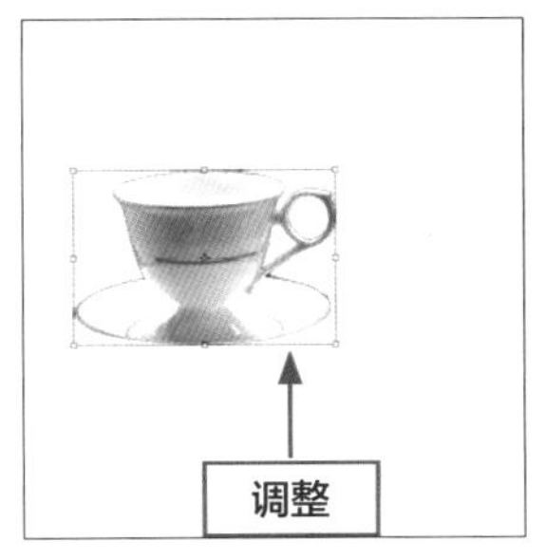

图7-114 调整图像

步骤 03 设置前景色为咖啡色（RGB参数值分别为205、79、21），按住【Ctrl】键的同时单击“图层1”图层的缩略图，即可将图像载入选区，按【Alt+Delete】组合键填充前景色，按【Ctrl+D】组合键取消选区，如图7-115所示。

步骤 04 选取工具箱中的自定形状工具，设置“形状”为“草3”，移动鼠标至图像编辑窗口中绘制形状，选取工具箱中的移动工具，将形状移动至合适位置，效果如图7-116所示。

图7-115 填充前景色

图7-116 移动形状

步骤 05 按住【Shift】键，选择除“背景”图层外的所有图层，单击鼠标右键在弹出的快捷菜单中选择“链接图层”选项，即可链接图层；按【Ctrl+T】组合键调整图像的大小和位置，按【Enter】键确认操作；按【Ctrl+O】组合键，打开“文字2”素材图像，选取工具箱中的移动工具，将素材图像移动至“咖啡”图像编辑窗口中合适位置，效果如图7-117所示。

步骤 06 选取工具箱中的横排文字工具，在工具属性栏中设置“字体”为“华文隶书”、“字体大小”为48点、“设置消除锯齿的方法”为“平滑”、“颜色”为黑色；将鼠标移动至图像编辑窗口中合适位置单击鼠标左键，并输入文字，按【Ctrl+Enter】组合键确认输入，最终效果如图7-118所示。

图7-117 移动素材图像

图7-118 最终效果

实例141 设计汽车类店标

设计店标时，应要求其形体简单美观，以抽象的图像表达具体的经营理念和产品特性，识别性高，易于理解和记忆。下面以汽车类为例介绍车行店标的设计与制作。本实例最终效果如图7-119所示。

素材文件	素材\第7章\路径3.psd、曲线.psd、车轮.psd
效果文件	效果\第7章\车子.psd、车子.jpg
视频文件	视频\第7章\实例141 设计汽车类店标.mp4

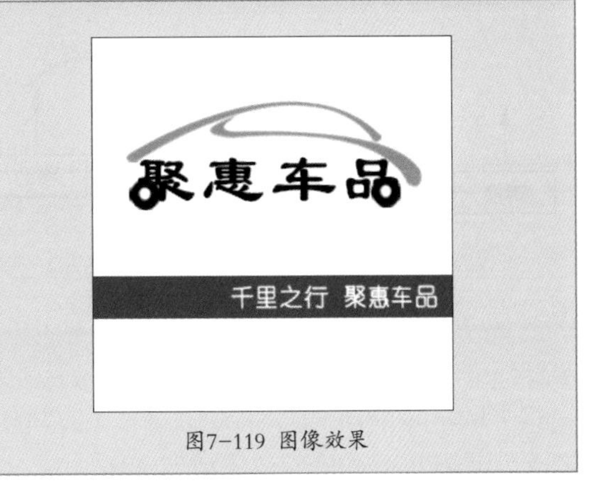

图7-119 图像效果

步骤 01 在菜单栏中单击“文件”→“新建”命令，弹出“新建”对话框，设置“名称”为“车子”、“宽度”为10厘米、“高度”为10厘米，如图7-120所示。

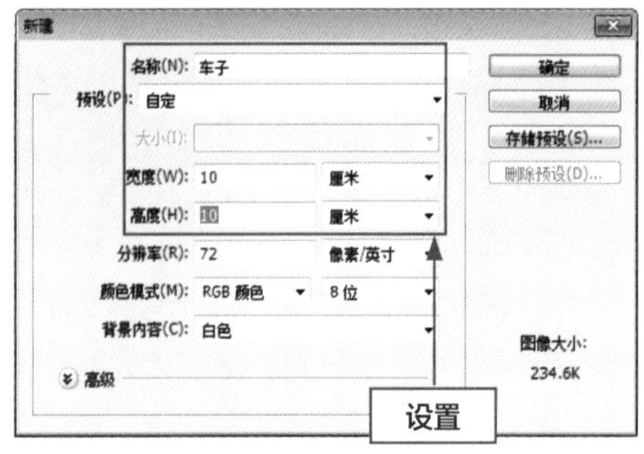

图7-120 设置新建属性

步骤 02 单击“确定”按钮，即可新建一个指定大小的空白文档；按【Ctrl+O】组合键，打开“路径3”素材图像，在“路径”面板中选择“路径1”路径，在工具箱中选取路径选择工具，将路径移动至“车子”图像编辑窗口中，如图7-121所示。

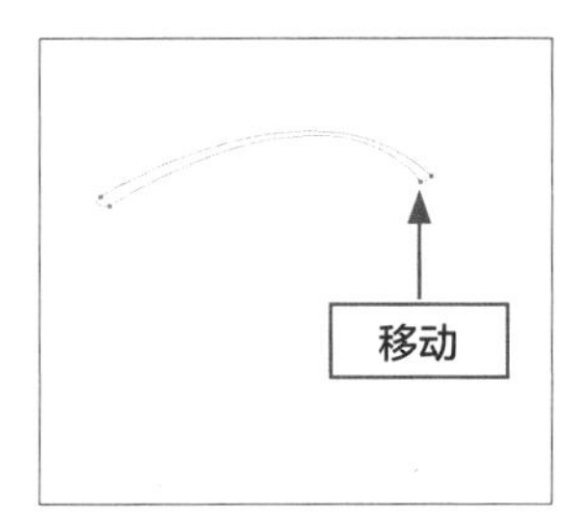

图7-121 移动路径

步骤 03 按【Ctrl+Enter】组合键，将路径转换为选区，效果如图7-122所示。

步骤 04 设置前景色为橙色（RGB参数值分别为245、158、17）；新建“图层1”图层，按【Alt+Delete】组合键填充前景色，按【Ctrl+D】组合键取消选区，效果如图7-123所示。

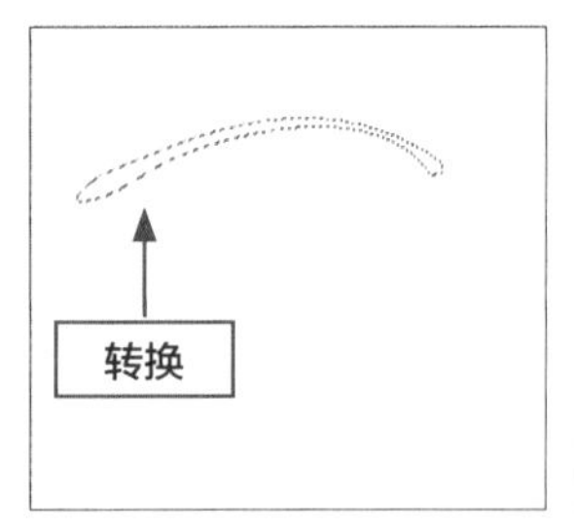

图7-122 转换选区

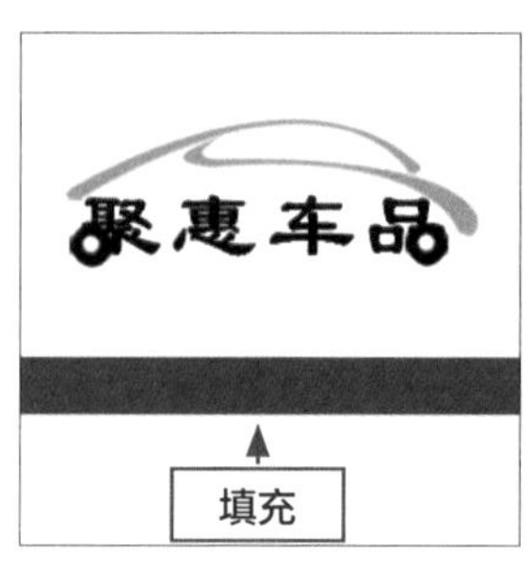

图7-123 填充前景色

步骤 05 按【Ctrl+O】组合键，打开“曲线”素材图像，选取工具箱中的移动工具，将素材图像移动至“车子”图像编辑窗口中合适位置，效果如图7-124所示。

步骤 06 按【Ctrl+O】组合键，打开“车轮”素材图像，选取工具箱中的移动工具，将素材图像移动至“车子”图像编辑窗口中合适位置，效果如图7-125所示。

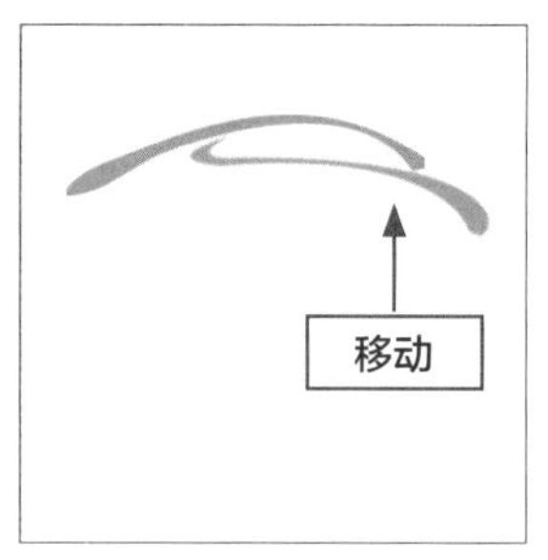

图7-124 移动素材图像

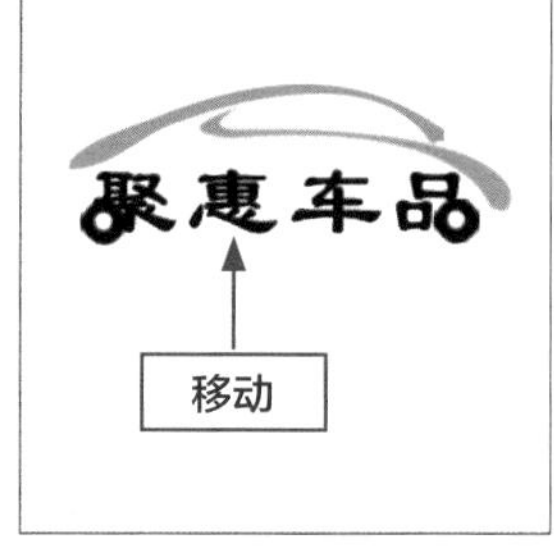

图7-125 移动素材图像

步骤 07 按住【Shift】键，选择除“背景”图层外的所有图层，单击鼠标右键在弹出的快捷菜单中选择“链接图层”选项，即可链接图层，如图7-126所示。

步骤 08 执行上述操作后，按【Ctrl+T】组合键调整图像的大小和位置，效果如图7-127所示，按【Enter】键确认操作。

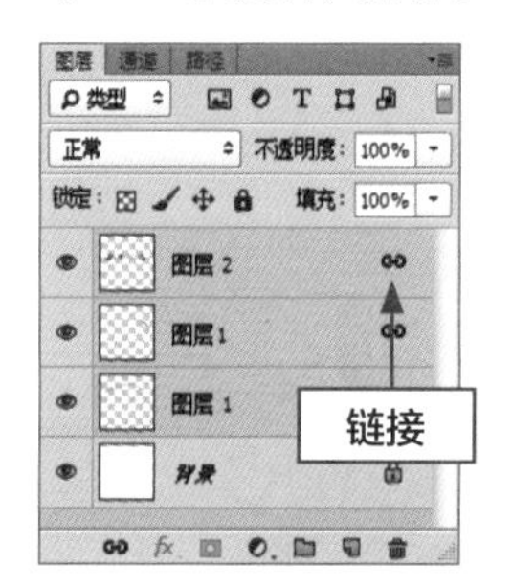

图7-126 链接图层

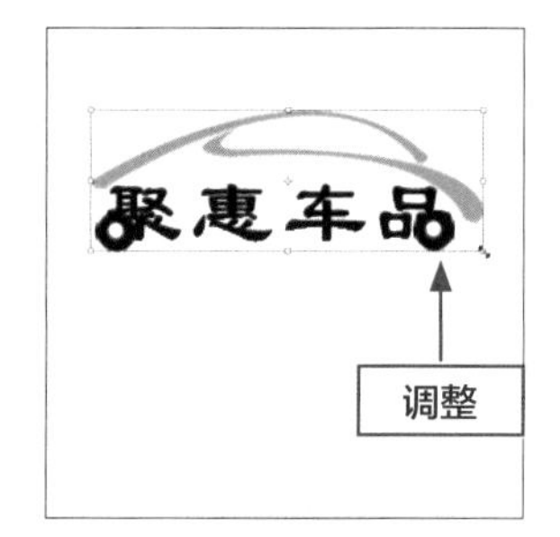

图7-127 调整图像

步骤 09 新建“图层4”图层，设置前景色为灰色（RGB参数值分别为84、83、79），选取工具箱中的矩形选框工具，在图像编辑窗口中创建选区，按【Alt+Delete】组合键填充前景色，按【Ctrl+D】组合键取消选区，效果如图7-128所示。

步骤 10 选取工具箱中的横排文字工具，在工具属性栏中设置“字体”为“幼圆”、“字体大小”为18点、“设置消除锯齿的方法”为“浑厚”、“颜色”为白色；将鼠标移动至图像编辑窗口中单击鼠标左键，并输入文字，按【Ctrl+Enter】组合键确认输入，并移动至合适位置，最终效果如图7-129所示。

图7-128 填充前景色

图7-129 最终效果

第 8 章

设计公告模板

学习提示

店铺公告栏是买家了解店铺动态和活动信息的重要窗口，网店卖家可以通过店铺公告栏展示各种别出心裁的活动吸引消费者的注意力，以增加店铺人气，从而带动消费增长。因此公告栏是网店中不可或缺的元素，本章将详细介绍多种类型的公告设计与制作。

本章关键案例导航

- 设计发货公告
- 设计店铺声明公告
- 设计售后公告
- 设计放假公告
- 设计黑板式公告
- 设计信件式公告
- 设计活动公告
- 设计打折公告
- 设计新品上市公告
- 设计限时抢购公告

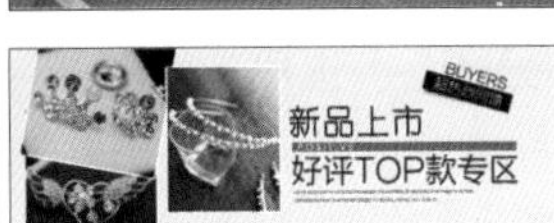

实例142 设计文字公告

文字公告从字面意义就可以看出来，此类公告是以纯文字方式显示，可以在公告栏中输入店铺动态、活动等。下面详细介绍文字公告的设计与制作。本实例最终效果如图8-1所示。

素材文件	素材\第8章\文字类.jpg、文字1.psd
效果文件	效果\第8章\文字类.psd、文字类.jpg
视频文件	视频\第8章\实例142 设计文字公告.mp4

店铺公告：

- 新货上架，全场5折起
- 店庆2周年，你买我就送
- 加入VIP享受永久8折
- 收藏店铺有惊喜

图8-1 图像效果

步骤 01 按【Ctrl+O】组合键，打开一幅素材图像，如图8-2所示。

步骤 02 选取工具箱中的横排文字工具，在工具属性栏中设置“字体”为“幼圆”、“字体大小”为48点、“设置消除锯齿的方法”为“浑厚”、“颜色”为黑色；将鼠标移动至图像编辑窗口中单击鼠标左键，并输入文字，按【Ctrl+Enter】组合键确认输入，如图8-3所示。

图8-2 打开素材图像

图8-3 输入文字

步骤 03 设置前景色为黑色，选取工具箱中的椭圆工具，移动鼠标至图像编辑窗口中单击鼠标左键，即可弹出“创建椭圆”对话框，设置“宽度”、“高度”均为20像素，单击“确定”按钮，即可创建椭圆，效果如图8-4所示。

步骤 04 选取工具箱中的横排文字工具，在工具属性栏中设置“字体”为“幼圆”、“字体大小”为24点、“设置消除锯齿的方法”为“平滑”、“颜色”为黑色；将鼠标移动至图像编辑窗口中合适位置单击鼠标左键，并输入文字，按【Ctrl+Enter】组合键确认输入，如图8-5所示。

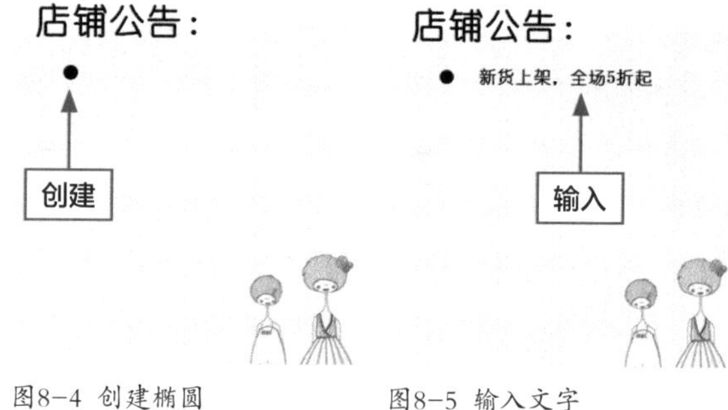

图8-4 创建椭圆　　图8-5 输入文字

步骤 05 按【Ctrl+O】组合键，打开“文字1”素材图像，选取工具箱中的移动工具，将素材图像拖曳至“文字类”图像编辑窗口中合适位置，如图8-6所示。

步骤 06 按住【Shift】键，选择除“背景”图层外的所有图层，单击鼠标右键，在弹出的快捷菜单中选择“链接图层”选项，即可链接图层；选取工具箱中的移动工具，将图像调整至合适位置，效果如图8-7所示。

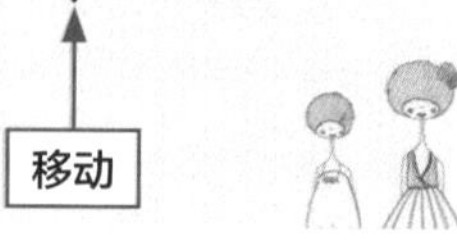

图8-6 移动素材图像

图8-7 最终效果

实例 143 设计店铺开张公告

店铺新店开张时，可制作店铺开张公告，在公告栏中加入宣传语言等，可为店铺做宣传，增加人气。下面详细介绍店铺开张公告的设计与制作。本实例最终效果如图8-8所示。

素材文件	素材\第8章\店铺开张.jpg
效果文件	效果\第8章\店铺开张.psd、店铺开张.jpg
视频文件	视频\第8章\实例143 设计店铺开张公告.mp4

图8-8 图像效果

步骤 01 按【Ctrl+O】组合键，打开一幅素材图像，如图8-9所示。

图8-9 打开素材图像

步骤 02 在菜单栏中单击“窗口”→“字符”命令，即可弹出“字符”面板，设置“字体”为“幼圆”、“字体大小”为18点、“设置行距”为22点、“设置所选字符的字距调整”为50、“颜色”为蓝色（RGB参数值分别为0、85、116）、单击“仿粗体”按钮，如图8-10所示。

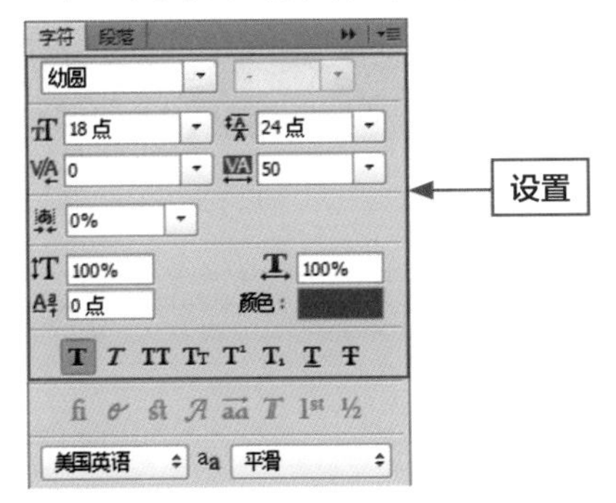

图8-10 设置参数

步骤 03 选取工具箱中的横排文字工具，在工具属性栏中设置“设置消除锯齿的方法”为“平滑”，单击“居中对齐文本”按钮，在图像编辑窗口中单击鼠标左键并输入文字，按【Ctrl+Enter】组合键确认输入，如图8-11所示。

步骤 04 选取工具箱中的移动工具，将文字移动至合适位置，效果如图8-12所示。

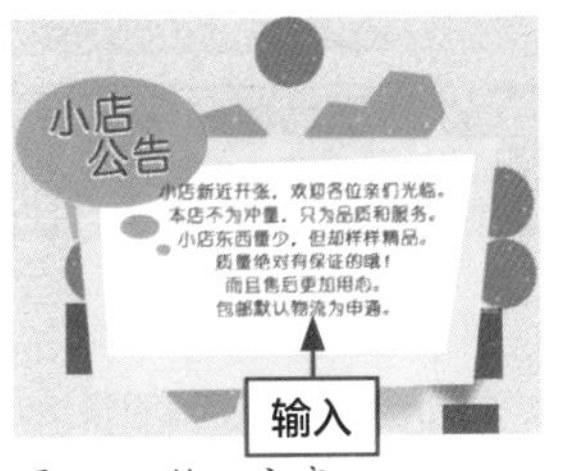

图8-11 输入文字

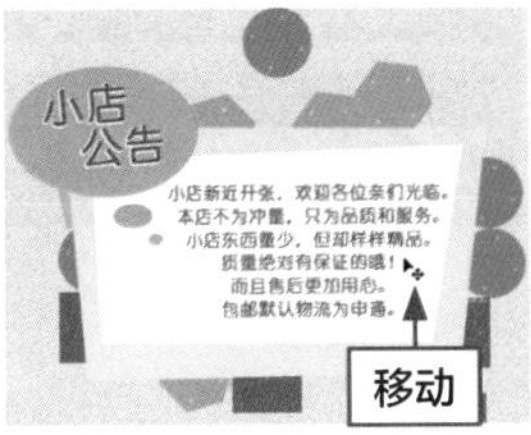

图8-12 移动文字

步骤 05 选取工具箱中的横排文字工具，在图像编辑窗口中选中需要改变颜色的文字，在工具属性栏中单击颜色色块，在弹出的“拾色器（文本颜色）”对话框，设置RGB参数值分别为255、94、204，单击“确定”按钮，即可改变选中文字的颜色，按【Ctrl+Enter】组合键确认输入，效果如图8-13所示。

步骤 06 重复步骤05的操作，将其他需要改变颜色的文字改变颜色，最终效果如图8-14所示。

图8-13 改变文字颜色

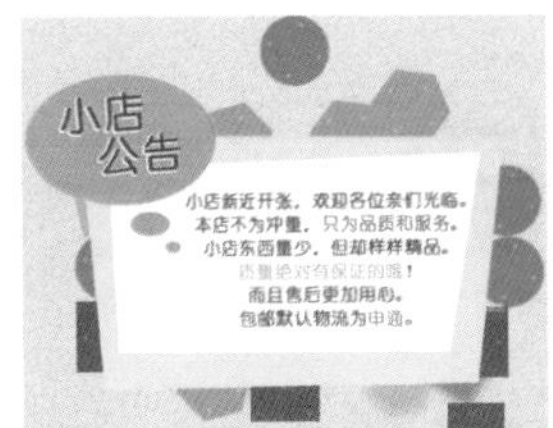

图8-14 最终效果

实例144 设计发货公告

每个店铺的发货方式和时间都不同，制作发货公告，可将发货的时间、方式等信息，在发货公告上展示出来。下面详细介绍发货公告的设计与制作。本实例最终效果如图8-15所示。

素材文件	素材\第8章\发货公告.jpg、文字2.psd
效果文件	效果\第8章\发货公告.psd、发货公告.jpg
视频文件	视频\第8章\实例144 设计发货公告.mp4

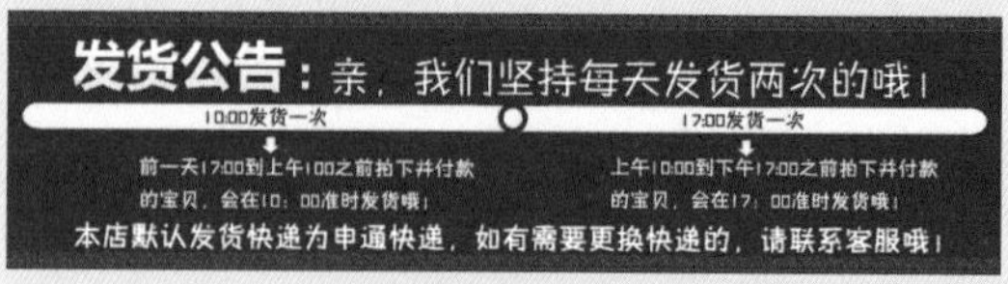

图8-15 图像效果

步骤 01 按【Ctrl+O】组合键，打开一幅素材图像，如图8-16所示。

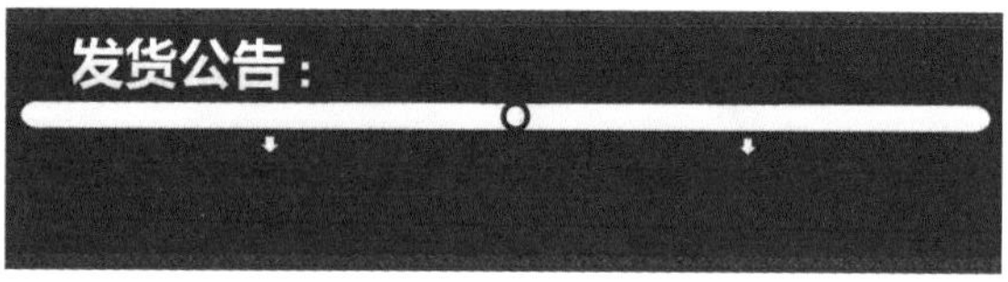

图8-16 打开素材图像

步骤 02 选取工具箱中的横排文字工具，在工具属性栏中设置"字体"为"方正稚艺简体"、"字体大小"为30点、"设置消除锯齿的方法"为"浑厚"、"颜色"为白色；将鼠标移动至图像编辑窗口中单击鼠标左键，并输入文字，按【Ctrl+Enter】组合键确认输入，选取工具箱中的移动工具，将文字移动至合适位置，效果如图8-17所示。

步骤 03 重复步骤02操作，输入其他文字，更改"文字大小"为12点、颜色为红色（RGB参数值分别为140、0、0），并移动至合适位置，效果如图8-18所示。

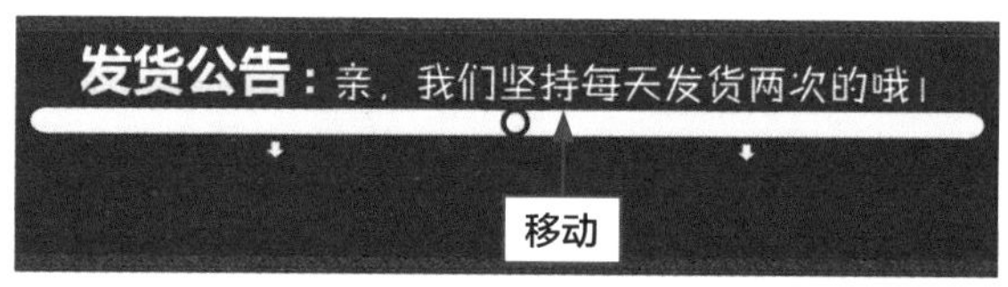

图8-17 输入文字并移动位置

图8-18 重复输入文字

步骤 04 按【Ctrl+O】组合键，打开"文字2"素材图像，选取工具箱中的移动工具，将素材移动至"发货公告"图像编辑窗口中合适位置，效果如图8-19所示。

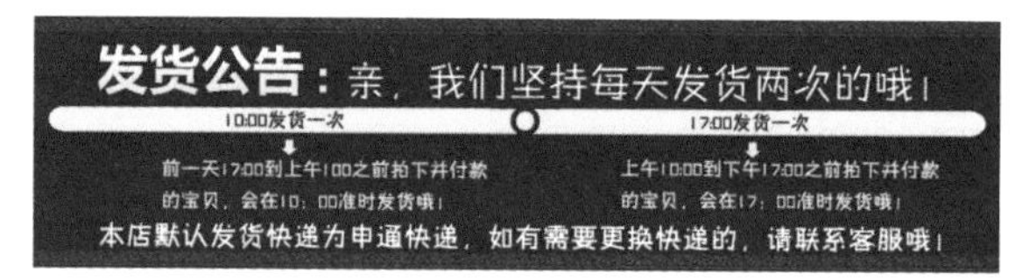

图8-19 最终效果

实例145 设计店铺声明公告

店铺声明公告可对消费者提出的疑问或争议等做出解释和规定。下面详细介绍店铺声明公告的设计和制作。本实例最终效果如图8-20所示。

素材文件	素材\第8章\声明.jpg、文字3.psd
效果文件	效果\第8章\声明.psd、声明.jpg
视频文件	视频\第8章\实例145 设计店铺声明公告.mp4

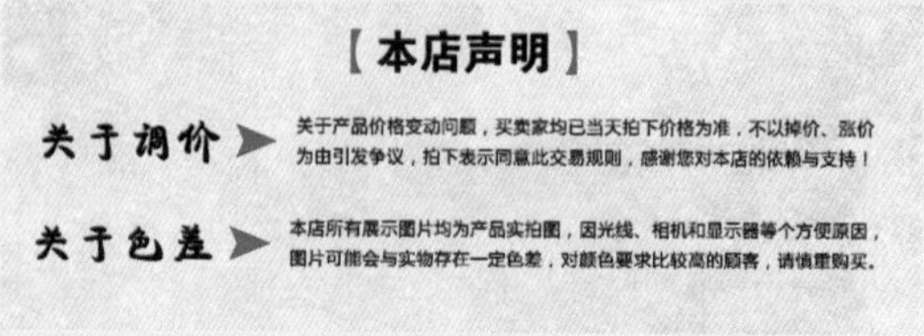

图8-20 图像效果

步骤 01 按【Ctrl+O】组合键，打开一幅素材图像，如图8-21所示。

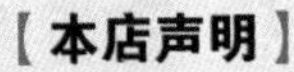

图8-21 打开素材图像

步骤 02 选取工具箱中的横排文字工具，在工具属性栏中设置“字体”为“方正康体简体”、“字体大小”为36点、“设置消除锯齿的方法”为“浑厚”、“颜色”为黑色，如图8-22所示。

图8-22 设置参数

步骤 03 将鼠标移动至图像编辑窗口中单击鼠标左键，并输入文字，按【Ctrl+Enter】组合键确认输入，如图8-23所示。

图8-23 输入文字

步骤 04 设置前景色为红色（RGB参数值分别为255、0、0）；在工具箱中选取自定义形状工具，在工具属性栏中设置“形状”为“箭头6”；在图像编辑窗口中绘制形状，效果如图8-24所示。

图8-24 绘制形状

步骤 05 选取工具箱中的横排文字工具，在工具属性栏中设置“字体”为“微软雅黑”、“字体大小”为14点、“设置消除锯齿的方法”为“浑厚”、“颜色”为黑色；在图像编辑窗口中单击鼠标左键并输入文字，按【Ctrl+Enter】组合键确认输入，效果如图8-25所示。

图8-25 输入文字

步骤 06 按【Ctrl+O】组合键，打开“文字3”素材图像，选取工具箱中的移动工具，将素材移动至“声明”图像编辑窗口中合适位置，效果如图8-26所示。

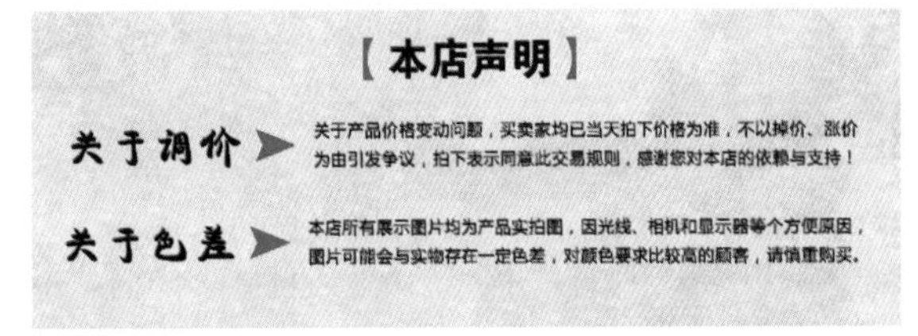

图8-26 最终效果

实例 146 设计售后公告

通过优秀的售后服务可提高店铺的信誉，因此，做好一个售后公告展示至关重要。下面详细介绍售后公告的设计与制作。本实例最终效果如图8-27所示。

素材文件	素材\第8章\售后.jpg、文字4.psd
效果文件	效果\第8章\售后.psd、售后.jpg
视频文件	视频\第8章\实例146 设计售后公告.mp4

店铺公告 Shop announcement

售后保障：

本店已加入消费者保障，支持七天无理由退换货等，请亲们放心购买！

退货须知：

若因质量问题等引起的退货，运费由本店承担，若非质量问题引起的退货，运费由买家承担！

图8-27 图像效果

步骤 01 按【Ctrl+O】组合键，打开一幅素材图像，如图8-28所示。

图8-28 打开素材图像

步骤 02 选取工具箱中的横排文字工具，在工具属性栏中设置“字体”为“方正稚艺简体”、“字体大小”为24点、“设置取消锯齿的方法”为“浑厚”、“颜色”为白色；在图像编辑窗口中单击鼠标左键并输入文字，按【Ctrl+Enter】组合键确认输入，如图8-29所示。

图8-29 输入文字

步骤 03 新建“图层1”图层，在工具属性栏中设置“字体大小”为14点，在图像编辑窗口中单击鼠标左键并输入文字，按【Ctrl+Enter】组合键确认输入，效果如图8-30所示。

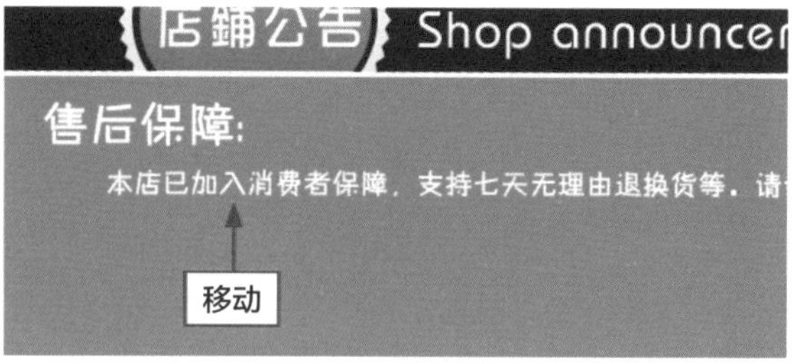

图8-30 输入并移动文字

步骤 04 按【Ctrl+O】组合键，打开“文字4”素材图像，选取工具箱中的移动工具，将素材移动至“售后”图像编辑窗口中合适位置，效果如图8-31所示。

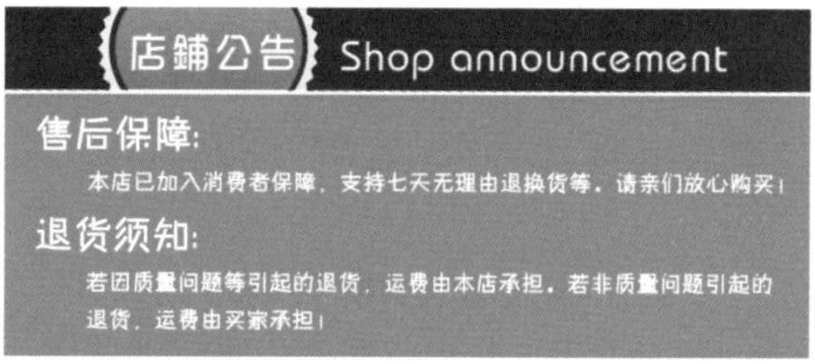

图8-31 最终效果

实例147 设计放假公告

每逢节假日时，店铺总会出现无人值班时段，这时可制作放假公告来告知消费者。下面详细介绍放假公告的设计与制作。本实例最终效果如图8-32所示。

素材文件	素材\第8章\放假公告.jpg、文字5.psd
效果文件	效果\第8章\放假公告.psd、放假公告.jpg
视频文件	视频\第8章\实例147 设计放假公告.mp4

图8-32 图像效果

步骤 01 按【Ctrl+O】组合键，打开一幅素材图像，如图8-33所示。

图8-33 打开素材图像

步骤 02 选取工具箱中的横排文字工具，在工具属性栏中设置“字体”为“华文中宋”、“字体大小”为48点、“设置消除锯齿的方法”为“平滑”、“颜色”为白色；在图像编辑窗口中单击鼠标左键并输入文字，按【Ctrl+Enter】组合键确认输入，选取工具箱中的移动工具，将文字移动至合适位置，如图8-34所示。

图8-34 输入并移动文字

步骤 03 按【Ctrl+O】组合键，打开“文字5”素材图像，选取工具箱中的移动工具，将素材移动至“放假公告”图像编辑窗口中合适位置，效果如图8-35所示。

图8-35 最终效果

实例 148 设计黑板式公告

网店公告种类繁多，如何制作样式新颖的店铺公告？下面以黑板式为例介绍店铺公告栏样式的设计与制作。本实例最终效果如图8-36所示。

素材文件	素材\第8章\黑板式.jpg、文字6.psd
效果文件	效果\第8章\黑板式.psd、黑板式.jpg
视频文件	视频\第8章\实例148 设计黑板式公告.mp4

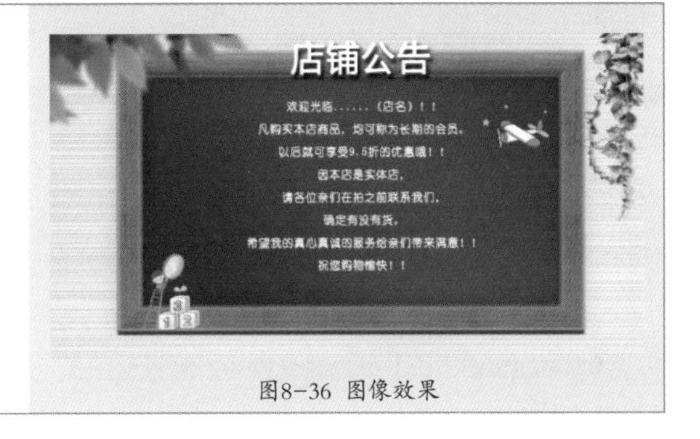

图8-36 图像效果

步骤 01 按【Ctrl+O】组合键，打开一幅素材图像，如图8-37所示。

图8-37 打开素材图像

步骤 02 选取工具箱中的横排文字工具，在工具属性栏中设置“字体”为“微软雅黑”、“字体大小”为36点、“设置消除锯齿的方法”为“浑厚”、“颜色”为白色；在图像编辑窗口中单击鼠标左键并输入文字，按【Ctrl+Enter】组合键确认输入，选取工具箱中的移动工具，将文字移动至合适位置，如图8-38所示。

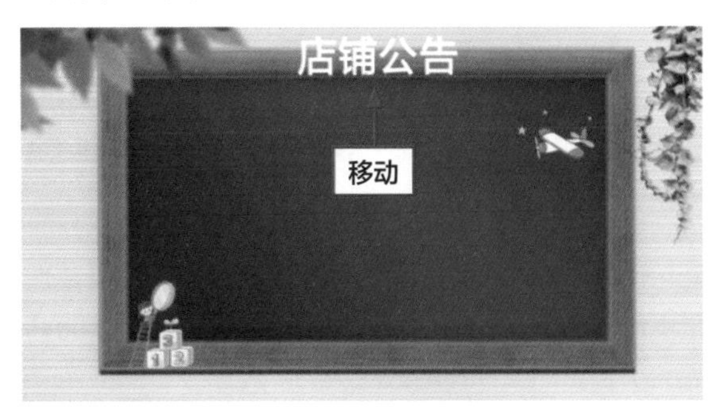

图8-38 输入文字并移动

步骤 03 在菜单栏中单击“图层”→“图层样式”→“投影”命令，即可弹出“图层样式”对话框，设置“不透明度”为100%、“角度”为120度、“距离”为5像素、“大小”为5像素，单击“确定”按钮，即可制作投影效果，效果如图8-39所示。

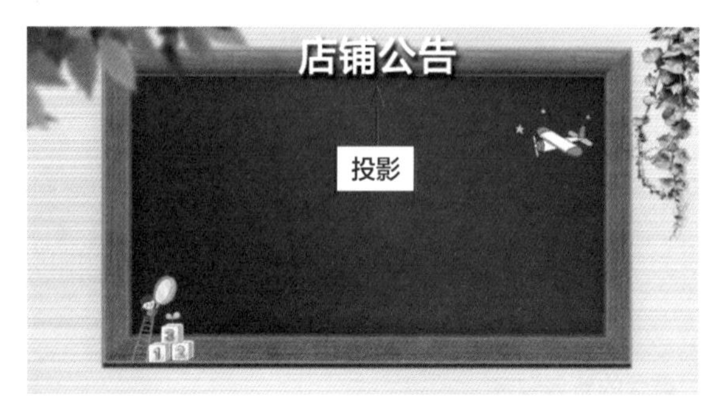

图8-39 制作投影效果

步骤 04 按【Ctrl+O】组合键，打开“文字6”素材图像，选取工具箱中的移动工具，将素材移动至“放假公告”图像编辑窗口中合适位置，效果如图8-40所示。

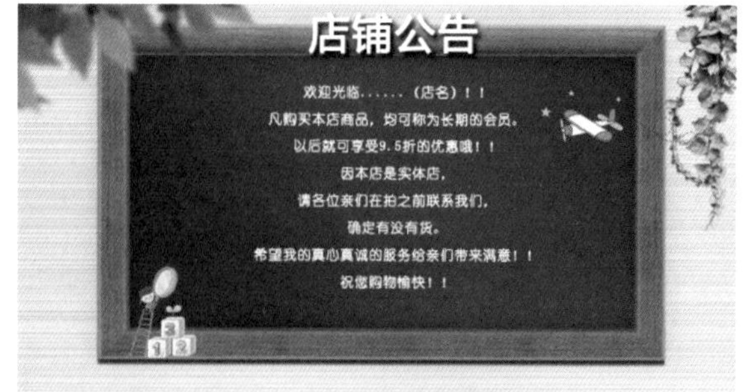

图8-40 最终效果

实例 149 设计信件式公告

网店公告种类繁多，如何制作样式新颖的店铺公告？下面以信件式为例介绍店铺公告栏样式的设计与制作。本实例最终效果如图8-41所示。

素材文件	素材\第8章\信件.jpg、文字7.psd
效果文件	效果\第8章\信件.psd、信件.jpg
视频文件	视频\第8章\实例149 设计信件式公告.mp4

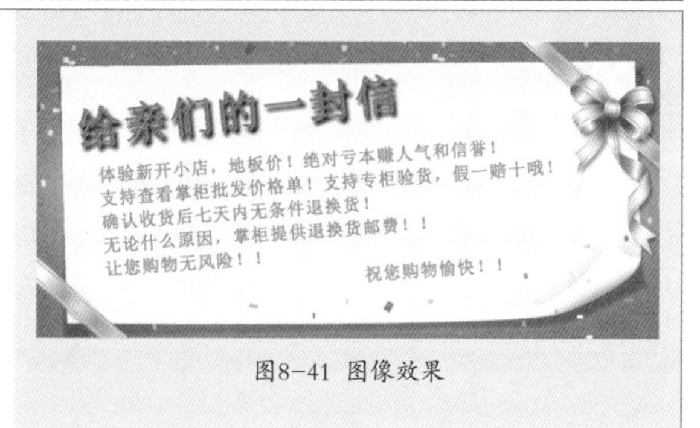

图8-41 图像效果

步骤 01 按【Ctrl+O】组合键，打开一幅素材图像，如图8-42所示。

图8-42 打开素材图像

步骤 02 选取工具箱中的横排文字工具，在工具属性栏中设置“字体”为“新宋体”、“字体大小”为45点、“设置消除锯齿的方法”为“浑厚”、“颜色”为粉色（RGB参数值分别为252、101、156）；在图像编辑窗口中单击鼠标左键并输入文字，按【Ctrl+Enter】组合键确认输入，如图8-43所示。

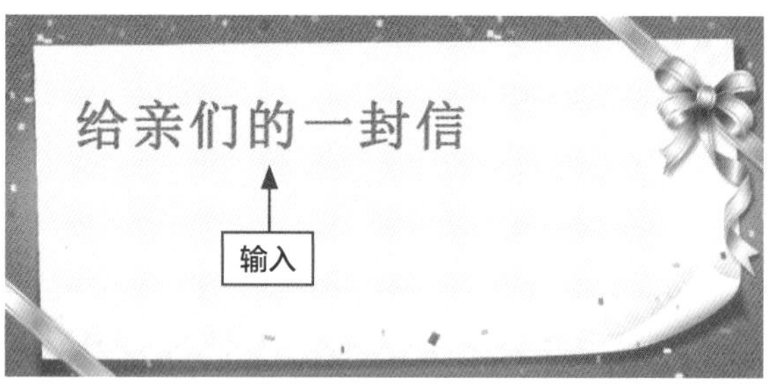

图8-43 输入文字

步骤 03 在菜单栏中单击“图层”→“图层样式”→“投影”命令，即可弹出“图层样式”对话框，设置“不透明度”为100%、“角度”为120度、“距离”为5像素、“大小”为5像素，单击“确定”按钮，即可制作投影效果，效果如图8-44所示。

步骤 04 按【Ctrl+T】组合键调出变换控制框，旋转并移动文字至合适位置，效果如图8-45所示，按【Enter】键确认操作。

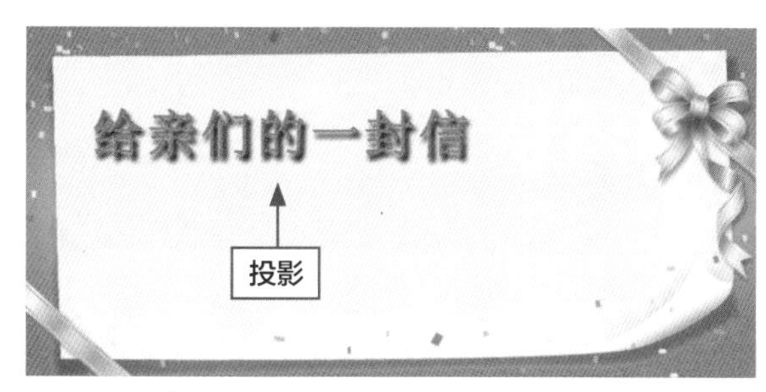

图8-44 制作投影效果

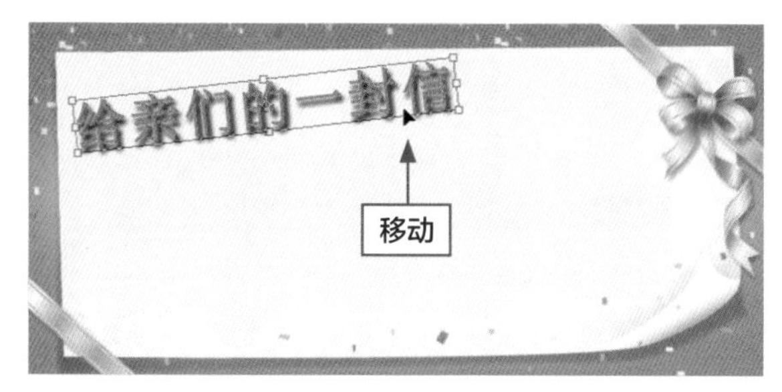

图8-45 旋转并移动文字

步骤 05 按【Ctrl+O】组合键，打开“文字7”素材图像，选取工具箱中的移动工具，将素材拖曳至“信件”图像编辑窗口中合适位置，效果如图8-46所示。

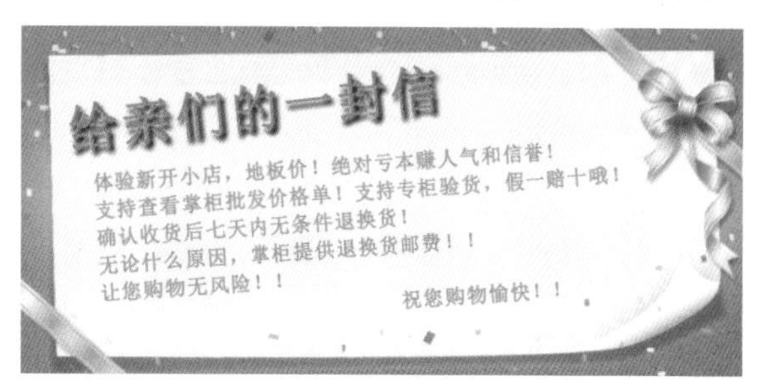

图8-46 最终效果

实例 150 设计活动公告

公告栏是消费者了解店铺动态和活动的重要窗口，制作活动公告可吸引消费者的注意力。下面详细介绍活动公告的设计与制作。本实例最终效果如图8-47所示。

素材文件	素材\第8章\活动.jpg、文字8.psd
效果文件	效果\第8章\活动.psd、活动.jpg
视频文件	视频\第8章\实例150 设计活动公告.mp4

满就送 单笔订单满300元减20元 再送“耳钉一对”，要拍的哦！

图8-47 图像效果

步骤 01 按【Ctrl+O】组合键，打开一幅素材图像，如图8-48所示。

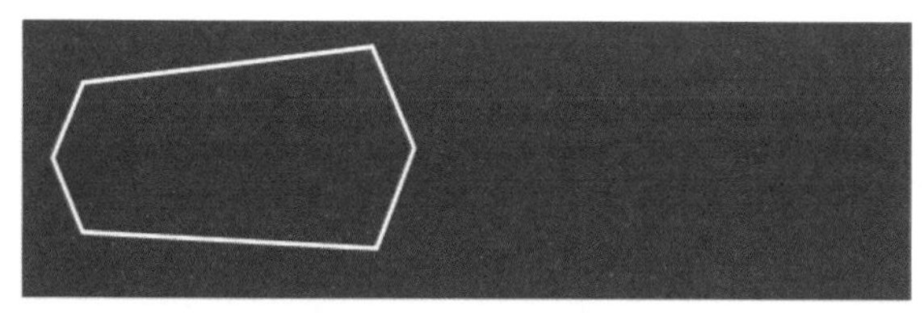

图8-48 打开素材图像

步骤 02 选取工具箱中的横排文字工具，在工具属性栏中设置“字体”为“方正粗倩简体”、“字体大小”为55点、“设置消除锯齿的方法”为“平滑”、“颜色”为白色；在图像编辑窗口中单击鼠标左键并输入文字，按【Ctrl+Enter】组合键确认输入，如图8-49所示。

图8-49 输入文字

步骤 03 在菜单栏中单击“类型”→“文字变形”命令，即可弹出“变形文字”对话框，设置“样式”为“扇形”、“弯曲”为0%、“水平扭曲”为+35%，单击“确定”按钮即可制作文字变形效果，如图8-50所示。

图8-50 变形文字

步骤 04 在菜单栏中单击“图层”→“图层样式”→“投影”命令，即可弹出“图层样式”对话框，设置“不透明度”为100%、“角度”为120度、“距离”为5像素、“大小”为5像素，单击“确定”按钮，即可制作投影效果，并移动至合适位置，如图8-51所示。

图8-51 制作投影效果

步骤 05 按【Ctrl+O】组合键，打开“文字8”素材图像，选取工具箱中的移动工具，将素材移动至“活动”图像编辑窗口中合适位置，效果如图8-52所示。

图8-52 最终效果

实例151 设计打折公告

制作打折公告可为店铺增加人气，带动消费增长。下面详细介绍打折公告的设计与制作。本实例最终效果如图8-53所示。

素材文件	素材\第8章\打折.jpg、文字9.psd
效果文件	效果\第8章\打折.psd、打折.jpg
视频文件	视频\第8章\实例151 设计打折公告.mp4

图8-53 图像效果

步骤 01 按【Ctrl+O】组合键，打开一幅素材图像，如图8-54所示。

图8-54 打开素材图像

步骤 02 选取工具箱中的横排文字工具，在工具属性栏中设置“字体”为“方正超粗黑简体”、“字体大小”为48点、“设置消除锯齿的方法”为“平滑”、“颜色”为白色；在图像编辑窗口中单击鼠标左键并输入文字，按【Ctrl+Enter】组合键确认输入，选取工具箱中的移动工具，将文字移动至合适位置，如图8-55所示。

图8-55 输入并移动文字

步骤 03 选取工具箱中的横排文字工具，选中文字5文字，在工具属性栏中设置“字体大小”为98点，按【Ctrl+Enter】组合键确认输入，如图8-56所示。

步骤 04 按【Ctrl+O】组合键，打开“文字9”素材图像，选取工具箱中的移动工具，将素材移动至“打折”图像编辑窗口中合适位置，最终效果如图8-57所示。

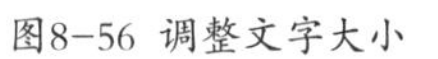

图8-56 调整文字大小

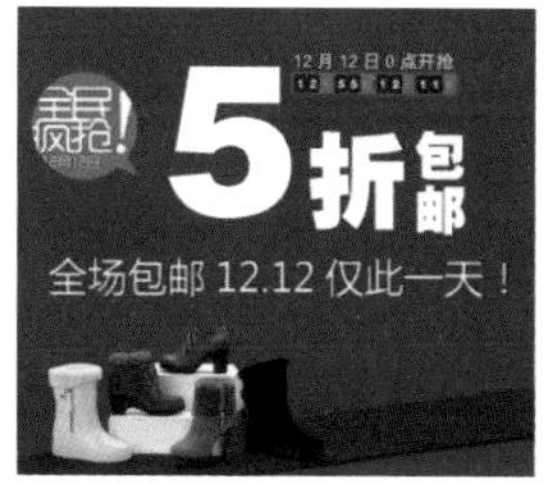

图8-57 最终效果

实例152 设计新品上市公告

制作新品上市公告，可使消费者及时了解店铺的新品上架信息和新品款式。下面详细介绍新品上市公告的设计与制作。本实例最终效果如图8-58所示。

素材文件	素材\第8章\新品上市.jpg、回馈.psd
效果文件	效果\第8章\新品上市.psd、新品上市.jpg
视频文件	视频\第8章\实例152 设计新品上市公告.mp4

图8-58 图像效果

步骤 01 按【Ctrl+O】组合键，打开一幅素材图像，如图8-59所示。

图8-59 打开素材图像

步骤 02 选取工具箱中的横排文字工具，在工具属性栏中设置“字体”为“幼圆”、“字体大小”为12点、“设置消除锯齿的方法”为“平滑”、“颜色”为褐色（RGB参数值分别为53、21、19）；在图像编辑窗口中单击鼠标左键并输入文字，按【Ctrl+Enter】组合键确认输入，选取工具箱中的移动工具，将文字移动至合适位置，如图8-60所示。

图8-60 输入文字

步骤 03 按【Ctrl+O】组合键，打开“回馈”素材图像，选取工具箱中的移动工具，将素材移动至“新品上市”图像编辑窗口中，如图8-61所示。

图8-61 移动素材图像

步骤 04 展开“图层”面板，将“图层1”图层移动至文字图层下方，并移动素材图像至合适位置，最终效果如图8-62所示。

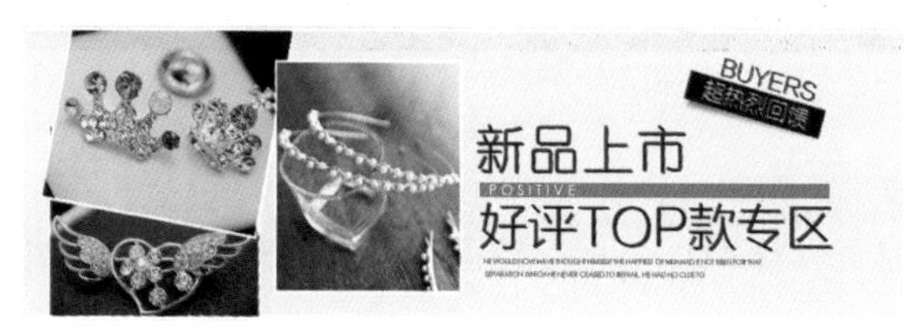

图8-62 最终效果

实例153 设计限时抢购公告

为吸引消费者的注意，增加店铺人气，带动消费增长，店铺经常会推出抢购等活动，在公告栏展示限时抢购活动可使消费者第一时间了解活动信息。下面详细介绍限时抢购公告的设计与制作。本实例最终效果如图8-63所示。

素材文件	素材\第8章\限时抢购.jpg、最后一天.jpg
效果文件	效果\第8章\限时抢购.psd、限时抢购.jpg
视频文件	视频\第8章\实例153 设计限时抢购公告.mp4

图8-63 图像效果

步骤 01 按【Ctrl+O】组合键，打开一幅素材图像，如图8-64所示。

图8-64 打开素材图像

步骤 02 选取工具箱中的横排文字工具，在工具属性栏中设置“字体”为“方正超粗黑简体”、“字体大小”为130点、“设置消除锯齿的方法”为“平滑”、“颜色”为黄色（RGB参数值分别为255、234、3）；在图像编辑窗口中单击鼠标左键并输入文字，按【Ctrl+Enter】组合键确认输入，如图8-65所示。

图8-65 输入文字

步骤 03 按【Ctrl+T】组合键，调出变换控制框，旋转并移动文字，按【Enter】键确认操作，效果如图8-66所示。

步骤 04 按【Ctrl+O】组合键，打开“最后一天”素材图像，选取工具箱中的移动工具，将素材移动至“限时抢购”图像编辑窗口中合适位置，如图8-67所示。

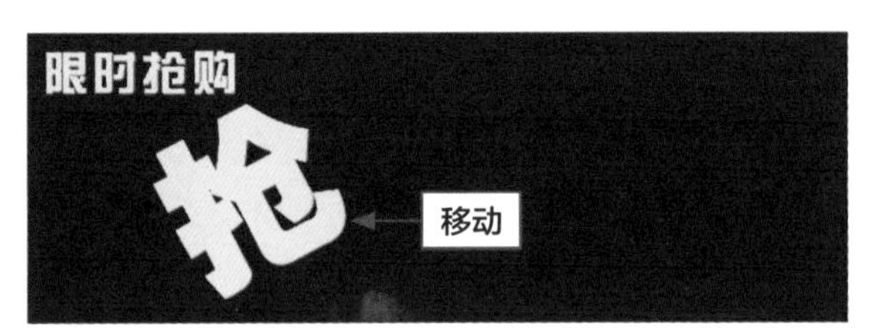

图8-66 旋转并移动文字

图8-67 移动素材图像

步骤 05 在菜单栏中单击“图层”→“图层样式”→“投影”命令，即可弹出“图层样式”对话框，设置“不透明度”为100%、“角度”为0度、“距离”为25像素、“大小”为60像素，单击“确定”按钮，即可制作投影效果，效果如图8-68所示。

图8-68 最终效果

第 9 章

设计店铺导航

学习提示

导航条可以方便买家从一个页面跳转到另一个页面，查看店铺的各类商品及信息。因此，有条理的导航条能够保证更多页面被访问，使店铺中更多的商品信息、活动信息被买家发现。尤其是买家从宝贝详情页进入到其他页面，如果缺乏导航条的指引，将极大地影响店铺转化率。本章将详细介绍各类型网店导航的设计与制作方法。

本章关键案例导航

- 女装类导航设计
- 女鞋类导航设计
- 眼镜类导航设计
- 饰品类导航设计
- 母婴类导航设计
- 箱包类导航设计
- 家纺类导航设计
- 家电类导航设计
- 手机类导航设计
- 护肤类导航设计

实例154 女装类导航设计

网店店铺导航模块是买家访问店铺各页面的快捷通道。下面以女装类为例详细介绍女装店铺导航的设计与制作，本实例最终效果如图9-1所示。

素材文件	素材\第9章\女装类.jpg、文字1.psd
效果文件	效果\第9章\女装类导航.psd、女装类导航.jpg
视频文件	视频\第9章\实例154 女装类导航设计.mp4

图9-1 图像效果

步骤 01 按【Ctrl+O】组合键，打开一幅素材图像，如图9-2所示。

图9-2 打开素材图像

步骤 02 新建“图层1”图层，选取工具箱中的矩形选框工具，在图像编辑窗口中创建矩形选区，设置前景色为红色（RGB参数值分别为201、52、46），按【Alt+Delete】组合键填充前景色，按【Ctrl+D】组合键取消选区，如图9-3所示。

图9-3 填充前景色

步骤 03 按【Ctrl+O】组合键，打开“文字1”素材图像，选取工具箱中的移动工具，将文字素材移动至“女装类”图像编辑窗口中合适位置，如图9-4所示。

图9-4 移动文字

步骤 04 新建“图层2”图层，并移动图层至文字图层下方，选取工具箱中的矩形选框工具，在图像编辑窗口中创建矩形选区，设置前景色为红色（RGB参数值分别为142、61、58）；按【Alt+Delete】组合键填充前景色，按【Ctrl+D】组合键取消选区，效果如图9-5所示。

图9-5 最终效果

实例155 男装类导航设计

网店店铺导航可引导买家购物的方向，快速进入想要访问的页面。下面以男装类为例详细介绍男装店铺导航的设计与制作，本实例最终效果如图9-6所示。

素材文件	素材\第9章\男装类.jpg、文字2.psd
效果文件	效果\第9章\男装类导航.psd、男装类导航.jpg
视频文件	视频\第9章\实例155 男装类导航设计.mp4

图9-6 图像效果

步骤 01 按【Ctrl+O】组合键，打开一幅素材图像，如图9-7所示。

图9-7 打开素材图像

步骤 02 新建“图层1”图层，选取工具箱中的矩形选框工具，在图像编辑窗口中创建矩形选区，设置前景色为蓝色（RGB参数值分别为56、107、160），按【Alt+Delete】组合键填充前景色，按【Ctrl+D】组合键取消选区，如图9-8所示。

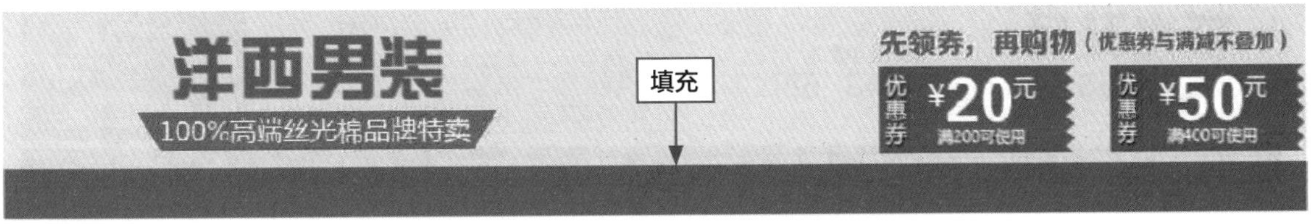

图9-8 填充前景色

步骤 03 按【Ctrl+O】组合键，打开“文字2”素材图像，选取工具箱中的移动工具，将文字素材移动至“男装类”图像编辑窗口中合适位置，如图9-9所示。

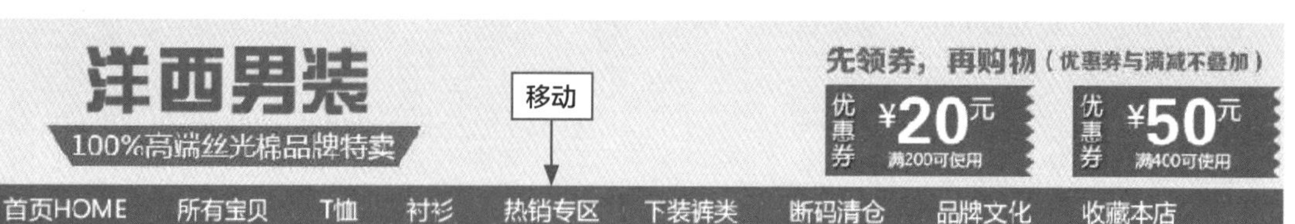

图9-9 移动文字

步骤 04 新建“图层2”图层，并移动图层至文字图层下方，选取工具箱中的矩形选框工具，在工具属性栏中单击“添加到选区”按钮，在图像编辑窗口中创建两个矩形选区，设置前景色为红色（RGB参数值分别为241、66、11）；按【Alt+Delete】组合键填充前景色，按【Ctrl+D】组合键取消选区，效果如图9-10所示。

图9-10 填充前景色

步骤 05 选取工具箱中的直线工具，在工具属性栏中设置“填充”为白色、“粗细”为1像素；移动鼠标至图像编辑窗口中合适位置，按住【Shift】键，连续绘制5条直线，最终效果如图9-11所示。

图9-11 最终效果

实例156 女鞋类导航设计

在制作店铺导航时，可将新品上市添加到导航模块上，让买家时刻关注店内动态。下面以女鞋类为例详细介绍女鞋店铺导航的设计与制作，本实例最终效果如图9-12所示。

素材文件	素材\第9章\女鞋类.jpg、文字3.psd
效果文件	效果\第9章\女鞋类导航.psd、女鞋类导航.jpg
视频文件	视频\第9章\实例156 女鞋类导航设计.mp4

图9-12 图像效果

步骤 01 按【Ctrl+O】组合键，打开一幅素材图像，如图9-13所示。

图9-13 打开素材图像

步骤 02 新建“图层1”图层，选取工具箱中的矩形选框工具，在图像编辑窗口中创建矩形选区，设置前景色为黑色，按【Alt+Delete】组合键填充前景色，按【Ctrl+D】组合键取消选区，如图9-14所示。

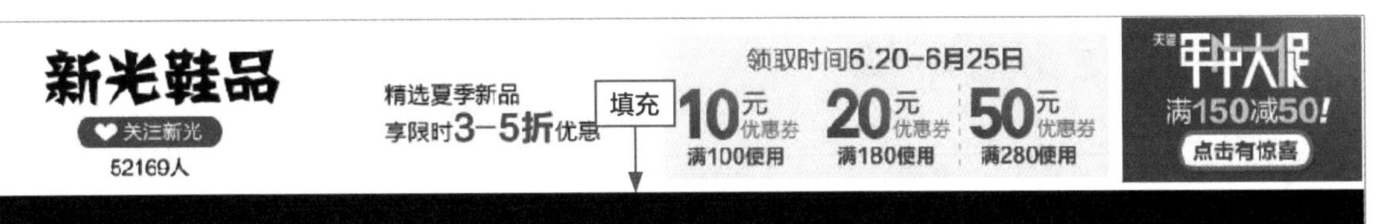

图9-14 填充前景色

步骤 03 按【Ctrl+O】组合键，打开“文字3”素材图像，选取工具箱中的移动工具，将文字素材移动至“女鞋类”图像编辑窗口中合适位置，如图9-15所示。

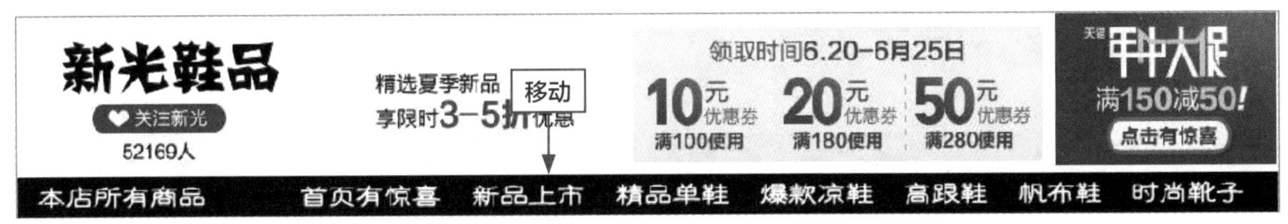

图9-15 移动文字

步骤 04 选取工具箱中的自定形状工具，在工具属性栏中设置“填充”为白色、“形状”为“向下”；在图像编辑窗口中合适位置绘制形状，最终效果如图9-16所示。

图9-16 最终效果

实例 157 男鞋类导航设计

店铺导航区域的内容和顺序可随季节或活动的变更而修改。下面以男鞋类为例详细介绍男鞋店铺导航的设计与制作，本实例最终效果如图9-17所示。

素材文件	素材\第9章\男鞋类.jpg、文字4.psd、房子.psd
效果文件	效果\第9章\男鞋类导航.psd、男鞋类导航.jpg
视频文件	视频\第9章\实例157 男鞋类导航设计.mp4

图9-17 图像效果

步骤 01 按【Ctrl+O】组合键，打开一幅素材图像，如图9-18所示。

图9-18 打开素材图像

步骤 02 新建“图层1”图层，选取工具箱中的矩形选框工具，在图像编辑窗口中创建矩形选区，设置前景色为白色，按【Alt+Delete】组合键填充前景色，按【Ctrl+D】组合键取消选区，如图9-19所示。

图9-19 填充前景色

步骤 03 选取工具箱中的直线工具，在工具属性栏中设置“填充”为黑色、“粗细”为2像素；移动鼠标至图像编辑窗口中，按住【Shift】键，连续绘制2条直线，并移动至合适位置，如图9-20所示。

图9-20 绘制并移动直线

步骤 04 按【Ctrl+O】组合键，打开“房子”素材图像，选取工具箱中的移动工具，将素材图像移动至“男鞋类”图像编辑窗口中，按【Ctrl+T】组合键调整图像大小和位置，如图9-21所示。

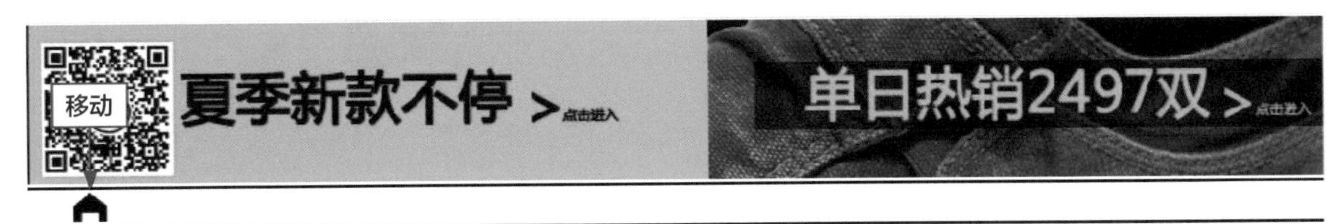

图9-21 移动并调整素材图像

步骤 05 按【Ctrl+O】组合键，打开“文字4”素材图像，选取工具箱中的移动工具，将文字素材移动至“男鞋类”图像编辑窗口中合适位置，如图9-22所示。

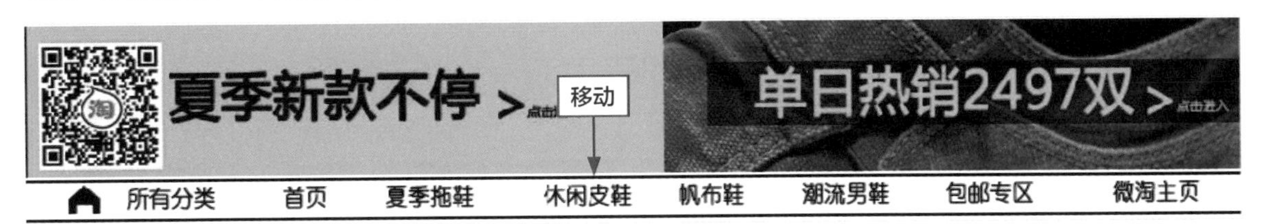

图9-22 移动文字

步骤 06 选取工具箱中的自定形状工具，在工具属性栏中设置“填充”为黑色、“形状”为“标志3”；在图像编辑窗口中合适位置绘制形状，最终效果如图9-23所示。

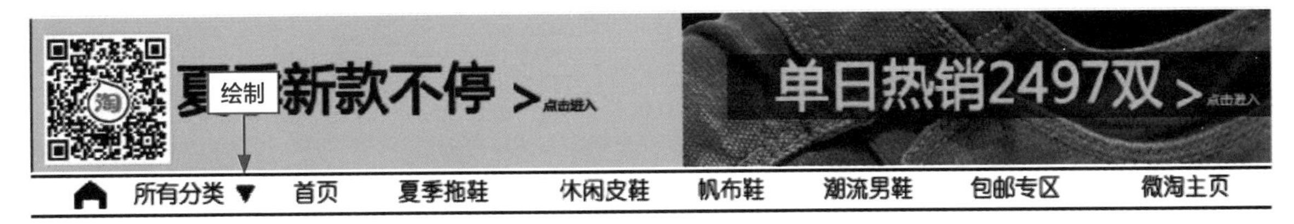

图9-23 最终效果

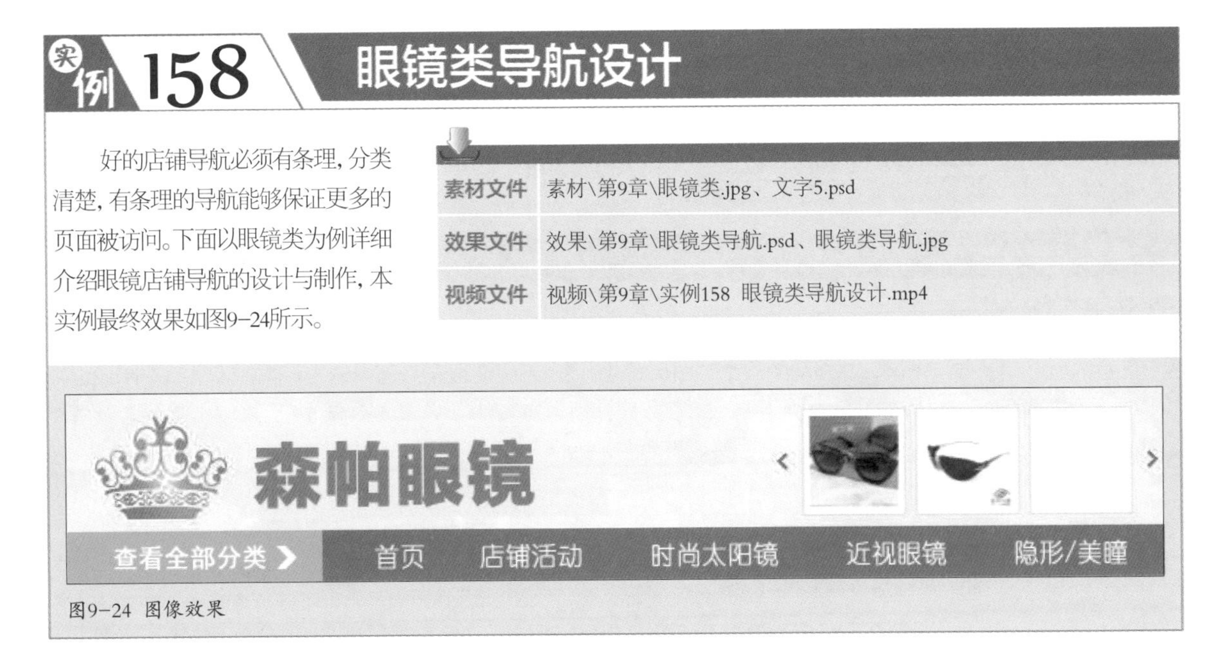

实例 158 眼镜类导航设计

好的店铺导航必须有条理，分类清楚，有条理的导航能够保证更多的页面被访问。下面以眼镜类为例详细介绍眼镜店铺导航的设计与制作，本实例最终效果如图9-24所示。

素材文件	素材\第9章\眼镜类.jpg、文字5.psd
效果文件	效果\第9章\眼镜类导航.psd、眼镜类导航.jpg
视频文件	视频\第9章\实例158 眼镜类导航设计.mp4

图9-24 图像效果

步骤 01 按【Ctrl+O】组合键，打开一幅素材图像，如图9-25所示。

图9-25 打开素材图像

步骤 02 新建“图层1”图层，选取工具箱中的矩形选框工具，在图像编辑窗口中创建矩形选区，设置前景色为粉色（RGB参数值分别为249、106、102），按【Alt+Delete】组合键填充前景色，按【Ctrl+D】组合键取消选区，如图9-26所示。

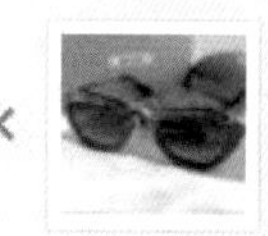

图9-26 填充前景色

步骤 03 按【Ctrl+O】组合键，打开“文字5”素材图像，选取工具箱中的移动工具，将文字素材移动至“眼镜类”图像编辑窗口中合适位置，如图9-27所示。

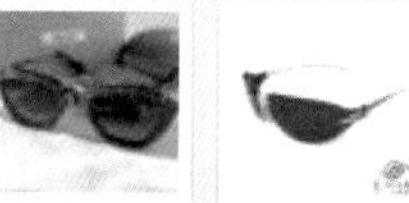

图9-27 移动文字

步骤 04 选取工具箱中的自定形状工具，在工具属性栏中设置“填充”为白色、“形状”为“箭头2”；在图像编辑窗口中绘制形状并移动至合适位置，如图9-28所示。

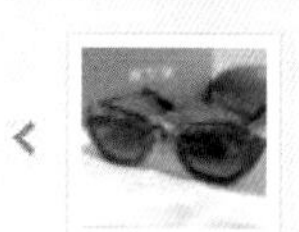

图9-28 绘制并移动形状

步骤 05 新建“图层2”图层，并移动图层至“图层1”图层上方，选取工具箱中的矩形选框工具，在图像编辑窗口中创建矩形选区，设置前景色为粉色（RGB参数值分别为255、189、186）；按【Alt+Delete】组合键填充前景色，按【Ctrl+D】组合键取消选区，最终效果如图9-29所示。

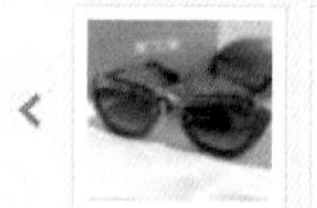

图9-29 最终效果

实例 159 饰品类导航设计

店铺导航可以方便买家从宝贝详情页面跳转到其他商品页面，从而使店铺中的更多商品信息被买家发现，极大地促进店铺成单率。下面以饰品类为例详细介绍饰品店铺导航的设计与制作，本实例最终效果如图9-30所示。

素材文件	素材\第9章\饰品类.jpg、文字6.psd、直线.psd
效果文件	效果\第9章\饰品类导航.psd、饰品类导航.jpg
视频文件	视频\第9章\实例159 饰品类导航设计.mp4

图9-30 图像效果

步骤 01 按【Ctrl+O】组合键，打开一幅素材图像，如图9-31所示。

图9-31 打开素材图像

步骤 02 新建“图层1”图层，选取工具箱中的矩形选框工具，在图像编辑窗口中创建矩形选区，设置前景色为紫色（RGB参数值分别为195、85、114），按【Alt+Delete】组合键填充前景色，按【Ctrl+D】组合键取消选区，如图9-32所示。

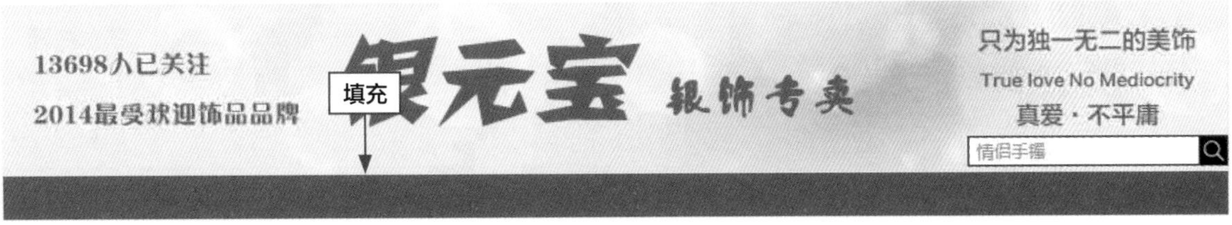

图9-32 填充前景色

步骤 03 按【Ctrl+O】组合键，打开“文字6”素材图像，选取工具箱中的移动工具，将文字素材移动至“饰品类”图像编辑窗口中合适位置，如图9-33所示。

图9-33 移动文字

步骤 04 按【Ctrl+O】组合键，打开“直线”素材图像，选取工具箱中的移动工具，将直线素材移动至“饰品类”图像编辑窗口中合适位置，最终效果如图9-34所示。

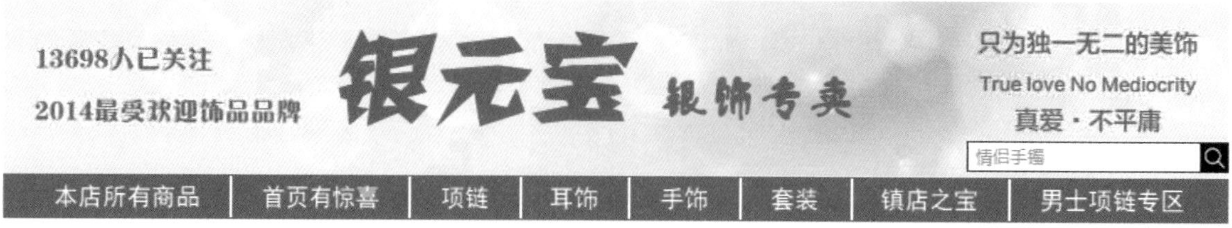

图9-34 最终效果

实例160 母婴类导航设计

在制作店铺导航时，可将买家反馈等添加到导航模块上，提高店铺信誉度。下面以母婴类为例详细介绍母婴店铺导航的设计与制作，本实例最终效果如图9-35所示。

素材文件	素材\第9章\母婴类.jpg、文字7.psd
效果文件	效果\第9章\母婴类导航.psd、母婴类导航.jpg
视频文件	视频\第9章\实例160 母婴类导航设计.mp4

图9-35 图像效果

步骤 01 按【Ctrl+O】组合键，打开一幅素材图像，如图9-36所示。

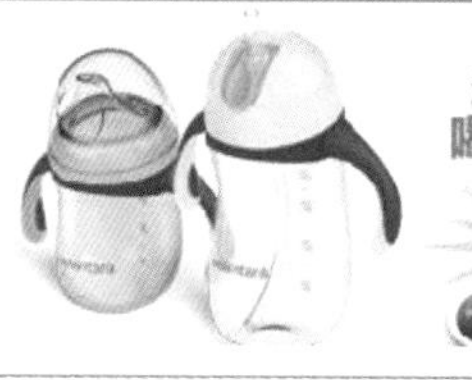

图9-36 打开素材图像

步骤 02 设置前景色为灰色（RGB参数值均为183），选取工具箱中的渐变工具，在工具属性栏中单击“点按可编辑渐变”色块，即可弹出“渐变编辑器”对话框，设置“预设”为“前景色到透明”，单击“确定”按钮，在图像编辑窗口中制作渐变效果，如图9-37所示。

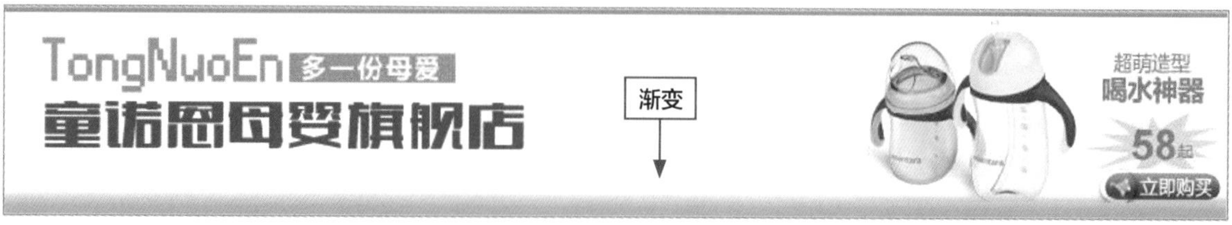

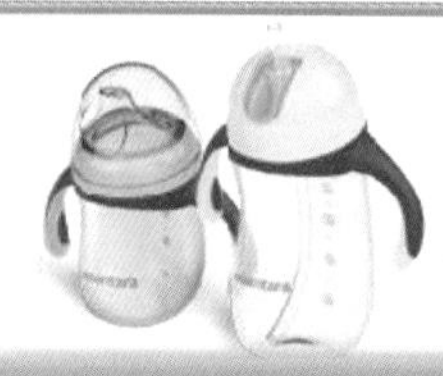

图9-37 制作渐变效果

步骤 03 选取工具箱中的直线工具，在工具属性栏中设置“填充”为黑色、“粗细”为1像素；移动鼠标至图像编辑窗口中合适位置，按住【Shift】键，绘制一条直线，效果如图9-38所示。

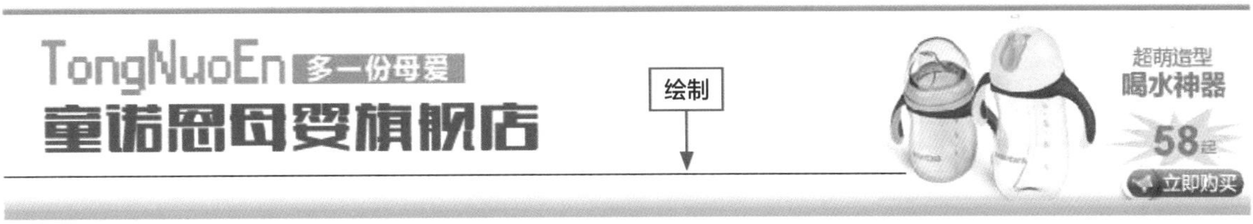

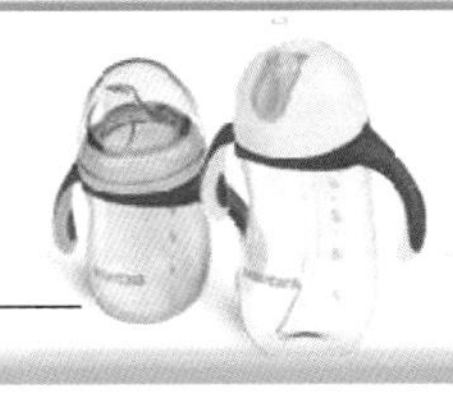

图9-38 绘制直线

步骤 04 按【Ctrl+O】组合键，打开“文字7”素材图像，选取工具箱中的移动工具，将文字素材移动至“母婴类”图像编辑窗口中合适位置，效果如图9-39所示。

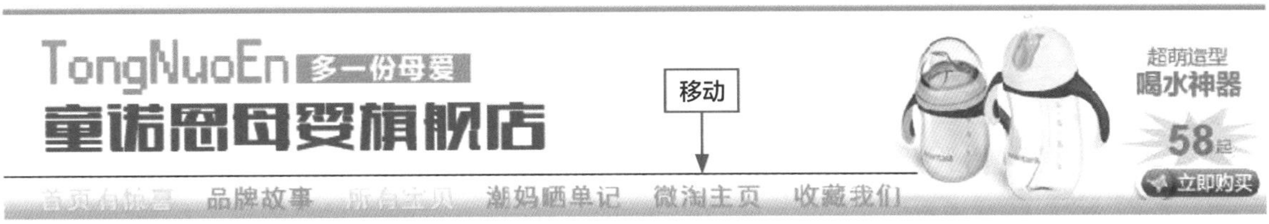

图9-39 移动文字素材

步骤 05 新建“图层1”图层，并移动图层至文字图层下方，选取工具箱中的矩形选框工具，在工具属性栏中单击“添加到选区”按钮，在图像编辑窗口中创建两个矩形选区，设置前景色为蓝色（RGB参数值分别为66、120、208）；按【Alt+Delete】组合键填充前景色，按【Ctrl+D】组合键取消选区，最终效果如图9-40所示。

图9-40 最终效果

实例161 箱包类导航设计

网店店铺导航模块是增加店铺转化率的关键，能够使买家快速地找到想要购买的商品。下面以箱包类为例详细介绍箱包店铺导航的设计与制作。本实例最终效果如图9-41所示。

素材文件	素材\第9章\箱包类.jpg、文字8.psd
效果文件	效果\第9章\箱包类导航.psd、箱包类导航.jpg
视频文件	视频\第9章\实例161 箱包类导航设计.mp4

图9-41 图像效果

步骤 01 按【Ctrl+O】组合键，打开一幅素材图像，如图9-42所示。

图9-42 打开素材图像

步骤 02 设置前景色为蓝色（RGB参数值分别为4、81、137）；选取工具箱中的直线工具，在工具属性栏中设置“粗细”为2像素；移动鼠标至图像编辑窗口中合适位置，按住【Shift】键，绘制一条直线，效果如图9-43所示。

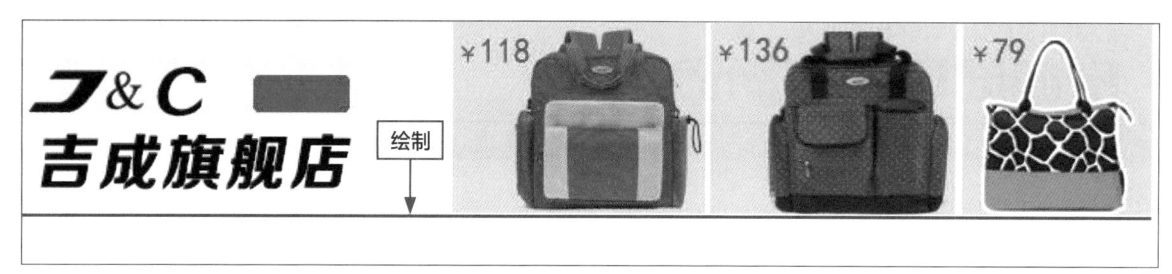

图9-43 绘制直线

步骤 03 选取工具箱中的矩形工具，移动鼠标至图像编辑窗口中合适位置，绘制一个矩形形状，效果如图9-44所示。

图9-44 绘制矩形

步骤 04 按【Ctrl+O】组合键，打开“文字8”素材图像，选取工具箱中的移动工具，将文字素材移动至“箱包类”图像编辑窗口中合适位置，最终效果如图9-45所示。

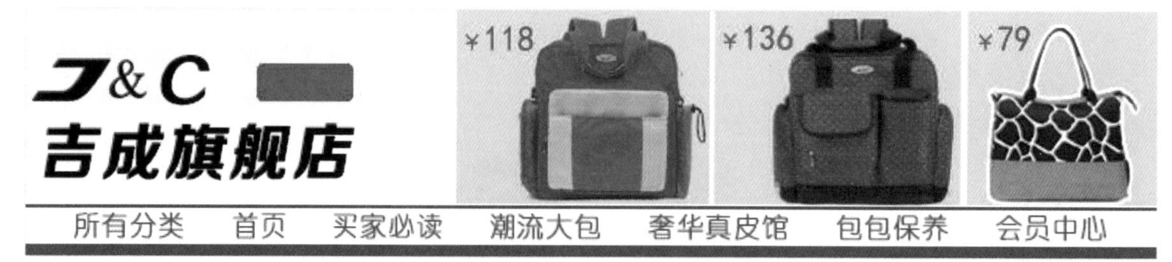

图9-45 最终效果

实例162 家纺类导航设计

在制作店铺导航时，可在导航模块上添加活动分类，吸引买家，增加店铺访问量。下面以家纺类为例详细介绍家纺店铺导航的设计与制作，本实例最终效果如图9-46所示。

素材文件	素材\第9章\家纺类.jpg、文字9.psd、直线1.psd
效果文件	效果\第9章\家纺类导航.psd、家纺类导航.jpg
视频文件	视频\第9章\实例162 家纺类导航设计.mp4

图9-46 图像效果

步骤 01 按【Ctrl+O】组合键，打开一幅素材图像，如图9-47所示。

图9-47 打开素材图像

步骤 02 新建“图层1”图层，选取工具箱中的矩形选框工具，在图像编辑窗口中创建矩形选区，设置前景色为蓝色（RGB参数值分别为23、179、229），按【Alt+Delete】组合键填充前景色，按【Ctrl+D】组合键取消选区，如图9-48所示。

图9-48 填充前景色

步骤 03 按【Ctrl+O】组合键，打开“文字9”素材图像，选取工具箱中的移动工具，将文字素材移动至“家纺类”图像编辑窗口中合适位置，如图9-49所示。

图9-49 移动文字素材

步骤 04 按【Ctrl+O】组合键，打开“直线1”素材图像，选取工具箱中的移动工具，将直线素材移动至“家纺类”图像编辑窗口中合适位置，最终效果如图9-50所示。

图9-50 最终效果

实例163 家电类导航设计

店铺导航可以引导买家快速访问页面，使买家快速了解店铺中的更多商品信息及活动。下面以家电类为例详细介绍家电店铺导航的设计与制作，本实例最终效果如图9-51所示。

素材文件	素材\第9章\家电类.jpg、文字10.psd、
效果文件	效果\第9章\家电类导航.psd、家电类导航.jpg
视频文件	视频\第9章\实例163 家电类导航设计.mp4

图9-51 图像效果

步骤 01 按【Ctrl+O】组合键，打开一幅素材图像，如图9-52所示。

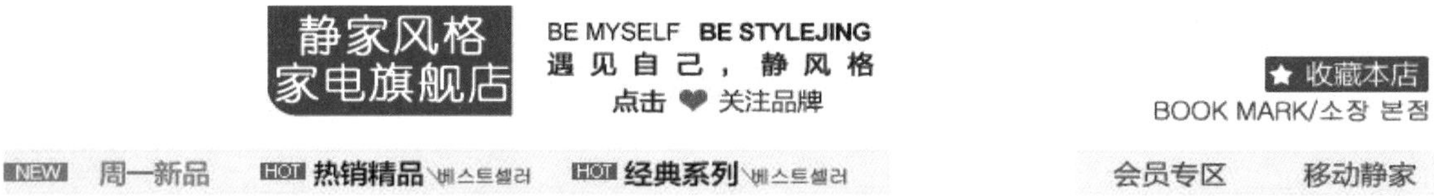

图9-52 打开素材图像

步骤 02 新建“图层1”图层，选取工具箱中的矩形选框工具，在图像编辑窗口中创建矩形选区，设置前景色为紫色（RGB参数值分别为121、13、125），按【Alt+Delete】组合键填充前景色，按【Ctrl+D】组合键取消选区，如图9-53所示。

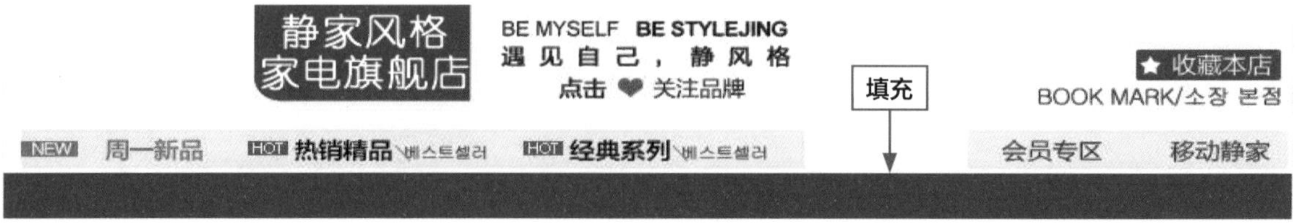

图9-53 填充前景色

步骤 03 按【Ctrl+O】组合键，打开“文字10”素材图像，选取工具箱中的移动工具，将文字素材移动至“家电类”图像编辑窗口中合适位置，如图9-54所示。

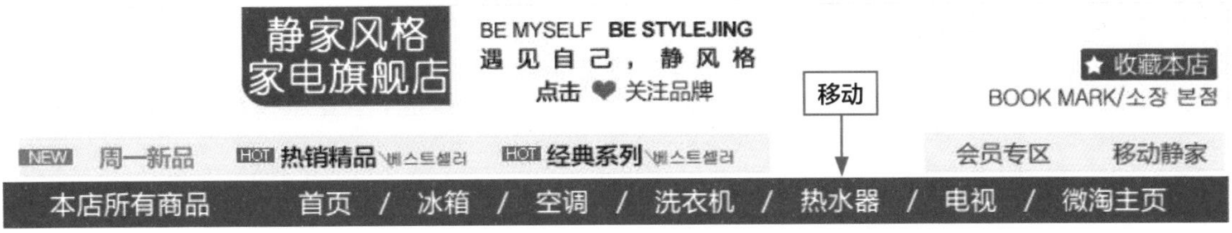

图9-54 移动文字素材

步骤 04 新建“图层2”图层，并移动图层至文字图层下方，选取工具箱中的矩形选框工具，在图像编辑窗口中创建选区，设置前景色为灰色（RGB参数值均为51）；按【Alt+Delete】组合键填充前景色，按【Ctrl+D】组合键取消选区，如图9-55所示。

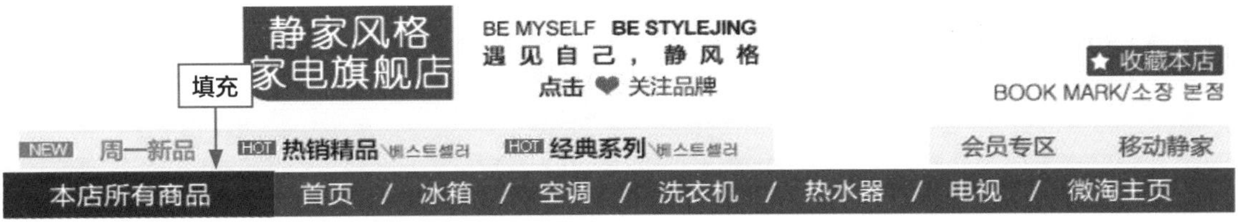

图9-55 填充前景色

步骤 05 选取工具箱中的自定形状工具，在工具属性栏中设置“填充”为白色、“形状”为“向下”；在图像编辑窗口中合适位置绘制形状，最终效果如图9-56所示。

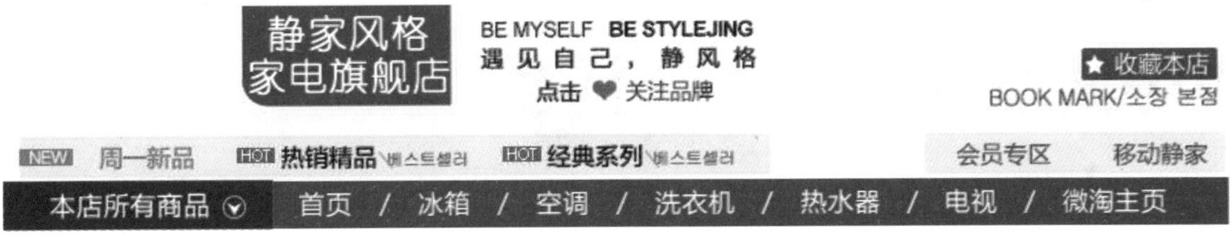

图9-56 最终效果

实例 164 手机类导航设计

在制作店铺导航时，可将“售后服务”链接添加到导航模块上，提高店铺可信度。下面以手机类为例详细介绍手机店铺导航的设计与制作，本实例最终效果如图9-57所示。

素材文件	素材\第9章\手机类.jpg、文字11.psd、
效果文件	效果\第9章\手机类导航.psd、手机类导航.jpg
视频文件	视频\第9章\实例164 手机类导航设计.mp4

图9-57 图像效果

步骤 01 按【Ctrl+O】组合键，打开一幅素材图像，如图9-58所示。

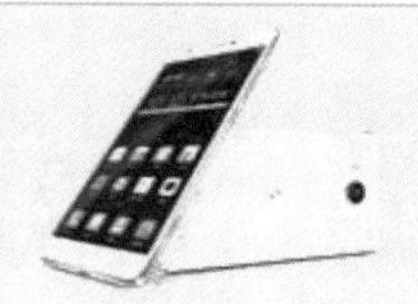

图9-58 打开素材图像

步骤 02 新建“图层1”图层，选取工具箱中的矩形选框工具，在图像编辑窗口中创建矩形选区，设置前景色为绿色（RGB参数值分别为139、188、8），按【Alt+Delete】组合键填充前景色，按【Ctrl+D】组合键取消选区，如图9-59所示。

图9-59 填充前景色

步骤 03 按【Ctrl+O】组合键，打开“文字11”素材图像，选取工具箱中的移动工具，将文字素材移动至“手机类”图像编辑窗口中合适位置，如图9-60所示。

图9-60 移动文字素材

步骤 04 新建“图层2”图层，并移动图层至文字图层下方，选取工具箱中的矩形选框工具，在图像编辑窗口中创建矩形选区，设置前景色为橙色（RGB参数值分别为249、133、22）；按【Alt+Delete】组合键填充前景色，按【Ctrl+D】组合键取消选区，效果如图9-61所示。

图9-61 移动文字素材

实例165 护肤类导航设计

店铺导航是买家快速跳转页面的快捷途径，通过导航的指引，可使买家快速浏览店铺商品信息。下面以护肤类为例详细介绍护肤品店铺导航的设计与制作，本实例最终效果如图9-62所示。

素材文件	素材\第9章\护肤类.jpg、文字12.psd、直线2.psd
效果文件	效果\第9章\护肤类导航.psd、护肤类导航.jpg
视频文件	视频\第9章\实例165 护肤类导航设计.mp4

图9-62 图像效果

步骤 01 按【Ctrl+O】组合键，打开一幅素材图像，如图9-63所示。

图9-63 打开素材图像

步骤 02 新建“图层1”图层，选取工具箱中的矩形选框工具，在图像编辑窗口中创建矩形选区，设置前景色为蓝色（RGB参数值分别为42、176、201），按【Alt+Delete】组合键填充前景色，按【Ctrl+D】组合键取消选区，如图9-64所示。

图9-64 填充前景色

步骤 03 按【Ctrl+O】组合键，打开“文字12”素材图像，选取工具箱中的移动工具，将文字素材移动至“护肤类”图像编辑窗口中合适位置，如图9-65所示。

图9-65 移动文字素材

步骤 04 按【Ctrl+O】组合键，打开“直线2”素材图像，选取工具箱中的移动工具，将直线素材移动至“护肤类”图像编辑窗口中合适位置，效果如图9-66所示。

图9-66 绘制直线

步骤 05 新建“图层2”图层，并移动图层至文字图层下方，选取工具箱中的矩形选框工具，在图像编辑窗口中创建矩形选区，设置前景色为浅蓝色（RGB参数值分别为175、218、227）；按【Alt+Delete】组合键填充前景色，按【Ctrl+D】组合键取消选区，效果如图9-67所示。

图9-67 填充前景色

步骤 06 选取工具箱中的自定形状工具，在工具属性栏中设置“填充”为白色、“形状”为“向下”；在图像编辑窗口中合适位置绘制形状，最终效果如图9-68所示。

图9-68 最终效果

第10章

设计商品描述

学习提示

商品描述页面也称详情页，相当于商品的落地页，是提高转化率的关键因素。在做商品描述时，需要预先判定买家心理过程，买家想看哪里就给他放大哪里，因此要用Photoshop优化商品描述图片，详细且面面俱到，本章将详细介绍不同类型的商品描述图片的设计与制作方法。

本章关键案例导航

- 设计服装类商品描述
- 设计手包类商品描述
- 设计家具类商品描述
- 设计饰品类商品描述
- 设计护肤品类商品描述
- 设计表格罗列型商品描述
- 设计细节展示型商品描述
- 设计多方位展示型商品描述
- 设计尺寸展示型商品描述
- 设计关联销售型商品描述

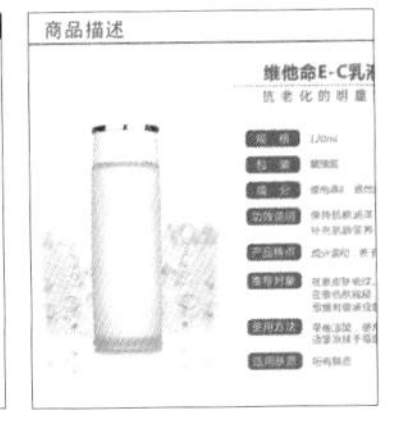

实例166 设计服装类商品描述

一个好的、严谨的描述页面，是带有驱动性的直观阐述，商品信息一目了然。下面以女装为例详细介绍服装类商品描述的设计与制作，本实例最终效果如图10-1所示。

素材文件	素材\第10章\女装.jpg、产品信息.jpg
效果文件	效果\第10章\服装类商品描述.psd、服装类商品描述.jpg
视频文件	视频\第10章\实例166　设计服装类商品描述.mp4

图10-1 图像效果

步骤 01 按【Ctrl+O】组合键，打开一幅素材图像，如图10-2所示。

图10-2 打开素材图像

步骤 02 选取工具箱中的矩形选框工具，在图像编辑窗口中合适位置创建矩形选区，设置前景色为黑色，按【Alt+Delete】组合键填充前景色，按【Ctrl+D】组合键取消选区，如图10-3所示。

图10-3 填充前景色

步骤 03 选取工具箱中的横排文字工具，在工具属性栏中设置"字体"为"方正粗谭黑简体"、"字体大小"为11点、"设置消除锯齿的方法"为"平滑"、"颜色"为白色；将鼠标移动至图像编辑窗口中单击鼠标左键并输入文字，按【Ctrl+Enter】组合键确认输入，选取工具箱中的移动工具，将文字移动至合适位置，如图10-4所示。

图10-4 输入并移动文字

步骤 04 按【Ctrl+O】组合键，打开"产品信息"素材图像，选取工具箱中的移动工具，将素材图像移动至"女装"图像编辑窗口中合适位置，效果如图10-5所示。

图10-5 最终效果

实例167 设计手包类商品描述

商品描述就是图片与文字的结合，利用文字表达图片信息，传递给买家更直观确切的信息。下面以包包为例详细介绍手包类商品描述的设计与制作，本实例最终效果如图10-6所示。

素材文件	素材\第10章\手包.jpg、文字1.psd
效果文件	效果\第10章\手包类商品描述.psd、手包类商品描述.jpg
视频文件	视频\第10章\实例167　设计手包类商品描述.mp4

图10-6 图像效果

步骤 01 按【Ctrl+O】组合键，打开一幅素材图像，如图10-7所示。

图10-7 打开素材图像

步骤 02 新建“图层1”图层，选取工具箱中的矩形选框工具，在工具属性栏中设置“样式”为“固定大小”、“宽度”为108像素、“高度”为32像素；在图像编辑窗口中创建矩形选区并移动至合适位置，设置前景色为黑色，按【Alt+Delete】组合键填充前景色，按【Ctrl+D】组合键取消选区，如图10-8所示。

图10-8 填充前景色

步骤 03 新建“图层2”图层，选取工具箱中的矩形选框工具，在工具属性栏中设置“样式”为“固定大小”、“宽度”为530像素、“高度”为32像素；在图像编辑窗口中创建矩形选区并移动至合适位置，设置前景色为黑色，按【Alt+Delete】组合键填充前景色，按【Ctrl+D】组合键取消选区，在“图层”面板中设置“不透明度”为20%，效果如图10-9所示。

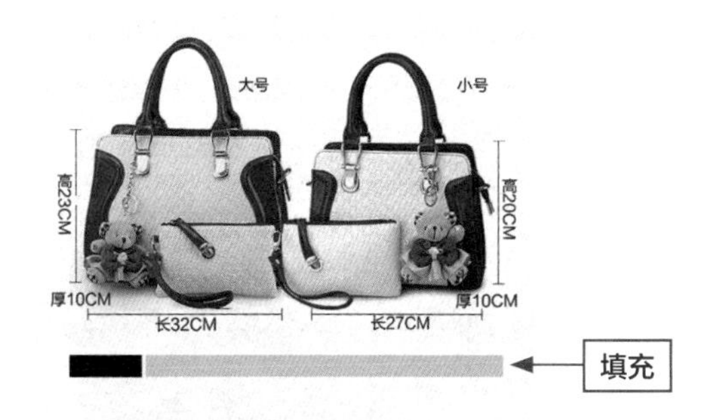

图10-9 填充前景色并设置不透明度

步骤 04 按【Ctrl+O】组合键，打开“文字1”素材图像，选取工具箱中的移动工具，将素材图像移动至“手包”图像编辑窗口中合适位置，效果如图10-10所示。

图10-10 最终效果

实例168 设计家具类商品描述

买家需要的是细节，追求的是环保，因此做一个材质解析描述更能吸引买家的目光。下面以沙发为例详细介绍家具类商品描述的设计与制作。本实例最终效果如图10-11所示。

素材文件	素材\第10章\沙发.jpg、面料.jpg、文字.jpg、面料参数.jpg
效果文件	效果\第10章\家具类商品描述.psd、家具类商品描述.jpg
视频文件	视频\第10章\实例168　设计家具类商品描述.mp4

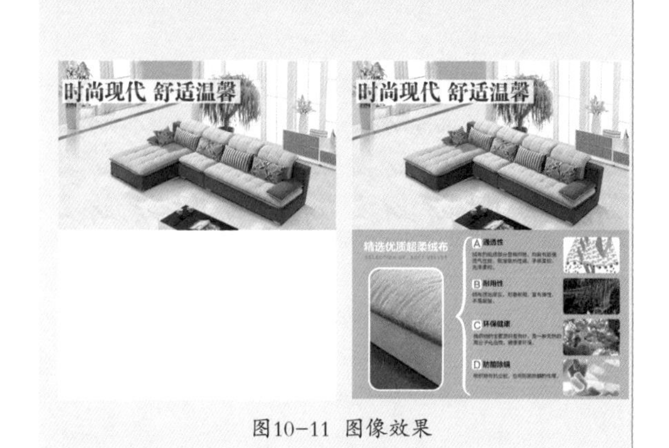

图10-11 图像效果

步骤 01 按【Ctrl+O】组合键，打开一幅素材图像，如图10-12所示。

步骤 02 选取工具箱中的矩形选框工具，在图像编辑窗口中合适位置创建矩形选区，设置前景色为紫色（RGB参数值分别为174、170、203），按【Alt+Delete】组合键填充前景色，按【Ctrl+D】组合键取消选区，如图10-13所示。

图10-12 打开素材图像

图10-13 填充前景色

步骤 03 选取工具箱中的圆角矩形工具，在工具属性栏中设置“描边”为白色、“设置形状描边宽度”为1点；在图像编辑窗口中创建圆角矩形，并移动至合适位置，效果如图10-14所示。

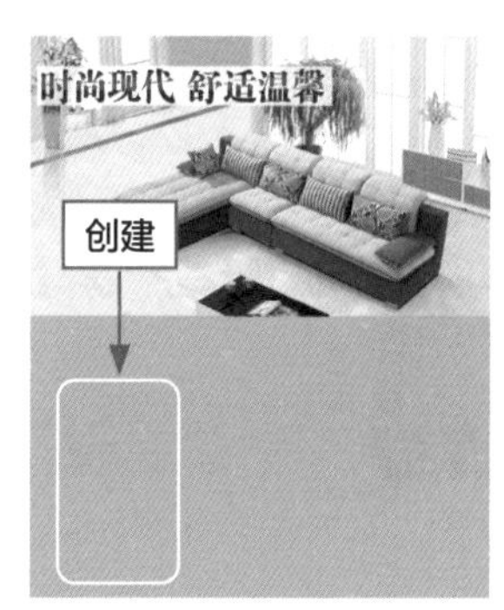

图10-14 创建圆角矩形

图10-15 移动素材图像

步骤 04 按【Ctrl+O】组合键，打开“面料”素材图像，选取工具箱中的移动工具，将素材图像移动至“沙发”图像编辑窗口中，如图10-15所示，即可得到“图层1”图层。

步骤 05 在“图层”面板选择“图层1”图层，单击鼠标右键，在弹出的快捷菜单中选择“创建剪贴蒙版”选项，按【Ctrl+T】组合键调整大小和位置，按【Enter】键确认操作，效果如图10-16所示。

步骤 06 按【Ctrl+O】组合键，打开两幅素材图像，选取工具箱中的移动工具，将素材图像移动至“沙发”图像编辑窗口中，并调整大小和位置，最终效果如图10-17所示。

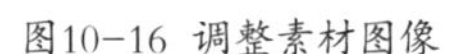

图10-16 调整素材图像

图10-17 最终效果

实例 169 设计饰品类商品描述

创意的文字解说是图文结合的关键表达，设计的灵感更能引起买家内心的共鸣。下面以项链为例详细介绍饰品类商品描述的设计与制作，本实例最终效果如图10-18所示。

素材文件	素材\第10章\项链.jpg、树叶.jpg、文字3.jpg
效果文件	效果\第10章\饰品类商品描述.psd、饰品类商品描述.jpg
视频文件	视频\第10章\实例169　设计饰品类商品描述.mp4

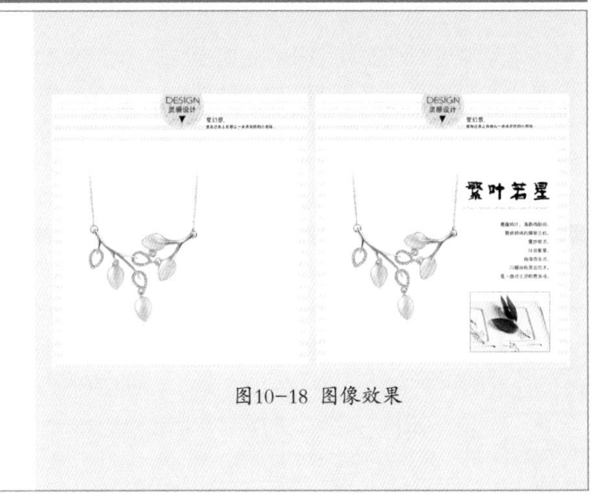

图10-18 图像效果

步骤 01 按【Ctrl+O】组合键，打开一幅素材图像，如图10-19所示。

图10-19 打开素材图像

步骤 02 选取工具箱中的横排文字工具，在工具属性栏中设置“字体”为“方正平和简体”、“字体大小”为16点、“设置消除锯齿的方法”为“平滑”、“颜色”为黑色；将鼠标移动至图像编辑窗口中单击鼠标左键，输入文字，按【Ctrl+Enter】组合键确认输入；选取工具箱中的移动工具，将文字移动至合适位置，效果如图10-20所示。

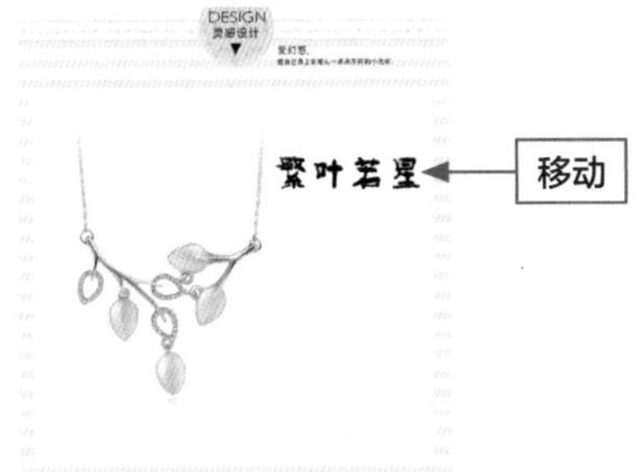

图10-20 输入并移动文字

步骤 03 按【Ctrl+O】组合键，打开两幅素材图像，选取工具箱中的移动工具，将素材图像依次移动至“项链”图像编辑窗口中，按【Ctrl+T】组合键调整大小和位置，按【Enter】键确认操作，如图10-21所示。

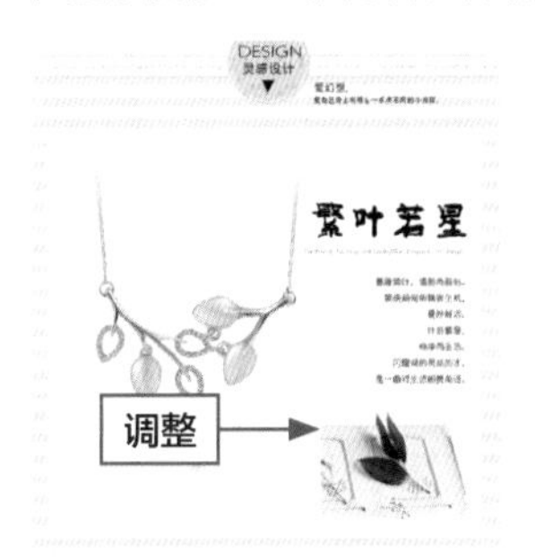

图10-21 调整素材图像

步骤 04 在“图层”面板中选择“图层2”图层，在菜单栏中单击“图层”→“图层样式”→“描边”命令，即可弹出“图层样式”对话框，设置“大小”为2像素、“颜色”为灰色（RGB参数值均为144），单击“确定”按钮，即可制作描边效果，最终效果如图10-22所示。

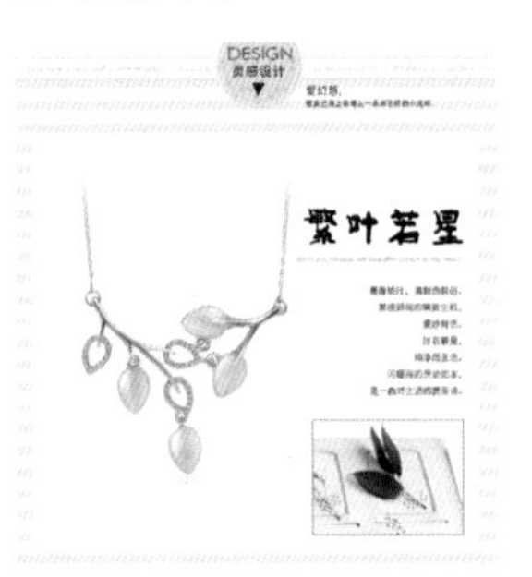

图10-22 最终效果

实例170 设计护肤品类商品描述

商品描述一定要详细并且信息全面，让买家更全面地了解商品信息。下面以乳液为例详细介绍护肤品类商品描述的设计与制作。本实例最终效果如图10-23所示。

素材文件	素材\第10章\乳液.jpg、乳液参数.jpg
效果文件	效果\第10章\护肤品类商品描述.psd、护肤品类商品描述.jpg
视频文件	视频\第10章\实例170 设计护肤品类商品描述.mp4

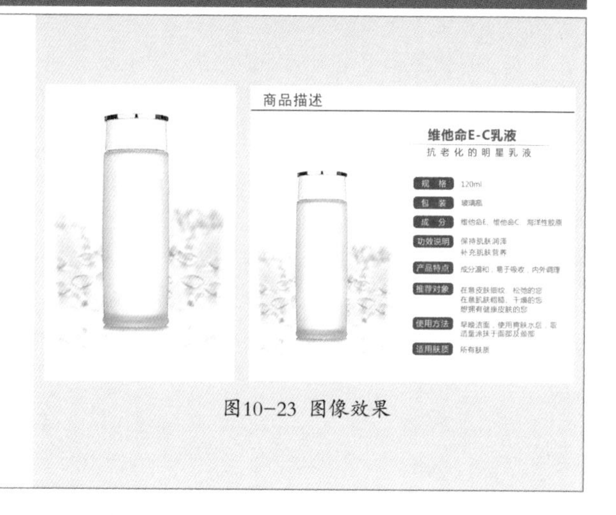

图10-23 图像效果

步骤 01 按【Ctrl+O】组合键，打开一幅素材图像，如图10-24所示。

图10-24 打开素材图像

步骤 02 设置前景色为蓝色（RGB参数值分别为4、102、163）；选取工具箱中的横排文字工具，在工具属性栏中设置“字体”为“黑体”、“字体大小”为8点、“设置消除锯齿的方法”为“浑厚”；将鼠标移动至图像编辑窗口中单击鼠标左键，输入文字，按【Ctrl+Enter】组合键确认输入；选取工具箱中的移动工具，将文字移动至合适位置，效果如图10-25所示。

图10-25 输入并移动文字

步骤 03 选取工具箱中的直线工具，在工具属性栏中设置“粗细”为3像素，在图像编辑窗口中绘制一条直线，如图10-26所示。

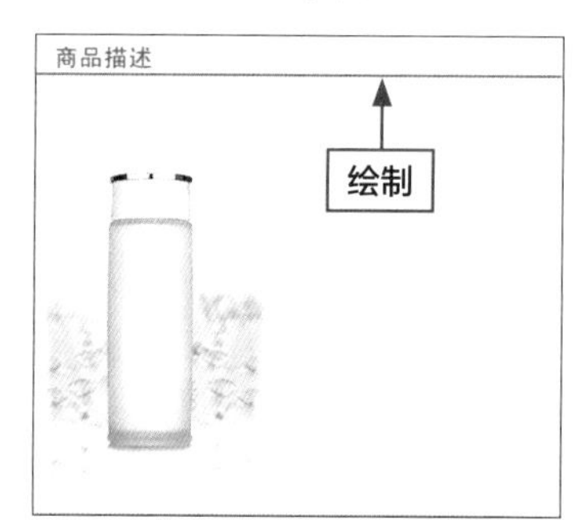

图10-26 绘制直线

步骤 04 按【Ctrl+O】组合键，打开“乳液参数”素材图像，选取工具箱中的移动工具，将素材图像移动至“乳液”图像编辑窗口中，按【Ctrl+T】组合键调整大小和位置，按【Enter】键确认操作，效果如图10-27所示。

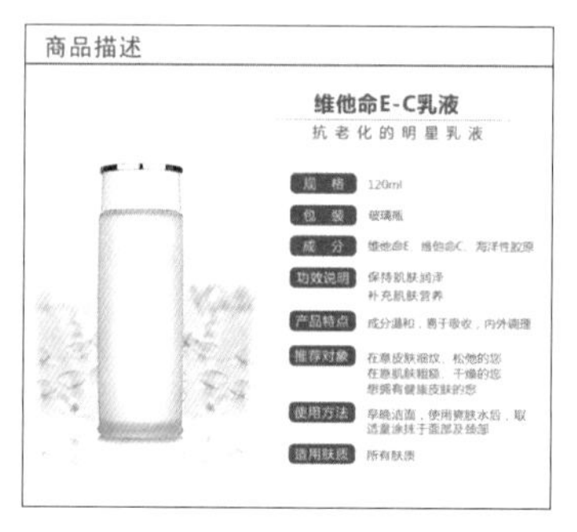

图10-27 最终效果

实例 171　设计鞋子类商品描述

良好的质量与时尚元素的展示，更能展现品牌的实力。下面以高跟鞋为例详细介绍鞋子类商品描述的设计与制作，本实例最终效果如图10-28所示。

素材文件	素材\第10章\鞋子.jpg、鞋尖.psd、文字4.jpg
效果文件	效果\第10章\鞋子类商品描述.psd、鞋子类商品描述.jpg
视频文件	视频\第10章\实例171　设计鞋子类商品描述.mp4

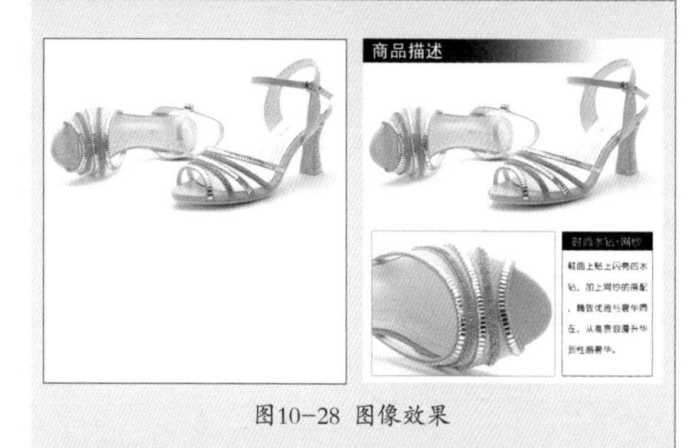

图10-28　图像效果

步骤 01 按【Ctrl+O】组合键，打开一幅素材图像，如图10-29所示。

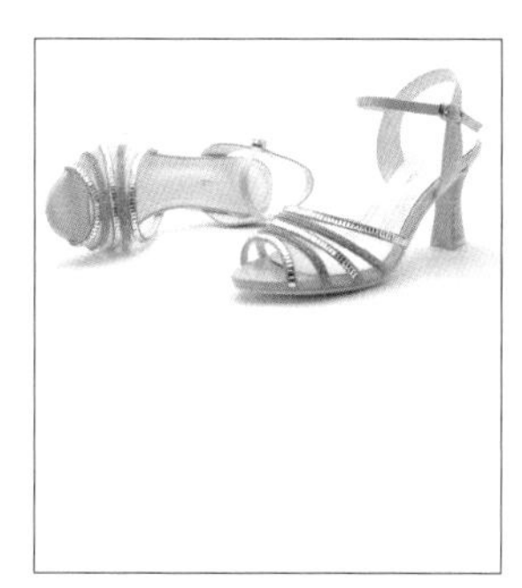

图10-29　打开素材图像

步骤 02 设置前景色为黑色，选取工具箱中的矩形选框工具，在图像编辑窗口中创建选区；选取工具箱中的渐变工具，在工具属性栏中单击"点按可编辑渐变"色块，在弹出的"渐变编辑器"对话框中设置"预设"为"前景色到透明渐变"，单击"确定"按钮，在选区制作渐变效果，按【Ctrl+D】组合键取消选区，效果如图10-30所示。

图10-30　制作渐变效果

步骤 03 设置前景色为白色，选取工具箱中的横排文字工具，在工具属性栏中设置"字体"为"黑体"、"字体大小"为10点、"设置消除锯齿的方法"为"浑厚"；将鼠标移动至图像编辑窗口中单击鼠标左键，输入文字，按【Ctrl+Enter】组合键确认输入；选取工具箱中的移动工具，将文字移动至合适位置，效果如图10-31所示。

图10-31　输入并移动文字

步骤 04 按【Ctrl+O】组合键，打开两幅素材图像，选取工具箱中的移动工具，将素材图像依次移动至"鞋子"图像编辑窗口中，按【Ctrl+T】组合键调整大小和位置，按【Enter】键确认操作，效果如图10-32所示。

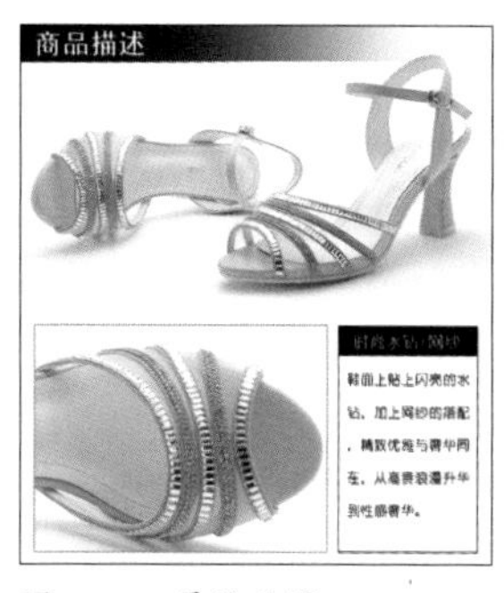

图10-32　最终效果

实例172 设计表格罗列型商品描述

使用表格罗列商品基本信息，使买家一目了然。下面以短袖为例详细介绍表格罗列型商品描述的设计与制作。本实例最终效果如图10-33所示。

素材文件	素材\第10章\短袖.jpg、文字5.psd、表格.jpg
效果文件	效果\第10章\表格罗列型商品描述.psd、表格罗列型商品描述.jpg
视频文件	视频\第10章\实例172　设计表格罗列型商品描述.mp4

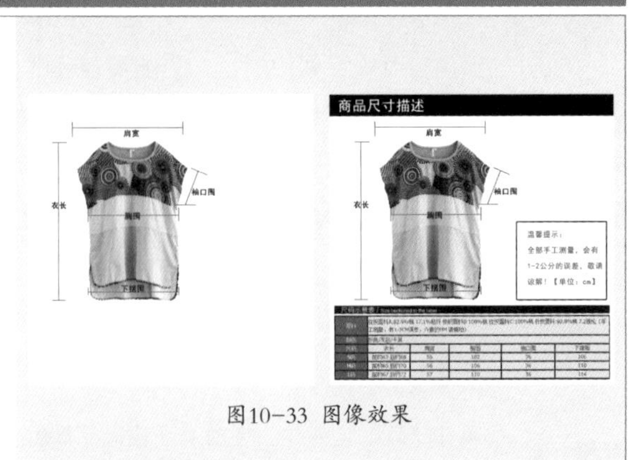

图10-33　图像效果

步骤 01 按【Ctrl+O】组合键，打开一幅素材图像，如图10-34所示。

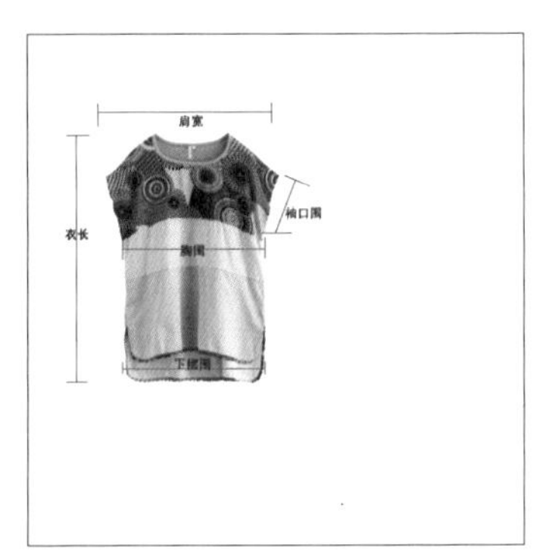

图10-34　打开素材图像

步骤 02 选取工具箱中的矩形选框工具，在图像编辑窗口中合适位置创建矩形选区，设置前景色为黑色，按【Alt+Delete】组合键填充前景色，按【Ctrl+D】组合键取消选区，效果如图10-35所示。

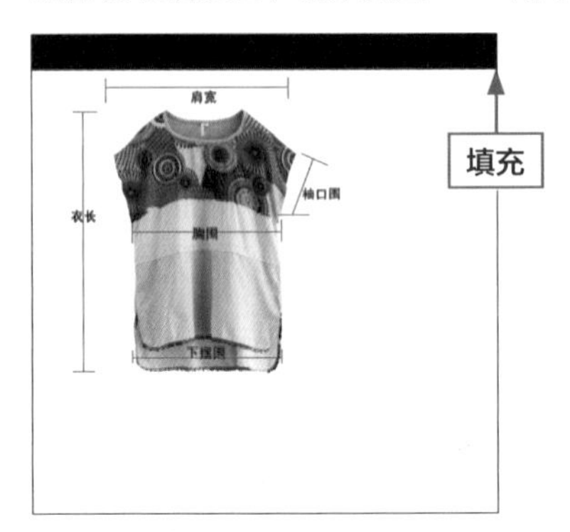

图10-35　填充前景色

步骤 03 设置前景色为白色，选取工具箱中的横排文字工具，在工具属性栏中设置"字体"为"黑体"、"字体大小"为9点、"设置取消锯齿的方法"为"浑厚"；将鼠标移动至图像编辑窗口中单击鼠标左键，输入文字，按【Ctrl+Enter】组合键确认输入；选取工具箱中的移动工具，将文字移动至合适位置，效果如图10-36所示。

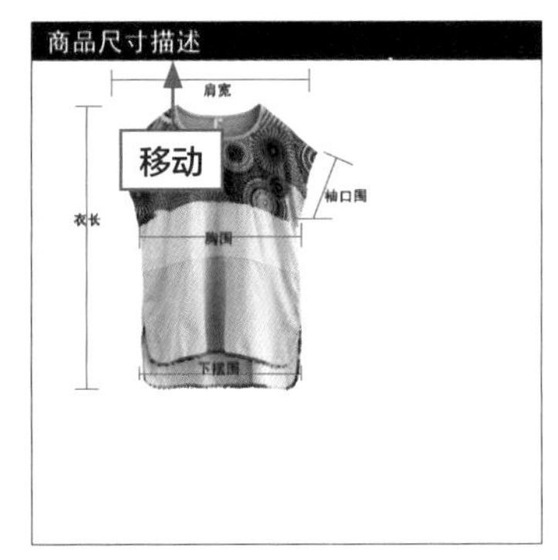

图10-36　输入并移动文字

步骤 04 按【Ctrl+O】组合键，打开两幅素材图像，选取工具箱中的移动工具，将素材图像依次移动至"短袖"图像编辑窗口中合适位置，效果如图10-37所示。

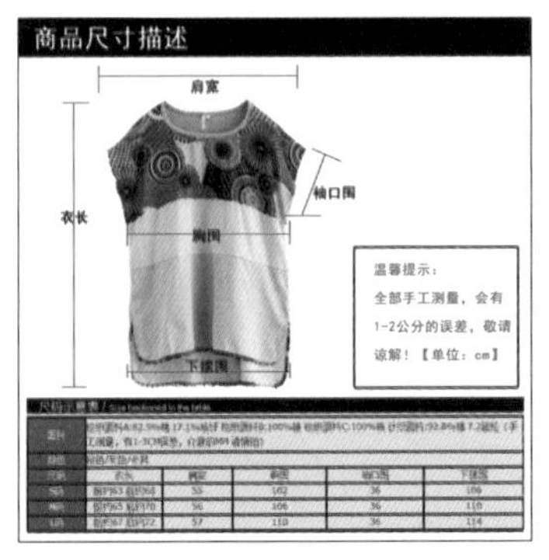

图10-37　最终效果

实例 173 设计细节展示型商品描述

细节决定成败，一个好的商品描述页面不能没有细节图的存在。下面以裙子为例详细介绍细节展示型商品描述的设计与制作，本实例最终效果如图10-38所示。

素材文件	素材\第10章\细节.jpg、圆领.jpg、裙摆.jpg
效果文件	效果\第10章\细节展示型商品描述.psd、细节展示型商品描述.jpg
视频文件	视频\第10章\实例173 设计细节展示型商品描述.mp4

图10-38 图像效果

步骤 01 按【Ctrl+O】组合键，打开一幅素材图像，如图10-39所示。

图10-39 打开素材图像

步骤 02 选取工具箱中的矩形选框工具，在图像编辑窗口中合适位置创建矩形选区，设置前景色为灰色（RGB参数值均为185）；按【Alt+Delete】组合键填充前景色，按【Ctrl+D】组合键取消选区，效果如图10-40所示。

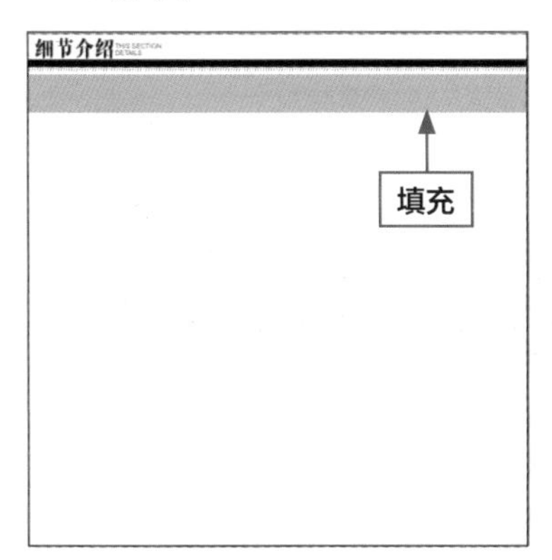

图10-40 填充前景色

步骤 03 设置前景色为黑色，选取工具箱中的横排文字工具，在工具属性栏中设置“字体”为“方正正大黑简体”、“字体大小”为9点、“设置取消锯齿的方法”为“浑厚”；将鼠标移动至图像编辑窗口中单击鼠标左键，输入文字，按【Ctrl+Enter】组合键确认输入；选取工具箱中的移动工具，将文字移动至合适位置，效果如图10-41所示。

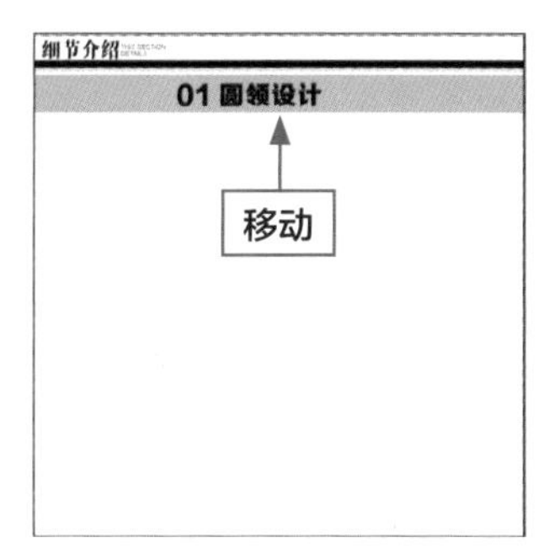

图10-41 输入并移动文字

步骤 04 按【Ctrl+O】组合键，打开两幅素材图像，选取工具箱中的移动工具，将素材图像依次移动至“细节”图像编辑窗口中合适位置，效果如图10-42所示。

图10-42 最终效果

实例174 设计多方位展示型商品描述

正面、侧面、背面等全方位展示商品概况，使买家一眼便能看见商品全貌。下面以凉鞋为例详细介绍多方位展示型商品描述的设计与制作，本实例最终效果如图10-43所示。

素材文件	素材\第10章\角度展示.jpg、黑色鞋子.jpg
效果文件	效果\第10章\多方位展示型商品描述.psd、多方位展示型商品描述.jpg
视频文件	视频\第10章\实例174 设计多方位展示型商品描述.mp4

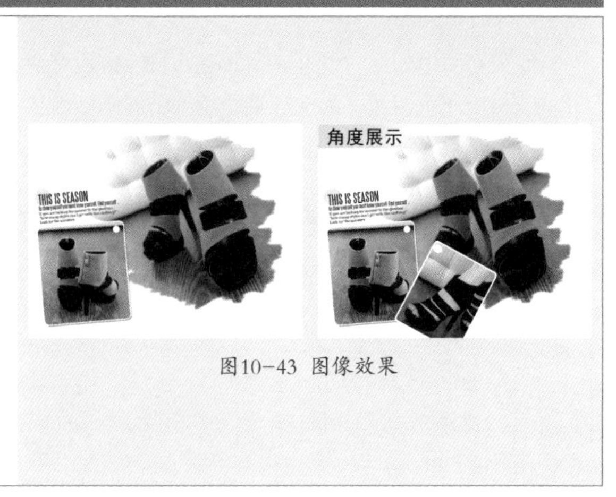

图10-43 图像效果

步骤 01 按【Ctrl+O】组合键，打开一幅素材图像，如图10-44所示。

步骤 02 选取工具箱中的矩形选框工具，在图像编辑窗口中合适位置创建矩形选区，设置前景色为灰色（RGB参数值均为214）；选取工具箱中的渐变工具，在工具属性栏中单击“点按可编辑渐变”色块，在弹出的“渐变编辑器”对话框中设置“预设”为“前景色到透明渐变”，单击“确定”按钮，在选区制作渐变效果，按【Ctrl+D】组合键取消选区，效果如图10-45所示。

图10-44 打开素材图像

图10-45 制作渐变效果

步骤 03 设置前景色为黑色，选取工具箱中的横排文字工具，在工具属性栏中设置“字体”为“黑体”、“字体大小”为12点、“设置取消锯齿的方法”为“浑厚”；将鼠标移动至图像编辑窗口中单击鼠标左键，输入文字，按【Ctrl+Enter】组合键确认输入；选取工具箱中的移动工具，将文字移动至合适位置，如图10-46所示。

步骤 04 选取工具箱中的圆角矩形工具，在工具属性栏中设置“描边”为白色、“设置形状描边宽度”为1点；在图像编辑窗口中创建圆角矩形，按【Ctrl+T】组合键旋转并调整位置，按【Enter】键确认操作，效果如图10-47所示。

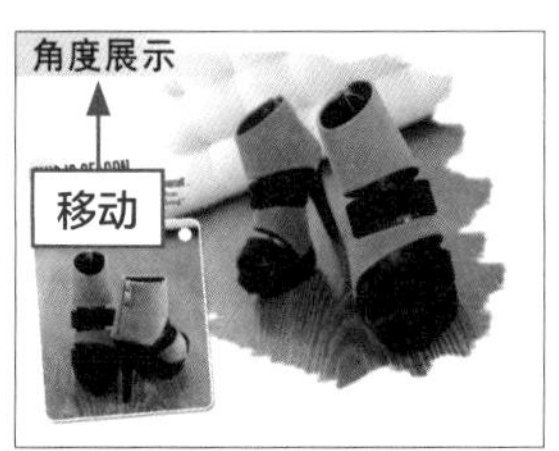

图10-46 输入并移动文字

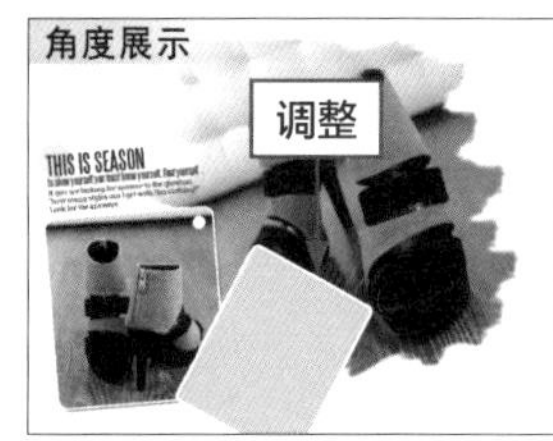

图10-47 调整形状

步骤 05 按【Ctrl+O】组合键，打开“黑色鞋子”素材图像，选取工具箱中的移动工具，将素材图像移动至“角度展示”图像编辑窗口中，如图10-48所示，即可得到“图层1”图层。

步骤 06 在“图层”面板选择“图层1”图层，单击鼠标右键，在弹出的快捷菜单中选择“创建剪贴蒙版”选项，按【Ctrl+T】组合键旋转图像并调整图像大小和位置，按【Enter】键确认操作，效果如图10-49所示。

图10-48 移动素材图像

图10-49 制作效果

实例 175 设计尺寸展示型商品描述

网络购物是虚拟交易，看到的是图片信息，无法看到实物，因此，商品尺寸的展示至关重要。下面以茶几为例详细介绍尺寸展示型商品描述的设计与制作，本实例最终效果如图10-50所示。

素材文件	素材\第10章\茶几.jpg
效果文件	效果\第10章\尺寸展示型商品描述.psd、尺寸展示型商品描述.jpg
视频文件	视频\第10章\实例175 设计尺寸展示型商品描述.mp4

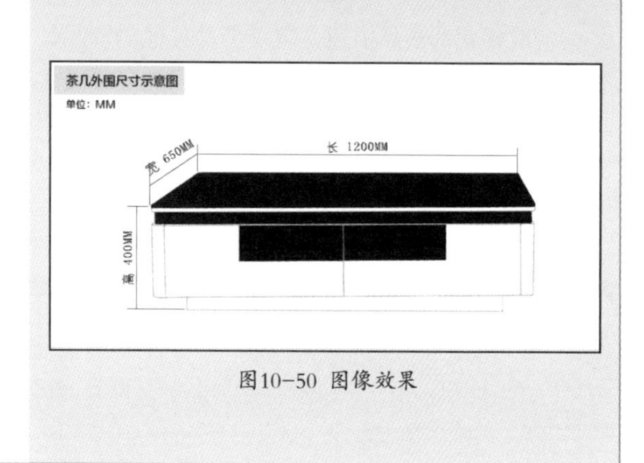

图10-50 图像效果

步骤 01 按【Ctrl+O】组合键，打开一幅素材图像，如图10-51所示。

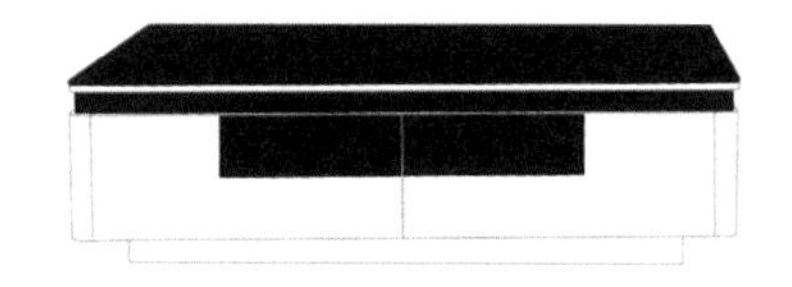

图10-51 打开素材图像

步骤 02 选取工具箱中的直线工具，在工具属性栏中设置"填充"为红色（RGB参数值分别为255、0、0）、"粗细"为1像素，在图像编辑窗口中绘制8条直线，如图10-52所示。

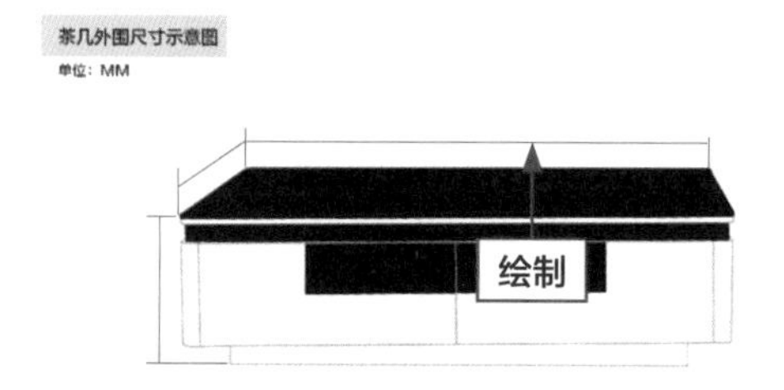

图10-52 绘制直线

步骤 03 选取工具箱中的横排文字工具，在工具属性栏中设置"字体"为"幼圆"、"字体大小"为4点、"设置消除锯齿的方法"为"浑厚"、"颜色"为黑色；将鼠标移动至图像编辑窗口中单击鼠标左键，输入文字，按【Ctrl+Enter】组合键确认输入；选取工具箱中的移动工具，将文字移动至合适位置，如图10-53所示。

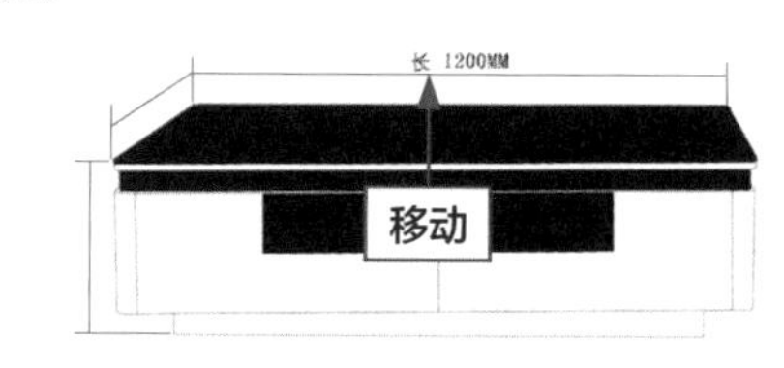

图10-53 输入并移动文字

步骤 04 按【Ctrl+J】组合键，即可复制文字图层；按【Ctrl+T】组合键旋转文字并调整文字位置，按【Enter】键确认操作；选取工具箱中的横排文字工具，更改文字内容，按【Ctrl+Enter】组合键确认输入；重复上述操作，复制文字，调整并更改文字内容，效果如图10-54所示。

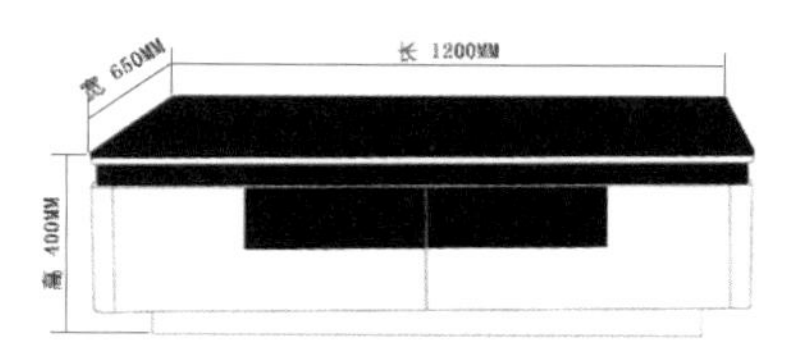

图10-54 最终效果

技巧点拨

单击鼠标左键后，按住【Shift】键并拖动鼠标，即可绘制水平或垂直的直线。按住【Shift】键多次绘制直线，直线在同一图层。绘制直线后，选中直线，在工具属性栏可更改线性，变成虚线显示。

实例174 设计关联销售型商品描述

关联销售的商品描述文字可带动其他的商品，极大地提高店铺其他商品的点击率，增加店铺转化率和访问量，更能提高店铺的成单率。下面以长裙为例详细介绍关联销售型商品描述的设计与制作，本实例最终效果如图10-55所示。

素材文件	素材\第10章\关联销售.jpg、长裙1.jpg、长裙2.psd、长裙3.jpg
效果文件	效果\第10章\关联销售型商品描述.psd、关联销售型商品描述.jpg
视频文件	视频\第10章\实例176　设计关联销售型商品描述.mp4

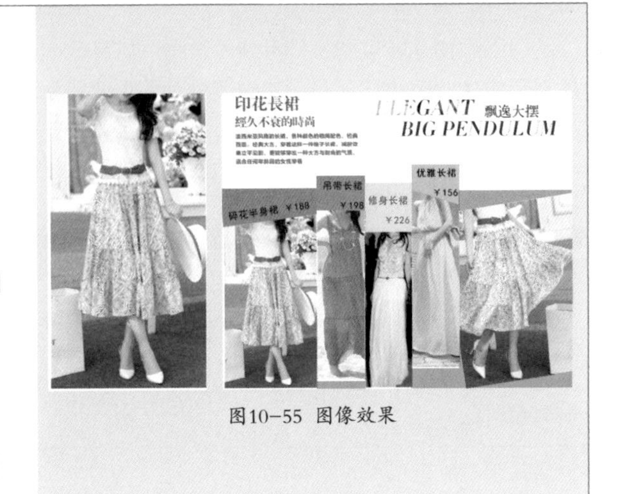

图10-55 图像效果

步骤 01 按【Ctrl+O】组合键，打开一幅素材图像，如图10-56所示。

图10-56 打开素材图像

步骤 02 选取工具箱中的矩形选框工具，在图像编辑窗口中合适位置创建矩形选区，设置前景色为粉色（RGB参数值分别为253、158、158），按【Alt+Delete】组合键填充前景色，按【Ctrl+D】组合键取消选区，如图10-57所示。

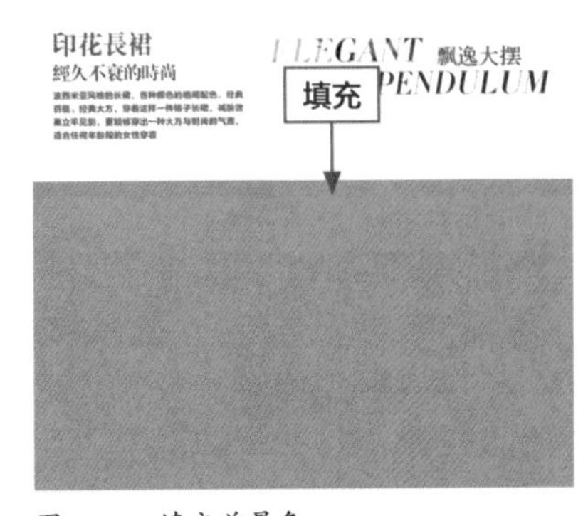

图10-57 填充前景色

步骤 03 按【Ctrl+O】组合键，打开“长裙1”素材图像，选取工具箱中的移动工具，将素材图像移动至“关联销售”图像编辑窗口中合适位置，如图10-58所示。

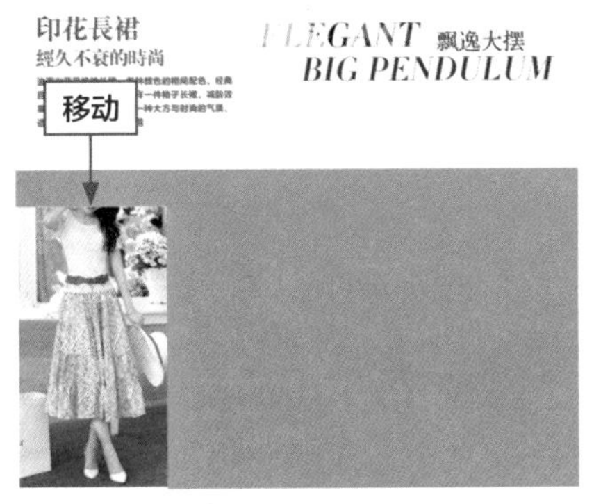

图10-58 移动素材图像

步骤 04 选取工具箱中的多边形套索工具，在图像编辑窗口中绘制选区；设置前景色为粉色（RGB参数值分别为254、97、97），按【Alt+Delete】组合键填充前景色，按【Ctrl+D】组合键取消选区；选取工具箱中的横排文字工具，在工具属性栏中设置“字体”为“黑体”、“字体大小”为5点、“设置消除锯齿的方法”为“平滑”、“颜色”为黑色；将鼠标移动至图像编辑窗口中单击鼠标左键，输入文字，按【Ctrl+Enter】组合键确认输入；按【Ctrl+T】组合键旋转文字并调整文字位置，效果如图10-59所示。

图10-59 调整文字

步骤 05 按【Ctrl+O】组合键，打开两幅素材图像，选取工具箱中的移动工具，将素材图像移动至“关联销售”图像编辑窗口中合适位置，如图10-60所示。

图10-60 移动素材图像

步骤 06 在“图层”面板中选择“图层3”图层，将“图层3”图层移动至“背景”图层上方，按【Ctrl+T】组合键旋转并调整大小和位置，按【Enter】键确认操作，效果如图10-61所示。

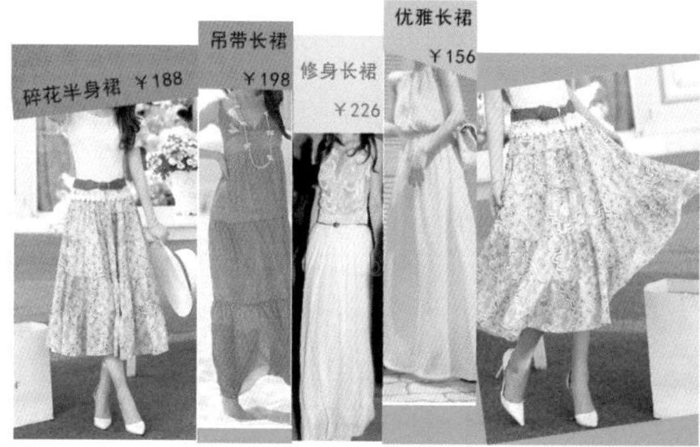

图10-61 最终效果

实例 177 设计多色展示型商品描述

每个人的喜好和颜色敏感度不一样，同样商品的展示，结合多色摆放，可增大购买空间。下面以连衣裙为例详细介绍多色展示型商品描述的设计与制作，本实例最终效果如图10-62所示。

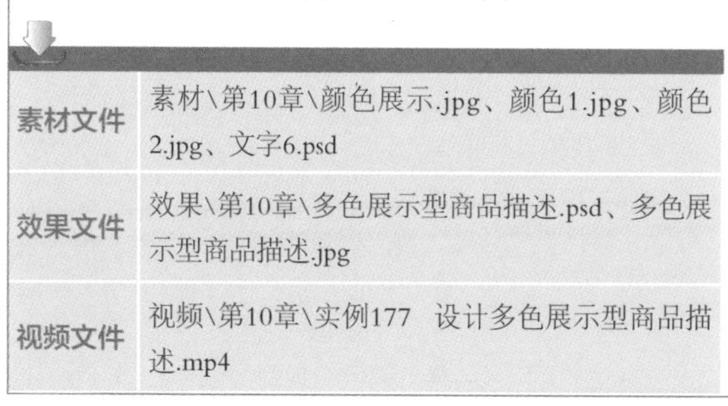

素材文件	素材\第10章\颜色展示.jpg、颜色1.jpg、颜色2.jpg、文字6.psd
效果文件	效果\第10章\多色展示型商品描述.psd、多色展示型商品描述.jpg
视频文件	视频\第10章\实例177　设计多色展示型商品描述.mp4

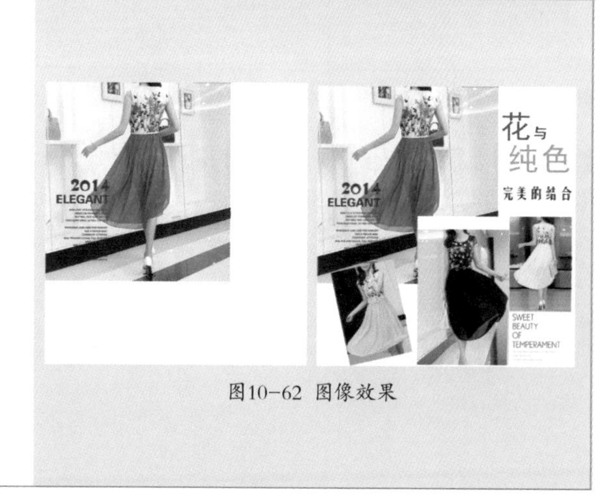

图10-62 图像效果

步骤 01 按【Ctrl+O】组合键，打开一幅素材图像，如图10-63所示。

步骤 02 选取工具箱中的横排文字工具，在工具属性栏中设置“字体”为“黑体”、“字体大小”为8点、“设置消除锯齿的方法”为“平滑”、“颜色”为黑色；将鼠标移动至图像编辑窗口中单击鼠标左键，输入“花与纯色”文字并按【Enter】换行，按【Ctrl+Enter】组合键确认输入；在菜单栏中单击“窗口”→“字符”命令，即可弹出“字符”面板，设置“设置行距”为18点，效果如图10-64所示。

图10-63 打开素材图像

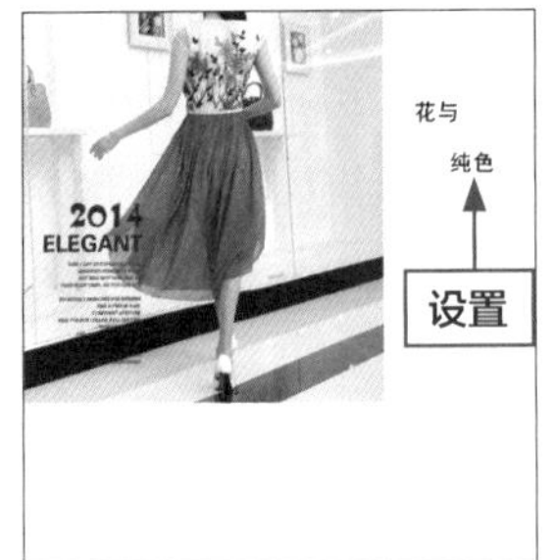

图10-64 设置行距

步骤 03 选取工具箱中的横排文字工具，选中“花”文字，在工具属性栏中设置“字体大小”为18点、“颜色”为蓝色（RGB参数值分别为8、83、175），按【Ctrl+Enter】组合键确认输入，效果如图10-65所示。

步骤 04 选中“纯色”二字，在工具属性栏中设置“字体大小”为18点、“颜色”为粉色（RGB参数值分别为255、132、132），按【Ctrl+Enter】组合键确认输入；选取工具箱中的移动工具，将文字移动至合适位置，效果如图10-66所示。

图10-65 设置参数

图10-66 设置参数

步骤 05 按【Ctrl+O】组合键，打开“颜色1”素材图像，选取工具箱中的移动工具，将素材图像移动至“颜色展示”图像编辑窗口中，按【Ctrl+T】组合键旋转并调整大小位置，按【Enter】键确认操作，效果如图10-67所示。

图10-67 调整图像

步骤 06 重复上述操作，将其他素材图像移动至“颜色展示”图像编辑窗口中，效果如图10-68所示。

图10-68 最终效果

第 11 章

设计旺铺店招

学习提示

店招是店铺品牌展示的窗口，是买家对于店铺第一印象的主要来源。鲜明而有特色的店招对于网店店铺形成品牌和产品定位具有不可替代的作用。本章将详细介绍不同产品类型的旺铺店招设计与制作方法。

本章关键案例导航

- 设计珠宝旺铺店招
- 设计家具旺铺店招
- 设计眼镜旺铺店招
- 设计彩妆旺铺店招
- 设计女鞋旺铺店招
- 设计男鞋旺铺店招
- 设计运动品牌旺铺店招
- 设计数码产品旺铺店招
- 设计箱包旺铺店招
- 设计户外用品旺铺店招

Like STORE
莱克家具旗舰店
· 现代家具实力品牌 ·
FAMOUS BRAND

NEW
welcome to my shop
轻旅箱包旗舰店

实例178 设计珠宝旺铺店招

在店招中添加自己的品牌形象、标志和店铺名称，可以加深买家对店铺的第一印象。下面以珠宝为例介绍旺铺店招的设计与制作，本实例最终效果如图11-1所示。

素材文件	素材\第11章\珠宝.jpg、钻石.psd、蓝钻.jpg
效果文件	效果\第11章\珠宝旺铺店招.psd、珠宝旺铺店招.jpg
视频文件	视频\第11章\实例178 设计珠宝旺铺店招.mp4

图11-1 图像效果

步骤 01 按【Ctrl+O】组合键，打开一幅素材图像，如图11-2所示。

图11-2 打开素材图像

步骤 02 选取工具箱中的横排文字工具，在工具属性栏中设置“字体”为“黑体”、“字体大小”为10点、“设置消除锯齿的方法”为“浑厚”、“颜色”为黑色；将鼠标移动至图像编辑窗口中单击鼠标左键，并输入文字，按【Ctrl+Enter】组合键确认输入；选取工具箱中的移动工具，将文字移动至合适位置，效果如图11-3所示。

图11-3 输入并移动文字

步骤 03 按【Ctrl+O】组合键，打开两幅素材图像，选取工具箱中的移动工具，将素材图像依次移动至“恒钻珠宝”图像编辑窗口中，按【Ctrl+T】组合键调整图像大小和位置，按【Enter】键确认操作，效果如图11-4所示。

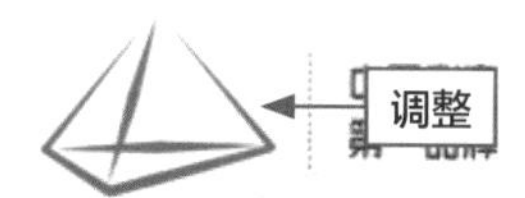

图11-4 最终效果

实例 179　设计家具旺铺店招

在店招中添加店铺主打产品或新品，可以让买家第一时间了解商品信息。下面以家具为例介绍旺铺店招的设计与制作，本实例最终效果如图11-5所示。

素材文件	素材\第11章\家具.jpg、沙发.psd
效果文件	效果\第11章\家具旺铺店招.psd、家具旺铺店招.jpg
视频文件	视频\第11章\实例179 设计家具旺铺店招.mp4

图11-5 图像效果

步骤 01 按【Ctrl+O】组合键，打开一幅素材图像，如图11-6所示。

图11-6 打开素材图像

步骤 02 选取工具箱中的横排文字工具，在工具属性栏中设置“字体”为Impact、“字体大小”为11点、“设置消除锯齿的方法”为“浑厚”、“颜色”为灰色（RGB参数值均为112）；将鼠标设计移动至图像编辑窗口中单击鼠标左键，输入文字，按【Ctrl+Enter】组合键确认输入，如图11-7所示。

图11-7 输入文字

步骤 03 选中like文字，在工具属性栏中设置“颜色”为橙色（RGB参数值分别为255、177、42），按【Ctrl+Enter】组合键确认输入；选取工具箱中的移动工具，将文字移动至合适位置，如图11-8所示。

图11-8 改变文字颜色

步骤 04 新建“图层1”图层，选取工具箱中的横排文字工具，在工具属性栏中设置“字体”为“黑体”、“字体大小”为6点、“设置消除锯齿的方法”为“浑厚”、“颜色”为灰色（RGB参数值均为112）；将鼠标指针移动至图像编辑窗口中单击鼠标左键，并输入文字，按【Ctrl+Enter】组合键确认输入；选取工具箱中的移动工具，将文字移动至合适位置，效果如图11-9所示。

图11-9 输入并移动文字

步骤 05 按【Ctrl+O】组合键，打开“沙发”素材图像，选取工具箱中的移动工具，将素材图像移动至“家具”图像编辑窗口中，按【Ctrl+T】组合键调整图像大小和位置，按【Enter】键确认操作，效果如图11-10所示。

图11-10 最终效果

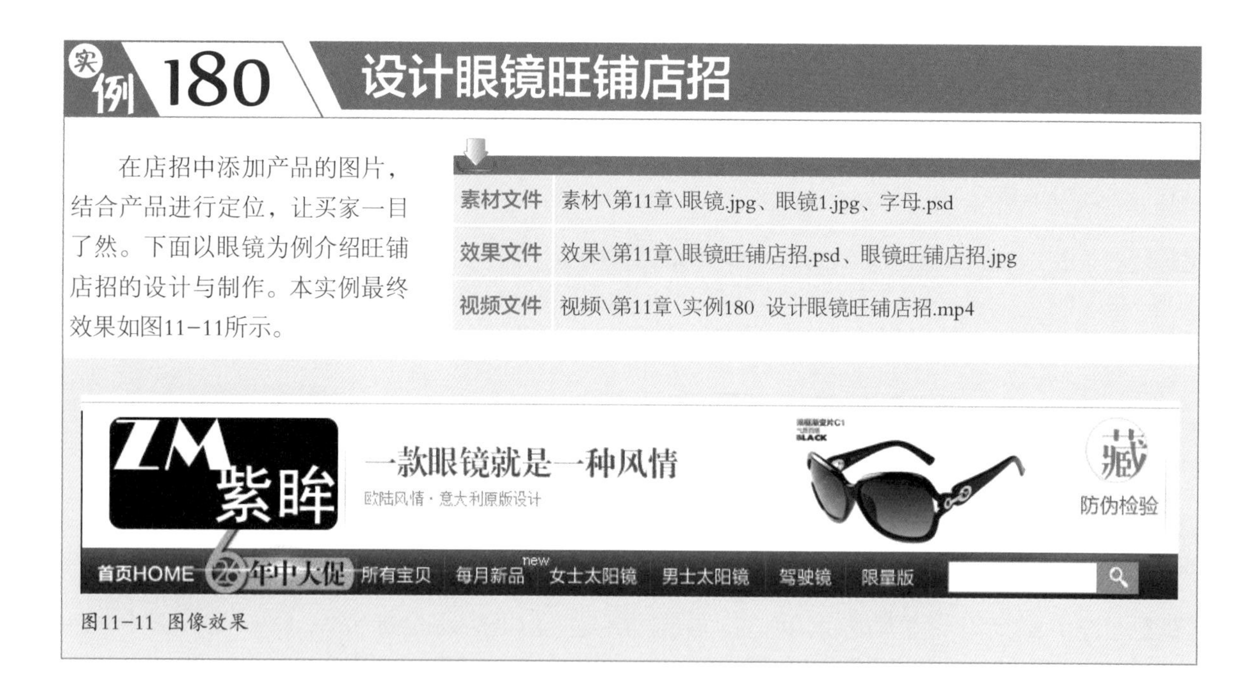

实例180 设计眼镜旺铺店招

在店招中添加产品的图片，结合产品进行定位，让买家一目了然。下面以眼镜为例介绍旺铺店招的设计与制作。本实例最终效果如图11-11所示。

素材文件	素材\第11章\眼镜.jpg、眼镜1.jpg、字母.psd
效果文件	效果\第11章\眼镜旺铺店招.psd、眼镜旺铺店招.jpg
视频文件	视频\第11章\实例180 设计眼镜旺铺店招.mp4

图11-11 图像效果

步骤 01 按【Ctrl+O】组合键，打开一幅素材图像，如图11-12所示。

图11-12 打开素材图像

步骤 02 选取工具箱中的圆角矩形工具，在工具属性栏中设置“填充”为黑色、“半径”为10像素，移动鼠标指针至图像编辑窗口中，单击鼠标左键，即可弹出“创建圆角矩形”对话框，设置“宽度”为187像素、“高度”为88像素，单击“确定”按钮即可创建圆角矩形；选取工具箱中的移动工具，将圆角矩形移动至合适位置，效果如图11-13所示。

图11-13 创建圆角矩形并移动

步骤 03 选取工具箱中的横排文字工具，在工具属性栏中设置“字体”为Broadway、“字体大小”为14点、“设置消除锯齿的方法”为“浑厚”、“颜色”为白色；将鼠标移动至图像编辑窗口中的圆角矩形上单击鼠标左键，输入文字，按【Ctrl+Enter】组合键确认输入。选取工具箱中的移动工具，将文字移动至合适位置，效果如图11-14所示。

图11-14 输入并移动文字

步骤 04 按【Ctrl+O】组合键，打开“字母”素材图像，选取工具箱中的移动工具，将素材图像移动至“眼镜”图像编辑窗口中合适位置，效果如图11-15所示。

图11-15 输入并移动文字

步骤 05 按【Ctrl+O】组合键，打开“眼镜1”素材图像，选取工具箱中的移动工具，将素材图像移动至“眼镜”图像编辑窗口中，按【Ctrl+T】组合键调整图像大小和位置，按【Enter】键确认操作，效果如图11-16所示。

图11-16 最终效果

实例181 设计彩妆旺铺店招

在店招中添加收藏按钮，更方便买家下次访问店铺。下面以彩妆为例详细介绍旺铺店招的设计与制作。本实例最终效果如图11-17所示。

素材文件	素材\第11章\彩妆.jpg、文字1.psd、好色彩.psd
效果文件	效果\第11章\彩妆旺铺店招.psd、彩妆旺铺店招.jpg
视频文件	视频\第11章\实例181 设计彩妆旺铺店招.mp4

图11-17 图像效果

步骤 01 按【Ctrl+O】组合键，打开一幅素材图像，如图11-18所示。

图11-18 打开素材图像

步骤 02 选取工具箱中的矩形工具，在工具属性栏中设置“填充”为红色（RGB参数值分别为217、0、0），在图像编辑窗口中单击鼠标左键，即可弹出“创建矩形”对话框，设置“宽度”为90像素、“高度”为90像素，单击“确定”按钮即可创建矩形；选取工具箱中的移动工具，将矩形移动至合适位置，效果如图11-19所示。

图11-19 创建矩形并移动

步骤 03 新建“图层1”图层，选取工具箱中的自定形状工具，在工具属性栏中设置“填充”为白色、“形状”为“红心形卡”，在图像编辑窗口中单击鼠标左键，即可弹出“创建自定形状”对话框，设置“宽度”为45像素、“高度”为26像素，单击“确定”按钮即可创建心形；选取工具箱中的移动工具，将心形移动至合适位置，效果如图11-20所示。

图11-20 创建心形并移动

步骤 04 按【Ctrl+O】组合键，打开两幅素材图像，选取工具箱中的移动工具，将素材图像移动至“彩妆”图像编辑窗口中，按【Ctrl+T】组合键调整图像大小和位置，按【Enter】键确认操作，效果如图11-21所示。

图11-21 最终效果

实例 182 设计女鞋旺铺店招

在店招中添加店铺标志，可以形成店铺品牌，带动品牌传播。下面以女鞋为例详细介绍旺铺店招的设计与制作，本实例最终效果如图11-22所示。

素材文件	素材\第11章\女鞋.jpg、鞋子.psd、文字2.psd
效果文件	效果\第11章\女鞋旺铺店招.psd、女鞋旺铺店招.jpg
视频文件	视频\第11章\实例182 设计女鞋旺铺店招.mp4

图11-22 图像效果

步骤 01 按【Ctrl+O】组合键，打开一幅素材图像，如图11-23所示。

图11-23 打开素材图像

步骤 02 按【Ctrl+O】组合键，打开"鞋子"素材图像，选取工具箱中的移动工具，将素材图像移动至"女鞋"图像编辑窗口中，按【Ctrl+T】组合键调整图像大小和位置，按【Enter】键确认操作，效果如图11-24所示。

图11-24 调整素材图像

步骤 03 选取工具箱中的横排文字工具，在工具属性栏中设置"字体"为"方正粗谭黑简体"、"字体大小"为18点、"设置消除锯齿的方法"为"犀利"、"颜色"为玫红色（RGB参数值分别为235、1、141）；将鼠标指针移动至图像编辑窗口中，单击鼠标左键，并输入文字，按【Ctrl+Enter】组合键确认输入；选取工具箱中的移动工具，将文字移动至合适位置，效果如图11-25所示。

图11-25 输入并移动文字

步骤 04 选取工具箱中的自定形状工具，在工具属性栏中设置“填充”为玫红色（RGB参数值分别为235、1、141）、“形状”为“会话1”，在图像编辑窗口中单击鼠标左键，即可弹出“创建自定形状”对话框，设置“宽度”为150像素、“高度”为57像素，单击“确定”按钮即可创建自定形状；选取工具箱中的移动工具，将形状移动至合适位置，效果如图11-26所示。

图11-26 创建自定形状并移动

步骤 05 按【Ctrl+O】组合键，打开“文字2”素材图像，选取工具箱中的移动工具，将素材图像移动至“女鞋”图像编辑窗口中合适位置，效果如图11-27所示。

图11-27 最终效果

实例183 设计男鞋旺铺店招

通过在店招中添加店铺名称和产品图片，可以给店铺进行产品定位，使买家对店铺的主要产品一目了然。下面以男鞋为例详细介绍旺铺店招的设计与制作。本实例最终效果如图11-28所示。

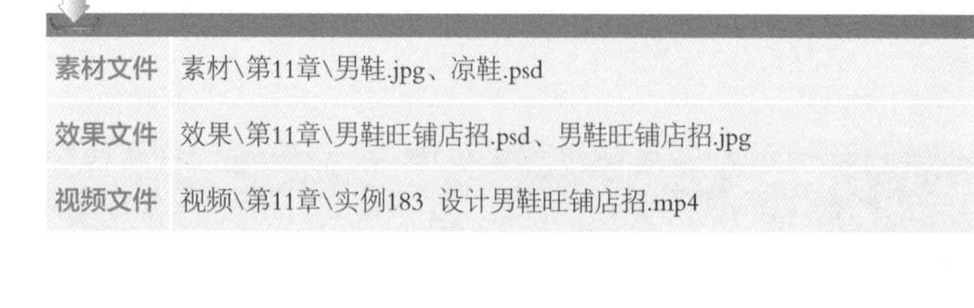

素材文件	素材\第11章\男鞋.jpg、凉鞋.psd
效果文件	效果\第11章\男鞋旺铺店招.psd、男鞋旺铺店招.jpg
视频文件	视频\第11章\实例183 设计男鞋旺铺店招.mp4

图11-28 图像效果

步骤 01 按【Ctrl+O】组合键，打开一幅素材图像，如图11-29所示。

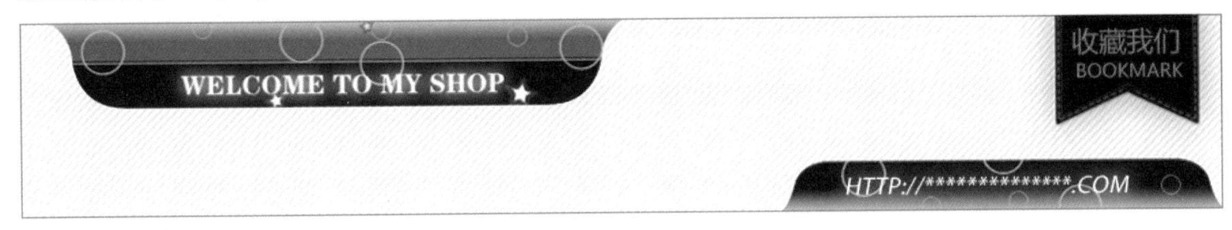

图11-29 打开素材图像

步骤 02 选取工具箱中的横排文字工具，在工具属性栏中设置“字体”为“方正汉真广标简体”、“字体大小”为10点、“设置消除锯齿的方法”为“犀利”、“颜色”为黑色；将鼠标移动至图像编辑窗口中单击鼠标左键，并输入文字，按【Ctrl+Enter】组合键确认输入，如图11-30所示。

图11-30 输入文字

步骤 03 选中AIKU文字，在工具属性栏中设置“字体”为Broadway、“字体大小”为16点，按【Ctrl+Enter】组合键确认输入；选取工具箱中的移动工具，将文字移动至合适位置，效果如图11-31所示。

图11-31 改变文字属性并移动

步骤 04 在菜单栏中单击“图层”→“图层样式”→“投影”命令，即可弹出“图层样式”对话框，设置“角度”为135度、“距离”为5像素、“大小”为5像素，单击“确定”按钮，即可制作投影效果，如图11-32所示。

图11-32 制作投影效果

步骤 05 按【Ctrl+O】组合键，打开“凉鞋”素材图像，选取工具箱中的移动工具，将素材图像移动至“男鞋”图像编辑窗口中，按【Ctrl+T】组合键调整图像大小和位置，按【Enter】键确认操作，效果如图11-33所示。

图11-33 最终效果

实例184 设计运动品牌旺铺店招

在店招中只放入店铺标志和店铺名称，看上去比较简洁明了，可以快速被买家识别。下面以运动品牌为例详细介绍旺铺店招的设计与制作，本实例最终效果如图11-34所示。

素材文件	素材\第11章\运动品牌.jpg、新升运动.psd
效果文件	效果\第11章\运动品牌旺铺店招.psd、运动品牌旺铺店招.jpg
视频文件	视频\第11章\实例184 设计运动品牌旺铺店招.mp4

图11-34 图像效果

步骤 01 按【Ctrl+O】组合键，打开一幅素材图像，如图11-35所示。

图11-35 打开素材图像

步骤 02 按【Ctrl+O】组合键，打开“新升运动”素材图像，选取工具箱中的移动工具，将素材图像移动至“运动品牌”图像编辑窗口中，按【Ctrl+T】组合键调整图像大小和位置，按【Enter】键确认操作，效果如图11-36所示。

图11-36 移动素材图像

步骤 03 设置前景色为黑色，选取工具箱中的直线工具，在工具属性栏中设置“粗细”为2像素，在图像编辑窗口中合适位置绘制直线，效果如图11-37所示。

步骤 04 在菜单栏中单击“图层”→“图层样式”→“渐变叠加”命令，即可弹出“图层样式”对话框，设置“角度”为90°，单击“渐变”色块，即可弹出“渐变编辑器”对话框，设置渐变颜色为白色（0%）到黑色（50%）再到白色（100%），单击“确定”按钮，即可制作渐变效果，如图11-38所示。

图11-37 绘制直线

图11-38 制作渐变效果

步骤 05 选取工具箱中的横排文字工具，在工具属性栏中设置“字体”为“方正粗谭黑简体”、“字体大小”为50点、“设置消除锯齿的方法”为“犀利”、“颜色”为黑色；将鼠标移动至图像编辑窗口中单击鼠标左键，并输入文字，按【Ctrl+Enter】组合键确认输入，选取工具箱中的移动工具，将文字移动至合适位置，效果如图11-39所示。

图11-39 最终效果

实例 185 设计数码产品旺铺店招

在店招中添加商品图片，可为店铺商品做宣传。下面以数码产品为例详细介绍旺铺店招的设计与制作。本实例最终效果如图11-40所示。

素材文件	素材\第11章\数码产品.jpg、数码1.jpg、数码2.psd
效果文件	效果\第11章\数码产品旺铺店招.psd、数码产品旺铺店招.jpg
视频文件	视频\第11章\实例185 设计数码产品旺铺店招.mp4

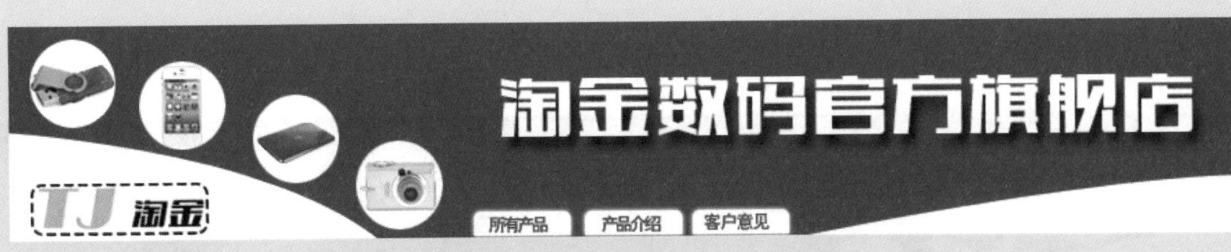

图11-40 图像效果

步骤 01 按【Ctrl+O】组合键，打开一幅素材图像，如图11-41所示。

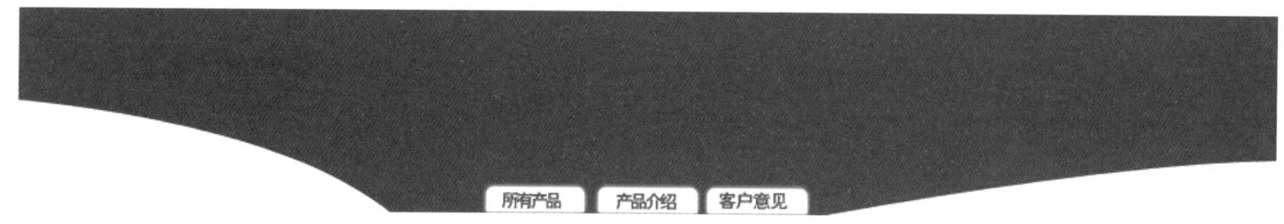

图11-41 打开素材图像

步骤 02 选取工具箱中的椭圆工具，在工具属性栏中设置“填充”为白色，在图像编辑窗口中单击鼠标左键，即可弹出“创建椭圆”对话框，设置“宽度”为62像素、“高度”为62像素，单击“确定”按钮即可创建椭圆；选取工具箱中的移动工具，将椭圆移动至合适位置，效果如图11-42所示。

图11-42 创建椭圆并移动

步骤 03 按【Ctrl+O】组合键，打开“数码1”素材图像，选取工具箱中的移动工具，将素材图像移动至“数码产品”图像编辑窗口中，如图11-43所示。

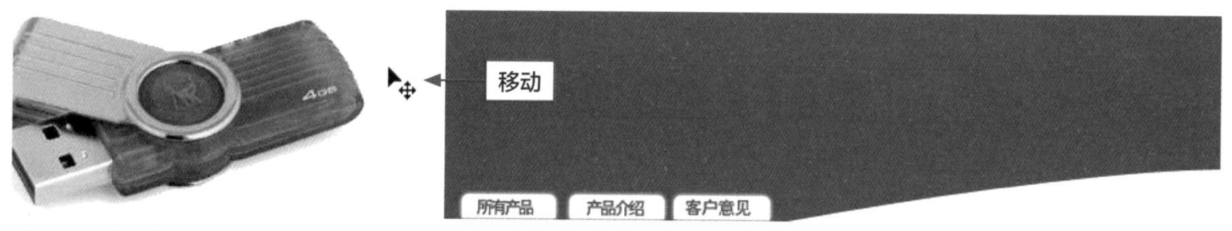

图11-43 移动素材图像

步骤 04 在图层面板中选择“图层1”图层，单击鼠标右键，在弹出的快捷菜单中选择“创建剪贴蒙版”选项，按【Ctrl+T】组合键调整图像大小和位置，按【Enter】键确认操作，效果如图11-44所示。

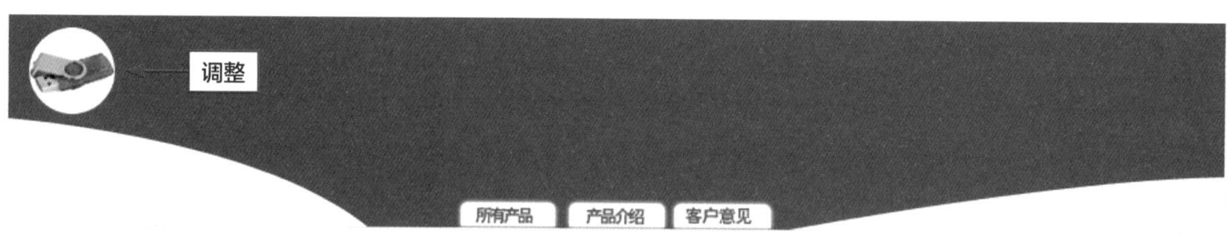

图11-44 调整素材图像

步骤 05 按【Ctrl+O】组合键，打开“数码2”素材图像，选取工具箱中的移动工具，将素材图像移动至“数码产品”图像编辑窗口中合适位置，效果如图11-45所示。

图11-45 最终效果

实例 186 设计箱包旺铺店招

在店招中添加商家的活动信息，可以让买家第一时间参加商家的营销活动。下面以箱包为例详细介绍旺铺店招的设计与制作。本实例最终效果如图11-46所示。

素材文件	素材\第11章\箱包.jpg、箱包1.psd、箱包2.jpg
效果文件	效果\第11章\箱包旺铺店招.psd、箱包旺铺店招.jpg
视频文件	视频\第11章\实例186 设计箱包旺铺店招.mp4

NEW
welcome to my shop

轻旅箱包旗舰店
淘宝专卖

图11-46 图像效果

步骤 01 按【Ctrl+O】组合键，打开一幅素材图像，如图11-47所示。

图11-47 打开素材图像

步骤 02 选取工具箱中的横排文字工具，在工具属性栏中设置“字体”为“方正隶书简体”、“字体大小”为55点、“设置消除锯齿的方法”为“浑厚”、“颜色”为白色；将鼠标移动至图像编辑窗口中单击鼠标左键，并输入文字，按【Ctrl+Enter】组合键确认输入；选取工具箱中的移动工具，将文字移动至合适位置，效果如图11-48所示。

图11-48 输入并移动文字

步骤 03 在菜单栏中单击“图层”→“图层样式”→“投影”命令，即可弹出“图层样式”对话框，设置“角度”为120°、“距离”为10像素、“大小”为2像素，单击“确定”按钮，即可制作投影效果，如图11-49所示。

图11-49 制作投影效果

步骤 04 按【Ctrl+O】组合键，打开两幅素材图像，选取工具箱中的移动工具，将素材图像移动至“箱包”图像编辑窗口中，按【Ctrl+T】组合键调整图像大小和位置，按【Enter】键确认操作，效果如图11-50所示。

图11-50 最终效果

实例 187 设计女装旺铺店招

在店招中添加店铺名称并为其制作色彩的特效，可以加深品牌的辨识度。下面以女装为例详细介绍旺铺店招的设计与制作，本实例最终效果如图11-51所示。

素材文件	素材\第11章\女装.jpg、女装1.jpg
效果文件	效果\第11章\女装旺铺店招.psd、女装旺铺店招.jpg
视频文件	视频\第11章\实例187 设计女装旺铺店招.mp4

图11-51 图像效果

步骤 01 按【Ctrl+O】组合键，打开一幅素材图像，如图11-52所示。

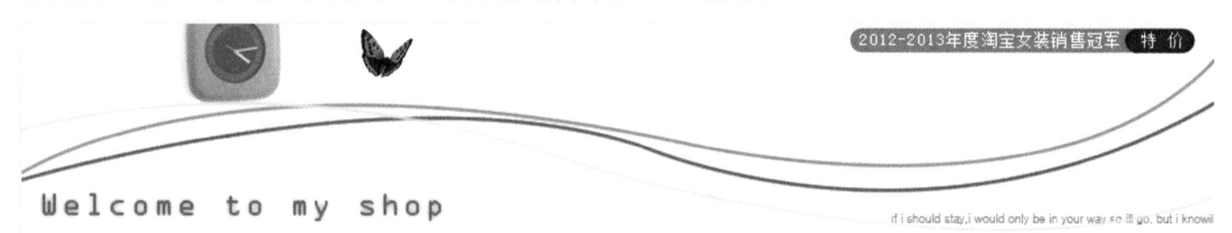

图11-52 打开素材图像

步骤 02 选取工具箱中的横排文字工具，在工具属性栏中设置“字体”为“方正汉真广标简体”、“字体大小”为36点、“设置消除锯齿的方法”为“平滑”、“颜色”为灰色（RGB参数值均为95）；将鼠标移动至图像编辑窗口中单击鼠标左键，并输入文字，按【Ctrl+Enter】组合键确认输入，效果如图11-53所示。

图11-53 输入文字

步骤 03 选中“衣”文字，在工具属性栏中设置“字体大小”为65点、“颜色”为黄色（RGB参数值分别为255、245、0），按【Ctrl+Enter】组合键确认输入，效果如图11-54所示。

图11-54 改变文字属性

步骤 04 重复上述操作，选择“彩”、“坊”文字，设置“字体大小”为65点，其中“彩”字设置为红色（RGB参数值分别为255、0、190）、“坊”字设置为橙色（RGB参数值分别为255、130、0），效果如图11-55所示。

图11-55 改变文字属性

步骤 05 在菜单栏中单击“图层”→“图层样式”→“描边”命令，即可弹出“图层样式”对话框，设置“大小”为2像素，单击“确定”按钮即可制作描边效果，选取工具箱中的移动工具，将文字移动至合适位置，效果如图11-56所示。

图11-56 制作描边效果并移动

步骤 06 按【Ctrl+O】组合键，打开“女装1”素材图像，选取工具箱中的移动工具，将素材图像移动至“女装”图像编辑窗口中，按【Ctrl+T】组合键调整图像大小和位置，按【Enter】键确认操作，效果如图11-57所示。

图11-57 最终效果

实例188 设计男装旺铺店招

在店招中添加产品图片和主营项目，可以让买家迅速了解店铺的主要业务。下面以男装为例详细介绍旺铺店招的设计与制作。本实例最终效果如图11-58所示。

素材文件	素材\第11章\男装.jpg、男装1.psd
效果文件	效果\第11章\男装旺铺店招.psd、男装旺铺店招.jpg
视频文件	视频\第11章\实例188 设计男装旺铺店招.mp4

图11-58 图像效果

步骤 01 按【Ctrl+O】组合键，打开一幅素材图像，如图11-59所示。

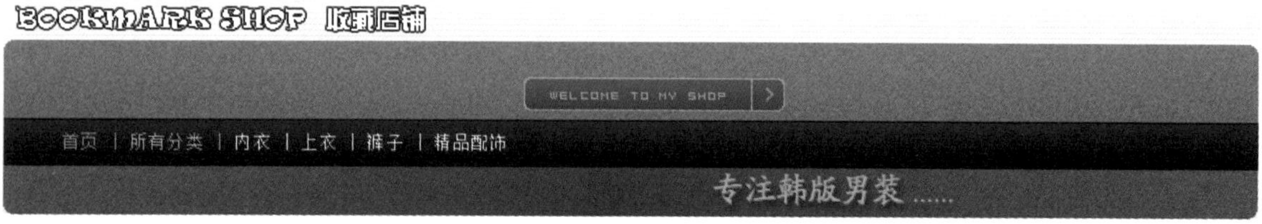

图11-59 打开素材图像

步骤 02 选取工具箱中的横排文字工具，在工具属性栏中设置“字体”为“方正综艺简体”、“字体大小”为36点、“设置消除锯齿的方法”为“浑厚”、“颜色”为白色；将鼠标移动至图像编辑窗口中单击鼠标左键，并输入文字，按【Ctrl+Enter】组合键确认输入；选取工具箱中的移动工具，将文字移动至合适位置，效果如图11-60所示。

图11-60 输入并移动文字

步骤 03 按【Ctrl+O】组合键，打开“男装1”素材图像，选取工具箱中的移动工具，将素材图像移动至“男装”图像编辑窗口中，按【Ctrl+T】组合键调整图像大小和位置，按【Enter】键确认操作，效果如图11-61所示。

图11-61 移动并调整素材图像

步骤 04 在菜单栏中单击“图层”→“图层样式”→“外发光”命令，即可弹出“图层样式”对话框，设置“扩展”为4%、“大小”为29像素，单击“确定”按钮即可制作外发光效果，最终效果如图11-62所示。

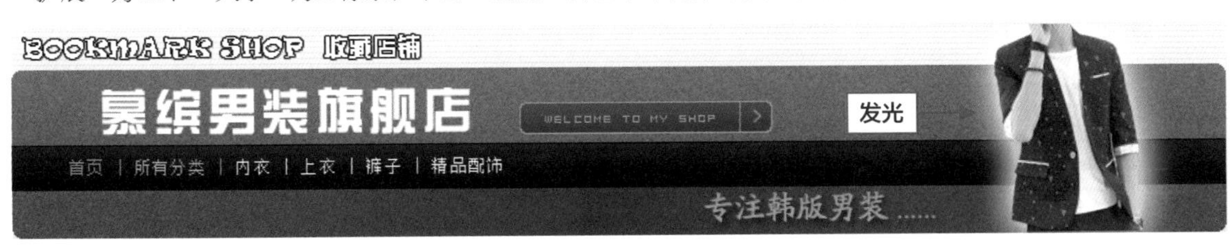

图11-62 最终效果

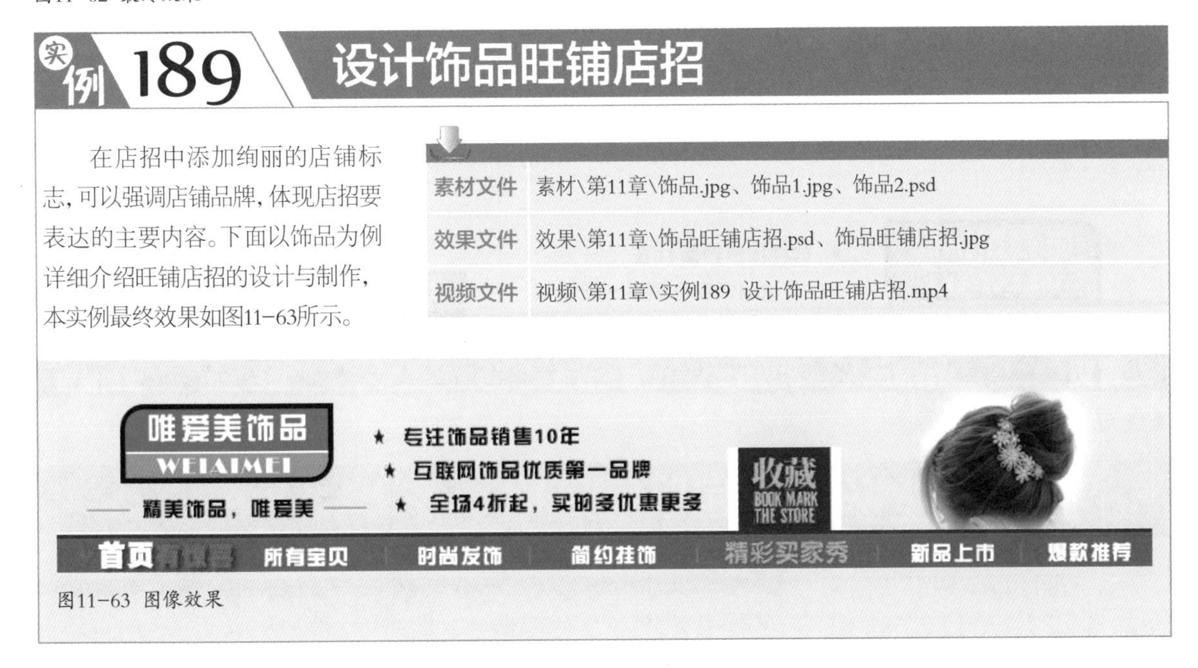

实例 189 设计饰品旺铺店招

在店招中添加绚丽的店铺标志，可以强调店铺品牌，体现店招要表达的主要内容。下面以饰品为例详细介绍旺铺店招的设计与制作，本实例最终效果如图11-63所示。

素材文件	素材\第11章\饰品.jpg、饰品1.jpg、饰品2.psd
效果文件	效果\第11章\饰品旺铺店招.psd、饰品旺铺店招.jpg
视频文件	视频\第11章\实例189 设计饰品旺铺店招.mp4

图11-63 图像效果

步骤 01 按【Ctrl+O】组合键，打开一幅素材图像，如图11-64所示。

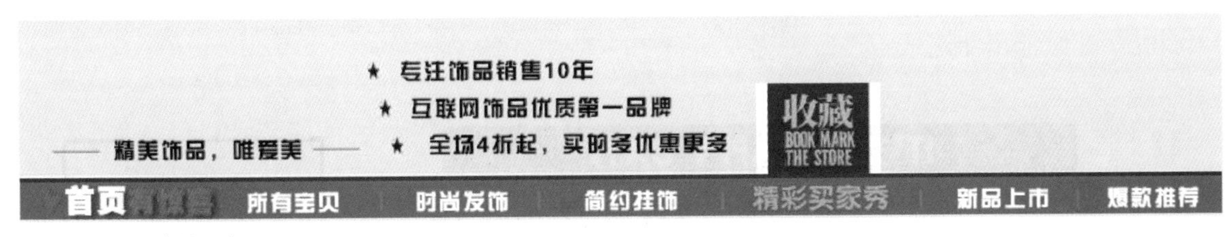

图11-64 打开素材图像

步骤 02 选取工具箱中的圆角矩形工具，在工具属性栏中设置“描边”为黑色、“设置形状描边宽度”为1点，在图像编辑窗口中单击鼠标左键，即可弹出“创建圆角矩形”对话框，设置“宽度”为180像素、“高度”为65像素，半径分别为20像素、0像素、0像素、20像素，单击“确定”按钮即可创建圆角矩形；选取工具箱中的移动工具，将圆角矩形移动至合适位置，效果如图11-65所示。

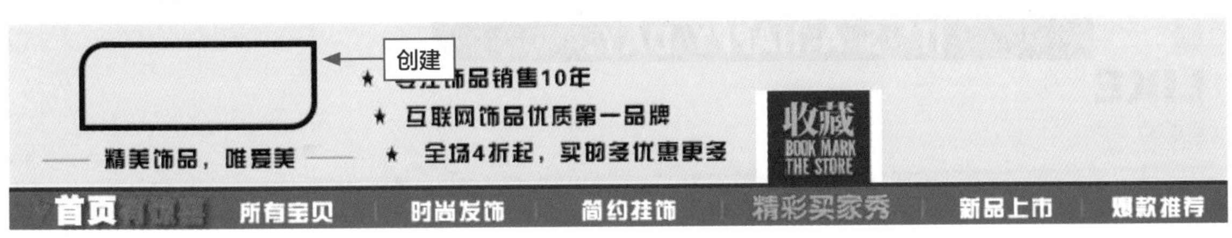

图11-65 创建圆角矩形并移动

步骤 03 按【Ctrl+O】组合键，打开“饰品1”素材图像，选取工具箱中的移动工具，将素材图像移动至“饰品”图像编辑窗口中；在图层面板中选择“图层1”图层，单击鼠标右键，在弹出的快捷菜单中选择“创建剪贴蒙版”选项，按【Ctrl+T】组合键调整图像大小和位置，按【Enter】键确认操作，效果如图11-66所示。

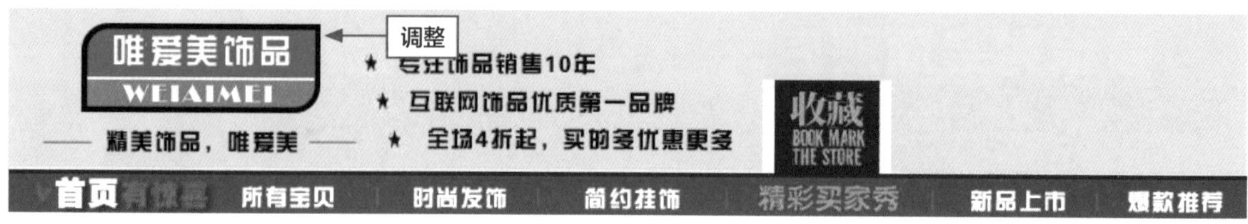

图11-66 调整素材图像

步骤 04 新建“图层2”图层；按【Ctrl+O】组合键，打开“饰品2”素材图像，选取工具箱中的移动工具，将素材图像移动至“饰品”图像编辑窗口中；按【Ctrl+T】组合键调整图像大小和位置，按【Enter】键确认操作，效果如图11-67所示。

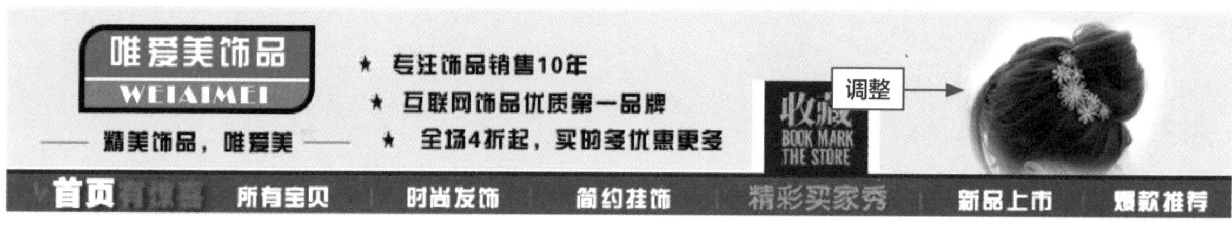

图11-67 最终效果

实例190 设计手包旺铺店招

在店招中添加新品图片并随时更新，可以让买家及时了解店铺的最新活动信息及动态。下面以手包为例详细介绍旺铺店招的设计与制作，本实例最终效果如图11-68所示。

素材文件	素材\第11章\手包.jpg、手包1.psd、手包2.psd
效果文件	效果\第11章\手包旺铺店招.psd、手包旺铺店招.jpg
视频文件	视频\第11章\实例190 设计手包旺铺店招.mp4

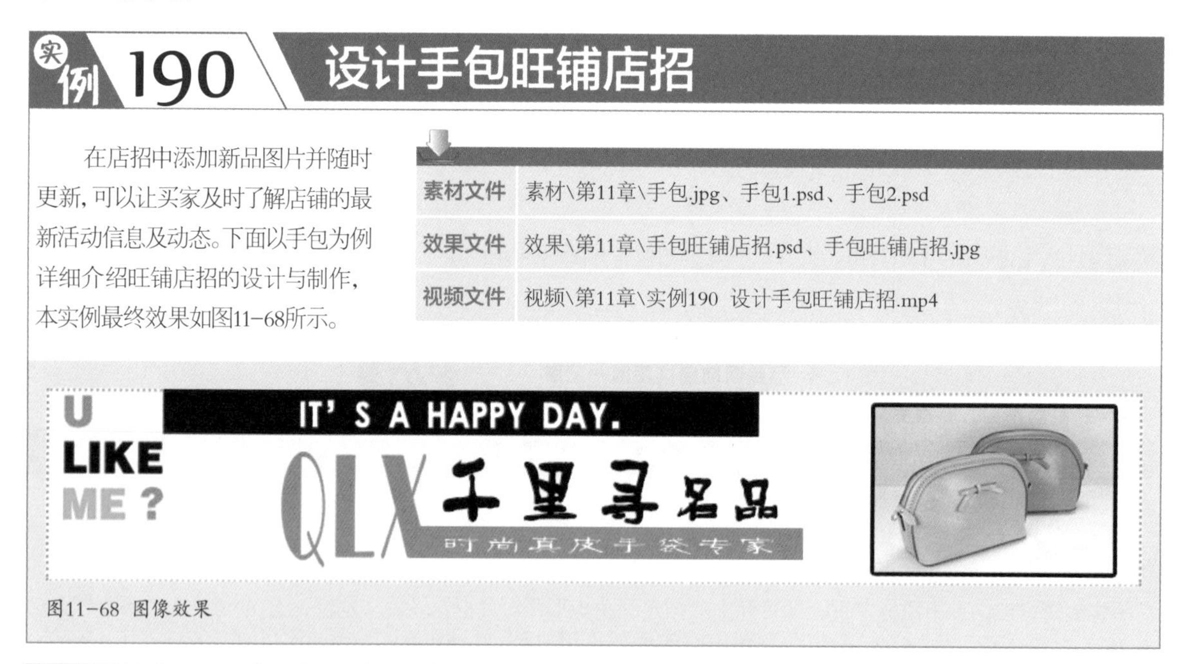

图11-68 图像效果

步骤 01 按【Ctrl+O】组合键，打开一幅素材图像，如图11-69所示。

图11-69 打开素材图像

步骤 02 选取工具箱中的横排文字工具，在工具属性栏中设置“字体”为“方正平和简体”、“字体大小”为14点、“设置消除锯齿的方法”为“浑厚”、“颜色”为黑色；将鼠标移动至图像编辑窗口中单击鼠标左键，并输入文字，按【Ctrl+Enter】组合键确认输入，效果如图11-70所示。

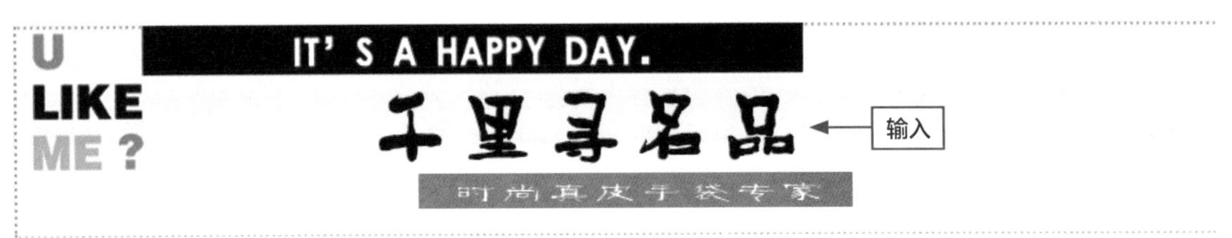

图11-70 输入文字

步骤 03 选中“名品”文字，在工具属性栏中设置“字体大小”为10点，按【Ctrl+Enter】组合键确认输入；选取工具箱中的移动工具，将文字移动至合适位置，效果如图11-71所示。

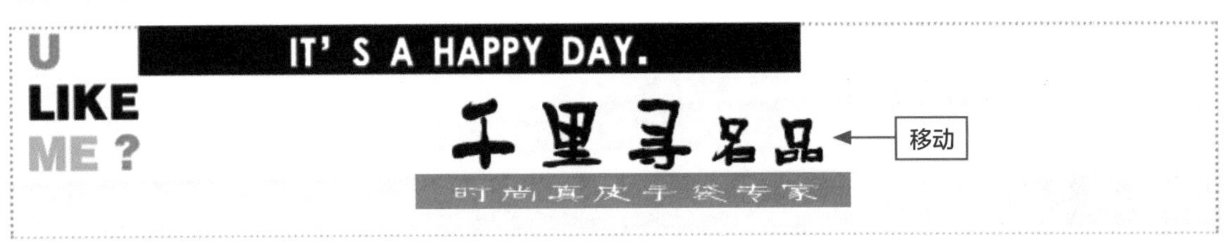

图11-71 设置属性并移动文字

步骤 04 按【Ctrl+O】组合键，打开两幅素材图像，选取工具箱中的移动工具，将素材图像依次移动至“手包”图像编辑窗口中，按【Ctrl+T】组合键调整图像大小和位置，按【Enter】键确认操作，效果如图11-72所示。

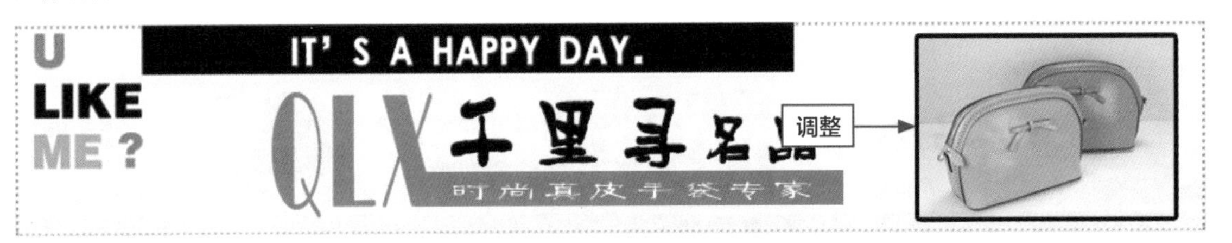

图11-72 最终效果

实例 191 设计食品旺铺店招

在店招中添加店铺活动信息，可以吸引买家的目光，增加店铺访问量。下面以食品为例详细介绍旺铺店招的设计与制作，本实例最终效果如图11-73所示。

素材文件	素材\第11章\食品.jpg、食品1.psd、食品2.jpg
效果文件	效果\第11章\食品旺铺店招.psd、食品旺铺店招.jpg
视频文件	视频\第11章\实例191 设计食品旺铺店招.mp4

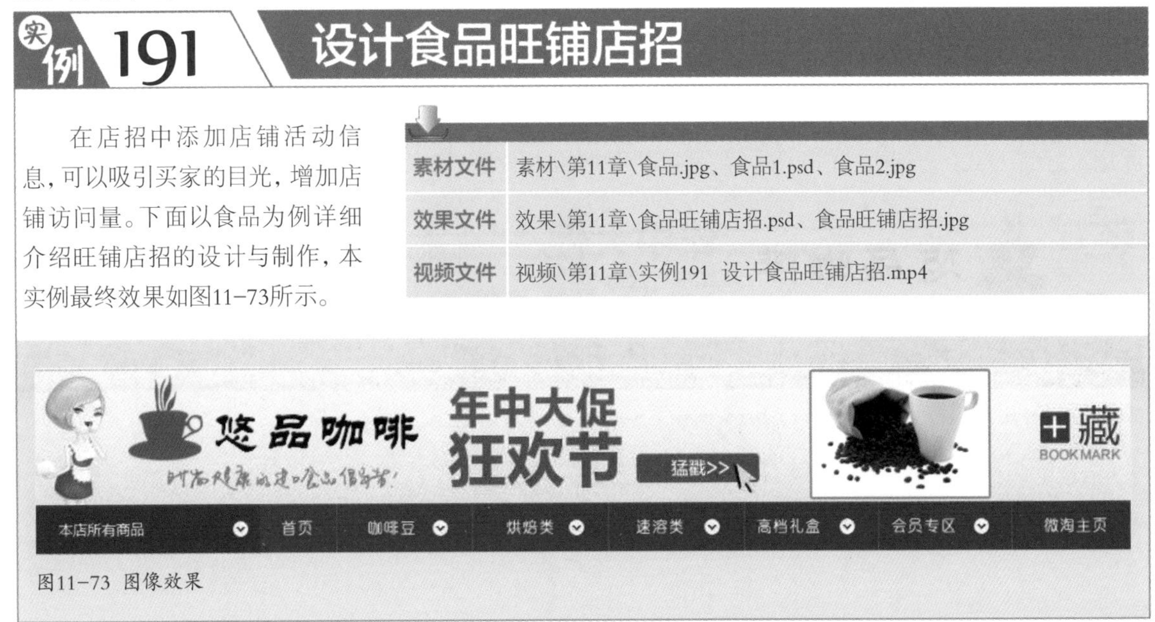

图11-73 图像效果

步骤 01 按【Ctrl+O】组合键，打开一幅素材图像，如图11-74所示。

图11-74 打开素材图像

步骤 02 选取工具箱中的横排文字工具，在工具属性栏中设置“字体”为“华文隶书”、“字体大小”为10点、“设置消除锯齿的方法”为“平滑”、“颜色”为黑色；将鼠标移动至图像编辑窗口中单击鼠标左键，并输入文字，按【Ctrl+Enter】组合键确认输入；选取工具箱中的移动工具，将文字移动至合适位置，效果如图11-75所示。

图11-75 输入并移动文字

步骤 03 按【Ctrl+O】组合键，打开两幅素材图像，选取工具箱中的移动工具，将素材图像依次移动至“食品”图像编辑窗口中，按【Ctrl+T】组合键调整图像的大小和位置，按【Enter】键确认操作，效果如图11-76所示。

图11-76 移动并调整素材图像

步骤 04 在图层面板选择“图层1”图层，在菜单栏中单击“图层”→“图层样式”→“描边”命令，即可弹出“图层样式”对话框，设置“大小”为2像素、“颜色”为灰色（RGB参数值均为145），单击“确定”按钮即可返回“图层样式”对话框，单击“确定”按钮即可制作描边效果，效果如图11-77所示。

图11-77 最终效果

实例 192　设计户外用品旺铺店招

在店招中添加形象生动的店铺标志，可以让品牌给买家留下深刻印象。下面以户外用品为例详细介绍旺铺店招的设计与制作，本实例最终效果如图11-78所示。

图11-78　图像效果

素材文件	素材\第11章\户外用品.jpg、户外用品1.psd、户外用品2.psd
效果文件	效果\第11章\户外用品旺铺店招.psd、户外用品旺铺店招.jpg
视频文件	视频\第11章\实例192　设计户外用品旺铺店招.mp4

步骤 01 按【Ctrl+O】组合键，打开一幅素材图像，如图11-79所示。

图11-79　打开素材图像

步骤 02 新建“图层1”图层，设置前景色为蓝色（RGB参数值分别为49、122、223）；选取工具箱中的渐变工具，在工具属性栏中单击“径向渐变”按钮，单击“点按可编辑渐变”色块，即可弹出“渐变编辑器”对话框，设置“预设”为“前景色到透明渐变”，单击“确定”按钮；移动鼠标至图像编辑窗口中合适位置，单击鼠标左键并拖动，释放鼠标即可制作渐变效果，如图11-80所示。

图11-80　制作渐变效果

步骤 03 选取工具箱中的横排文字工具，在工具属性栏中设置“字体”为“华文琥珀”、“字体大小”为41点、“设置消除锯齿的方法”为“平滑”、“颜色”为白色；将鼠标移动至图像编辑窗口中单击鼠标左键，并输入文字，按【Ctrl+Enter】组合键确认输入；选取工具箱中的移动工具，将文字移动至合适位置，效果如图11-81所示。

图11-81　输入并移动文字

步骤 04 按【Ctrl+O】组合键，打开两幅素材图像，选取工具箱中的移动工具，将素材图像依次移动至“户外用品”图像编辑窗口中，按【Ctrl+T】组合键调整图像大小和位置，按【Enter】键确认操作，效果如图11-82所示。

图11-82　最终效果

实例193 设计手表旺铺店招

在店招中通过结合店铺名称和标志，可以让买家增强店铺印象。下面以手表为例详细介绍旺铺店招的设计与制作，本实例最终效果如图11-83所示。

图11-83 图像效果

素材文件	素材\第11章\手表.jpg、手表1.psd
效果文件	效果\第11章\手表旺铺店招.psd、手表旺铺店招.jpg
视频文件	视频\第11章\实例193 设计手表旺铺店招.mp4

步骤 01 按【Ctrl+O】组合键，打开一幅素材图像，如图11-84所示。

图11-84 打开素材图像

步骤 02 选取工具箱中的横排文字工具，在工具属性栏中设置“字体”为“方正粗谭黑简体”、“字体大小”为14点、“设置消除锯齿的方法”为“平滑”、“颜色”为黑色；将鼠标移动至图像编辑窗口中单击鼠标左键，并输入文字，按【Ctrl+Enter】组合键确认输入，效果如图11-85所示。

图11-85 输入文字

步骤 03 选中“手表专卖”文字，在工具属性栏中设置“字体大小”为8点，按【Ctrl+Enter】组合键确认输入；选取工具箱中的移动工具，将文字移至适当位置，效果如图11-86所示。

图11-86 改变字体大小

步骤 04 按【Ctrl+O】组合键，打开“手表1”素材图像，选取工具箱中的移动工具，将素材图像移动至“手表”图像编辑窗口中，按【Ctrl+T】组合键调整图像大小和位置，按【Enter】键确认操作，效果如图11-87所示。

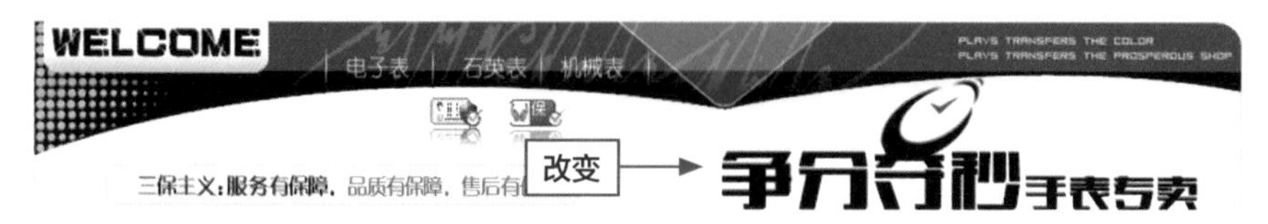

图11-87 最终效果

第12章

设计促销活动

学习提示

在网店设计中随处可见形式多种多样的促销活动海报，网店卖家可以通过Photoshop让活动信息图片更加一目了然，吸引买家注意力。因此，促销活动海报的设计必须有号召力和艺术感染力，海报中的活动信息要简洁鲜明，达到引人注目的视觉效果，本章详细介绍不同类型促销活动的设计与制作。

本章关键案例导航

- 双十二促销活动设计
- 儿童节促销活动设计
- 年中促销活动设计
- 情人节促销活动设计
- 秒杀促销活动设计
- 庆中秋迎国庆促销活动设计
- 店庆促销活动设计
- 感恩节促销活动设计
- 三八节促销活动设计
- 元旦促销活动设计

实例194 双十二促销活动设计

网店招揽顾客的妙招除了推广以外就是在店内发布活动信息。下面详细介绍双十二促销活动的设计与制作，本实例最终效果如图12-1所示。

素材文件	素材\第12章\双十二促销活动.jpg、文字1.psd、文字2.psd
效果文件	效果\第12章\双十二促销活动.psd、双十二促销活动.jpg
视频文件	视频\第12章\实例194　双十二促销活动设计.mp4

图12-1 图像效果

步骤 01 按【Ctrl+O】组合键，打开一幅素材图像，如图12-2所示。

步骤 02 选取工具箱中的自定形状工具，在工具属性栏中设置“填充”为咖啡色（RGB参数值分别为61、23、0）、“形状”为“会话12”，在图像编辑窗口中单击鼠标左键，即可弹出“创建自定形状”对话框，设置“宽度”为420像素、“高度”为130像素，单击“确定”按钮，即可创建自定形状，如图12-3所示。

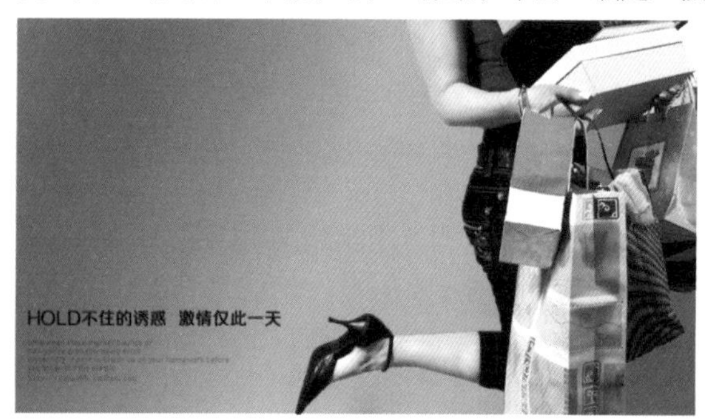

图12-2 打开素材图像

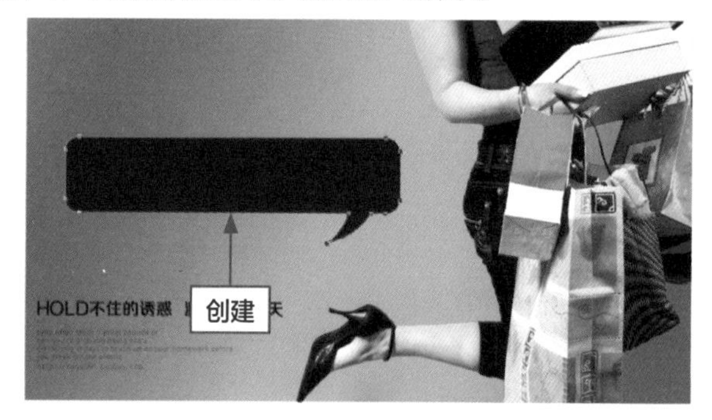

图12-3 创建形状

步骤 03 在菜单栏中单击“编辑”→“变换路径”→“垂直翻转”命令，即可垂直翻转形状；选取工具箱中的移动工具，将形状移动至合适位置，如图12-4所示。

步骤 04 在菜单栏中单击“窗口”→“字符”命令，即可展开“字符”面板，设置“字体”为“黑体”、“设置字体大小”为40点、“设置行距”为40点、“设置所选字符的字距调整”为5、“颜色”为白色，单击“仿粗体”按钮，如图12-5所示。

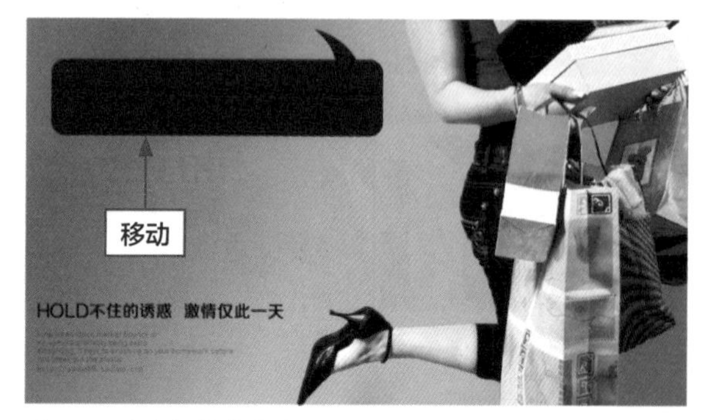

图12-4 垂直翻转并移动形状

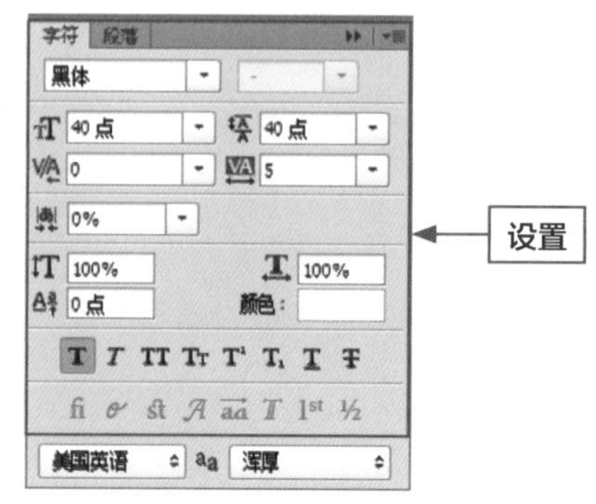

图12-5 设置参数

步骤 05 选取工具箱中的横排文字工具，在工具属性栏中设置“设置消除锯齿的方法”为“浑厚”；将鼠标移动至图像编辑窗口中单击鼠标左键，并输入文字，按【Ctrl+Enter】组合键确认输入；选取工具箱中的移动工具，将文字移动至合适位置，如图12-6所示。

步骤 06 按【Ctrl+O】组合键，打开两幅素材图像，选取工具箱中的移动工具，将素材图像移动至“双十二促销活动”图像编辑窗口中合适位置，效果如图12-7所示。

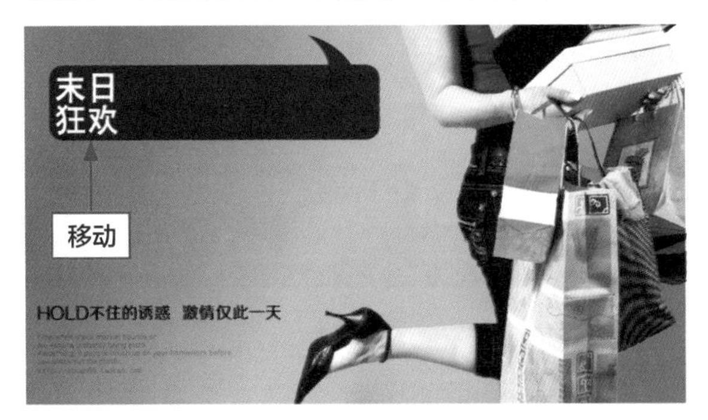

图12-6 输入并移动文字

图12-7 最终效果

实例 195 新店开业促销活动设计

新店开业，在没有品牌和信誉的情况下，可利用促销活动吸引买家注意，并为店铺做宣传。下面详细介绍新店开业促销活动的设计与制作，本实例最终效果如图12-8所示。

素材文件	素材\第12章\新店开业促销活动.jpg、手.psd、注意.psd
效果文件	效果\第12章\新店开业促销活动.psd、新店开业促销活动.jpg
视频文件	视频\第12章\实例195 新店开业促销活动设计.mp4

图12-8 图像效果

步骤 01 按【Ctrl+O】组合键，打开一幅素材图像，如图12-9所示。

步骤 02 选取工具箱中的横排文字工具，在工具属性栏中设置“字体”为“方正正大黑简体”、“字体大小”为130点、“设置消除锯齿的方法”为“浑厚”、“颜色”为白色；将鼠标移动至图像编辑窗口中单击鼠标左键，并输入文字，按【Ctrl+Enter】组合键确认输入，如图12-10所示。

图12-9 打开素材图像

图12-10 输入文字

步骤 03 选中“开”文字，在工具属性栏中设置“字体大小”为200点，如图12-11所示。

步骤 04 按【Ctrl+Enter】组合键确认输入；按【Ctrl+T】组合键，旋转文字并移动至合适位置，如图12-12所示。

图12-11 修改文字属性

图12-12 调整文字

步骤 05 在菜单栏中单击“图层”→“图层样式”→“渐变叠加”命令，即可弹出“图层样式”对话框，设置“角度”为80度，单击“渐变”色块，即可弹出“渐变编辑器”对话框，设置渐变颜色0%位置为浅黄色（RGB参数值分别为253、238、180）、50%位置为黄色（RGB参数值分别为255、198、0）、100%位置为浅黄色，单击“确定”按钮即可返回“图层样式”对话框，单击“确定”按钮，即可制作渐变效果，如图12-13所示。

步骤 06 按【Ctrl+O】组合键，打开两幅素材图像，选取工具箱中的移动工具，将素材图像移动至“新店开业促销活动”图像编辑窗口中合适位置，如图12-14所示。

图12-13 制作渐变效果

图12-14 最终效果

实例 196 买就送促销活动设计

为了吸引消费者购买其产品，网店卖家可适当推出促销活动。下面以买就送为例详细介绍促销活动的设计与制作，本实例最终效果如图12-15所示。

素材文件	素材\第12章\买就送促销活动.jpg、文字3.psd
效果文件	效果\第12章\买就送促销活动.psd、买就送促销活动.jpg
视频文件	视频\第12章\实例196　买就送促销活动设计.mp4

图12-15 图像效果

步骤 01 按【Ctrl+O】组合键，打开一幅素材图像，如图12-16所示。

步骤 02 选取工具箱中的横排文字工具，在工具属性栏中设置“字体”为“方正超粗黑简体”、“字体大小”为90点、“设置消除锯齿的方法”为“浑厚”、“颜色”为红色（RGB参数值分别为255、0、0）；将鼠标移动至图像编辑窗口中单击鼠标左键，并输入文字，并用空格键隔开，按【Ctrl+Enter】组合键确认输入，选取工具箱中的移动工具，将文字移动至合适位置，效果如图12-17所示。

图12-16 打开素材图像

图12-17 输入并移动文字

步骤 03 选取工具箱中的横排文字工具，在工具属性栏中设置“字体大小”为190点，在图像编辑窗口中单击鼠标左键并输入文字，按【Ctrl+Enter】组合键确认输入，选取工具箱中的移动工具，将文字移动至合适位置，效果如图12-18所示。

步骤 04 新建“图层1”图层，选取工具箱中的矩形选框工具，在图像编辑窗口中创建矩形选区，设置前景色为红色（RGB参数值分别为255、0、0）；按【Alt+Delete】组合键填充前景色，按【Ctrl+D】组合键取消选区，效果如图12-19所示。

图12-18 输入文字并移动

图12-19 填充前景色

步骤 05 选取工具箱中的自定形状工具，在工具属性栏中设置“形状”为“窄边圆形边框”，在图像编辑窗口中单击鼠标左键，即可弹出“创建自定形状”对话框，设置“宽度”为95像素、“高度”为95像素，单击“确定”按钮，即可创建自定形状；选取工具箱中的移动工具，将形状移动至合适位置，效果如图12-20所示。

步骤 06 按【Ctrl+O】组合键，打开“文字3”素材图像，选取工具箱中的移动工具，将素材图像移动至“买就送促销活动”图像编辑窗口中合适位置，效果如图12-21所示。

图12-20 创建并移动形状

图12-21 最终效果

实例197 年中促销活动设计

网店促销是一种竞争，它可以改变一些消费者的使用习惯及品牌忠诚。下面以年中大促为例详细介绍促销活动的设计与制作，本实例最终效果如图12-22所示。

图12-22 图像效果

素材文件	素材\第12章\年中促销活动.jpg、文字4.psd
效果文件	效果\第12章\年中促销活动.psd、年中促销活动.jpg
视频文件	视频\第12章\实例197 年中促销活动设计.mp4

步骤 01 按【Ctrl+O】组合键，打开一幅素材图像，如图12-23所示。

步骤 02 选取工具箱中的横排文字工具，在工具属性栏中设置“字体”为“方正粗谭黑简体”、“字体大小”为14点、“设置消除锯齿的方法”为“浑厚”、“颜色”为白色；将鼠标移动至图像编辑窗口中单击鼠标左键，输入文字，按【Ctrl+Enter】组合键确认输入，选取工具箱中的移动工具，将文字移动至合适位置，效果如图12-24所示。

图12-23 打开素材图像

图12-24 输入并移动文字

步骤 03 按【Ctrl+O】组合键，打开“文字4”素材图像，选取工具箱中的移动工具，将素材图像移动至“年中促销活动”图像编辑窗口中合适位置，如图12-25所示。

步骤 04 设置前景色为黄色（RGB参数值分别为245、252、0）；选取工具箱中的自定形状工具，在工具属性栏中设置“描边”为蓝色（RGB参数值分别为53、147、235）、“设置形状描边宽度”为0.5点、“形状”为“闪电”，在图像编辑窗口中单击鼠标左键，即可弹出“创建自定形状”对话框，设置“宽度”为60像素、“高度”为80像素，单击“确定”按钮，即可创建自定形状；在菜单栏中单击“编辑”→“变换路径”→“水平翻转”命令，即可水平翻转形状；选取工具箱中的移动工具，将形状移动至合适位置，效果如图12-26所示。

图12-25 移动素材图像

图12-26 最终效果

实例 198 秒杀促销活动设计

在网店中使用“秒杀”促销手段，可以极大地调动消费者的购买热情。下面以“秒杀”为例详细介绍促销活动的设计与制作，本实例最终效果如图12-27所示。

图12-27 图像效果

素材文件	素材\第12章\秒杀促销活动.jpg、秒杀.jpg、文字5.psd
效果文件	效果\第12章\秒杀促销活动.psd、秒杀促销活动.jpg
视频文件	视频\第12章\实例198 秒杀促销活动设计.mp4

步骤 01 按【Ctrl+O】组合键，打开一幅素材图像，如图12-28所示。

步骤 02 选取工具箱中的横排文字工具，在工具属性栏中设置“字体”为“方正汉真广标简体”、“字体大小”为50点、“设置消除锯齿的方法”为“浑厚”、“颜色”为黑色；将鼠标移动至图像编辑窗口中单击鼠标左键，输入文字，按【Ctrl+Enter】组合键确认输入，选取工具箱中的移动工具，将文字移动至合适位置，效果如图12-29所示。

图12-28 打开素材图像

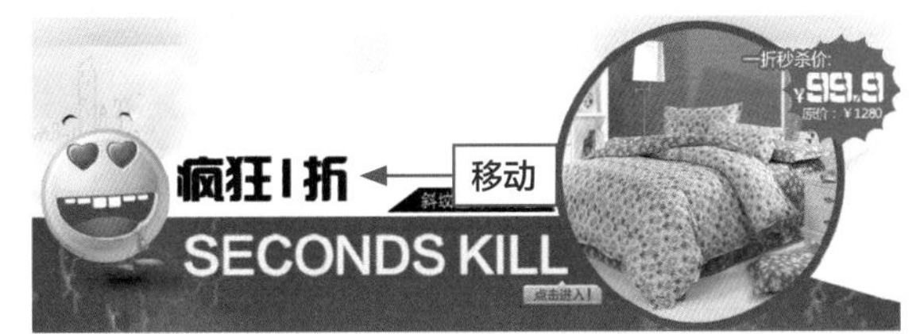

图12-29 输入并移动文字

步骤 03 选中“1”文字，在工具属性栏中设置“字体”为“方正超粗黑简体”、“字体大小”为60点、“颜色”为红色（RGB参数值分别为255、0、0），按【Ctrl+Enter】组合键确认输入，效果如图12-30所示。

步骤 04 按【Ctrl+O】组合键，打开“秒杀”素材图像，选取工具箱中的移动工具，将素材图像移动至“秒杀促销活动”图像编辑窗口中合适位置，效果如图12-31所示。

图12-30 修改文字属性

图12-31 移动素材图像

步骤 05 在菜单栏中单击“图层”→“图层样式”→“投影”命令，即可弹出“图层样式”对话框，设置“角度”为45度、“距离”为4像素、“大小”为3像素，单击“确定”按钮，即可制作投影效果，效果如图12-32所示。

步骤 06 按【Ctrl+O】组合键，打开“文字5”素材图像，选取工具箱中的移动工具，将素材图像移动至“秒杀促销活动”图像编辑窗口中合适位置，效果如图12-33所示。

图12-32 制作投影效果

图12-33 最终效果

实例199 新品上市促销活动设计

网店的促销活动可以让消费者降低初次消费成本，从而更容易地去接受新产品。下面详细介绍新品上市促销活动的设计与制作，本实例最终效果如图12-34所示。

素材文件	素材\第12章\新品上市促销活动.jpg、新品.psd、新品上市.psd
效果文件	效果\第12章\新品上市促销活动.psd、新品上市促销活动.jpg
视频文件	视频\第12章\实例199 新品上市促销活动设计.mp4

图12-34 图像效果

步骤 01 按【Ctrl+O】组合键，打开一幅素材图像，如图12-35所示。

步骤 02 选取工具箱中的横排文字工具，在工具属性栏中设置“字体”为“微软雅黑”、“字体大小”为120点、“设置消除锯齿的方法”为“浑厚”、“颜色”为橙色（RGB参数值分别为255、65、0）；将鼠标移动至图像编辑窗口中单击鼠标左键，输入文字，按【Ctrl+Enter】组合键确认输入；选取工具箱中的移动工具，将文字移动至合适位置，效果如图12-36所示。

图12-35 打开素材图像

图12-36 输入并移动文字

步骤 03 按【Ctrl+O】组合键，打开“新品”素材图像，选取工具箱中的移动工具，将素材图像移动至“新品上市促销活动”图像编辑窗口中合适位置，效果如图12-37所示。

步骤 04 按【Ctrl+O】组合键，打开“新品上市”素材图像，选取工具箱中的移动工具，将素材图像移动至“新品上市促销活动”图像编辑窗口中合适位置，效果如图12-38所示。

图12-37　移动文字

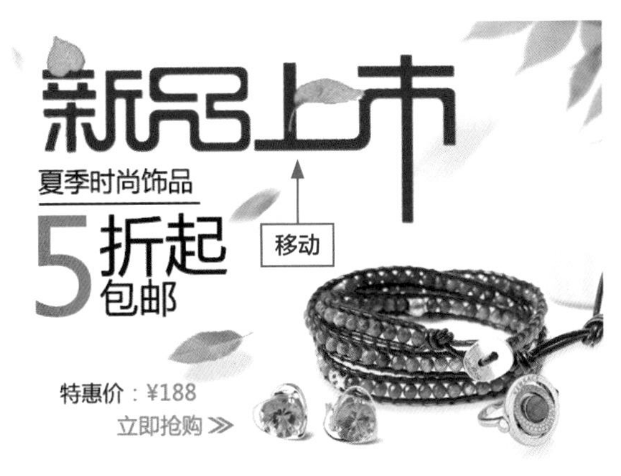

图12-38　最终效果

实例 200　店庆促销活动设计

在推广店铺时，卖家可以利用促销活动使广大消费者提高对其店铺产品的关注。下面以店庆为例详细介绍促销活动的设计与制作，本实例最终效果如图12-39所示。

图12-39　图像效果

素材文件	素材\第12章\店庆促销活动.jpg、床.psd
效果文件	效果\第12章\店庆促销活动.psd、店庆促销活动.jpg
视频文件	视频\第12章\实例200　店庆促销活动设计.mp4

步骤 01 按【Ctrl+O】组合键，打开一幅素材图像，如图12-40所示。

步骤 02 选取工具箱中的横排文字工具，在工具属性栏中设置“字体”为“方正超粗黑简体”、“字体大小”为48点、“设置消除锯齿的方法”为“平滑”、“颜色”为白色；将鼠标移动至图像编辑窗口中单击鼠标左键，输入文字，按【Ctrl+Enter】组合键确认输入，效果如图12-41所示。

图12-40　打开素材图像

图12-41　输入文字

步骤 03 设置前景色为黄色（RGB参数值分别为255、242、0）；选取工具箱中的自定形状工具，在工具属性栏中设置“形状”为“箭头9”，在图像编辑窗口中单击鼠标左键，即可弹出“创建自定形状”对话框，设置“宽度”为280像素、“高度”为160像素，单击“确定”按钮，即可创建自定形状，效果如图12-42所示。

步骤 04 在“图层”面板中，选择“形状1”图层并移动至文字图层下方；选取工具箱中的移动工具，将形状移动至合适位置；按住【Shift】键选择文字和形状图层，单击鼠标右键，在弹出的快捷菜单中选择“链接图层”选项；按【Ctrl+T】组合键，在工具属性栏中设置“旋转”为9度，并移动至合适位置，按【Enter】键确认操作，效果如图12-43所示。

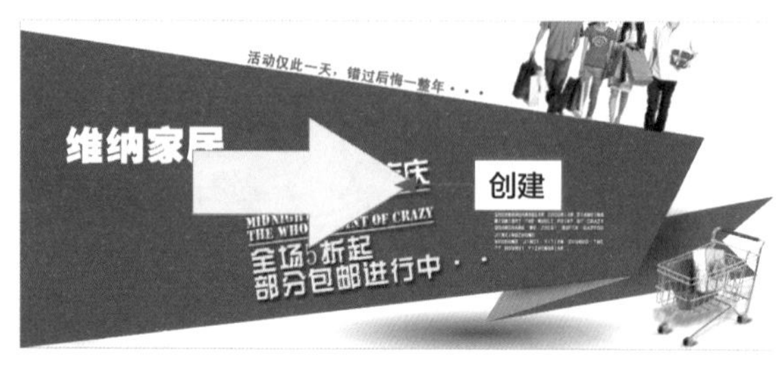

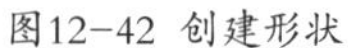
图12-42 创建形状

图12-43 调整图像

步骤 05 选取工具箱中的横排文字工具，在工具属性栏中，设置“字体大小”为72点；将鼠标移动至图像编辑窗口中单击鼠标左键，输入文字，按【Ctrl+Enter】组合键确认输入；在“图层”面板设置“不透明度”为20%；按【Ctrl+T】组合键，在工具属性栏中设置“旋转”为9度，并移动至合适位置，按【Enter】键确认操作，效果如图12-44所示。

步骤 06 按【Ctrl+O】组合键，打开“床”素材图像，选取工具箱中的移动工具，将素材图像移动至“店庆促销活动”图像编辑窗口，按【Ctrl+T】组合键调整图像大小和位置，按【Enter】键确认操作，效果如图12-45所示。

图12-44 输入并调整文字

图12-45 最终效果

实例 201 三八节促销活动设计

在节庆期间，网店的促销活动可以使店铺产品锦上添花，增加节日气氛，调动人气。下面以三八节为例详细介绍促销活动的设计与制作。本实例最终效果如图12-46所示。

素材文件	素材\第12章\三八节促销活动.jpg、男装.psd、符号.psd、三八节.psd
效果文件	效果\第12章\三八节促销活动.psd、三八节促销活动.jpg
视频文件	视频\第12章\实例201 三八节促销活动设计.mp4

图12-46 图像效果

步骤 01 按【Ctrl+O】组合键，打开一幅素材图像，如图12-47所示。

步骤 02 选取工具箱中的横排文字工具，在工具属性栏中设置“字体”为“方正粗谭黑简体”、“字体大小”为24点、“设置消除锯齿的方法”为“浑厚”、“颜色”为蓝色（RGB参数值分别为12、76、166）；将鼠标移动至图像编辑窗口中单击鼠标左键，输入文字，按【Ctrl+Enter】组合键确认输入，效果如图12-48所示。

图12-47 打开素材图像

图12-48 输入文字

步骤 03 分别选中“变”、“型”文字，在工具属性栏中设置“字体大小”为46点，按【Ctrl+Enter】组合键确认输入，选取工具箱中的移动工具，将文字移动至合适位置，如图12-49所示。

步骤 04 按【Ctrl+O】组合键，打开3幅素材图像，选取工具箱中的移动工具，将素材图像移动至“三八节促销活动”图像编辑窗口中合适位置，效果如图12-50所示。

图12-49 修改属性并移动文字

图12-50 最终效果

实例 202 五一节促销活动设计

在网店营销中，好的促销广告是店铺增进业绩的得力手段。下面详细介绍五一节促销活动的设计与制作，本实例最终效果如图12-51所示。

素材文件	素材\第12章\五一节促销活动.jpg、模特.psd
效果文件	效果\第12章\五一节促销活动.psd、五一节促销活动.jpg
视频文件	视频\第12章\实例202 五一节促销活动设计.mp4

图12-51 图像效果

步骤 01 按【Ctrl+O】组合键，打开一幅素材图像，如图12-52所示。

步骤 02 选取工具箱中的横排文字工具，在工具属性栏中设置“字体”为“方正汉真广标简体”、“字体大小”为46点、“设置消除锯齿的方法”为“浑厚”、“颜色”为白色；将鼠标移动至图像编辑窗口中单击鼠标左键，输入文字，按【Ctrl+Enter】组合键确认输入；选取工具箱中的移动工具，将文字移动至合适位置，效果如图12-53所示。

图12-52 打开素材图像

图12-53 输入并移动文字

步骤 03 选中“包邮”文字，在工具属性栏中设置“字体”为“华文彩云”、“颜色”为黄色（RGB参数值分别为255、246、9），按【Ctrl+Enter】组合键确认输入，效果如图12-54所示。

步骤 04 按【Ctrl+O】组合键，打开“模特”素材图像，选取工具箱中的移动工具，将素材图像移动至“五一节促销活动”图像编辑窗口中，按【Ctrl+T】组合键调整图像大小和位置，按【Enter】键确认操作，效果如图12-55所示。

图12-54 修改文字属性

图12-55 最终效果

实例 203 儿童节促销活动设计

网店的促销广告能够集中吸引消费群，刺激人们购买欲望，在短期内消化掉积压商品。下面以儿童节为例详细介绍促销活动的设计与制作，本实例最终效果如图12-56所示。

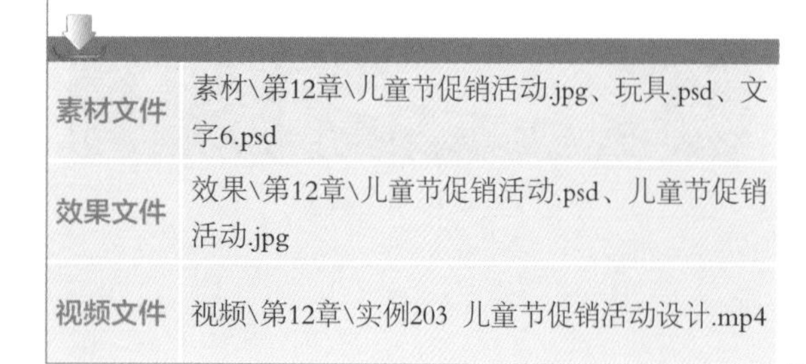

素材文件	素材\第12章\儿童节促销活动.jpg、玩具.psd、文字6.psd
效果文件	效果\第12章\儿童节促销活动.psd、儿童节促销活动.jpg
视频文件	视频\第12章\实例203 儿童节促销活动设计.mp4

图12-56 图像效果

步骤 01 按【Ctrl+O】组合键，打开一幅素材图像，如图12-57所示。

步骤 02 选取工具箱中的横排文字工具，在工具属性栏中设置“字体”为“方正粗谭黑简体”、“字体大小”为100点、“设置消除锯齿的方法”为“浑厚”、“颜色”为白色；将鼠标移动至图像编辑窗口中单击鼠标左键，输入文字，按【Ctrl+Enter】组合键确认输入；选取工具箱中的移动工具，将文字移动至合适位置，效果如图12-58所示。

图12-57 打开素材图像

图12-58 输入并移动文字

步骤 03 选中“惠”文字，在工具属性栏中设置“颜色”为黄色（RGB参数值分别为255、255、12），按【Ctrl+Enter】组合键确认输入，如图12-59所示。

步骤 04 按【Ctrl+O】组合键，打开两幅素材图像，选取工具箱中的移动工具，将素材图像移动至“儿童节促销活动”图像编辑窗口中，按【Ctrl+T】组合键调整图像大小和位置，按【Enter】键确认操作，效果如图12-60所示。

图12-59 修改文字属性

图12-60 最终效果

实例 204 情人节促销活动设计

通常情况下，网店里的促销广告是刺激顾客去购买或消费的一种强有力手段。下面以情人节为例详细介绍促销活动的设计与制作，本实例最终效果如图12-61所示。

素材文件	素材\第12章\情人节促销活动.jpg、商品.psd、包邮.psd
效果文件	效果\第12章\情人节促销活动.psd、情人节促销活动.jpg
视频文件	视频\第12章\实例204 情人节促销活动设计.mp4

图12-61 图像效果

步骤 01 按【Ctrl+O】组合键，打开一幅素材图像，如图12-62所示。

步骤 02 选取工具箱中的横排文字工具，在工具属性栏中设置“字体”为“方正平和简体”、“字体大小”为48点、“设置消除锯齿的方法”为“锐利”、“颜色”为暗红色（RGB参数值分别为171、30、47）；展开“字符”面板，设置“设置行距”为60点，单击“仿粗体”按钮；将鼠标移动至图像编辑窗口中单击鼠标左键，输入文字，按【Ctrl+Enter】组合键确认输入；选取工具箱中的移动工具，将文字移动至合适位置，效果如图12-63所示。

图12-62 打开素材图像

图12-63 输入并移动文字

步骤 03 在菜单栏中单击“图层”→“图层样式”→“投影”命令，即可弹出“图层样式”对话框，设置“角度”为45度、“距离”为8像素、“大小”为2像素，单击“确定”按钮，即可制作投影效果，如图12-64所示。

步骤 04 按【Ctrl+O】组合键，打开两幅素材图像，选取工具箱中的移动工具，将素材图像移动至“情人节促销活动”图像编辑窗口中，按【Ctrl+T】组合键调整图像大小和位置，按【Enter】键确认操作，效果如图12-65所示。

图12-64 制作投影效果

图12-65 最终效果

实例 205 庆中秋迎国庆促销活动设计

在国庆和中秋双节期间，网店促销广告可以迅速地引起消费者注意，把消费者引向购买。下面详细介绍中秋国庆促销活动的设计与制作，本实例最终效果如图12-66所示。

素材文件	素材\第12章\庆中秋迎国庆促销活动.jpg、文字7.psd、文字8.psd
效果文件	效果\第12章\庆中秋迎国庆促销活动.psd、庆中秋迎国庆促销活动.jpg
视频文件	视频\第12章\实例205 庆中秋迎国庆促销活动设计.mp4

图12-66 图像效果

步骤 01 按【Ctrl+O】组合键，打开一幅素材图像，如图12-67所示。

步骤 02 选取工具箱中的横排文字工具，在工具属性栏中设置“字体”为“方正特雅宋_GBK”、“字体大小”为28点、“设置消除锯齿的方法”为“犀利”、“颜色”为红色（RGB参数值分别为221、0、177）；将鼠标移动至图像编辑窗口中单击鼠标左键，输入文字，按【Ctrl+Enter】组合键确认输入；选取工具箱中的移动工具，将文字移动至合适位置，效果如图12-68所示。

图12-67　打开素材图像

图12-68　输入并移动文字

步骤 03 在菜单栏中单击“图层”→“图层样式”→“斜面和浮雕”命令，即可弹出“图层样式”对话框，设置“样式”为“外斜面”、“大小”为6像素、“高光模式”的“不透明度”为100%、“阴影模式”的“不透明度”为100%，单击“确定”按钮，即可制作斜面和浮雕效果，如图12-69所示。

步骤 04 按【Ctrl+O】组合键，打开两幅素材图像，选取工具箱中的移动工具，将素材图像移动至“庆中秋迎国庆促销活动”图像编辑窗口中合适位置，效果如图12-70所示。

图12-69　制作斜面和浮雕效果

图12-70　最终效果

实例 206　感恩节促销活动设计

在网店设计中，各种节假日促销广告其实都是通过采用让步、诱导和赠送的办法带给消费者某些利益，从而达到促进消费、扩大品牌知名度的目的。下面以感恩节为例详细介绍促销活动的设计与制作，本实例最终效果如图12-71所示。

素材文件	素材\第12章\感恩节促销活动.jpg、感恩节.psd、文字9.psd、文字10.psd
效果文件	效果\第12章\感恩节促销活动.psd、感恩节促销活动.jpg
视频文件	视频\第12章\实例206　感恩节促销活动设计.mp4

图12-71　图像效果

步骤 01 按【Ctrl+O】组合键，打开两幅素材图像，如图12-72所示。

步骤 02 选取工具箱中的移动工具，将“感恩节”素材图像移动至“感恩节促销活动”图像编辑窗口中合适位置，效果如图12-73所示。

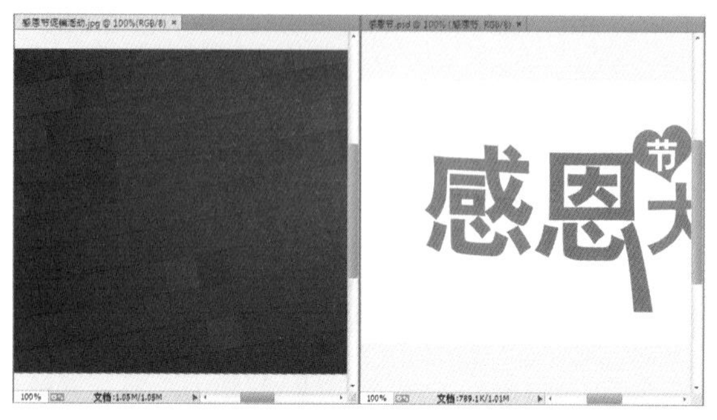

图12-72 打开素材图像

图12-73 移动素材

步骤 03 在菜单栏中单击“图层”→“图层样式”→“投影”命令，即可弹出“图层样式”对话框，设置“角度”为45度、“距离”为15像素、“大小”为2像素，单击“确定”按钮，即可制作投影效果，如图12-74所示。

步骤 04 按【Ctrl+O】组合键，打开两幅素材图像，选取工具箱中的移动工具，将素材图像移动至“感恩节促销活动”图像编辑窗口中合适位置，效果如图12-75所示。

图12-74 制作投影效果

图12-75 最终效果

实例 207 元旦促销活动设计

网店里的节假日促销广告可以产生更为强烈、迅速的反应，快速提高销售业绩。下面以元旦为例详细介绍促销活动的设计与制作，本实例最终效果如图12-76所示。

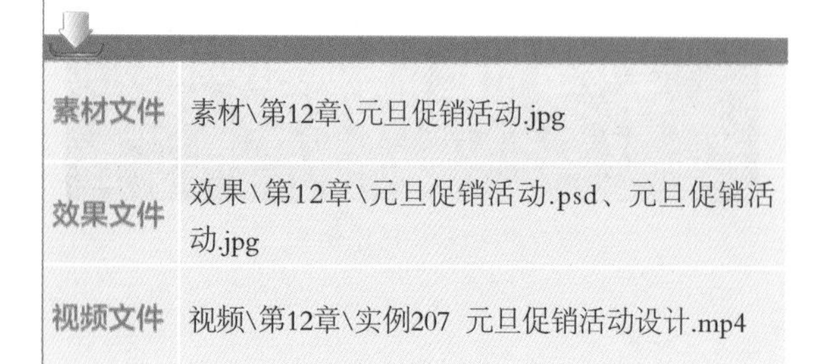

素材文件	素材\第12章\元旦促销活动.jpg
效果文件	效果\第12章\元旦促销活动.psd、元旦促销活动.jpg
视频文件	视频\第12章\实例207 元旦促销活动设计.mp4

图12-76 图像效果

步骤 01 按【Ctrl+O】组合键，打开一幅素材图像，如图12-77所示。

步骤 02 选取工具箱中的横排文字工具，在工具属性栏中设置“字体”为“方正综艺_GBK”、“字体大小”为83点、“设置消除锯齿的方法”为“锐利”；将鼠标移动至图像编辑窗口中单击鼠标左键，输入文字，按【Ctrl+Enter】组合键确认输入；选取工具箱中的移动工具，将文字移动至合适位置，效果如图12-78所示。

图12-77 打开素材图像

图12-78 输入并移动文字

步骤 03 在菜单栏中单击“图层”→“图层样式”→“渐变叠加”命令，即可弹出“图层样式”对话框，设置“角度”为90度，单击“渐变”色块，即可弹出“渐变编辑器”对话框，设置渐变颜色0%位置为深紫色（RGB参数值分别为65、0、70）、100%位置为紫色（RGB参数值分别为205、15、117），单击“确定”按钮即可返回“图层样式”对话框，单击“确定”按钮，即可制作渐变效果，如图12-79所示。

步骤 04 在菜单栏中单击“图层”→“图层样式”→“描边”命令，即可弹出“图层样式”对话框，设置“大小”为8像素、“颜色”为白色，单击“确定”按钮，即可制作“描边”效果，如图12-80所示。

图12-79 制作渐变效果

图12-80 最终效果

实例 208 春节促销活动设计

在春节期间是消费者购买年货的高峰时期，网店卖家一定要抓住机会，推出吸引人的促销广告。下面以春节为例详细介绍促销活动的设计与制作。本实例最终效果如图12-81所示。

素材文件	素材\第12章\春节促销活动.jpg、文字11.psd
效果文件	效果\第12章\春节促销活动.psd、春节促销活动.jpg
视频文件	视频\第12章\实例208　春节促销活动设计.mp4

图12-81 图像效果

步骤 01 按【Ctrl+O】组合键，打开一幅素材图像，如图12-82所示。

步骤 02 选取工具箱中的横排文字工具，在工具属性栏中设置“字体”为“方正汉真广标简体”、“字体大小”为10点、“设置消除锯齿的方法”为“平滑”、“颜色”为橙色（RGB参数值分别为255、210、2）；将鼠标移动至图像编辑窗口中单击鼠标左键，输入文字，按【Ctrl+Enter】组合键确认输入，如图12-83所示。

图12-82 打开素材图像

图12-83 输入文字

步骤 03 在菜单栏中单击“图层”→“图层样式”→“描边”命令，即可弹出“图层样式”对话框，设置“大小”为3像素、“颜色”为白色，单击“确定”按钮，即可制作“描边”效果，选取工具箱中的移动工具，将文字移动至合适位置，如图12-84所示。

步骤 04 按【Ctrl+O】组合键，打开“文字11”素材图像，选取工具箱中的移动工具，将素材图像移动至“春节促销活动”图像编辑窗口中，按【Ctrl+T】组合键调整图像大小和位置，按【Enter】键确认操作，效果如图12-85所示。

图12-84 制作投影效果并移动文字

图12-85 最终效果